普通高等教育"十一五"国家级规划教材
第六届全国高等学校优秀测绘教材一等奖
地理信息系统理论与应用丛书

网络地理信息系统原理与技术

（第二版）

孟令奎　史文中　张鹏林　黄长青　编著

科学出版社
北　京

内 容 简 介

本书主要介绍网络地理信息系统相关原理和技术。全书分为十章,分别阐述了 GIS 的发展、计算机网络基础、网络 GIS 基本原理、网络 GIS 数据存储技术、WebGIS 技术、移动 GIS 技术、网格 GIS 技术、基于 P2P 的网络 GIS 技术以及网络 GIS 工程技术与工程管理、常用网络 GIS 软件介绍等内容。书中前九章均附有习题,以加深读者对网络 GIS 的理解与掌握。

本书可作为测绘、遥感、地理信息系统等相关专业的研究生和高年级本科生教材,也可作为相关领域科研和工程技术人员了解、掌握网络 GIS 的参考用书。

图书在版编目(CIP)数据

网络地理信息系统原理与技术/孟令奎等编著. —2 版. —北京:科学出版社,2010

(地理信息系统理论与应用丛书)

普通高等教育"十一五"国家级规划教材

ISBN 978-7-03-027586-8

Ⅰ.①网… Ⅱ.①孟… Ⅲ.①计算机网络-应用-地理信息系统-高等学校-教材 Ⅳ.①P208-39

中国版本图书馆 CIP 数据核字(2010)第 088209 号

责任编辑:罗 吉／责任校对:陈玉凤
责任印制:徐晓晨／封面设计:王 浩

科 学 出 版 社 出版
北京东黄城根北街 16 号
邮政编码:100717
http://www.sciencep.com

北京中石油彩色印刷有限责任公司 印刷
科学出版社发行 各地新华书店经销

*

2005 年 3 月第 一 版 开本:787×1092 1/16
2010 年 5 月第 二 版 印张:22 1/4
2019 年 7 月第十二次印刷 字数:508 000

定价:79.00 元

(如有印装质量问题,我社负责调换)

第二版前言

近年来,网络 GIS 的理论和技术发展十分迅速,相关学科对网络 GIS 的支持力度也越来越大,网络 GIS 这一由多学科、多技术交叉融合而形成的边缘学科的特点愈发明显。

在本书第一版的使用过程中,陆续收到许多高校师生提出的宝贵意见和良好建议,作者在这里表示诚挚的谢意!

为适应网络 GIS 理论和技术的发展并满足教学的需要,我们在原有版本基础上,经过认真分析和遴选,增加了一些新的内容,删除了一些不适宜的部分。全书由原来的 9 章修订为 10 章,新增内容约占原书的 15%,具体如下:

第 3 章,新增网络 GIS 数据特点的介绍。

第 4 章,新增 SAN 在网络 GIS 中的应用的介绍。

第 5 章,新增 WebGIS 应用服务模式的介绍。

第 6 章,新增移动定位技术的介绍。

原第 8 章改为第 9 章,原第 9 章改为第 10 章。

第 10 章(原第 9 章),新增 ArcGIS Server 介绍,删除原来的 §9.2(开源 WebGIS)和 §9.3(常用移动 GIS 软件介绍),代之以几个新的网络 GIS 软件的介绍。

鉴于 P2P 技术在最近几年受到广泛的关注,而且它与 GIS 的结合也取得了一定进展,P2P 技术被认为是未来解决网络 GIS 性能瓶颈的重要技术之一。为此,新增第 8 章专门阐述 P2P GIS 技术。

参加本次修订工作的有孟令奎、谢文君、张文、黄长青、张鹏林、周杨。

希望本书的修订能对读者全面了解网络 GIS 及其最新技术进展有所裨益,读者的厚爱和对本书的进一步批评、指正,将激励我们不断地加以改进和完善。

作 者

2010 年 3 月于武汉大学

第一版前言

GIS 属于多学科和技术交叉的边缘学科,产生至今已有 40 多年的历史。它的发展得益于各学科和技术的发展与渗透。多媒体技术、虚拟现实技术、数据库技术、图形图像处理技术、网络与通信技术、网络存储技术等日新月异的进步将为 GIS 进一步快速发展提供极其便利的条件。另一方面,国民经济信息化建设步伐的加快促使各行各业在地理空间数据获取、存储、处理、分析、使用以及数据共享与服务等方面的需求日益强烈。此外,随着对地观测和各种数据采集技术的不断进展,GIS 所处理的地理空间数据量空前增长。这些情况表明,GIS 只有走网络化、智能化和多维动态的发展道路,才能符合社会经济发展的客观要求,才能为各行各业提供高性能、高质量的空间信息服务。当前,网络 GIS 在兼收并蓄其他领域理论和技术的基础上,已逐步形成了自己的一套体系,并在发展中不断扩展和完善。它也是目前乃至今后相当长的一段时间内 GIS 发展的象征。

目前,国内不少大专院校开设了地理信息系统、遥感科学与技术、测绘工程及相关的本科专业和摄影测量与遥感、地图学与地理信息系统等硕士和博士专业,许多专业设置了网络 GIS 相关课程,部分专业还将其定为必修课。为配合网络 GIS 的教学和研究,跟踪 GIS 发展进程,弥补国内在网络 GIS 方面资料偏少的缺憾,我们认为有必要编著一本专门介绍网络 GIS 原理与技术的书籍。鉴此,我们在广泛收集资料的基础上,通过认真整理和遴选,结合本单位在网络 GIS 方面的工程实践和研究成果,组织有关人员进行了撰写。希望本书能为读者学习、了解网络 GIS 提供些许帮助。

全书分为九章。第一章主要回顾 GIS 的发展历程,展望 GIS 的发展前景,并简要介绍了网络 GIS 的相关技术;第二章介绍网络 GIS 的基础之——计算机网络基础,以使读者对计算机网络有一个概要认识或回顾;第三章重点阐述网络 GIS 的基本原理,主要包括网络 GIS 的体系结构、数据组织与管理、数据共享等基础知识;第四章介绍网络 GIS 的数据存储技术,重点讲述了网络存储的若干技术,特别是 NAS 和 SAN,并通过一个实例介绍了网络存储技术在网络 GIS 中的应用;第五章介绍了广为人知的 WebGIS 技术,这也是目前应用最为广泛和成功的一种网络 GIS;第六章阐述目前发展迅速的移动 GIS 技术及其在空间位置服务方面的应用;第七章论述发展潜力巨大的网格 GIS 原理与技术,它也代表了网络 GIS 的重要发展方向;第八章介绍了网络 GIS 工程技术与工程管理;第九章简要介绍了几种常用的网络 GIS 软件,以便读者对实用的网络 GIS 工具软件的功能和特点有所了解。

为配合学习、加深理解,书中前八章均附有大量的习题。在附录中还汇编了书中出现的及常用的术语缩略语,以便读者查阅。

本书可作为测绘、遥感、地理信息系统等相关专业的研究生和高年级本科生教材,也可作为相关领域科研和工程技术人员了解、掌握网络 GIS 的参考用书。

全书主要由孟令奎、史文中、张鹏林编著。参加编写的还有:赵春宇、邓世军、高劲松、黄长青、林承达、林志勇、毛海霞、吴沉寒。由孟令奎统稿、修订后成书。

在编写过程中，得到了武汉大学遥感信息工程学院和香港理工大学的领导、老师和科研人员的大力帮助和支持；书中的部分图片由香港理工大学的 Sharon Cheung 负责提供；中国矿业大学环境与测绘学院地理信息系陈国良老师对本书提出了许多建议。对他们的帮助、支持和辛勤劳动深表谢意和敬意。我们还参阅、引用了其他书籍和论文的部分内容或思想，在此对相关作者表示衷心感谢。

由于作者水平有限，加之网络 GIS 技术发展很快，新技术、新方法不断涌现，书中定有许多不足甚至错误，敬请读者在阅读时及时加以批评、指正。

作　者

2004 年 12 月于武昌

目 录

第二版前言
第一版前言
第1章 概述 ·· 1
  §1.1 GIS 的发展 ··· 1
    1.1.1 国际上 GIS 的发展 ·· 1
    1.1.2 国内 GIS 的发展 ·· 3
  §1.2 GIS 的功能与特点 ·· 3
    1.2.1 GIS 的功能 ·· 3
    1.2.2 GIS 的特点 ·· 6
  §1.3 GIS 的主要应用领域 ·· 6
    1.3.1 "数字城市" ·· 6
    1.3.2 "数字流域" ·· 8
    1.3.3 物流管理 ·· 9
    1.3.4 军事 ·· 10
    1.3.5 位置服务 ·· 11
  §1.4 GIS 的网络化 ·· 12
    1.4.1 GIS 网络化内涵 ··· 12
    1.4.2 网络 GIS 相关技术 ·· 13
  习题一 ·· 19
第2章 计算机网络基础 ·· 21
  §2.1 计算机网络的形成与发展 ··· 21
    2.1.1 计算机网络的发展阶段 ·· 21
    2.1.2 计算机网络协议的标准化进程 ··································· 22
  §2.2 计算机网络的基本概念与功能 ··· 23
    2.2.1 计算机网络的概念 ·· 24
    2.2.2 计算机网络与分布式计算机系统的区别 ···················· 24
    2.2.3 计算机网络的功能 ·· 25
  §2.3 计算机网络的组成及分类 ··· 25
    2.3.1 计算机网络的组成 ·· 25
    2.3.2 计算机网络的分类 ·· 26
  §2.4 数据通信技术 ·· 30
    2.4.1 数据通信的基本概念 ·· 30
    2.4.2 数据编码与调制 ·· 34

2.4.3	传输介质及其特性	37
2.4.4	多路复用技术	39
2.4.5	广域网数据交换技术	41

§2.5 高速计算机信息网络技术 ……………………………………………………… 42
    2.5.1 高速计算机信息网络的发展 …………………………………………… 42
    2.5.2 我国高速计算机信息网络的发展 ……………………………………… 43
    2.5.3 宽带 IP 网络技术 ………………………………………………………… 43

§2.6 无线网络技术 …………………………………………………………………… 46
    2.6.1 无线网络的分类 ………………………………………………………… 46
    2.6.2 无线局域网 ……………………………………………………………… 47
    2.6.3 无线组网问题 …………………………………………………………… 49

习题二 ……………………………………………………………………………………… 49

第3章 网络 GIS 基本原理 …………………………………………………………… 52

§3.1 网络 GIS 概述 …………………………………………………………………… 52
    3.1.1 传统 GIS 的不足 ………………………………………………………… 52
    3.1.2 网络 GIS 的特点 ………………………………………………………… 53

§3.2 网络 GIS 体系结构 ……………………………………………………………… 54
    3.2.1 两层体系结构 …………………………………………………………… 54
    3.2.2 三层及多层体系结构 …………………………………………………… 55

§3.3 网络 GIS 数据组织与管理 ……………………………………………………… 59
    3.3.1 网络 GIS 数据特点 ……………………………………………………… 59
    3.3.2 网络 GIS 数据组织策略 ………………………………………………… 60
    3.3.3 网络 GIS 数据管理概述 ………………………………………………… 62
    3.3.4 空间数据库技术概述 …………………………………………………… 64
    3.3.5 对象-关系型空间数据管理技术 ………………………………………… 66
    3.3.6 栅格数据的组织与管理 ………………………………………………… 69
    3.3.7 网络 GIS 空间数据库技术新趋势 ……………………………………… 70

§3.4 网络 GIS 的数据共享 …………………………………………………………… 73
    3.4.1 传统 GIS 数据共享方法 ………………………………………………… 74
    3.4.2 分布式空间数据共享 …………………………………………………… 75
    3.4.3 空间数据共享平台框架 ………………………………………………… 78

§3.5 网络 GIS 中的多服务器技术 …………………………………………………… 81
    3.5.1 三层客户/服务器 WebGIS 的服务模型 ………………………………… 81
    3.5.2 多服务器技术 …………………………………………………………… 82
    3.5.3 扩展的多服务器技术及其在 WebGIS 中的应用 ……………………… 83
    3.5.4 动态负载平衡 …………………………………………………………… 85
    3.5.5 实现研究与性能分析 …………………………………………………… 87

§3.6 网络 GIS 的安全机制 …………………………………………………………… 88
    3.6.1 空间信息的访问安全 …………………………………………………… 88

3.6.2　空间信息的传输安全 88
　　3.6.3　机密空间信息的隐藏 89
习题三 90

第4章　网络 GIS 数据存储 94
§4.1　数据存储概述 94
　　4.1.1　数据存储技术的发展与分类 94
　　4.1.2　磁盘阵列技术 96
　　4.1.3　数据存储接口协议和标准 100
§4.2　网络存储分类 106
　　4.2.1　直连存储 107
　　4.2.2　附网存储 107
　　4.2.3　存储区域网络 111
§4.3　网络存储模式 115
　　4.3.1　网络存储集成式技术 115
　　4.3.2　网络存储虚拟化技术 116
§4.4　网络 GIS 数据存储实例 119
　　4.4.1　商用网络化存储解决方案简介 119
　　4.4.2　SAN 在空间数据存储管理中的应用 122
　　4.4.3　SAN 在网络 GIS 中的应用 124
习题四 128

第5章　WebGIS 131
§5.1　WebGIS 简介 131
　　5.1.1　WebGIS 基本概念 131
　　5.1.2　WebGIS 的功能与作用 132
　　5.1.3　WebGIS 应用领域 133
　　5.1.4　WebGIS 应用服务模式 133
　　5.1.5　WebGIS 应用前景 135
§5.2　WebGIS 分类与特点 135
　　5.2.1　WebGIS 分类 135
　　5.2.2　WebGIS 特点 137
§5.3　WebGIS 通信协议及规范 138
　　5.3.1　通用协议与规范 138
　　5.3.2　空间数据相关标准与规范 140
§5.4　WebGIS 的设计与开发 144
　　5.4.1　通用网关接口 145
　　5.4.2　动态网页技术 146
　　5.4.3　服务器应用程序接口模式 147
　　5.4.4　插件技术 148
　　5.4.5　ActiveX 技术 150

5.4.6　Java Applet 技术 ··· 151
§5.5　分布式 WebGIS 技术框架 ··· 153
　　　5.5.1　基于 J2EE 的 WebGIS 结构 ·· 154
　　　5.5.2　基于 DCOM/COM＋的 WebGIS 结构 ···································· 158
　　　5.5.3　基于 CORBA 的 WebGIS 结构 ··· 160
　　　5.5.4　基于 .Net 的 WebGIS 结构 ·· 162
§5.6　WebGIS 应用 ·· 166
习题五 ··· 170

第 6 章　移动 GIS ··· 173
§6.1　空间移动服务 ·· 173
§6.2　移动 GIS 概述 ··· 174
　　　6.2.1　概述 ··· 174
　　　6.2.2　移动 GIS 的发展 ··· 175
§6.3　移动 GIS 组成与特点 ··· 177
　　　6.3.1　移动 GIS 组成 ··· 177
　　　6.3.2　移动定位技术 ··· 179
　　　6.3.3　移动 GIS 特点 ··· 180
§6.4　移动 GIS 应用协议 ··· 181
　　　6.4.1　无线互联应用协议 ··· 181
　　　6.4.2　WAP 基本工作原理及服务网络结构 ···································· 184
§6.5　移动 GIS 应用系统设计技术 ··· 186
　　　6.5.1　基于 WAP 的移动 GIS 应用系统结构 ·································· 186
　　　6.5.2　WML 功能域及支持的设备 ··· 188
　　　6.5.3　WML 字符集、语法及核心数据类型 ··································· 189
　　　6.5.4　导航和事件 ··· 192
　　　6.5.5　WML 页面设计 ··· 194
§6.6　移动 GIS 应用 ··· 199
　　　6.6.1　移动 GIS 应用基础——移动电子地图 ································ 199
　　　6.6.2　空间位置信息服务 ··· 204
习题六 ··· 206

第 7 章　网格 GIS ··· 208
§7.1　网格技术概述 ·· 208
　　　7.1.1　网格与网格计算 ··· 208
　　　7.1.2　网格特点 ··· 210
　　　7.1.3　网格体系结构 ··· 211
　　　7.1.4　网格关键技术 ··· 218
§7.2　网格 GIS 概念 ··· 220
　　　7.2.1　GIS 的网格化 ·· 220
　　　7.2.2　网格 GIS 特点 ··· 222

7.2.3 网格 GIS 数据服务类型 ································· 224
§7.3 网格 GIS 体系结构 ······································· 226
  7.3.1 基础设施层 ··· 228
  7.3.2 资源服务层 ··· 228
  7.3.3 核心服务层 ··· 229
  7.3.4 应用服务与实现层 ··································· 231
  7.3.5 用户层 ··· 232
§7.4 网格 GIS 关键技术及其实现 ······························· 233
  7.4.1 安全技术体系 ······································· 233
  7.4.2 元信息服务技术 ····································· 235
  7.4.3 资源管理与分配技术 ································· 237
  7.4.4 数据服务技术 ······································· 239
  7.4.5 网格 GIS 应用技术 ·································· 241
  7.4.6 网格 GIS 集成技术 ·································· 242
§7.5 网格 GIS 应用 ··· 244
  7.5.1 空间信息网格 ······································· 244
  7.5.2 "数字地球" ··· 246
  7.5.3 网格技术在水利信息可视化中的应用 ···················· 248
习题七 ··· 251

第 8 章 P2P GIS ·· 254

§8.1 P2P 技术概述 ·· 254
  8.1.1 P2P 的内涵 ··· 254
  8.1.2 P2P 的特点 ··· 256
  8.1.3 P2P 与网格 ··· 256
§8.2 P2P 分类与应用 ·· 257
  8.2.1 P2P 的分类 ··· 257
  8.2.2 P2P 的应用 ··· 261
§8.3 P2P GIS 概述 ·· 264
§8.4 P2P 与空间数据查询 ······································ 265
  8.4.1 空间索引 ··· 266
  8.4.2 基于结构化 P2P 的优化设计方法 ······················· 268
  8.4.3 面向空间数据查询的结构化 P2P 设计 ···················· 270
§8.5 P2P GIS 结构与应用技术 ·································· 275
  8.5.1 P2P GIS 应用架构 ··································· 275
  8.5.2 基于 P2P 的空间数据存储与发现 ······················· 276
  8.5.3 P2P GIS 的空间数据传输 ····························· 278
  8.5.4 P2P GIS 的地理协同工作 ····························· 281
§8.6 P2P GIS 应用实例 ·· 282
习题八 ··· 287

第 9 章 网络 GIS 工程技术与工程管理 … 290

§9.1 概述 … 290
9.1.1 工程、工程技术与工程管理 … 290
9.1.2 网络 GIS 工程技术及工程管理的特点 … 292

§9.2 网络 GIS 工程技术与工程管理框架 … 292
9.2.1 工程技术与工程管理框架概述 … 292
9.2.2 工程技术和工程管理与系统生命周期 … 294

§9.3 网络 GIS 工程技术与工程管理方法 … 296
9.3.1 工程技术阶段任务与技术 … 296
9.3.2 工程管理功能实现方法 … 309

习题九 … 315

第 10 章 常用网络 GIS 软件介绍 … 318

§10.1 常用 WebGIS 软件介绍 … 318
10.1.1 ArcIMS … 318
10.1.2 ArcGIS Server … 319
10.1.3 MapXtreme … 320
10.1.4 Autodesk MapGuide … 321
10.1.5 GeoMedia Web Map … 322
10.1.6 GeoBeans … 323

§10.2 常用移动 GIS 软件介绍 … 324
10.2.1 ESRI ArcPad … 324
10.2.2 MapX Mobile … 325
10.2.3 eSuperMap … 325
10.2.4 Pocket Map … 326

§10.3 开源 WebGIS … 327
10.3.1 MapServer … 327
10.3.2 GeoTools … 327
10.3.3 SharpMap … 328

主要参考文献 … 330

附录 常用术语及缩写汇编 … 334

第1章 概 述

地理信息系统(Geographic Information System,GIS)是一种采集、传输、存储、管理、处理、分析、表达和使用地理空间数据的计算机系统,是分析、处理和挖掘海量地理空间数据的通用技术。它集计算机软硬件、地理空间数据和最终用户等几个部分于一体,借助其独有的空间分析功能,准确、真实、图文并茂地输出用户感兴趣的信息。

GIS的应用范围非常广泛,可用于国土资源评价与管理、环境监测、交通运输管理、城市规划、土地利用等领域,是数字化工程的基础技术,能为行政管理部门和企业等提供决策支持服务。

§1.1 GIS 的发展

GIS的发展以应用为驱动,并以在不同应用领域日益增长的用户需求为导向,不断改进和完善其自身功能,为更多的社会生产部门提供强大的空间信息服务,并逐步走入社会大众的日常生产、生活当中。从技术上讲,GIS的发展与进步同计算机科学技术的迅速发展密不可分。计算机软硬件技术、网络通信技术的迅猛发展为GIS应用系统提供了强大的技术支撑和各种软硬件平台。GIS属于多学科交叉的产物,它的发展必然受制于或受益于各学科的发展与进步。与此同时,GIS的成熟与完善同样会推动相关学科的发展与进步。

1.1.1 国际上 GIS 的发展

20世纪60年代是GIS的开拓期。最初的GIS源于地图制图应用。20世纪50年代末和60年代初,计算机开始在各个领域得到广泛应用,并很快地被用于地理空间数据的存储、显示、处理和相关分析,使其成为地图信息存储和计算分析处理的有力工具。人们利用计算机将纸质地图转换为能被计算机识别的数字信号,并以图形方式输出,这就是GIS的雏形。1963年,加拿大测量学家Roger F. Tomlinson提出利用数字计算机处理和分析大量的土地利用地图数据,并建议加拿大土地调查局建立GIS(Canada GIS,CGIS),以实现专题地图的叠加、面积量算、自然资源的管理和规划等,这个GIS被认为是世界上第一个GIS应用系统。与此同时,美国的Duane F. Marble在美国西北大学利用数字计算机研制数据处理软件系统,以支持大规模城市交通应用研究,并提出建立GIS的思想。由于当时计算机发展仍处于低水平状态,数据处理能力弱、存储容量小,所以早期的GIS更侧重于机助制图功能,地学分析功能相对薄弱。在这个时期,一些GIS国际组织和机构相继成立,例如,美国1966年成立城市和区域信息系统协会,又于1969年建立州信息系统全国协会;国际地理联合会于1968年设立了地理数据收集和处理委员会。这些组织和机构的建立,极大地推动了 GIS 的应用和 GIS 技术的进步。

20 世纪 70 年代是 GIS 的稳步发展期。这一时期的计算机软硬件技术取得了较大的进步,从而推动了计算机应用的普及。磁盘等大容量存储设备的出现,提高了数据处理速度,为存储和处理地理空间数据提供了必要条件。计算机图形用户界面技术的发展,使用户能直接监视数字化操作、查看并编辑制图分析的结果,为人机对话和高质量图形显示提供了保障。在这些技术的支持下,GIS 走向实用发展时期。一些发达国家投入了大量的人力、物力和财力进行 GIS 研究,先后建立了各具特色的 GIS。例如,从 1970 年到 1976 年,美国地质调查研究所建成 50 多个 GIS 应用系统,分别用于处理地形、地质和水资源等不同领域的地理空间数据;1974 年,日本国土地理院建立数字国土信息系统,为国家和地区土地规划服务;瑞典在中央、区域和市三种行政级别上建立了多个信息管理系统,典型的如区域统计数据库、道路数据库、土地测量信息系统、斯德哥尔摩 GIS、城市规划信息系统等。在此期间,国际地理联合会先后于 1972 年和 1979 年两次召开关于 GIS 的学术讨论会。许多大学在这一时期也开始培养 GIS 方面的人才,并创建了 GIS 实验室。总之,GIS 在这个时期逐渐受到政府、大学和商业公司的普遍重视。该时期 GIS 发展的总体特征是:在继承 20 世纪 60 年代已有技术的基础上,充分利用计算机新技术,继续推动 GIS 技术不断进步,不断扩展其应用领域,使其为更多的政府部门和研究人员所重视;但此阶段由于受到技术水平的限制,系统的数据分析能力仍然很弱,在理论和技术上没有新的突破,GIS 的应用与开发未能形成规模。

20 世纪 80 年代是 GIS 的应用推广期。这一时期计算机科学技术的飞速发展推动了 GIS 技术的蓬勃发展。图形工作站和个人计算机(Personal Computer,PC)的出现与应用,使得 GIS 的应用更加灵活方便,其应用领域也不断扩大。与此同时,计算机软硬件技术的发展,特别是计算机通信网络的迅速普及与应用,改变了传统 GIS 软件的开发和应用模式,新的 GIS 体系结构不断涌现,基于网络的 GIS 也进入了研发阶段,GIS 逐渐走向成熟。在这一时期,国际上涌现了一大批具有代表性的商用 GIS 软件,如 Arc/Info、GENAMAP、SPANS、MapInfo 等。许多国家还建立了政府性和学术性的研究机构,如美国于 1987 年成立了国家地理信息与分析中心,英国于 1987 年成立了地理信息协会。另外,商业性的咨询公司以及软件制造商也大量涌现,并能为用户提供系列化、专业化的服务。这一时期 GIS 发展的显著特点是:GIS 应用全面推广,不仅是从发达国家到发展中国家的延伸,也包括向多学科、多领域的拓展和渗透;另外,在技术上,GIS 取得了一系列突破性进展,新的软件开发技术不断应用于 GIS 的研发过程中,并不断向网络应用方向迈进。此时,GIS 从功能单一、分散的系统向多功能、综合性的方向发展。

20 世纪 90 年代为 GIS 的用户期。该时期计算机通信网络基础设施得到极大改善和提高,特别是 Internet 得到迅速普及与广泛应用,改变了传统的软件开发模式和信息共享与服务方式。GIS 作为空间信息管理与服务的应用系统,也顺应了这一发展趋势。这一时期社会对 GIS 的认同率也不断提高,应用范围和领域不断拓宽,GIS 成为许多政府决策部门的工作系统,从而在很大程度上改变了原有机构的认知水平、运行方式和工作模式。另一方面,世界各国积极加强各自的信息基础设施建设,空间信息基础设施就是这一计划的重要组成部分。1998 年,美国前副总统戈尔提出的"数字地球"战略思想,引起了全世界 GIS 专家的广泛关注和企业的研究热潮,世界各国纷纷投入"数字地球"的建设。这一时期 GIS 发展的显著特点是：GIS 已迅速成长为一个新兴的信息产业，数字化信息产品及空间信息服务需求迅速增长，市场潜力巨大，GIS 的应用与服务走向区域化和全球化。

进入 21 世纪以来，信息技术蓬勃发展，新理念、新技术、新标准、新应用不断出现并得到推广，其中网络数据存储技术及高性能计算等技术取得了长足进步。这些技术为 GIS 向纵深发展奠定了坚实的基础。无线通信技术和移动定位技术与 GIS 技术的结合为空间信息服务增添了新的服务方式和经济增长点。网格计算、虚拟现实、"3S"集成等更多高新技术的发展和应用，为 GIS 技术的发展和应用开辟了更多更新的前沿科研方向，GIS 的应用前景变得愈加广阔。可以预见，GIS 将为人类生产和生活带来越来越多的便利。

1.1.2　国内 GIS 的发展

我国在 GIS 领域的研究工作起步较晚。当前我国 GIS 发展的策略是：在引进和借鉴国外 GIS 的技术基础之上，不断研究开发具有自主版权的 GIS 软硬件平台。

20 世纪 80 年代初，中国科学院遥感应用研究所在全国率先成立了 GIS 研究室，这是我国开始 GIS 研究开发工作的标志。进入"七五"计划后，即 20 世纪 80 年代中期，GIS 在我国进入发展阶段。政府大力支持 GIS 研究，鼓励引进国外 GIS 软件开展应用研究。

"八五"计划期间是我国 GIS 的快速发展阶段。面对国内广阔的 GIS 市场，许多高校和研究机构开始研制实用的 GIS 软件，推出了 GeoStar、MapGIS、CityStar、ViewGIS 等一批具有自主版权的 GIS 软件，并投入市场推广使用。1994 年，中国 GIS 协会在北京成立，标志着国内 GIS 行业已形成一定规模。"九五"计划中，我国政府认识到研究开发自主版权的 GIS 软件的重要性，将"国产 GIS 软件开发与商品化"列为"九五"计划重中之重项目，大力提倡开发和推广国产 GIS 软件。因此，在政府、GIS 专家和企业的共同努力下，GIS 取得了长足进步。1996 年，为支持国产 GIS 软件的发展，科学技术部（原国家科学技术委员会）开始组织 GIS 软件测评，并组织应用示范工程，采取每年测评的方式，对国内 GIS 软件开发实行优胜劣汰、滚动支持，开创了国产 GIS 软件研究开发与推广应用的新局面。到 1998 年，国产软件已打破国外 GIS 软件在国内长期的垄断格局。

"十五"期间，我国继续支持和发展国产 GIS 软件产业，实施第四代 GIS 软件的研究与开发，并积极开拓国际市场。

§1.2　GIS 的功能与特点

1.2.1　GIS 的功能

GIS 作为一个独立的软件系统，必须具备五个基本功能，即数据输入、数据编辑、数据存储与管理、空间查询与空间分析、图形输出与交互操作。

1. 数据输入

数据是 GIS 的基础和命脉，缺少了数据的 GIS 就像是无源之水、无本之木。因此，数据输入（也称数据录入）是 GIS 基本功能的重要组成部分，它是指将现实世界中的各种地理空间数据和非空间数据，如地图数据、测量数据、遥感数据、统计数据及文字报告等，输入或者转换成计算机可识别处理的数字信号形式的数据的功能。从 GIS 产生之初到目前的发展水平，地图和专题图一直是 GIS 的重要数据源。

地理空间数据的输入方式主要有三种：一是手扶跟踪数字化和扫描矢量化方式，早期的地图数据一般是由地图数字化扫描后得到的；二是直接获取数字化形式的数据，如测量数据、遥感数据等；三是转换原有系统的空间数据，为新系统所用，即数据转换的方式。非空间数据的录入一般要通过键盘人工录入，该项工作比较繁琐，容易出错，必须通过反复地检查以保证录入数据的正确性。

数据输入的可靠性、完备性和准确性在很大程度上影响 GIS 的可用性，因此数据输入过程中要把好质量关。较高的数据质量对于评定 GIS 的算法、减少 GIS 设计与开发的难度都具有重要意义。

2. 数据编辑

与数据输入一样，数据编辑也是控制 GIS 数据质量的一个重要环节。数据编辑主要是对空间实体数据、属性数据以及实体之间相互关系的编辑，包括图形坐标变换、图形编辑、图形整饰、图幅接边、拓扑关系的自动建立、数据压缩、空间数据格式转换等。

图形坐标变化包括图幅数据的坐标变换、几何纠正等，往往也包括地图投影变换。

图形编辑对地图资料数字化后的数据进行编辑加工，应用于拓扑关系建立之前，旨在改正数字化过程中的各种错误，如节点之间不吻合、节点与线之间不吻合、存在假节点等情况。

图幅接边是指将多张数字化地图按格网拼装为一个图层，在边界不一致的情况下，要进行边缘匹配处理。接边的目的是使相同类型的空间地物对象属于同一图层，以便按专题分类，建立专题图层，用于分析、决策。

拓扑关系的自动建立包括点线拓扑关系、多边形拓扑关系等的自动建立过程（现有的商用 GIS 中，有的已经不再强调拓扑关系概念）。

数据压缩是指删除冗余数据，减少数据的存储量，以节省存储空间，加快后继处理速度。

空间数据格式转换包括矢量向栅格数据的转换、栅格向矢量数据的转换。

3. 数据存储与管理

数据的存储与管理是 GIS 中至关重要的一个内容，它主要提供空间与属性数据的存储、查询检索、修改和更新等功能，是 GIS 应用系统能否成功运行的关键。此外，GIS 所处理的空间数据具有存储量大、数据种类复杂、多样化等特点，因此设计高效的空间数据存储和管理方式一直是 GIS 技术发展过程中需要解决的问题。

传统的空间数据存储和管理采用空间数据和属性数据分开进行的形式，使用关系数据库存储管理属性数据，用文本或其他自定义的形式保存空间对象的几何数据。这种管理模式存在许多弊端，不适合海量空间数据的存储与管理，其空间数据查询检索速度慢，安全性和交互性差，不能满足海量高效的空间信息服务要求。

随着计算机软件技术特别是数据库技术的不断发展与进步，GIS 应用系统中的空间数据开始采用商用数据库管理系统进行管理，它经历了关系数据库与文件系统并存的方式、纯关系数据库方式、对象-关系型数据库管理方式以及纯面向对象数据库管理方式等过程。由于商用数据库管理系统并不是针对空间数据等特殊数据类型设计的，所以大多数 GIS 企业和数据库企业在其产品中扩展了空间数据管理模块,如 ESRI 的 ArcSDE、Oracle 的 Oracle Spatial 等。采用扩展的或专门的商用数据库管理系统进行空间数据的组织与管理有效地提高了空间数据查询检索的效率,增强了空间数据的安全性和空间数据组织、录入、编辑、更新的灵活性,这种方式提供了高效的并发控制机制,从而极大地提高了处理海量空间数据的速度,使 GIS 的应用向更广泛的领域拓展。

4. 空间查询与空间分析

空间查询与空间分析是 GIS 的核心功能,是 GIS 区别于其他计算机辅助设计系统(如 AutoCAD)的重要特征。GIS 不仅具备对海量空间数据进行高效存储与管理的能力,还可根据特定条件对空间数据进行查询和检索,并实现在现有空间数据基础上的统计分析和深加工(如空间数据挖掘、知识发现等),从而提供辅助决策信息。

GIS 的空间查询包括位置查询、属性查询和拓扑查询等。

GIS 的空间分析一般包括统计分类分析、DEM 分析、路径分析、叠置分析、缓冲区分析和网络分析等。

(1) 统计分类分析

用于数据分类和综合评价。包括主成分分析、层次分析、系统聚类分析和判别分析。

(2) DEM 分析

主要描述地面起伏状况,可用于提取各种地形参数。DEM 有多种表达方法,包括等高线、三角网和格网等。

(3) 路径分析

用于最佳路径选择,达到最低耗费和省时目的,是网络分析的一种。

(4) 叠置分析

该分析功能是 GIS 最常用的提取空间隐含信息的手段之一。通过对有关主题层的叠加,形成一个新的数据层,其结果综合了原来所有层的信息。

(5) 缓冲区分析

该分析功能是解决邻近度问题的空间分析工具之一,用来研究地理空间目标的某个影响范围或服务范围内的情况。

(6) 网络分析

该分析功能是解决最佳路径、最佳布局中心等问题的空间分析工具,用于优化网络的布局(如城市道路网、电网等),形成合理的物质流、信息流。

5. 图形输出与交互操作

类似于大多数的计算机辅助设计应用系统,GIS 为用户提供了可视化的操作界面。GIS 中的空间数据编辑等处理过程均可通过可视化的操作方式进行。用户通过人机交互界面可对二维(2D)或三维(3D)的地图数据进行交互式地操作,完成绘制、编辑以及属性录入等一系列作业过程。同时,GIS 提供了完备的专题图制作、地图编辑以及打印输出等功能,可为生产单位制作符合实际需求的简报、图表、数据报表等数字产品。

用户还可以方便地缩放、漫游一幅数字化地图,并可灵活地进行图层控制、标注显示、样式表达、符号设计等。例如,根据地块的类型施以不同的颜色显示,或根据学校的规模给代表学校的点设置不同尺寸的符号。同时,可以交互式地操作通过空间分析或查询所得到的新结果集,例如,寻找在超市附近 500m 以内的所有家庭儿童的数量,或者查看道路附近 100m 内的违章建筑等。

1.2.2　GIS 的特点

GIS 属于信息系统的范畴,但其操作的数据对象主要为地理空间数据,这是区别于一般信息系统的显著特点。以下从四个方面说明 GIS 的主要特点。

1. 空间数据组成

GIS 在分析处理过程中,通过数据库管理系统将空间数据和属性数据统一管理,以供分析和使用,即 GIS 所处理的数据包括地理空间数据和属性数据,同时也具有相应的元数据信息。这些数据具有数据量大、类型复杂、来源广泛、非结构化等基本特征。同时,GIS 广泛应用于诸如"数字地球"、"数字城市"、"数字流域"、"数字文化遗产"等领域,其数据量一般可达到 TB 级,因此,GIS 中空间数据库的有效组织与管理是实现高性能 GIS 应用系统的关键。

2. 特有的空间分析能力

GIS 利用空间解析模型和应用分析模型来分析空间数据,以实现快速的空间定位检索和复杂的查询功能。这些模型研究与设计的优劣将决定 GIS 建设的成败。

3. 强大的图形处理和表达能力

一般的信息管理系统多用统计报表和文档显示处理结果,GIS 除此功能外,还具备强大的图形处理和表达能力。

4. 辅助决策支持

空间分析是 GIS 区别于其他类型信息管理系统的高级功能,通过此项功能 GIS 可为用户提供空间模拟和空间决策支持,并快速高效地对决策方案进行评估。GIS 作为各种辅助决策支持的优秀工具,以其特有的专业优势服务于多种应用领域,如国土管理、城市与交通规划、防震减灾以及其他各项与空间信息相关的业务过程。

§1.3　GIS 的主要应用领域

GIS 的应用范围非常广泛。在全球范围内,GIS 可用于全球变化的监测与研究;在国家范围内,GIS 可用于自然资源调查、环境研究、灾害预测和防治、国民经济调查和宏观决策分析等;在城市范围内,GIS 可用于土地管理、环境保护、交通规划、管线管理、市政工程服务和城市规划等;在企业范围内,GIS 可用于指导生产和经营管理决策。以下简要介绍 GIS 技术的几个典型应用。

1.3.1　"数字城市"

1998 年 1 月,美国前副总统戈尔提出了"数字地球"的概念,引起了各国政府和科技界的广泛关注,世界范围内随之展开了大量关于"数字地球"的研究工作。城市是地球表面的人口、资源、经济技术要素、基础设施等的地理综合体,因此,"数字城市"是"数字地球"概念和技术的延伸,是"数字地球"在城市领域的具体体现,也是"数字地球"最重要的组成部分和应用方向。

"数字城市"以海量存储、多媒体、宽带网络、"3S"(遥感、全球定位系统、地理信息系统)、虚拟仿真等技术为基础,对城市、城市中的活动及整个城市环境的时空变化等各种信息进行数字化重现,并用数字化的手段处理和分析整个城市各个方面的问题,从而服务于人类,促进城市的科学发展。

"数字城市"可满足城市信息化建设的多项需求,不仅能给市民的日常生活带来极大的便利,还为城市管理展示了一种全新的城市规划、建设和管理理念。根据"数字城市"提供的准确信息和精确的分析方法,城市规划和管理者可在任何时候、任何地点了解和掌握城市动态,作出正确的决策,有利于高效的城市管理、城市资源优化配置,可促进城市协调、可持续发展。另一方面,在建立城市 GIS (Urban GIS,UGIS)的过程中,已经积累了大量关于城市信息的大、中型数据库以及难以计数的各类数字化地图、专题图等。但由于各种数据的所有权分散,数据标准各不相同,数据资源之间的兼容性、可比性很差,导致现有大量信息难以实现资源共享。而"数字城市"的建设在实现城市空间数据和信息资源的共享和互操作方面将发挥重要的作用。

GIS 是建设"数字城市"的重要支撑技术之一,其主要作用有:

(1) 基础地理空间数据库建库和管理的有力手段

"数字城市"的运行需要内容丰富翔实的地理空间数据资源作为支撑,因此,基础地理空间数据库是"数字城市"建设的关键。而 GIS 具有强大的空间数据录入、编辑、处理与管理等功能,可承担"数字城市"建设中基础地理空间数据库的建库、管理与维护等繁重任务。GIS 作为"数字城市"建设中基础地理空间数据库建库和管理的手段,不仅可以对具有空间参考信息的数据资源进行有效的管理与维护,同时,GIS 作为信息管理应用系统,还可提供对"数字城市"建设中其他类型信息资源的整合管理与维护,达到对各类信息资源进行无缝管理的目的。另外,"3S"技术的集成能为"数字城市"提供大量的空间信息资源。

(2) 辅助决策支持的重要技术

"数字城市"建设的实质和目的不仅限于城市的数字化与可视化过程,更重要的作用是为市政建设、市政规划及其他城市公共事业建设提供重要的技术支撑和辅助决策支持。基于完善的"数字城市"空间信息基础设施,GIS 所提供的强大的空间查询和空间分析功能,在处理城市复杂系统问题、帮助人们模拟现实世界、建立全局感观并建立应用模型等方面将发挥重要的辅助决策与政策指导作用。因此,借助于"数字城市"建设,GIS 可辅助政府和企业在施政方针和各项工程项目建设方面作出正确的决策。

(3) 虚拟现实的有效工具

"数字地球"或"数字城市"的一个基本内涵是将现实世界重现于计算机世界当中,并提供强大的互操作能力。虚拟现实将满足"数字城市"用数字化信息反映城市地域结构在时间与空间域内变化过程的需求。GIS 的一个重要特征就是将二维或三维地理空间用计算机进行表达,从而为用户提供图形交互功能。虚拟现实并不是 GIS 所特有的,但 GIS 为虚拟现实系统提供了基础的图形显示与交互、空间查询与分析、三维模拟等功能,使之成为"数字城市"中虚拟现实世界的有效工具。

1.3.2 "数字流域"

人类文明源于流域,流域对人类生存和社会经济发展都有巨大的促进作用。水能载舟,亦能覆舟,在人类文明发展历程中,对人民生活影响最大、损失最严重、发生频率最高的灾害莫过于水灾和旱灾,一旦发生这样的灾害,就会给流域人民的生命和财产带来巨大的损失、给经济增长造成极大的障碍。以黄河为例,近几年来,黄河下游年年发生断流,而且断流的时间和断流的河长都在不断增加,这种现象对下游的生态环境直接造成重大的影响,同时也严重影响了人民的正常生活,阻碍了经济发展。

随着我国经济的迅速发展,资源与环境的矛盾日益突出,具体表现为耕地减少、森林减少、湖泊萎缩、荒漠化加剧、污染加剧。为了人类的可持续发展,我们必须采取有效措施从宏观上加强土地资源和水资源的监测与保护,加强自然灾害特别是洪涝灾害的监测、预报和防御。建设"数字流域"无疑成为全流域生态环境保护、建设和利用这一宏观战略目标强有力的技术支撑和实现方式。

同"数字城市"一样,"数字流域"也是"数字地球"的重要组成部分,是"数字地球"应用的一个重要方向。"数字流域"综合运用遥感、地理信息系统、全球定位系统、网络技术、多媒体及虚拟现实等技术对全流域的地理环境、自然资源、生态环境、人文景观、社会和经济状态等各种信息进行采集与数字化处理,构建全流域综合信息平台和三维景观模型,使各级政府部门能够有效地管理整个流域,作出宏观的资源利用与开发决策,促进流域经济健康有序地发展。

通过"数字流域"建设,可为全流域提供统一的综合信息平台,实现流域各类信息的可视化查询,将整个流域在计算机上虚拟再现。依托"数字流域"仿真系统,可对全流域的水资源进行动态分析和预测,对洪水进行预警和预报,综合指挥全流域的防洪抗旱,并对水资源进行优化调度和分配,确保全流域堤坝与水库的安全运行和水生态环境的保护等。它可为全流域经济开发的总体规划、运行和管理以及水土资源的合理开发、优化配置和有效利用、缓解水资源的供求矛盾、加强水资源和水生态环境的保护、确保旱涝保收等提供现代化的工具。"数字流域"能对流域内的各种防洪及分洪措施进行预演,最后作出最佳防洪减灾决策。

"数字流域"是解决水利水电建设中种种弊端的最佳解决方案,也是实现全流域内社会和经济协调、可持续发展的重要手段。不仅如此,对水利工程建设,还可以通过"数字流域",用虚拟现实和仿真方法,即时看到所设计的水利工程建成及实际运行的情况,从而发现其建成后的利弊得失,提高可行性研究的可靠性和有效性,使设计方案做到尽善尽美,达到预期的目的。

GIS 在"数字流域"建设中是一项重要的技术,将发挥重要作用。"数字流域"的基础是具有空间特征的各类信息,选取 GIS 作为空间综合管理和分析功能的软件平台,有利于"数字流域"的建设、管理和应用。

传统的 GIS 大多只能提供二维操作功能,三维显示功能相对较弱。而"数字流域"的一个重要特征就是要对流域的地形和地物进行三维重建。因此,必须建立流域信息的三维数据库和模型,以便对流域地形和地物的几何关系、纹理照片及其他附加信息进行综合管理和分析。

"数字流域"还可为各级政府和普通公众提供流域信息服务。因此,流域各类信息的管理、分发和传输也至关重要。鉴于目前 Internet 的传输速率和流域信息化建设的实际现状,流域地理环境、资源环境以及社会、经济和人文环境等基础信息一般存放于"数字流域"信息总站(或数据中心)的基础数据库服务器之中,进行集中统一管理,而将那些与行业部门有关的专业信息分散存放于各职能部门信息中心的专业数据库服务器之中,通过网络和 WebGIS 实现流域数据的互访。

1.3.3 物流管理

物流这一概念源于美国,最初是指物品从加工地到消费地这一流通过程中的运输、仓储等活动。从 20 世纪 40 年代至今,物流概念突破传统范畴,发生了很大变化。它是指物品从原料生产地到消费地的实体流动过程,是由运输、存储、包装、配送、装卸搬运等若干个相互依赖、相互制约的环节(子系统)集合而成的具有特定功能的有机整体。随着物流的发展,人们也越来越重视物流管理,通过对物流全过程的有效管理,以期实现降低成本和提高服务水平两个目的。

传统的物流是在生产力水平较低的情况下发展起来的,企业大多在本地区内寻找资本和劳动力,被动地根据订单或者合同提供服务,物流的各个环节独立完成各自的功能。这种传统的物流模式分割管理物流各环节,试图以各环节成本最小而达到总体成本最小的目的。事实上,这种方式不但没有节约总体成本,反而导致各部门为达到各自的目标和利益而产生矛盾,极大地损害了企业总体利益。现代物流面向国际,企业选择适合全球市场的分配中心和集散仓库,建立了高效、可靠的现代物流服务网络。在整个物流活动过程中,从系统管理的角度出发,综合考虑物流的各项功能,将供应商、制造商、分销商、零售商,直到最终用户纳入一个整体进行管理,使各方利益最大化,以保证物流的合理化。

由于物流和物流管理的发展、概念和模式的改变,必然要求将各种先进技术引入物流管理中,以完成物流和物流管理真正意义上的飞跃。这些技术包括全球定位系统(Global Positioning System,GPS)、GIS、射频(Radio Frequency,RF)、条形码和电子数据交换技术等,其中 GIS 技术起到了非常重要的作用,如在最佳运输路线的选择、运输车辆的实时调度等涉及处理大量空间数据和属性数据的实际应用中,可以为物流提供有效的管理和科学的决策依据。

GIS 在物流管理中的具体应用主要包括以下几方面:

(1) 提供模型参考数据

在 GIS 辅助下,结合各种选址模型,为物流配送中心、连锁企业和仓库位置选址、中心辐射区范围的确定提供参考数据。

(2) 车辆监控和实时调度

GIS 与 GPS 集成并应用于物流车辆管理,为物流监控中心及汽车驾驶人员提供各车辆的所在位置、行驶方向、速度等信息,实现车辆监控和实时调度,减少物流实体存储与运送的成本,降低物流车辆的空载率,从而提高整个物流系统的效率。

(3) 监控运输车辆位置及工作状态

物流监控中心在数字化地图上监控运货车辆的位置和工作状态,并将最新的市场信息、路况信息及时反馈给运输车辆,实现异地配载,从而使销售商更好地服务客户、管理库存,加快物资和资金的运转,降低各个环节的成本。对特种车辆进行安全监控,可为安全运输提供保障。

(4) 车辆导航

利用"3S"与移动通信集成技术,物流监控中心实时提供被监控运输车辆的当前位置信息以及目的地的相关信息,以指导运输车辆迅速到达目的地,节约成本。

(5) 选择最佳路径

物流配送过程中,运输路径的选择意义重大,不仅涉及物流配送的成本效益,而且关系到物资能否及时送达等环节。GIS 按照最短的距离,或最短的时间,或最低运营成本等原则,可为物流管理提供满足不同要求的最佳路径方案。

(6) 实现仓库立体式管理

三维 GIS 与条形码技术、POS(销售时点信息系统)、射频技术以及闭路电视等多种自动识别技术相结合可以应用于物流企业的仓库管理信息化,为货物入库、存储、移动及出库等操作提供三维空间位置信息,以更直观的方式实现仓库货物的立体式管理。

1.3.4 军　　事

简单地说,GIS 应用于军事领域被称为军事 GIS,它是指在计算机软硬件系统平台的支持下,运用系统工程和信息科学的理论和方法,综合、动态地获取、存储、管理和分析军事地理环境的信息系统。军事 GIS 主要服务于作战指挥自动化、战场数字化和军事决策支持。

未来军事战场地域广阔,作战规模宏大,作战方式多样,海战、空战、陆战,乃至太空战和电磁战都可能相继或同时展开;尖端、高精度和大威力的武器,如导弹、舰载机、激光制导武器等,都将在战场上大量被使用。作战态势呈现快节奏,战情复杂多变。要想在战争中获胜,必须及时了解战场的各项动态,准确掌握各个军兵种的作战行动,把握战机并及时向各个军兵种下达行动指令,指挥多兵种协同作战。显然,面对瞬息万变的战况,传统的指挥方法难以胜任。

准确迅速地获取战场地形信息、当前作战态势信息、火力分配信息,提供高效、准确的计算数据以协助军事指挥官在第一时间内迅速作出正确的判断和决策,是战争取得胜利的不二法宝。近年来,GIS 在军事指挥控制、联合战略防御和分布交互仿真等军事应用中发挥了重要的作用。例如,应用 GIS 制作的军用电子地图,较以往的军用地图具有精度高、信息量大、可编辑性强、操作简便、便于携带等特点,可提供简便的地图信息查询、缩放、测量、漫游等操作,利于指挥官从全局入手,方便科学地选择阵地、部署兵力,选择最佳进攻路线,指挥协同作战。再如,GIS 通过其强大的数据处理和分析能力,为作战提供图文兼备的分析报告和打击效果评估报告,可以极大地缩短军事指挥官作出决策的时间,提高作战效率和决策的准确性。事实上,GIS 在军事中的应用还包括其他很多方面。

海湾战争中,美国国防制图局建立了战场 GIS 与 RS 的集成系统,利用自动影像匹配和自动目标识别技术,实时处理卫星和高低空侦察机获得的战场数字影像,在极短的时间内将反映战场现状的正射影像图叠加到数字地图上,做到对敌军情况的了如指掌。这使得美军可灵活实施实时决策战术,在作战中完全占据主动地位,为获取战争胜利奠定了基础。

1.3.5 位置服务

位置服务(Location Based Services,LBS)是GIS新兴的应用方向,它整合Internet、无线通信、移动定位与GIS等技术于一体,提供与位置相关的增值服务。简单地说,位置服务就是利用处在无线网络中的基站和移动电话等为用户提供所要查找的位置信息。目前,这项技术得到了迅速发展,在发达国家已经拥有巨大的市场。据统计,美国的LBS到2004年市场占有量达39亿美元,按此预测,2005年的税额将达110亿美元,而2006年的市场占有量将超过400亿美元,经济效益可见一斑。位置服务将是21世纪一项重要的增值业务,我国的移动电话持有量位居世界第一,可以预见,LBS在我国也将具有非常广阔的发展前景。

位置服务的核心技术是无线通信技术、移动互联网技术和GIS技术,它是在GIS平台的支持下,通过无线通信网络获取移动终端用户的位置信息(经纬度坐标),满足用户各种不同的需求。它主要实现以下几项服务功能:

(1) 信息查询

位置服务为移动用户在移动终端上实现一系列GIS功能。如用户可以在终端显示器上调出所处城市的电子地图或各类专题地图,并通过对之进行缩放、漫游等操作,查询当前所在地的位置信息、目的地的相关信息。除此之外,用户还可以查询气象、交通等信息,甚至是办理票务、预订房间等实时的相关信息。可以认为,位置服务的目标就是帮助移动用户实现快捷方便的各种信息查询。

(2) 紧急救助

人们在遇到火灾、病灾等突发性、灾难性事件时,往往容易惊慌失措,导致无法准确及时地向警方寻求帮助。这种情况可能影响救援活动,甚至有可能因为延误时机而导致及时救护的失败。位置服务为实施紧急救助提供了保障,帮助受难者准确及时地将救助地点信息发送给报警或救护中心,有利于救护组织在最短的时间内实施行动,避免更多的人身和财产损失。

(3) 路线导航

根据移动用户当前所处的位置及最终目的地,提供两地之间的最佳路径信息并显示在移动终端的显示器上。当前位置偏离最佳路线时,及时提醒移动用户并提供返回最佳路线的最佳路线方案。这在物流、政府机关中可以率先得到应用,并将极大地提高工作和管理效率。

移动通信具有移动、方便快捷和无处不在等特性,但它不具有Internet的扩展性、开放性、信息海量化和查询方便等优点。将移动通信和Internet技术结合起来产生了移动互联网,使两者优点兼而有之并合为一体,为位置服务提供了广阔的发展空间和坚实的技术基础。目前,GIS已经能够通过网络为用户提供更多的空间信息服务,其优势在社会生产生活中得到了越来越充分的体现。网络 GIS 技术,尤其是基于无线通信网络技术的无线 GIS(或移动 GIS)技术将极大地开拓 GIS 的应用市场,为人民群众提供内容更为丰富、质量更优的空间信息服务,让用户享受到 GIS 带来的便利和乐趣。

GIS 应用于位置服务,使其应用不再局限于桌面系统,也不再局限于有线网络,而是拓展到具有广大客户群的移动通信环境当中,这对 GIS 的发展与应用可谓是一种飞跃。鉴于无线通信及移动网络的特点,GIS 需要提供一系列针对无线产品的解决方案,把桌面 GIS 的一般功能移植到移动终端以服务于移动用户。其中,地理数据库的建立和访问、电子地图数据的实时下载与显示等均是迫切需要解决的问题。

§1.4 GIS 的网络化

1.4.1 GIS 网络化内涵

计算机科学技术的迅速发展、网络的广泛应用以及日益增长的用户需求促使 GIS 朝着网络化、智能化方向发展。在不久的将来,基于有线网络或无线网络的空间信息服务以其巨大的市场潜力及经济价值将成为信息产业中具有旺盛生命力的经济与技术增长点。传统的桌面式 GIS 为空间信息服务提供了最基本的空间信息功能及应用服务支持,但这远远不能满足空间信息服务发展的需求。高质量的空间信息服务要求提供内容更丰富、精度更高、时效性更强的空间信息,满足不同类型用户的各种需求。为适应这一要求,GIS 应用软件的开发应采用新的系统架构、新的地理空间数据组织与管理方式以及新的用户操作模式。高性能、智能化及网络化 GIS 将为空间信息服务提供强有力的技术保障。

计算机、多媒体、虚拟现实、数据库、图形图像、网络通信、网络存储等信息技术的日新月异为促进 GIS 朝着网络化的方向发展提供了强大的技术支持和必要的技术准备。此外,随着人类对地观测技术的迅速发展,GIS 所处理的地理空间信息呈现出海量、分布及实时性等特征。与此同时,人们对高性能、高质量、实时性、智能化的空间信息服务的需求日益膨胀,这都促使 GIS 面向网络化发展成为必然。

顾名思义,网络化 GIS(简称网络 GIS)是以网络为平台的 GIS。具体讲,网络 GIS 是指在网络环境下为各种地理信息科学的应用提供 GIS 的基本功能(如分析工具、制图功能)、分布式计算和空间数据管理的空间信息管理系统。本质上它是一个基于网络的分布式空间信息管理与服务系统,能实现空间数据管理、分布式协同作业、网上发布、地理信息应用服务等多种功能。

网络 GIS 使各个独立的 GIS 基于网络相互连接,使空间数据和 GIS 功能得到广泛共享。传统的 GIS 应用一般基于单机运行,对软硬件环境配置的要求较高,不便于 GIS 的使用与推广。网络 GIS 应用系统可充分利用计算机及网络资源,提高软硬件资源的利用效率,增强空间信息资源的共享及协同处理业务的能力,使 GIS 操作简单化,从而扩大 GIS 的用户群。网络 GIS 是 GIS 应用技术发展的一次飞跃,它具有以下几方面的优点:

(1)拓展了 GIS 的应用领域及服务范围

针对海量地理空间信息的分布性特征,网络 GIS 应用系统可以实现空间数据的分布式管理,即海量空间数据分布在网络上的多台数据服务器上,从而有利于空间数据的分布式管理和共享。计算机网络通信技术的发展与应用,特别是 Internet 的迅速普及,为网络 GIS 提供了开放的、规范的网络应用环境与平台,使 GIS 技术可以更好地服务于社会大众,为更多的应用领域提供更优质的空间信息服务。

(2) 为用户提供透明的操作方式

网络 GIS 一般基于 Intranet 或 Internet 进行构建,用户对 GIS 数据或功能的访问均通过通用的 Web 浏览器或专用的客户端程序进行。换句话说,专业用户或一般用户不必关心服务器端的具体实现细节,即网络 GIS 能为用户提供透明的操作方式。

(3) 降低用户购买 GIS 软件系统成本

在传统的 GIS 应用模式下,客户需要购买整套的 GIS 应用软件或其中的大部分模块后才能正常使用该系统,而一般情况下客户仅仅使用整套专业 GIS 软件中的小部分功能,这将极大地增加用户的经济负担。网络 GIS 的应用仅要求用户进行简单的配置即可使用。这种应用方式不仅能降低用户成本,也便于在服务器端实现 GIS 的更新与维护。

(4) 时效性强

时效性是衡量空间信息服务质量的一个重要指标,也是空间信息服务的重要特征。网络 GIS 可充分利用 Internet 的优势,实时地向广大用户提供更多、更新的空间信息和相应的服务。正如上面所述,网络 GIS 将为用户提供更为透明的空间信息操作方式,用户不必关心服务器端数据的更新以及 GIS 应用功能的变更,网络 GIS 可以将最新的数据和最新的操作功能提供给用户使用,以保证所提供的空间信息和服务的时效性及其服务质量。

网络 GIS 的典型代表是 WebGIS,此外,移动 GIS、网格 GIS 等技术为网络 GIS 增添了更为丰富的内容和呈现形式。随着全球信息化程度的提高,Internet 等信息基础设施将不断地发展和完善。与此同时,市场需求的不断扩大,GIS 应用领域的不断拓宽,使得国内外众多 GIS 企业将产品研发重点转向基于网络的应用与服务上来。这种转变为空间信息科学与技术开辟了新的发展方向和研究领域,使 GIS 最终走进千家万户并使其成功地融入主流信息技术成为可能。

1.4.2 网络 GIS 相关技术

网络 GIS 需要多种现代信息技术作为其技术支撑,以下对这些技术进行简要介绍。

1. 海量空间数据存储与管理技术

地理空间数据具有分布性及海量化等特征。因此对海量、分布的地理空间数据进行高效地存储与管理是网络 GIS 迈向成功的关键。自世界上第一个 GIS 应用系统诞生以来,空间数据的组织与管理一直制约着 GIS 技术的发展与进步。优良的空间数据结构、高效的海量空间数据组织与存储方式和索引算法将极大地提高 GIS 应用系统中各种功能的实现效率。伴随 GIS 的发展历程,空间数据的组织结构、存储方式及管理模式也发生了较大的变化。在空间数据模型方面,可划分为两种主要的数据模型,即对象模型和场模型;在空间数据结构方面,地理空间数据结构可划分为矢量数据结构、栅格数据结构及矢量栅格一体化数据结构三种类别;在空间数据的存储和管理方面,GIS 经历了文件系统、文件系统配合关系数据库管理系统、扩展的关系数据库管理系统、对象-关系型数据库管理系统以及面向对象数据库管理系统等若干个发展阶段。可以看出,GIS 空间数据的组织与管理技术是伴随着计算机软硬件技术和商用数据库管理系统等多种信息技术的发展进步而不断向前推进的,并在充分利用新产品、新技术服务于 GIS 的同时,以空间信息科学领域相关理论为立足点不断地深化 GIS 理论与技术。

早期 GIS 采用文件系统进行空间数据的组织与管理,空间数据及其属性数据都以文件的形式存放,其弊端是显而易见的。随着 GIS 的发展,人们将商用数据库管理系统引入其中,即空间数据仍使用文件方式管理,而属性数据使用关系数据库进行管理,空间数据与属性数据之间通过唯一标识码进行连接。采用这种空间数据存储与组织方式的 GIS 应用系统成为 20 世纪 90 年代 GIS 数据管理的主流技术。此后,随着商用数据库技术的进步以及对海量分布式空间数据存储与管理的迫切需求,更多的 GIS 企业与数据库厂商进行合作,采用新的对象-关系型数据库管理系统进行空间数据的存储与管理,以满足 GIS 的各种应用需求。基于对象-关系型数据库的 GIS 空间数据存储与管理,就是将空间数据及相应的属性数据存放于同一个商用数据库管理系统中进行一体化管理。面向对象技术的使用,使 GIS 应用系统对空间实体对象的描述更贴近于人类对地理环境的认知,同时使系统具有更好的扩展能力。目前,ESRI、Bentley 和 Intergraph 等国际著名 GIS 企业采用面向对象的方式对空间实体数据进行建模处理,均推出了基于对象-关系型空间数据库的 GIS 系列软件产品。

采用对象-关系型数据库或面向对象数据库进行海量空间数据的存储与管理,为 GIS 提供集成化和集约化的空间数据管理模式,将为 GIS 的应用带来更多的好处。这种模式能充分利用商业数据库管理系统在海量数据管理、并发控制、事务处理及数据安全性等方面的优势,增强 GIS 的数据管理能力,为网络 GIS 的广泛应用提供了高效、安全的空间数据管理机制。目前采用集成化结构的商用空间数据库管理软件中,应用最广泛的是 ESRI 公司的空间数据库引擎 ArcSDE,它能将各种数据存放在关系数据库或对象-关系型数据库管理系统中。MapInfo Spatialware、IBM 公司的 DB2 Spatial Extender 以及原 Informix 公司的 Spatial Data Blade 和 Oracle 公司的 Spatial Cartridge 等也具有类似功能。空间数据引擎(Spatial Data Engine,SDE)是一种介于应用程序和数据库管理系统之间的中间件,处在用户应用和异构空间数据库之间,通过开放易用的编程接口,为应用系统提供空间数据的访问功能。因此,对于使用不同厂商 GIS 的客户,可以通过空间数据库引擎将自身的数据提交给大型对象-关系型数据库系统,从而实现不同来源空间数据统一管理。同样,客户也可以通过空间数据库引擎从对象-关系型数据库中获取其他类型的属性数据。

新的空间实体模型及空间数据存储与管理方式更适合于网络 GIS 的应用与推广。基于对象-关系型数据库或面向对象数据库的空间数据库系统,可实现海量空间数据的分布式无缝存储与管理。传统 GIS 应用系统中,空间实体数据通常以图层的形式进行组织,即同一专题类别的空间数据组织为一个图层,如道路、居民地、水系等,而每个图层又以文件的形式保存,其对应的属性数据则保存在关系数据库中,ESRI ArcView 的 Shape 文件和 MapInfo 公司的 Tab 文件均属于这类管理模式。这类空间数据管理模式不能满足网络 GIS 应用系统对海量、分布式空间数据操作的要求,更不能满足对空间数据安全性、事务性及并发性等方面的应用需求。利用商用对象-关系型数据库管理系统或面向对象数据库管理系统将能很好地解决上述问题,即通过建立无缝的、分布式的、面向对象的空间数据库,为网络 GIS 应用提供空间数据服务。不同于传统 GIS 数据管理方法,这种模式可实现地域范围更广、类型更多的空间地物实体的统一管理,突破了传统的图幅范围限制,避免了由于人为分割图幅而造成的空间信息不连续、图幅接边处信息丢失与失真等问题。

近年来,网络存储技术(如 NAS、SAN 等)得到了长足地发展,并已经规模化、商用化。与此同时,激光全息存储、蛋白质存储、光存储等存储技术研究领域也取得了巨大进展。这些先进存储技术的应用可以轻松实现在更小的物理空间范围内存储更多的数据。压缩技术和激光技术的发展已经能够在一个光盘上容纳几个 G 甚至几十个 G 的数据。高效的数据压缩技术使在网络上快速传输海量数据成为可能。在先进的数据存储、数据压缩、数据传输等技术的基础上,网络 GIS 有可能在海量分布式空间数据的存储、管理、分发、传输等方面取得较大突破,并向用户提供更为安全、更加高效、内容更丰富、功能更稳定的空间信息服务。

2. 计算机网络技术

计算机网络是实现计算机之间通信的软件和硬件系统的统称,以资源共享为目的,通过数据通信线路将多台计算机进行互联,其中共享的资源包括计算机网络中的硬件、软件和数据等。

计算机网络技术和 GIS 应用相结合,根据使用范围可以分成三个层次的应用类型,即局域网 GIS 应用、广域网 GIS 应用和 Internet GIS 应用,而从网络应用模式划分,可分为以下几种类型:

(1)主机加终端的网络

这样的网络模式及其拓扑结构属于集中式网络类型,即若干个主机作为服务器,所有的终端设备通过网络线路与主机相连接。当用户通过终端进行操作时,要求与服务器保持持续的连接,因而对线路的连通性要求高。与此同时,服务器承担着所有的工作负载,如同人的心脏一样,需要维持和多个客户端的连接,从而对服务器的性能要求较高。这种网络存在的主要问题是速度较慢,客户端一般使用字符终端,无法显示和处理图形,因此应用领域受到很大限制,并且当服务器发生故障时将导致整个网络瘫痪。

(2)工作组级的对等网络

工作组级的对等网络是指加入网络的每台计算机彼此对等,网络中的计算机管理着各自的资源。在通信中,每台计算机既可以作为其他计算机的服务器,提供数据共享等服务,又可以作为客户端访问其他计算机所提供的服务。这类网络具有构造容易、维护简单、使用方便等特点,但由于缺少集中控制,安全性难以保证,因此很难实现向更大规模的广域网扩展。

(3)客户/服务器网络

客户/服务器网络结合了主机终端网络和工作组对等网络各自的优点。在这种模式的网络中,服务器能够集中管理核心资源(如用户和安全信息),同时客户机也具有一定的自主控制能力和计算能力,因此可以实现软件资源的灵活配置,充分发挥客户机和服务器的计算处理能力。这类网络模式可以减轻服务器的负担,降低对网络传输能力的要求,进而减少网络建设和使用的成本,并具有较大的灵活性和伸缩性,易于部署和使用。

(4) Internet

Internet 是一个全球范围的基于多种拓扑结构和多种通信协议的网络,其特点是覆盖全球,易于连接。但目前存在的主要问题是安全性差、不易管理、速度较慢。

计算机通信网络技术的发展与广泛应用,为 GIS 的发展带来了新的契机。利用计算机网络,GIS 可以实现更多更复杂的功能,提供内容更为丰富的空间信息服务。例如通过网络技术使得海量的空间数据库在地理位置上能够以分布式的形态存在,各个数据库可以局部地进行生产、更新和维护,而网络又使这些分布在不同地理位置的空间数据库可相互连通与协作。Internet 的发展也为 GIS 空间数据在更大范围内进行分发、发布、出版、获取和查询提供了切实有效的技术平台。

3. 无线通信与移动定位技术

无线通信技术近几年得到空前的发展,很大程度上已经改变了人们的生活和工作方式。由于它摆脱了线缆约束,使人们能够自由进入无限可能的无线世界,尽情享受着科学技术带来的种种便利。

目前,我国的手机总拥有量已位居世界第一,并且还在以每年几千万部的速度增长,手机已经逐步成为人们日常生活的必需品。其他的无线通信设备,如 PDA(Personal Digital Assistant,个人数字助理)、掌上电脑等也将在我国被广泛使用。这些都有力地推进了无线技术在人们日常生活中的应用。

随着无线通信技术的日趋成熟和移动通信设备的广泛应用,无线通信技术、Internet 和 GIS 技术的结合越来越成为人们瞩目的焦点,以实时定位为基础的应用需求也在不断增加。

将移动设备和专业的地理信息服务相结合,可为人们提供丰富的实时位置信息。移动设备获取地理数据的方式有两种,一种为预先把地理数据放入移动设备中,由于移动设备存储能力弱,所以能够提供的服务也很有限;另一种方式是移动设备通过无线网络以 HTTP(HyperText Transfer Protocol,超文本传送协议)和 WAP(Wireless Application Protocol,无线应用协议)等应用协议向 Web 服务器发出数据请求,然后从服务器上获取信息并在移动设备上以图形、文字、多媒体等方式表现给用户。

网络 GIS 和无线通信技术的结合给人们带来的最大、最直接的好处就是移动定位服务,即为用户提供随时随地的位置信息服务。目前应用比较广泛的移动定位技术是 GPS,其基本原理是将定位卫星上的信号传递给 GPS 信号接收机,经过误差处理后,将位置信息传给连接设备,经由连接设备将位置信息显示于移动终端设备;另一种移动定位技术是将无线应用协议(WAP)和 GIS 技术结合,使无线接入的用户保持和 GIS 服务器的实时通信,获取位置信息,这是一种基于手机基站的位置信息服务。其实现的方法是,通过手机向基站发射信号,寻找附近的三个基站,基站再将信号传给数据处理中心,由数据处理中心解算移动用户当前的位置,并以短消息方式将位置信息发给手机,以便使手机及时显示当前相应位置的电子地图,完成导航功能。

在不远的将来,任何一个人走在大街上,都可以利用手机查询出最近的餐馆、商店和超市的位置及行车路线等信息。人们来到一个陌生的城市也不必担心迷失方向,利用手机将能迅速查询出附近地图及主要的空间参照物,以引导其顺利地到达目的地。

再以医疗救护为例,当向急救中心请求帮助时,急救中心可以从 GIS 提供的电子地图上快速定位到患者的具体位置,迅速查询出离患者最近的可用急救车辆,并安排调度,实施紧急救助。患者进入救护车后,急救中心可以通过车载无线通信设备,指导救护车上的医生实施救护治疗,从而保证患者能够得到快速、及时的救助与治疗。

如果在汽车、居住地、工作单位甚至路灯上都安装了 GPS、GSM 或其他无线通信设备,那么无论是开车、行路或者是在单位、家里,都可以通过由 GIS、GPS、Internet 以及无线通信技术构成的综合服务系统获得急救、报警以及各种商务服务,使人们真正处于立体的、全方位的数字化生活当中。

4. 高性能并行计算技术

网络 GIS 中的空间数据处理、分析、存储和检索等功能都需要运算能力强、响应速度快、存储容量大、性能稳定可靠的服务器设备。由于技术本身的限制,单个 CPU 的处理速率存在上限,要满足海量空间数据的高效处理要求,计算机集群或并行计算机将发挥重要作用。

并行计算通常是指将一个计算任务划分成彼此相关性较小的多个子任务,并运行于多台计算机之上。通常图像各部分的相关性小,没有逻辑上的因果关系,因此在空间信息处理中,尤其是海量卫星遥感影像数据的处理上,很多情况可用并行处理方法。

目前,高性能并行计算的计算平台有两种实现方式,分别是紧耦合的大型机和巨型机、松耦合的分布式计算机系统。

(1) 大型机和巨型机

大型机和巨型机通常由多个 CPU 进行紧耦合而成,通过总线或高速交换开关来共享存储器,属于多指令流多数据流结构范畴。另外,大规模并行处理巨型机(Massively Parallel Processing super computers,MPP)由一组相对并不昂贵的 CPU 构成,由高速互联网将它们连成一个逻辑单元,利用一套专业的并行处理软件使这些处理部件像一个部件那样运行。MPP 能够提供强大的计算能力,已经成为高性能科学计算的主要硬件平台,是巨型机的发展方向。

(2) 分布式计算机系统

分布式计算机系统是指多个分散的相对独立的计算机经网络连接而成的多计算机系统。其中各个单元相互协同工作又高度自治。控制分布式计算机系统的是分布式程序,它能在整个系统内进行宏观的资源管理,动态地进行资源配置和任务划分,共同完成计算任务。分布式计算机系统具有模块化、并行性和自治性等特点,是多机系统特别是并行处理系统的一种新形式,是计算机网络技术领域迅速发展的一个方向。由于微机的性价比优于大型机,因此,使用若干台微机或工作站构成分布式多机系统,采用分布式处理方式取代集中式大型主机结构,能为政府、高校及科研单位提供更优的高性能计算平台。目前,网格和对等计算是在广域网环境中构建分布式计算机系统中较热门的两种技术。

"网格"是网络技术发展与网络应用需求剧增的必然产物,也是解决目前由于缺乏标准化、模块化的应用产品和服务以及企业信息化成本过高等问题的关键技术,被称为下一代 Internet 技术,构成了未来的信息网络基础设施。

"网格"是利用高速国际互联网或专用网络将分布在不同地域内的计算资源、存储资源、通信资源、软件资源、数据资源、信息资源和知识资源等连成一个逻辑整体,最终实现在网络这个虚拟环境上的资源共享和协同工作。网格计算技术可以连接全球范围内异构的"信息孤岛",形成庞大的全球性计算和存储平台。

目前经常提及的计算网格、数据网格、信息网格、知识网格等是网格技术在不同领域（或不同层次）的应用范例。计算网格侧重于分布式、大规模、高性能计算；数据网格侧重于海量数据的分布式存储、检索、提取；信息网格侧重于信息共享、集成、融合和互操作等，它不同于现在的 Web 服务(Web Service),可以将分布在不同地理位置的计算设备、数据、信息等组织成一个逻辑整体,为不同领域的应用提供各种共享信息,如空间信息网格、生物信息网格等；知识网格则基于网格环境中的各种数据、信息、软件等进行数据挖掘和知识发现,为特定问题的求解提供可信、准确的知识,为科学决策提供依据。

建立大规模网格系统的关键在于网格系统软件（尤指网格操作系统）,其核心包括网格资源管理技术、系统优化技术、网格任务调度管理技术和网格安全技术以及可视化技术等。除网格系统软件外,统一规范的网格技术国际标准也是亟待解决和完善的关键问题。

P2P(Peer-to-Peer,对等网络)技术是分布式计算的另一个热门研究领域,近年来它在数据共享、即时通信及流媒体传输等领域取得了巨大成功,基于对等结构的新型分布式系统迅速发展,已成为构建新型大规模分布式系统的主要技术之一。P2P 技术与网格技术一样,可以为网络环境中大规模资源共享与集成提供解决方案。P2P 有两个层面的基本含义:首先是通信模式层面,这种模式有别于传统的客户/服务器模式,网络中的每个节点在行为上是自由的、在地位上是平等的,任意一个节点都可以发起一个服务请求,也可以接收来自于其他节点的服务请求;其次就是对等网络层面,P2P 是建立在 Internet 上的一个动态变化的覆盖网,而不是一个物理网络,这种覆盖网由一些运行同一个网络程序的客户端互连构成,客户端彼此可以直接访问存储在对方节点上的数据,因而能极大地提高网络传输效率,充分利用网络带宽,开发每个网络节点的潜力。按照覆盖网络的结构可以分为集中式、非结构化和结构化三类 P2P,其中,集中式是最早出现的一种类型,以 Napster 为典型代表,数据采用分布式方式管理;非结构化是以一种分布、松散的结构来组织节点,以 Gnutella 为典型代表,具有拓扑结构简单、容错性好等优点;结构化以一种严格的结构来组织网络节点,能提供高效的数据查询和路由功能,以 Chord 为典型代表,具有查询效率高、可扩展性好等诸多优点。

P2P 技术可以为分布式计算提供良好的平台,鉴此,IBM、Intel 等大公司都在积极探索和试验这种技术在分布式计算领域的能力。尽管 P2P 技术在应用中还存在不少问题,这些问题集中体现在管理、安全、运营模式、知识产权和政策法规等方面,但由于它能使网络上的资源得到更加充分的利用和共享,因此将对未来的网络产生深远影响。

网格和 P2P 有许多相似之处,如都是分布式的计算模式,均以网络环境下的资源共享和节点协同工作为目标,但也有一些实质性的区别。例如,网格更强调节点的性能和服务质量,而 P2P 则更加重视系统构建的灵活性和资源定位的准确性。因此可以将两者的优势结合起来,更好地实现网络环境下的资源共享和协同计算。网格和 P2P 技术的结合将为下一代 Internet 提供重要的基础设施和高计算能力、高可靠性、高灵活性的数据共享和处理环境。

习 题 一

一、填空题

1. GIS 必须具备五个基本功能，即 _____、_____、_____、_____ 和 _____。
2. 图幅接边是指将多张 _____ 按格网拼接为一个 _____。
3. "数字城市"以 _____、_____、_____、_____、_____ 等作为技术基础。
4. 现代物流是指物品从原料生产地到消费地的实体流动过程，是由 _____、_____、_____、_____ 和 _____ 等若干个相互依赖、相互制约的环节集合而成的具有特定功能的有机整体。
5. 用 GIS 制作的军用电子地图较传统军用地图具有 _____、_____、_____、_____、_____ 等特点。
6. 位置服务是 GIS 新兴的应用方向，它集 _____、_____、_____、_____ 等技术于一体，为人们提供与位置相关的增值服务。
7. 高性能并行计算的计算平台主要有两种实现方式，分别是 _____ 和 _____。

二、单项或多项选择题

1. 从 1970 年到 1976 年，美国地质调查研究所建成（　　）多个 GIS，分别用于处理地形、地质和水资源等领域的地理空间数据。
   A. 30　　　　B. 50　　　　C. 80　　　　D. 100
2. 我国 GIS 方面的研究工作始于 20 世纪（　　）年代。
   A. 60　　　　B. 70　　　　C. 80　　　　D. 90
3. 1994 年，中国 GIS 协会在（　　）成立，标志国内 GIS 行业已经形成一定规模。
   A. 上海　　　B. 北京　　　C. 郑州　　　D. 武汉
4. GIS 区别于其他信息系统的最重要特征是（　　）。
   A. 数据输入　B. 数据编辑　C. 空间查询和空间分析　D. 图形显示
5. 一般的信息管理系统往往不需要对（　　）进行管理和操作。
   A. 空间数据　B. 属性数据　C. 时间数据　D. 文档数据
6. 1998 年 1 月，美国前副总统戈尔首先提出了（　　）概念，引起了各国政府和科技界的广泛关注。
   A. 数字城市　B. 数字地球　C. 全球信息化　D. 数字文化遗产
7. 建设（　　）无疑成为全流域生态环境保护、建设和利用这一宏观战略目标强有力的技术支撑和实现方式。
   A. 数字城市　B. 数字地球　C. 数字流域　D. 数字三峡
8. "数字流域"的一个重要特点就是要对流域的地形和地物进行（　　）重建。
   A. DEM　　　B. DTM　　　C. 二维　　　D. 三维
9. 提供位置服务的移动终端可以是（　　）。
   A. PC　　　　B. 移动电话　C. 数码相机　D. MP3
10. 用 Arc/Info 作为服务器来运行，前端使用 ArcView 以文件共享方式访问服务器数据，或者通过 Arc SDE 来访问数据库服务器的数据。这是（　　）的一种网络 GIS 方案。
    A. ESRI　　　B. Intergraph　C. Bently　　　D. MapInfo
11. 空间数据引擎是介于（　　）之间的一种中间件，能为应用系统提供透明、便捷的空间数据服务。
    A. 客户机和服务器　B. 局域网和广域网　C. CPU 和内存　D. 应用程序和 DBMS
12. 数据压缩和激光技术的发展使得在一个光盘上容纳（　　）级的数据成为可能。
    A. KB　　　　B. MB　　　　C. GB　　　　D. TB
13. 下述模式中，（　　）模式可以极大地减轻服务器负担，降低对网络传输能力的要求。
    A. 主机加终端的网络　B. 工作组级的对等网络　C. 客户机/服务器网络　D. Internet
14. 网络 GIS 和无线通信结合给人们带来的最显著好处就是（　　）。

A. 移动定位服务 　　B. 快速数据传输 　　C. 全球漫游 　　D. 电子商务
15. 可以连接全球范围内异构的"信息孤岛",形成庞大的全球性计算体系的是(　　)。
    A. 网络计算 　　B. 高性能并行计算 　　C. 网格计算 　　D. 移动计算
16. 建立网格系统的关键在于(　　)。
    A. 网格硬件基础设施　B. 网格应用软件 　　C. 网格操作系统 　　D. 网格规范与标准

三、判断题

1. GIS 可以根据用户的不同需求,准确、真实、图文并茂地输出用户感兴趣的信息。
2. 计算机科学和网络技术的发展会影响 GIS 技术的发展。
3. GIS 源于地图,因为构成其地理数据库的大量数据源来自于地图。
4. GIS 能为决策过程提供查询、分析和地图数据支持,从这种意义上也可以说 GIS 是一个自动决策系统。
5. "数字城市"的建设能充分利用现有的数据和信息资源,有利于实现数据共享和互操作。
6. "数字流域"是"数字地球"的重要组成部分,是"数字地球"应用的一个重要方向。
7. 科学的物流管理可以达到降低成本和提高服务水平的目的。
8. 军事 GIS 主要服务于作战指挥自动化、战场数字化和军事决策支持。
9. 网络 GIS 的发展是在用户需求和技术发展的共同作用下产生的。
10. 网络 GIS 使各个独立的 GIS 基于网络相互连接,使空间数据和 GIS 功能得到广泛的共享。
11. 网络 GIS 发展已经到了一个很高的水平,即使是网上数据发布、数据共享和互操作、数据安全性等问题均已得到了很好的解决。
12. 有效管理一个 GIS 必须首先解决海量空间数据的存储问题。
13. 实现网络 GIS,只要增大网络的带宽和海量空间数据的存储能力就能发挥出 GIS 的各种优势。
14. 并行计算通常是指将一个计算任务的各个部分同时进行计算,而不是顺序地执行。

四、简答题

1. 简述国内外 GIS 发展历程及每一历程的特点。
2. 简述 GIS 的功能和特点。
3. 简述"数字城市"、"数字流域"与"数字地球"的关系。
4. 简述 GIS 在现代物流管理中的应用。
5. 根据 GIS 的功能与特点描述它在未来战争中的作用。
6. 简述 GIS 与无线通信技术在为人们提供个性化移动定位服务方面的作用。
7. 简要分析空间数据存储与管理技术的发展情况。

五、论述题

1. 围绕 GIS 的主要应用领域论述它在这些领域如何发挥作用。
2. 论述世界各大 GIS 企业为用户提供的网络化 GIS 方案。

第 2 章　计算机网络基础

计算机网络(Computer Network)是计算机技术和通信技术日益发展和紧密结合的产物。它的诞生使计算机体系结构发生了巨大变化,在当今社会经济中起着非常重要的作用。从某种意义上讲,计算机网络的发展水平不仅反映了一个国家的计算机科学和通信技术的发展水平,而且已经成为衡量其国力及现代化程度的重要标志之一。

§2.1　计算机网络的形成与发展

一种新技术的出现一般需具备两个条件:强烈的社会需求与先期技术的成熟。计算机网络的形成与发展也具备这两个条件。1946 年世界上第一台电子数字计算机在美国诞生时,计算机技术与通信技术之间并没有太多直接的联系。直至 20 世纪 50 年代初,由于美国军方的需要,美国半自动地面防空系统在计算机技术与通信技术的结合上进行了尝试并取得了成功。自此,各种组织机构利用计算机来管理信息的速度和要求迅速加快和加强。但早期由于技术条件的限制,当时的计算机都非常庞大和昂贵,任何机构都不可能为员工个人提供整台计算机。主机是用来共享的,主要用于存储和组织数据、集中控制和管理整个系统,用户使用的是连接到主机的终端设备,利用这些终端设备将数据录入到主机中处理,或者是将主机中处理的结果通过集中控制的输出设备输出。通过专用的通信服务器,系统也可以构成一个集中式的网络环境,使用单个主机可以为多个配有输入/输出(Input/Output,I/O)设备的终端用户(包括远程用户)服务,这就是早期的集中式计算机网络,一般也称为集中式计算机模式。它最典型的特征是:通过主机系统形成大部分的通信流程,构成系统的所有通信协议都是系统专有的,大型主机在系统中占据着绝对的支配作用,所有控制和管理功能都由主机来完成。

随着计算机技术的不断发展,尤其是大量功能先进的 PC 问世,使得个人可以使用独立的计算机来完成希望的任务处理,而且这种 PC 的性能经过数十年的改进,已和过去的主机性能不相上下,甚至更高。在以 PC 这种独立计算平台和高性能服务器、工作站、无线移动设备构成的计算机网络基础上,产生了许多各异的网络计算模式,其中比较有代表性的是分布式计算模式。

2.1.1　计算机网络的发展阶段

计算机网络从诞生到现在已经得到了迅速地发展,我们可以从体系结构上将计算机网络的发展与演化大致归纳为四个阶段。

第一阶段:以主机为中心的联机终端系统。其典型的特点是,单台或多台终端系统连接在一台主机上,共享主机的资源(包括主机的软件和硬件资源)。计算任务、数据管理和

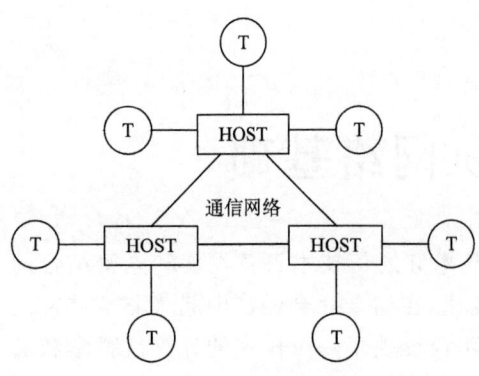

图 2-1 主机-主机结构示意图
T：终端；HOST：主机

主机与终端之间的通信均由主机承担,而终端是作为用户和主机之间交互的设备而存在的。

显然,这种网络的特点是,主机负载太重,线路利用率低。

第二阶段:以通信子网为中心的主机互联。其最初的结构是多个终端联机系统的互联,形成了以多主机为中心的网络,网络结构从"主机-终端"转变为"主机-主机"(HOST-HOST)形式。如图 2-1 所示。

随着技术的不断发展,主机-主机结构的网络也经过了一系列的演进过程。这种演进的第一个阶段是将通信功能从主机中分离出来,由通信控制处理机专门处理主机与主机之间的通信任务。其特点是将通信功能从主机中剥离后,减轻主机负担,同时为两层结构的计算机网络的形成奠定了基础。

演进的第二个阶段逐渐形成了两层结构的计算机网络(如图 2-2 所示),由通信控制处理机连接起来构成的网络,主要为主机提供信息传输服务,称为通信子网。而建立在通信子网基础上的主机集合,主要提供计算资源,称为资源子网。

随着通信子网的规模逐渐扩大,出现了许多私有和公有(PSTN、X.25 等)数据通信网络,使两层结构的计算机网络进一步走向成熟。Internet 的前身 ARPAnet 是主机-主机结构的典型代表。

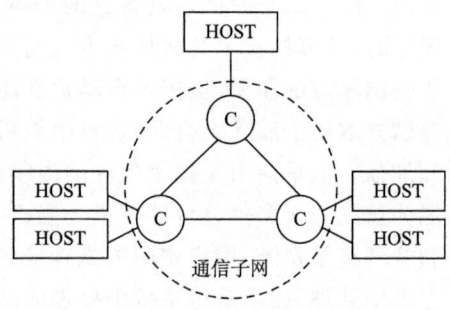

图 2-2 两层结构的计算机网络
C：通信控制处理机；HOST：主机

第三阶段:开放式标准化网络。不同网络设备之间的兼容性和互操作是推动网络体系结构标准化的原动力。在解决计算机联网与网络互联标准化问题的背景下,提出了开放系统互联参考模型与协议,促进了符合国际标准的计算机网络技术的发展。

第四阶段:宽带综合业务数字网。随着计算机技术和信息技术的进一步发展,计算机网络向综合化、高速化和智能化方向发展,并获得广泛应用。目前计算机网络的发展正处于这个阶段。

2.1.2 计算机网络协议的标准化进程

由于许多网络是使用不同的硬件和软件的异构网络,使得大部分网络相互之间不能兼容,不能进行通信。为解决这个问题,研究建立网络的标准是非常必要的。为此,一些大的计算机公司在纷纷开展网络与产品研发工作的同时,提出了各种网络体系结构与网络协议标准。例如,IBM 公司的系统网络结构(System Network Architecture,SNA)、DEC 公司的数字网络结构(Digital Network Architecture,DNA)和 UNIVAC 公司的分布式计算结构(Distributed Computing Architecture,DCA)等。

网络体系结构与网络协议的理论研究成果为网络理论体系的形成奠定了基础,很多的网络体系结构经过适当修改与充实后仍在广泛应用。例如,目前在 Internet 中广泛使用的 TCP/IP 就是在 ARPAnet 的体系结构基础上发展起来的。

在 20 世纪 70 年代后期,研究者发现了在计算机网络中存在的问题,即各种网络体系结构和协议标准的不统一,将会使计算机网络的发展和应用受到很大限制。因此,计算机网络体系结构与协议必须走标准化的道路。

20 世纪 80 年代初期,网络体系结构与协议标准化的研究取得了重大进展。国际标准化组织(International Organization for Standardization,ISO)在 1983 年制定出了开放系统互联参考模型,简称 OSI(Open Systems Interconnection),并于 1984 年发表。参考模型的建立,使计算机网络厂商能生产出可互操作的网络产品。尽管大多数产品在世界各地生产、采用不同的技术,但因为遵循参考模型的协议规范,所以使得这些产品之间具有兼容性和互操作性。这一模型与协议的研究成果对推动网络体系结构理论的发展起到了很大的作用。

20 世纪 80 年代,PC 之间资源共享需求的增加促使局域网技术得到快速发展,而随着局域网的广泛使用和各种局域网产品的增加,局域网的标准化愈加显得重要。国际电工电气委员会(IEEE)下设的 802 委员会在局域网的标准制定方面付出了艰辛的努力,制定了 IEEE802 系列标准,有时也被称为局域网参考模型,其中包括 CSMA/CD、令牌总线、令牌环网等底层网络协议。该标准已被 ISO 采纳,作为局域网的国际标准系列,称为 ISO8802 标准,对局域网的标准化进程起到了相当大的推动作用。

随着网络技术全面推进到各个应用领域,传统的面向系统互联的网络体系结构已经不能满足各种以高性能为重要评价指标的网络应用需求。既继承传统计算机网络体系结构,同时又吸收软件体系结构的基于交互的网络体系结构框架模型,将是计算机网络体系结构的重要发展趋势。该模型从宏观网络分层结构、组件化框架模型以及网络组件及其交互模板三个抽象级别描述网络体系结构,既保留了传统网络对等层交互的开放互联结构,又引入了现代网络相邻层交互的可定制结构,非常适合描述和评价过去以及现在具有灵活服务定制要求的高性能网络体系结构。

§2.2 计算机网络的基本概念与功能

计算机网络自诞生以来,在几十年的时间里取得了非常令人惊喜的研究成果。那么,什么是计算机网络呢?在计算机网络的不同发展阶段,人们提出了不同的定义。这些定义也正反映了当时的网络技术发展水平以及人们对网络的认识程度。他们主要是从广义的观点、资源共享的观点和用户透明性的观点三个方面来对计算机网络进行定义的。相对来说,基于资源共享观点的定义能够比较准确地表述计算机网络的基本特征;而广义的观点更侧重于对计算机通信网络的描述,用户透明性的观点则更多的是描述分布式计算机系统。

总之,为了能够给计算机网络下一个相对准确的定义,一方面对计算机网络的基本特征要有比较清楚的认识,另一方面对计算机网络与分布式计算机系统的区别也要有比较清楚的了解。

2.2.1 计算机网络的概念

根据资源共享观点对计算机网络进行定义是当前广泛采用的一种比较容易理解和为人所接受的方式。相关的定义有：

1) 以能够相互共享资源的方式互联起来的计算机系统的集合；
2) 将若干台计算机通过传输介质物理连接，并通过网络软件相互联系到一起而实现资源共享的计算机系统；
3) 利用各种通信手段，例如电话、微波通信等，把地理上分散的计算机有机地结合在一起实现相互通信且共享软件、硬件和数据等资源的系统；
4) 将地理位置不同、具有独立功能的多个计算机系统通过通信设备和线路连接起来，以功能完善的网络软件实现资源共享的系统。

从上面的定义我们可以发现资源共享的观点所定义的计算机网络具有以下三个共同点：

1) 计算机网络的主要目的是实现计算机资源的共享，其中共享的资源包括软件、硬件和数据资源。
2) 互联的计算机是分布在不同地理位置的多台独立的"自治计算机"。互联的计算机之间可以没有明确的主从关系，每一台计算机都有独立的软件系统和硬件系统，可以独立完成各种计算任务。
3) 联网的计算机之间的通信必须遵循共同的通信规则——协议。计算机网络由多个互联的节点（"自治计算机"）组成，节点之间要做到有条不紊地交换数据，每个节点都必须遵守一些事先约定好的通信规则。

依据资源共享观点对计算机网络共同点的描述，很容易判断一个互联的计算机系统是否为计算机网络系统。

2.2.2 计算机网络与分布式计算机系统的区别

分布式计算机系统与计算机网络系统在计算机硬件连接、系统拓扑结构和通信控制等方面基本一样，都具有通信和资源共享的功能。因此，它与计算机网络是两个比较容易混淆的概念。

分布式计算机系统是在分布式计算机操作系统支持下，进行并行计算和分布式数据处理的计算机系统，也就是说各互联的计算机可以互相协调工作，共同完成一项任务，一个大型程序可以分布在多台计算机上并行运行；而计算机网络系统是在网络操作系统支持下，实现互联的计算机之间的资源共享，该系统中的各计算机通常是各自独立进行工作的。随着网络技术的发展，计算机网络系统也渐渐地具有一些分布式计算机系统的功能，所以，也称分布式计算机系统为分布式计算机网络。

从上面的论述可以看出，分布式计算机系统与计算机网络系统主要的区别在于：

1) 分布式计算机系统是在分布式计算机操作系统支持下进行的并行计算和分布式数据处理。

2) 分布式系统是一个构建于网络之上的软件系统。可见,计算机网络和分布式系统之间的区别主要在软件(尤其是操作系统)方面,而不是硬件。

2.2.3 计算机网络的功能

经过40多年的快速发展,计算机网络被广泛地应用于政治、经济、军事、生产及科学技术的各个领域。概括起来,计算机网络的功能主要表现在如下几方面:

(1) 数据通信

在信息量激增的信息社会,传统的信息交换方式已不能满足信息社会的需求。计算机联网之后,可以互相传递数据,进行通信。利用计算机网络这种全新的手段交换信息已是信息社会中不可替代的主要通信方式。

(2) 资源共享

资源共享是计算机网络的主要功能之一。可共享的主要资源有:硬件、软件和数据。

硬件资源:内外存储器、外部设备、CPU处理能力等。共享硬件资源是共享其他资源的基础。

软件资源:各种语言处理程序、服务程序和各种应用程序等。

数据资源:数据文件、数据库中的数据等。

(3) 提高系统的可靠性和可用性

对于一个非网络系统来说,单个部件或计算机的暂时失效必须通过替换设备才能维持整个系统的继续运行。而在计算机网络系统中,由于各种资源分布存放,有些资源互为备份,这样可以避免因单点的暂时失效而影响用户。

(4) 促进分布式数据处理和分布式数据库的发展

单个系统的处理能力是有限的,而自治计算机之间的互联使它们之间实现分布式协同计算成为可能,从而为分布式数据处理和分布式数据库的发展奠定了必要的硬件基础。

§2.3 计算机网络的组成及分类

2.3.1 计算机网络的组成

根据资源共享观点对计算机网络的定义,可将计算机网络的组成概括为以下几个部分:计算机、操作系统、传输介质(可以是有形的,也可以是无形的,如无线网络的传输介质就是无形的无线电波)以及相应的应用软件。其中,计算机是网络中被连接的对象;传输介质则用于将分布在不同地理位置的计算机连接起来构成网络;为了让互联起来的计算机之间可以实现数据交换和资源共享,互联起来的计算机之间还必须遵循事先约定的通信规则,操作系统和相应的软件则是计算机网络的通信规则和规程的具体实现。

以下的几类硬件设备常用于计算机网络中,以实现网络设备之间的连接:

1) 中继器(Repeater)。是最简单的网间连接器,提供对信号的放大和转发,它只能连接具有相同物理协议的局域网。中继器主要用于扩充局域网电缆段的距离,在同一个局域网中,也可以采用局域网延长介质长度。

2) 集线器(Hub)。用于连接计算机组和具有复杂拓扑的局域网。例如一个机房或者几个寝室里面的机器就可以使用 Hub 互联成一个局域网。

3) 交换机(Switch)。为网络用户组提供比 Hub 更优秀的性能。交换机建立一个工作站和服务器间的私有连接(或者一个到服务器的高速骨干连接)。比如说一栋办公楼里的机房甲和机房乙中的计算机就可以通过交换机连接到楼层服务器上。

4) 网桥(Bridge)。是在数据链路层实现局域网互联的存储转发设备,它独立于高层协议,可以实现异构型局域网的互联。例如,用户可以使用网桥把以太网连接到令牌环网或 ATM(Asynchronous Transfer Mode,异步传输模式)网络。

5) 路由器(Router)。使用在广域网中,它工作在网络层,把网络数据报文传送入正确的传送设备。路由器最通常的用法是把一个局域网分为几个子网,以提高它的性能。路由器结构比网桥复杂,速度也慢,但是具有更大的灵活性和更强的异种网络互联能力。

2.3.2 计算机网络的分类

根据不同的分类标准(或依据),对计算机网络可以有不同的分类。这些标准只能反映网络某方面的特征。这里我们对几种典型的分类方法及相应的网络类型概括如下:

1. 按分布距离

按计算机网络中自治计算机的分布距离的远近可以将计算机网络分为:局域网(Local Area Network,LAN)、城域网(Metropolitan Area Network,MAN)、广域网(Wide Area Network,WAN)、互联网(Internet)。

(1) 局域网

局域网是最常见、应用最广的一种网络,是指在局部地区范围内的网络,它所覆盖的地区范围较小。一般来说,局域网在计算机数量配置上没有严格的限制,少的可以只有两台,多的可达数百台。局域网在网络所覆盖的地理距离上可以从几米至十 km 以内。局域网的传输速率高,可以达到 4Mbps~2Gbps[①]。

(2) 城域网

城域网一般来说是由一个城市、但不在同一地理小区范围内的计算机互联而成的网络。这种网络的连接距离可以在 10~100km,它采用的是 IEEE802.6 标准。传输速率为 50~100Kbps。如果采用光纤传输,速率能达到 10~100Mbps。

城域网多采用 ATM 技术做骨干网。ATM 是一个用于数据、语音、视频以及多媒体应用程序的高速网络传输方法。过去几年,ATM 网应用十分广泛,现正逐渐被其他技术替代。

(3) 广域网

广域网也称为远程网,所覆盖的范围比 MAN 更广,它一般是由不同城市之间的 LAN 或者 MAN 互联而成,地理范围可从几百千米到几千千米。因为距离较远,信息衰减比局域网严重,所以,这种网络多租用专线以减少信息的衰减。广域网的传输速率远低

---

① bps:位每秒,数据传输速率单位

于局域网传输速率,一般在 9.6Kbps~45Mbps 之间。

(4) Internet

Internet,中文称为"因特网"、"互联网"。无论从地理范围,还是从网络规模来讲,它都是目前世界上最大的一种网络。现在,Internet 几乎已经延伸到了世界所有的地方。

2. 按交换方式

根据计算机网络在不同时期采用的交换方式的不同,可以将计算机网络分为电路交换、报文交换、分组交换等方式(详见 2.4.5)。

(1) 电路交换

在数据传输之前设置一条连通的物理通路。线路拆除(释放)前,该通路由一对用户完全占用。电路交换效率和线路利用率均不高,只适合于较轻或使用租用线路通信的场合。

(2) 报文交换

报文交换方式的数据传输单位是报文。报文是站点要一次性发送的完整数据块,其长度不限且可变。当一个站要发送报文时,它将一个目的地址附加到报文头上,网络节点根据报文中的目的地址信息,把报文发送到下一个节点,并逐个节点转送直至目的节点。

(3) 分组交换

分组交换是报文交换的进一步发展,它将报文分成若干个分组,每个分组的长度有一个上限。有限长度的分组降低了每个节点的存储压力,分组可以存储到内存中,以提高交换速度。它适用于交互式通信,如终端与主机通信。分组交换有虚电路分组交换和数据报分组交换两种。分组交换是计算机网络中使用最广泛的一种交换技术。

3. 按拓扑结构

拓扑结构是指网络中计算机的物理连接方式,它影响着网络的设计、功能、可靠性以及通信费用等方面。按网络的拓扑结构可以将网络分为:总线型网络、环型网络、星型网络、树型网络、网状型网络和混合型网络。这里主要对前三种网络作一介绍。

(1) 总线型网络

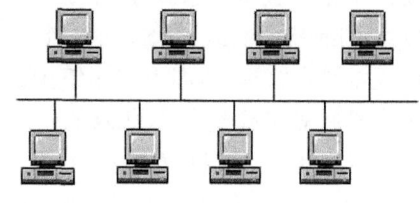

图 2-3 总线型网络

如图 2-3 所示,总线型网络采用一个公共信道作为传输媒体,所有节点都通过相应的硬件接口直接连到公共传输媒体上,任何一个节点计算机发送的信号都沿传输媒体传播,且能被其他节点计算机接收。其优点是所需线缆少、成本低、易于扩充、结构简单、可靠性较高。缺点是采用竞争总线方式传输,易产生争用总线的冲突,在节点多、负荷重的情况下,传输效率很低;另外,由于总线型结构不是集中控制,故障诊断与隔离比较困难。

(2) 星型网络

如图 2-4(a)所示,星型结构的网络由中央节点和通过点到点通信链路连接到中央节点的各个节点组成,采用集中式控制策略,节点间的通信都要通过中央节点并由其控制。优点是结构和控制简单、便于管理;故障诊断和隔离容易,单个节点发生故障不会影响全网;中央节点对各个节点的服务方便,对全网的重新配置也方便。缺点是所需线缆长、成本高;可靠性依赖于中央节点,若中央节点发生故障,则全网瘫痪。

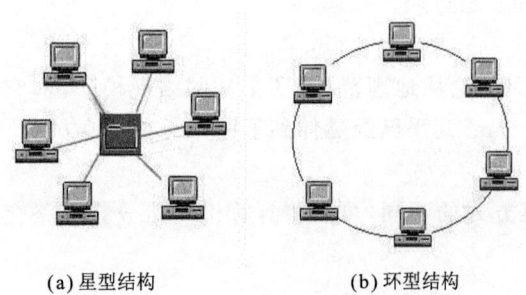

(a) 星型结构　　　　　(b) 环型结构

图 2-4　星型与环型网络拓扑结构

（3）环型网络

如图 2-4（b）所示,由节点和连接节点的链路组成的一个闭合环,每个节点能接收从一条链路传来的数据,并以同样的速度把该数据沿着环路送到另一端链路上。优点是结构简单、所需线缆短、成本低;扩充方便、增减节点容易;可使用光纤,传输率高。缺点是可靠性差,一个节点发生故障可导致全网瘫痪;故障检测困难;由于采用令牌传递方式,即使在负载很轻的情况下,其等待时间也相对比较长。

此外,还可以根据使用的网络协议将网络分为:使用 IEEE802.3 标准协议的以太网(Ethernet);使用 IEEE802.5 标准协议的令牌环网(TokenRing);另外还有 FDDI 网(Fiber Distributed Data Interface,光纤分布式数据接口)、ATM 网、X.25 网、TCP/IP 网等。而根据行业特性,又可将计算机网络分为公用网络(如 PSTN 等)和专用网络(如教育网、水利信息网等)。

4. 按服务性质

任何一种网络都是为特定的用户群服务的。考虑到目前的网络应用实际,可以按服务的性质对其进行分类,主要有:工作组网络(WorkGroup Network)、部门级网络(Department Network)和企业级网络(Enterprise Network)。

（1）工作组网络

工作组网络通过连接有限数量的用户(通常为 25 个或更少)来实现共享文件、打印设备和其他计算机资源的目的。微软的 Windows Network 是最常见的工作组级网络操作系统(Network Operating System,NOS)。工作组网络通常是自管理的,即由工作组中的成员来控制对工作组共享资源的访问权限。工作组计算机通常采用端-端(Peer-to-Peer)的网络实现互联,使用单一的网络协议。在端-端网络中,任一台计算机都可以和工作组中的其他计算机共享自身的资源,如文件、光(磁)盘驱动器、调制解调器(Modem)、绘图设备、打印设备等。图 2-5 显示了一个比较常见的工作组网络的拓扑结构。

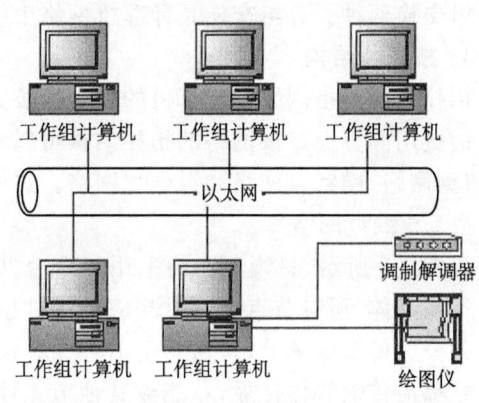

图 2-5　共享 Modem 和绘图仪的工作组网络

（2）部门级网络

部门级网络使用专门的服务器来为客户工作站提供资源,且服务器功能通常是单一的。Novell Netware、Windows NT Server 等都是客户/服务器网络操作系统的例子。部门级网络通常包含远程访问服务器(Remoting Access Server,RAS)以使用户的计算机能顺利连接到服务器上。服务器一般分为以下三类:文件服务器、应用程序服务器和数据库服务器。图 2-6 显示了带有一个文件兼/或应用程序服务器的简单部门级网络,该服务器配有单线或多线接口的调制解调器,以便为移动用户和远程用户提供远程访问服务。

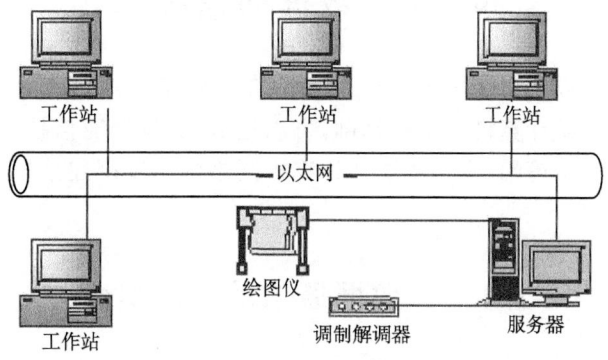

图 2-6 共享绘图仪和 Modem 的简单部门级网络

(3) 企业级网络

企业级网络用来连接多个部门级 LAN,通常跨度比较大。图 2-7 展示了组成企业级网络的部分或全部 LAN 中的一个。多数企业级网络都使用多种通信方式把 LAN 连接到 WAN,具体连接类型依赖于各个 LAN 间的距离。图 2-7 中的以太网 LAN,采用 TCP/IP 协议,通过一个网关连接到一个大型主机上,经由网桥连接到 FDDI 和一个铜介质令牌环网上。该 WAN 中还有一条能访问高速电话线的 T1 信道,用于建立 Internet 的连接。

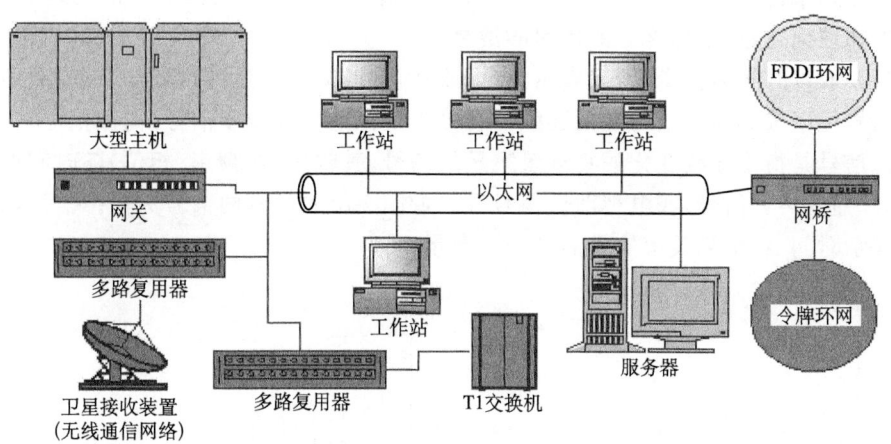

图 2-7 用作一个广域网中心的企业级网络示意图

在 20 世纪 90 年代后半期,企业为了适应 Internet 的到来,一种类似 Internet 企业内部应用模式的网络——Intranet 应运而生。它并非纯粹的 LAN 或 WAN,而是在它们之上赋予了新的含义。简言之,Intranet 是企业自己的内部网络,不过这个网络同样采用了基于 Internet 的协议和工具,如 E-mail、Web 浏览器和文件传输等,因而使得一个企业内部能充分享用 Internet 的各种优势,如信息共享和管理、实时通信和协作、使用分布式的数据库等。目前，Internet 上已有超过 60% 的 Web 节点属于 Intranet 的 Web 节点。

§2.4 数据通信技术

数据通信主要研究用什么媒体、什么技术使信息数字化，并把它从一个地方传输到另一个地方。数据通信是计算机网络的基础，可以这么说，没有通信技术的发展，就没有计算机网络的今天。限于篇幅，本章主要从计算机网络的角度阐述数据通信的基本概念和原理。

2.4.1 数据通信的基本概念

1. 信息、数据与信号

(1) 信息和数据

交换信息是通信的目的。不同领域中对信息有各种不同的定义，一般认为信息是人对现实世界事物存在方式或运动状态的某种认识。而计算机产生的信息可以是数值、文字、图形、声音、图像、动画及它们的组合。为了传送这些信息，首先要将这些信息用二进制代码来表示。这些表示信息的二进制代码实际上是数据的一种形式，也就是说，这些表示信息的载体归根到底都是数据的一种形式。因此可以说，数据是信息的表现形式，而信息则是数据所要表达的内涵与意义。

(2) 信号

信号是用来传递信息(数据)的电编码或电磁编码。信号是数据具体的物理表现，具有确定的物理描述，其中包含了要传递的消息。

信号一般以时间为自变量，以表示消息(或数据)的某个参量(振幅、频率或相位)为因变量。信号可以按其因变量的取值连续与否分为模拟信号和数字信号(离散信号)。

模拟信号是指用连续变化的物理量表示的信号，其幅度(或频率、相位)随时间作连续变化，如广播的声音信号，或电视图像信号等。如图 2-8(a)所示的信号为模拟信号，其中，横坐标表示时间，纵坐标表示信号的某一个参量。

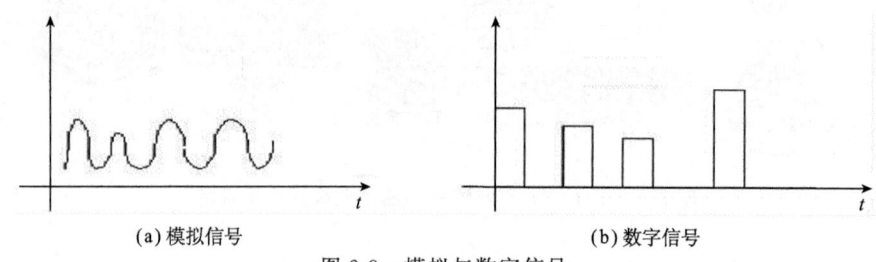

图 2-8 模拟与数字信号

数字信号是一系列离散的电脉冲，计算机产生的电信号是用两种不同的电平表示 0、1 比特序列的电压脉冲信号。如图 2-8(b)所示的波形即为数字信号的波形。

(3) 信道

在数据通信中将信号传递的通道称为信道。根据信道传输信号的类型，可以将信道分为数字信道和模拟信道。其中,模拟信道上传递的一般是模拟信号,而数字信道上则主要传输数字信号。

2. 通信与通信系统

通信的任务是将信号从发送方(通常称为信源)传递到接收方(通常称为信宿)。既然信号可以分为模拟信号和数字信号,那么与之相对应,按照信道上传输的信号类型,可以将通信分为模拟通信与数字通信。在模拟通信中,通常以模拟信号来传递要发送的消息,而数字通信则以数字信号传递消息。

通信系统是指实现通信过程的全部技术设备设施和信道(传输媒介)的总和。依据通信的不同类型,通信系统有模拟通信系统与数字通信系统之分。不同的通信系统,具体设备和功能可能各不相同,但概括起来,我们可以抽象出通信系统的一般模型,如图 2-9 表示。从图中可以看出,通信系统一般包括信源、发送转换器(发送器)、信道、接收转换器(接收器)和信宿五部分。

信源是信息的产生者,根据信源输出信号的性质和形式的不同,可分为模拟信源和离散信源。

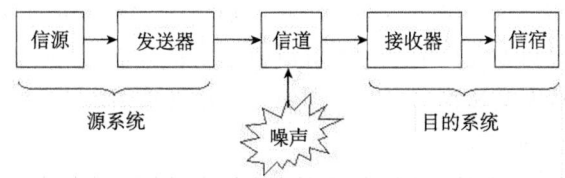

图 2-9 通信系统的一般模型

发送器的作用是实现信息的转换,其作用是首先将信息变为一个随时间变化的电信号,然后再将电信号转化为适于在信道中传输的物理量形式,与传输媒介相匹配,即进行编码或调制(详见 2.4.2)。

信号在信道中传输,会受到从各种噪声源传来的噪声干扰,造成信噪比的降低。

接收器的主要任务是从来自信道的带有噪声的信号中提取出原始信息,并进行解调、译码等,它实质上是发送器的逆过程。信号经过接收器转换后,便可直接传给用户。

在通信系统的一般模型中,将信源和发送器一起构成的系统称为源系统,其任务主要是信号的产生和发送;而接收器和信宿则一起构成通信系统的目的系统,其主要任务是对接收到的数据进行解调或译码变换后交给用户。

3. 通信方式

通信方式是数据通信中另一个要考虑的问题,也就是说,在设计一个数据通信系统时,还要考虑采用的通信方式,即是采用串行通信方式还是并行通信方式;是采用单工通信,还是半双工通信或是全双工通信方式;是采用同步通信方式还是异步通信方式。

(1) 串行通信与并行通信

串行数据通信时,数据是在通信信道上逐位传输的,先由计算机内的发送设备,将几位并行数据经并-串转换硬件转换成串行方式,再逐位传送到达接收端,并在接收端将数据从串行方式重新转换成并行方式,以供接收方使用。如图 2-10(a)所示。

并行通信是多个数据位在两个设备之间并行传输,发送设备将这些数据位通过对应

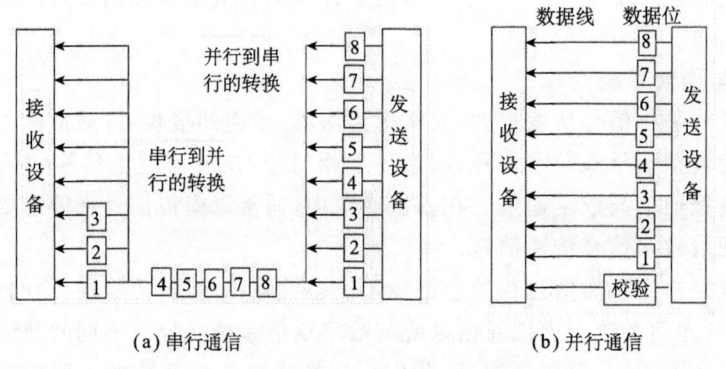

(a) 串行通信　　　　　　　　　(b) 并行通信

图 2-10　并行通信与串行通信示意图

的数据线传送给接收设备,还可附加一位数据校验位。接收设备可同时接收到这些数据,不需要做任何变换就可直接使用。如图 2-10(b)所示。

与并行通信方式相比,串行通信的数据传输速度要慢得多,但对于覆盖面极其广阔的公用电话系统来说具有更大的现实意义;而并行通信方式主要用于近距离通信。这种方法的优点是传输速度快、处理简单。计算机内的总线结构就是并行通信的例子。显然,采用串行通信方式时,只需要在收发双方之间建立一条通信信道,而采用并行通信方式时则需在收发双方建立多条通信信道。

(2) 单工、半双工与全双工通信

数据的通信按照信号传送方向与时间的关系,可以分为:单工通信、半双工通信和全双工通信。如图 2-11 所示。

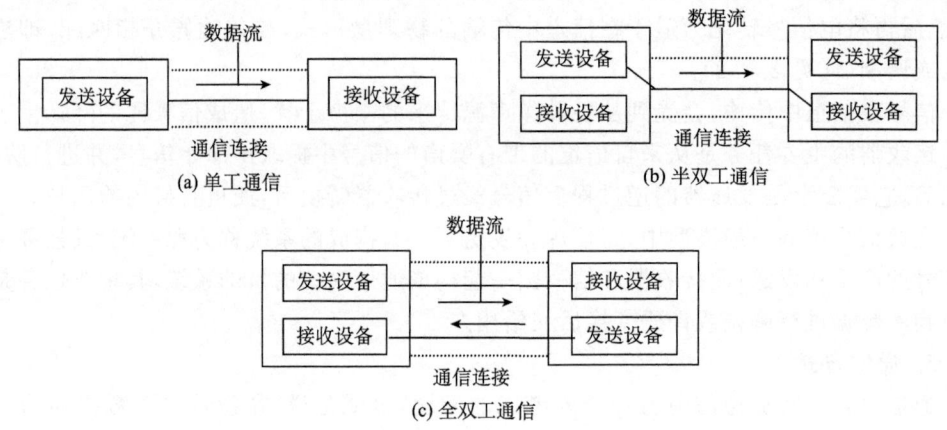

图 2-11　单工、半双工与全双工通信

单工通信方式只支持数据在一个方向上传输。例如,无线电广播,只能被动接收;半双工数据通信方式允许数据在两个方向上传输。但是,在某一时刻,只允许数据在一个方向上传输,实际上是一种切换方向的单工通信,例如,对讲机,只能接听完后才能回话;全双工数据通信允许数据同时在两个方向上传输,因此,全双工通信是两个单工通信方式的结合,它要求发送设备和接收设备都有独立的接收和发送能力,例如,电话,可以同时讲和听。

(3) 同步技术

同步是数字通信中必须解决的一个重要的问题。所谓同步,就是要求通信的收发双方在时间基准上保持一致,包括在开始时间、位边界、重复频率等上的一致。

在数据通信中解决通信双方的同步问题的方法主要有:位同步与字符同步。

1) 位同步技术

数据通信双方的计算机在时钟频率上存在着差异,而这种差异将导致不同计算机的时钟周期的微小误差。尽管这种差异是微小的,但在大量的数据传输过程中,这种微小误差的积累将足以造成传输的错误。因此,在数据通信中,首先要解决收发双方计算机的时钟频率的一致性问题。一般方法是,要求接收端根据发送端发送数据的起止时间和时钟频率,来校正自己的时间基准和时钟频率,这个过程就叫位同步。可见,位同步的目的是使接收端接收的每一位信息都与发送端保持同步。目前实现位同步的方法主要有外同步法和自同步法两种:① 外同步法。外同步的方法是,发送端发送数据之前先发送同步时钟信号,接收方用这一同步信号来锁定自己的时钟脉冲频率,以此来达到收发双方位同步的目的;② 自同步法。接收方利用包含有同步信号的特殊编码(如曼彻斯特编码)从信号自身提取同步信号来锁定自己的时钟脉冲频率,达到同步目的。

2) 字符同步

字符同步是以字符为边界实现字符的同步接收,也称为起止式或异步制。

字符同步并不要求对数据的每个二进制位实行同步,而是针对一个字符内所含的二进制位串进行同步,位串可以是 5、7、8 位。在开始发送一个字符之前,发送端向信道发送一个起始位,通常为一个单位逻辑"0",用低电平表示。接收端收到起始位后,启动它的内部时钟,使其与发送设备保持同步,然后接收位串,直到收到停止位为止。停止位一般为 1.5 或 2 个单位逻辑"1",用高电平表示。第一个字符的停止位和下一个字符的起始位之间的时间间隔没有限制。

4. 基带传输与频带传输

在信道上直接传输二进制电压的脉冲信号称为基带信号,而基带就是这种原始信号所占的基本频带。基带传输不适合远距离通信,一般用在局域网中,典型的传输率为 10Mbps。

远程通信往往利用现有的 PSTN,全球性的深入到家庭的数字网络还未建立起来,而 PSTN 却很普及,所以选择 PSTN 比较经济、现实。电话线是为传输语音信号而设计的模拟信道,频率范围在 300～3400Hz,不适合直接传输数字脉冲信号。要利用电话网进行数据通信,就必须把计算机送出的数字信号变为模拟信号,这一过程称为调制。具体做法是:选择某一种频率的正(余)弦信号作为载体(载波),在发送端用基带脉冲信号对载波进行波形变换(调制),经过电话线传送到接收端,在接收端要把原来的信号恢复过来计算机才能接受,这一过程称为解调。频带传输就是指把数字信号调制成高频模拟信号再传输,到达接收端后再解调为原来的数字信号。

5. 信号的频谱与带宽

信号具有时域和频域两种基本的表现形式和特性。时域特性反映信号随时间变化的情况;频域特性不仅含有信号时域中相同的信息量,而且通过对信号的频谱分析,还可以清楚地了解该信号的频谱分布情况及所占有的带宽。通常把信号的振幅按照频率的高低依次排列起来所形成的谱状图形称为信号的频谱,而信号的频谱所覆盖的频率范围称为信号的绝对带宽。由于信号的大部分能量集中在一个相对较窄的频带范围之内,因此,我们将信号的大部分能量集中的那段频带称为有效带宽,简称带宽。

6. 数据传输速率与信号传输速率

数据传输速率是指每秒传输二进制信息的位数,通常也称为比特率,单位为位/秒,记作 bps 或 b/s,可用下述公式表示:

$$S = (\log_2 N)/T \tag{2-1}$$

式中,T 为一个数字脉冲信号的宽度(全宽码)或重复周期(归零码),单位为 s;N 为一个码元所取的离散值个数,通常 $N=2^K$,K 为二进制信息的位数,$K=\log_2 N$。$N=2$ 时,$S=1/T$,表示数据传输速率等于码元脉冲的重复频率。

数据传输速率是衡量信号传输性能的重要指标之一。速率越高意味着传输每一位二进制数所占用的时间越短。

信道在单位时间内能传输的码元(时间轴上的最小编码单位)的数量称为信号传输速率,单位为波特或波特率,记作 Baud。计算公式为:

$$B = 1/T \tag{2-2}$$

式中,T 为信号码元的宽度,单位为 s。信号传输速率,也称码元速率、调制速率或波特率。由式(2-1)、式(2-2)得波特率与比特率的关系如下:

$$S = B \times \log_2 N \tag{2-3}$$

或

$$B = S/\log_2 N \tag{2-4}$$

2.4.2 数据编码与调制

业已知道,数据只有编码为电磁脉冲信号和适合在一定信道上传输的物理量时才能进行传输。这种把信号转化为(表示为)适合在信道上传输的物理量的过程在数据通信中被称为编码。

前面曾介绍过,在网络中常用的通信信道可根据数据通信类型分为模拟通信信道和数字通信信道。相应地用于数据通信的数据编码方式也可以分为两类:模拟数据编码与数字数据编码。

1. 模拟数据编码

模拟数据编码是指将发送端计算机产生的数字信号转换为适合在模拟信道上传输的模拟量的过程。习惯上,把数字或模拟数据用模拟信号表示的方法称为调制,而在接收端将模拟数据还原成数字数据的过程称为解调。模拟信号传输的基础是载波,载波具有三大要素:幅度、频率和相位。根据载波的三大要素,模拟数据的编码方式可以分为:调幅编码法(Amplitude-Shift Keying,ASK)、调频编码法(Frequency-Shift Keying,FSK)和调相编码法(Phase-Shift Keying,PSK)。

(1) 调幅编码法

这种编码方式在发送端用信号 0、1 来控制载波的振幅大小,例如:对应二进制 0 的载波振幅为 0,对应二进制 1 的载波振幅为 1;而在接收端通过判断振幅解调出 0、1 信号。ASK 方式的优点是实现简单,缺点是容易受增益变化的影响,是一种低效的调制技术。在电话线路上,通常只能达到 1200bps 的速率。

(2) 调频编码法

振幅不变,发送方根据信号 0、1 来改变载波频率,信号为 1 时载波的频率较信号为 0 时的载波频率高。例如:对应二进制 0 的载波频率为 f1,对应二进制 1 的载波频率为 f2。接收端通过检测正弦波频率大小,检测出 1、0。也就是说,FSK 用载波频率附近的两种不同频率来表示二进制的两种状态。这种调制技术抗干扰性好,但占用带宽较大。在有些低速的调制解调器中,用这种调制技术,把数字数据变成模拟信号传输。

(3) 调相编码法

频率、振幅均不变,而相位发生变换,用载波信号相位移动来表示数据,例如用 180°相移表示 1,用 0°相移表示 0。PSK 可以使用二相或多于二相的相移。利用这种技术,可以对传输速率起到加倍的作用。这种方式抗干扰性能最好,而且相位的变化也可作为定时信息束同步——发送机和接收机的时钟。

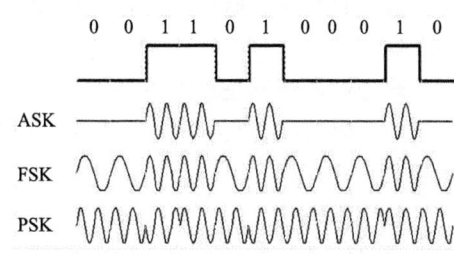

图 2-12 模拟数据信号的编码方法

图 2-12 所示为三种不同的模拟数据编码方法。

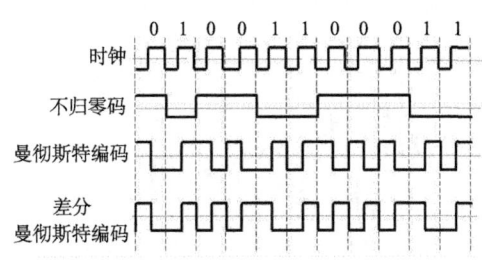

图 2-13 数字数据信号编码波形图

2. 数字数据编码

数字数据既可以采用频带传输,又可直接采用基带传输,而在基带传输时,需要解决的主要问题是数字信号表示以及收发两端之间的信号同步。

在基带传输中,常用的数字信号编码方式主要有:不归零码(NonReturn to Zero,NRZ)、曼彻斯特编码(Manchester Encoding,ME)和差分曼彻斯特编码(Differential Manchester Encoding,DME)等几种方式,如图 2-13 所示。

(1) 不归零码

不归零码分别用两种电平来表示二进制数字 0 和 1,例如用 −5V 表示 1,+5V 表示 0,当然也可以用其他的电平表示。NRZ 编码方法的缺点是存在直流分量,传输中不能使用变压器;在传输中难以确定一位的结束和另一位的开始,不具备自同步机制,需要用某种方法使发送器和接收器之间进行定时或同步,传输时必须使用外同步法。

(2) 曼彻斯特编码

曼彻斯特编码是目前应用广泛的编码方法之一,也称相位编码。其编码规则是:① 用电压的变化方向表示 0 和 1;② 将每个比特从中间分为前后两个部分,规定在每个时钟的中间发生跳变;③ 用比特的不同跳变方向来表示"0"和"1",例如可用由高到低的跳变代表 0,用由低到高的跳变代表 1。

曼彻斯特编码的特点是:① 每个比特中间都要发生跳变,接收端可将此变化提取出来作为同步信号。这种编码采用的是自同步法;② 曼彻斯特编码不含直流分量;③ 曼彻斯特编码的缺点是需要双倍的传输带宽(即信号速率是数据速率的 2 倍),信号的传输效率较低。

(3) 差分曼彻斯特编码

差分曼彻斯特编码是对曼彻斯特编码的改进。它与典型的曼彻斯特编码的不同主要表现在:① 用每个比特开始处有无跳变来表示 0 和 1,有跳变代表 0,无跳变代表 1;② 每个比特中间的跳变仅做同步之用,不作为 0、1 取值的依据。

3. 模拟数据的数字信号编码

数字信号传输失真小、误码率低、传输速率高,这些优点促进了许多模拟信号(如语音、图像等)的传输向数字信号传输的转变。而这些信号如果要通过数字信号传输就必须首先进行数字化。脉冲编码调制(Pulse Code Modulation,PCM)是模拟数据数字化的主要方法。

脉冲编码调制是概念上简单、理论上完善的编码系统,也是最早研制成功、使用最为广泛的编码系统,但也是数据量最大的编码系统。它的编码过程包括采样、量化和编码三个阶段。

(1) 采样

模拟信号是电平连续变化的信号,对它进行数字化的第一步是采样。所谓采样就是每隔一定的时间间隔将模拟信号的幅度取出作为样本,让其代表原来的信号的过程。研究表明,如果模拟信号的最高频率为 F,若以 2F 的采样频率对其采样,则采样得到的离散信号序列就能完整地恢复出原始信号。采样过程如图 2-14 所示。

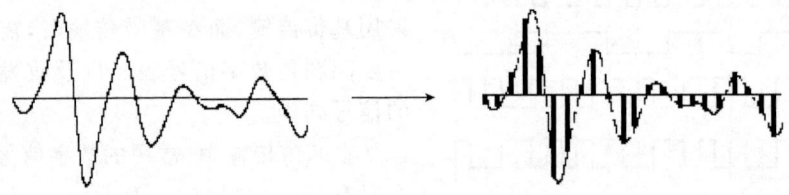

图 2-14 模拟信号采样

(2) 量化

量化,就是把采样得到的模拟信号幅度转换成数字值的过程。经量化的样本幅度为时间轴上离散的量级值,已不是连续值。量化之前要规定将信号分为若干量化级,例如可分为 8 级或 16 级,乃至更多的量化级,这要根据量化精度的要求决定。同时要规定好每一级对应的幅度范围,然后将采样所得样本值与上述量化级幅值比较。例如,1.28 要取值 1.3,1.52 要取值为 1.5,即通过取整来定级。

量化的方法有好几种,但归纳起来主要有均匀量化和非均匀量化两类。量化方法不同,量化后的数据量也就不同。因此,可以说量化也是一种压缩数据的方法。

均匀量化是指采用相等的量化时间间隔对采样得到的信号作量化,也称为线性量化。量化后的样本值 Z 和原始值 Y 的差 $E=Z-Y$ 称为量化误差或量化噪声。用这种方法量化输入信号时,无论对大的输入信号还是小的输入信号一律都采用相同的量化时间间隔。为了适应幅度大的输入信号,同时又要满足精度要求,一般需要增加样本的位数。在实际操作当中,大信号出现的机会并不多,若增加样本位数反而有可能造成样本位数不能被充分利用。为克服这一现象,人们往往采用非均匀量化的方法。

非均匀量化也称非线性量化,是对输入信号进行量化时,大的输入信号采用大的量化时间间隔,小的输入信号采用小的量化时间间隔。这样就可以在满足精度要求的情况下用较少的位数来表示。如图 2-15(a)与(b)分别为均匀量化与非均匀量化的示例。

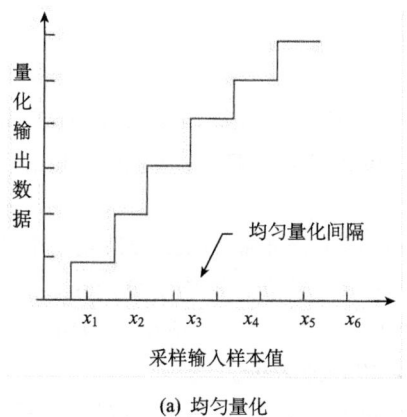
(a) 均匀量化

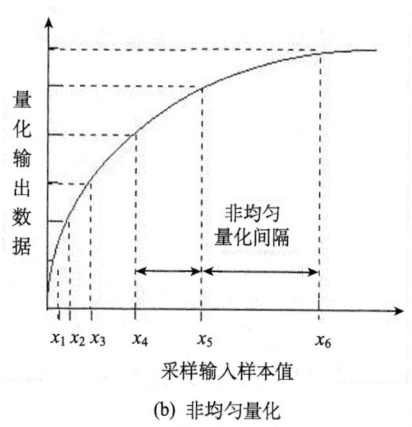
(b) 非均匀量化

图 2-15 量化示意图

(3) 编码

编码是将离散值变成一定位数的二进制数码的过程。如果有 K 个量化级别,则二进制的位数为 $\log_2 K$。例如,如果量化级有 16 个,就需要 4 位编码。在目前常用的语音数字化系统中,多采用 128 个量化级,需要 7 位编码。经过编码后,每个样本都要用相应的编码脉冲表示。如图 2-16 所示为 PCM 编码的原理。其主要缺点是:使用二进制位数较多,编码效率较低。

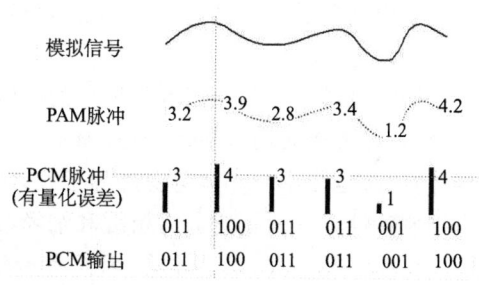

图 2-16 PCM 编码的原理图

2.4.3 传输介质及其特性

1. 传输介质的类型

传输介质又称为通信介质或媒体。现有成熟的通信传输介质几乎都可被用作网络中的传输介质。例如,电话线、同轴电缆、双绞线、光导纤维电缆(光缆)、无线与卫星通信信道。

2. 传输介质的选择

在实际的联网过程中,需要根据网络的实际情况来选择合适的传输介质。联网中选

择什么样的传输介质,可以根据介质以下几个方面的特性来决定:

1) 容量:期待支持的网络通信量;
2) 可靠性:满足系统可靠性的要求;
3) 支持的数据类型:根据网络所要传输的数据类型(数据、文字、图像或语音)及模拟数据或数字数据,选择适合的传输介质;
4) 环境范围:根据网络覆盖的地理范围、节点间的距离等因素,选择适合的传输介质;
5) 组网成本。

3. 常用传输介质的主要特性

(1) 双绞线

双绞线是现在使用最普遍的传输介质。从对网络环境的屏蔽要求来说,双绞线分为屏蔽型双绞线(Shielded Twisted Pair cable,STP)和无屏蔽型双绞线(Unshielded Twisted Pair cable,UTP)。

1) 屏蔽型双绞线　具有一个金属套(Sheath),对电磁干扰(ElectroMagnetic Interference,EMI)具有较强的抵抗能力,适用于网络流量较大的高速网络协议应用。

2) 非屏蔽型双绞线　非屏蔽型双绞线用线缆外皮作为屏蔽层,适用于网络流量不大的场合中。UTP有非常好的性能价格比,共有5种级别或种类。

STP 分为 3 类、5 类和超 5 类几种,而 UTP 也分为 3 类、4 类、5 类和超 5 类等几种。3 类线用于语音传输及 10Mbps 的数据传输;4 类线用于语音传输和 16Mbps 的数据传输;5 类线用于语音传输及 100Mbps 的数据传输。双绞线每个网段的极限长度为 100m,接 4 个中继器后最长可达到 500m。每条干线没有最大节点数的限制。

(2) 同轴电缆

同轴电缆曾经是使用范围最广的网络传输介质,它以单根铜导线为内芯,外裹一层绝缘材料,外覆密集网状导体,最外面是一层保护性塑料。金属屏蔽层能将磁场反射回中心导体,同时也使中心导体免受外界干扰,故同轴电缆比双绞线具有更高的带宽和更好的噪声抑制特性。一般把它分为粗缆和细缆两种。

粗缆缆径较大,柔韧性差,因而有造价高、安装难度大、标准距离长和可靠性高的特点,以前常用于大型局域网的主干部分。一般粗缆每段长 500m,采用 4 个中继器,最大网络范围可达 2500m,收发器间最小 2.5m,收发器电缆最长 50m,每条干线最大节点数 100 个。

细缆则是缆径较小的线缆,因其造价低、安装方便、可靠性差和抗干扰能力强,常用于中小型局域网中。细缆每段最长 185m,最大网络范围可达 925m,两 T 形头间最小 0.5m,每条干线最大节点数 30 个。

目前较广泛使用的同轴电缆有两种:一种为 50Ω(指沿电缆导体各点的电磁电压与电流之比)同轴电缆,用于数字信号的传输,即基带同轴电缆;另一种为 75Ω 同轴电缆,用于宽带模拟信号的传输,即宽带或频带同轴电缆。

(3) 光缆

光缆是一种细小、柔韧并能传输光信号的介质,一条光缆由多条光纤组成。20 世纪 80 年代初期,光缆开始进入网络布线领域。与铜缆(双绞线和同轴电缆)相比,光缆无论是传输距离还是传输容量都优于铜缆,适合于长距离、大容量的数据传输场合。

目前在计算机网络中,根据光传输模式的不同,将光纤分为单模光纤和多模光纤两种(所谓"模"是指以一定角度进入光纤的一束光)。单模光纤采用激光二极管作为光源,而多模光纤采用发光二极管作为光源。多模光纤芯线粗,传输速度低、距离短(一般为500m),整体传输性能差,但成本低,一般用于建筑物内或地理位置相邻的环境中。单模光纤的纤芯相应较少,传输频带宽、容量大、传输距离长(可达100km),但需激光源,成本较高,通常在建筑物之间或地域分散的环境中使用。单模光纤是当前计算机网络研究和工程应用的重点。

(4) 无线通信

双绞线、同轴电缆、光纤等都属于有线介质,其应用仅限于有限的区域内。随着传输距离的加大,传输介质在整个系统中所占成本的比例也越来越高,导致系统性价比下降。而且线路越长,出现故障的概率越高,系统可靠性也就降低。此外,线路的铺设安装还受到地形条件的限制。为了克服有线传输介质的缺陷,有必要在计算机网络中使用无线介质,如无线电、微波、卫星、红外与激光等。

无线通信采用无线电台或专门的发射机广播方式来传送数据。如果电台功率足够大,通信距离可达几十 km,适于移动工作站或野外工作站之间的联网,但保密性较差。

微波传输介质是将微波收发机用于计算机网络中进行通信的方法,利用微波中继器加大传输距离。它工作在高频范围内,可以实现很高的数据传输率,但不如激光和红外线通信的方向性好,存在易窃听、阻塞、串扰和不保密等安全问题;但红外线和激光容易受雨、雾等气候因素影响,从网络的可靠性角度看,微波对这些因素的敏感性不强,因而显得特别优越。

上述几种传输介质对于连接不同建筑物内的局域网是很有用的,因为很难在建筑物之间架设电缆,特别是当网间连接要穿过空间或者公共场所时更是这样。

数字卫星是以人造卫星为中继站,卫星接收到来自地面发送站发送来的电磁波后,再以广播方式发向地面,被地面所有工作站接收。其特点是通信距离远、通信容量大、可靠性高,但保密性差,适用于远程网及洲际联网。在信息高速公路中数字卫星和光缆系统将配合使用,相辅相成。

红外线链路由一对发送器/接收器组成,这对发送器/接收器用于调制不相干的红外光,只要收发机都处在视线内,不受其他建筑物的遮挡,就可准确地进行通信。通信系统具有很强的方向性,几乎不受干扰信号串扰和阻塞的影响,而且容易安装,在数千米范围内可达到兆比特每秒级的数据传输速率。

2.4.4 多路复用技术

在同一介质上,同时传输多个有限带宽信号的方法,被称为多路复用(Multiplexing)。典型的多路复用技术主要有三种:频分多路复用(Frequency Division Multiplexing,FDM)、时分多路复用(Time Division Multiplexing,TDM)和波分多路复用(Wavelength Division Multiplexing,WDM)。其中频分多路复用和时分多路复用是两种最常用的多路复用技术。

1. 频分多路复用

实际中信道的带宽往往大于信号的带宽,因此可以利用频率分割的方式来实现多路复用。FDM 是利用频率变换的方法,将介质传输频带划分为若干个频率上互不交叠的通道,每路信号占用一个频率通道进行传输。频率通道之间留有防护频带以防相互干扰。如图 2-17 所示。

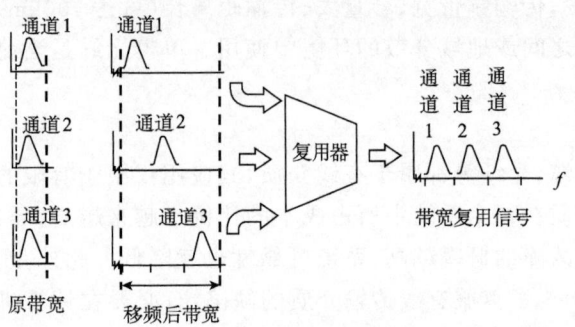

图 2-17 频分多路复用示意图

2. 时分多路复用

若传输介质能达到的位传输速率超过传输数据所需的数据传输速率,可采用 TDM 技术,即将一条物理信道按时间分成若干个时间片轮流地分配给多个信号使用。每一时间片由复用的一个信号占用,这样,利用这些信号在时间上的交叉,就能在一条物理信道上传输多个数字信号。

TDM 的原理是把信道的时间分割成小的时间片,每个时间片分为若干个时隙,每路数据占用一个时隙进行传输。如图 2-18 所示。

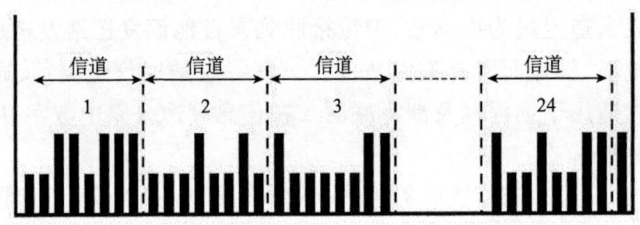

图 2-18 时分多路复用的原理示意图

TDM 不仅局限于传输数字信号,也可同时交叉传输模拟信号。

3. 波分多路复用

在光纤信道上使用的频分多路复用技术的一个变种就是 WDM。其原理是将整个波长频带划分为若干个互不交叠的波长范围,每路信号占用一个波长范围来进行信号传输。如图 2-19 所示。

WDM 技术与 FDM 技术的主要区别是,在 WDM 中使用的衍射光栅是无源的,因此具有非常高的可靠性。

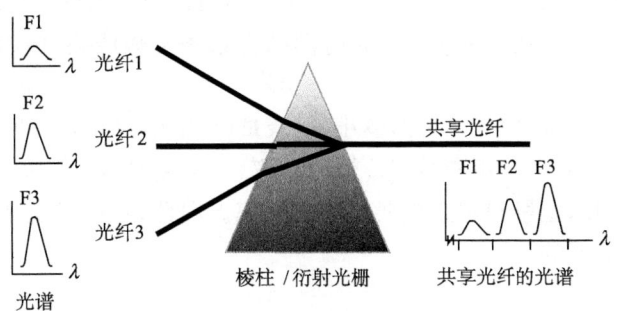

图 2-19　波分多路复用的原理示意图

2.4.5　广域网数据交换技术

广域网中一般采用点到点的信道,而点到点的信道采用存储转发方式传送数据。也就是说,数据从信源到信宿需要经过若干个中间节点的转接,这就涉及数据的交换技术。数据交换技术主要有三种类型:电路交换、报文交换和分组交换。

1. 电路交换

电路交换是通过网络中的节点在信源和信宿两个站之间建立一条专用通信线路。电话系统中的电话交换机采用的就是这种交换技术。电路交换系统在两个站之间有一个实际的物理连接,这种连接是节点之间的连接序列。在电路交换中,一旦建立了两个节点之间的连接,就有一条物理通路存在,直到本次通话结束,然后拆除(释放)物理通路。

电路交换的过程一般为:电路建立、数据传输和电路拆除。

电路交换的特点是:

1) 传输延迟小,唯一的延迟是物理信号的传播延迟;
2) 一旦电路建立,便被两个站独占,因此不会与其他站点发生冲突;
3) 建立物理电路需要较长的时间;
4) 由于物理通道每次被独占,因此通道利用率不高。

2. 报文交换

采用报文交换技术的网络中,网络中间节点由具有存储能力的计算机承担,用户信息可以暂时保存在中间交换节点上。与电路交换相比,报文交换不需同时占用整条物理线路。如果一个站点希望发送一个报文(欲发送的一个完整数据块),它将目的地地址附加在报文头上,然后将整个报文传递给下一个交换节点;交换节点暂时保存报文,根据目的地地址确定输出端口和线路,排队等待线路空闲时再转发给下一交换节点,直至终点。

报文交换中,一般不限制报文的大小,这就要求各个中间交换节点需使用磁盘等外存储设备来缓存较大的数据块。同时某一数据块可能会长时间占用线路,导致报文在中间交换节点的延迟非常大,这时的报文交换不适合交换式数据通信。为了解决上述问题,引入了分组交换技术。

3. 分组交换

分组交换是目前应用最广的交换技术,它结合了电路交换和报文交换两者的优点,具有更优的性能。在分组交换网络中,用户的数据被划分成一个个分组,而且分组的大小有严格的上限,这样使得分组可以被缓存在交换设备的内存而不是外存(如磁盘)中。同时,由于分组交换能保证任何用户都不至于长时间独占某条传输线路,因而它较适合于交换式通信。

分组交换技术的关键是分组,分组越小,冗余量(分组中的控制信息等)在整个分组中所占的比例越大,最终将影响用户数据传输的效率;而分组越大,数据传输出错的概率也越大,增加重传的次数,也影响用户数据传输的效率。因此,在分组交换技术中选择适当的分组大小是非常关键的。

§2.5 高速计算机信息网络技术

2.5.1 高速计算机信息网络的发展

1992年,美国前副总统戈尔还在当参议员时就开始使用"信息高速公路"一词,并一直为此制造舆论。当时的总统候选人克林顿也提出要将建设"信息高速公路"作为振兴美国经济的一项重要措施。何谓"信息高速公路"?顾名思义,它是能高速传输信息的网络。不难发现,"信息高速公路"上信息能高速传输的最重要原因在于网络的带宽比较大。从目前网络经济的发展趋势来看,构架信息高速公路是网络发展的关键。

实际上"信息高速公路"就是"国家信息基础设施"的形象比喻。它是一个覆盖全国的四通八达的网络,能为各行各业及所有用户提供大量的高速通信网络,用户能在任何时间和地点彼此互通声音、图像和文字信息。

针对信息社会发展的需要,宽带IP网络应运而生。近几年,计算机网络通信技术发生了极为迅速的变化。前几年被认为是宽带综合数字业务网(Broadband-ISDN, B-ISDN)的基本技术——同步数字阶层技术(Synchronous Digital Hierarchy, SDH)和ATM受到了基于IP协议的宽带分组交换网(宽带IP网)的挑战。由于Internet采用了全世界最广泛应用和支持的TCP/IP协议,从而统一了上层通信协议,使IP网络成为现代信息高速公路的统一平台。面向连接的电路交换将向分组化、包交换无连接和全球寻址方向转变。Gbit、Tbit路由器将逐渐取代ATM或在较长的时间内互补共存。当前,计算机网络技术的发展正面临一场新的革命,以包交换技术为基础的宽带IP网络将成为信息网络的主流。这种网络的基础传输网采用的是密集波分复用技术的全光网,基于IP协议的分组交换技术取代了传统的电路交换技术。和其他技术相比,它可以提供更高的传输速率(数十Gbps至数千Gbps),而又极大地降低数据传输成本,是最具潜力的新一代网络技术。正因如此,IP网络也是当今世界最先进的网络架构平台之一。它的主要特点是:

1) 带宽大、速度快。千兆以太网比ATM和SDH常用的OC-12(622Mbps)要快得多,且不存在ATM的信元头、建立连接及SAR(信元和帧之间的分割与重组)的开销,这种开销约占整个带宽的15%~20%。

2) 网络延时小。好的千兆以太网交换机的延时不超过$10\mu s$。延时小有利于多媒体应用的服务质量保证。

3) 建网成本大大低于IP over ATM和IP over SDH,约为后两者的20%~50%。宽带IP网具有良好的灵活性,易于扩充、接入方便,适用于居民小区和办公楼上网。

4) 使用和管理非常简单。

5) 在保证服务质量(Quality of Service, QoS)方面,千兆以太网采取两个措施,一是大幅度增加带宽,减少网络发生拥塞的概率;二是提供流量的优先级别,以保证万一发生拥塞时那些对延时敏感的应用(如 IP 电话)数据流能优先通过网络,而像电子邮件这样的优先级较低的应用,可以在拥塞过去以后再发送。这种处理 QoS 的方法非常实用和简单。

美国政府提出的下一代 Internet 计划和正在实施的第二代 Internet(Internet2)计划,都已经确定把宽带 IP 网作为基础传输网络。加拿大也开始实施基于这一技术的全国先进光学网络计划 CANET3。

2.5.2 我国高速计算机信息网络的发展

近年来,我国已经建设了大规模的光纤网络,但这些网络资源远未能发挥其效能。目前,电信业和电信设备制造业仍然在沿着"电路交换"的技术路线发展,已经形成了庞大的通信产业。转向宽带 IP 网络的新体制将是一个艰难的过程,但是,如果因循等待,将会丧失信息化和电信变革给我们带来的重大机遇,使我国在下一轮的通信业国际竞争中陷入被动局面。

为此,中国科学院提出建议,启动"中国高速互联网络(示范工程)"项目。其基本内容是:由中国科学院、国家广播电影电视总局、铁道部、上海市共同联合,利用广播电视、铁道等部门已经铺设的光缆网络,连接北京、上海、广州、武汉等城市,建设我国先导示范性的宽带 IP 网络——中国高速互联网络(CAINET)骨干网。预计建设期为 1~1.5 年,试运期为 1.5~2 年。这一项目将建成一个高速率、低价位的数据通信示范骨干网。

"中国高速互联研究试验网络"是在国家自然科学基金资助下,由清华大学、中国科学院计算机信息网络中心、北京大学、北京邮电大学、北京航空航天大学等单位承担建设的重大联合研究项目。其目标是建设我国第一个基于密集波分多路复用(Dense Wavelength Division Multiplexing, DWDM)光传输技术的高速计算机互联学术性试验网络,为我国开展下一代 Internet 技术研究提供实验环境。项目从 1999 年 11 月正式启动,2000 年 9 月试验网络开通。

"中国教育科研网格(ChinaGrid)"项目于 2003 年正式启动,这是国家"十五""211 工程"公共服务体系"CERNET(中国教育科研网)高速地区网和重点学科信息服务体系建设"项目中的重要建设内容,该项目于 2006 年 7 月完成,其聚合计算能力超过每秒 16 万亿、存储容量超过 170TB。该项目针对中国教育科研网(CERNET)中网络计算面临的无序性、自治性和异构性等问题,将 CERNET 上分散、异构、局部自治的巨大资源整合起来,通过有序管理和协同计算,消除信息孤岛,发挥综合效能,满足全国各大高校科学研究的需要,从而全面提升我国教育信息化基础设施服务水平和高等学校教学科研水平(网格技术的有关详细内容请参见第 7 章)。

2.5.3 宽带 IP 网络技术

宽带 IP 网络使用新一代 IP 宽带接入技术,真正实现了语音、数据、图像及各类宽带多媒体业务的有机结合,可以满足家庭用户和企业用户对网络应用的需求。

宽带 IP 网络能提供高速互联网浏览、视频点播(Video on Demand,VOD)、视频电话、视频会议、网络游戏等多种宽带应用服务。

为了建设高速宽带的 IP 网络,ITU-T、IETF 以及 ATM 论坛等组织联合众多的网络设备制造商以及网络业务供应商共同寻找改造 Internet 骨干网的方案。归纳起来,各种 IP 技术方案分属两种思路:IP 和 ATM 的结合路线及光学 IP 路线。前者借助 ATM 网络的强大能力,基于 ATM 传送 IP 数据项;而后者基于传统的 IP 网络的概念,借助光传输系统的能力传送 IP 数据项。这些技术是在特定的时期和技术背景下的产物,各有其特点及适用的场合。

1. 宽带 IP 网络的概念与特征

宽带 IP 网络是以 IP 为核心的高速网络。在网络层以上,所有的应用都是为 IP 而优化的,并建立在 IP 的基础之上;在网络层以下,无论是 ATM 还是新一代的全光网络都是为了使得 IP 分组能够高速、高质量、实时地传输而设计的。宽带 IP 网络能提供各种宽带的接入方式,实现数据、语音、视频融合在一起的新一代网络多媒体应用。宽带 IP 网络具备如下特征:

1) 统一的网络服务。它是指用户在一条对外的网络连接上可以同时获得语音、数据、视频等多媒体服务,而不像现在语音与数据是分离的。

2) 更加灵活的接入方式。用户可以任意选择各种高速的接入方式,如 xDSL、HFC、AON/PON 等。

3) 可靠的服务质量。IP 网络不仅为应用提供可靠的质量,而且不同级别、不同种类的应用得到的服务质量也是不同的。

4) 更方便有效的网络应用。在这样的基础上,使语音、数据、视频结合在一起的真正多媒体应用成为可能,最大限度地方便用户的使用。

5) 低成本。无论个人用户还是企业用户,网络的使用和管理费用都将大为降低。

2. 宽带 IP 网络相关技术

典型的相关技术有 IP over ATM、IP over SDH、IP over WDM 等。

(1) IP over ATM

为解决 Internet 互联速度问题,20 世纪 90 年代中期引入了 155M 高速 ATM。ATM 是 Internet 第一次提速的主要技术。IETF 推荐的典型 IP over ATM(Classic IP over ATM,CIPOA)是早期 ATM 支持 IP 的主要形式。在 CIPOA 中,主要通过 ATM 的 PVC 建立相邻路由器之间的互联,在广域范围内构成逻辑 IP 子网(Logical IP Subnet, LIS),这种结构形式利用 ATM 汇聚减少路由器高端接口、利用 PVC 路径改善 IP 网络结构以及利用高速 ATM 电路完成 IP 网互联。

IP over ATM 的进一步发展思路是基于 ATM 交换硬件如何集成第二层与第三层的各自优势的所谓集成模型。集成模型的网络不再有两个层次,ATM 交换机的网络层对于 IP 服务采用的就是 IP 专用的协议。使用 IP 服务的用户只需要一个 IP 地址,交换机也不再有从 ATM 地址到 IP 地址的转换功能。

IP over ATM 的优点是:① 能充分利用 ATM 的服务质量特性,保证网络的服务质量;② 适用于多种业务,具有很好的扩充性能;③ 良好的网络流量管理和拥塞控制性能。

缺点是：① IP 数据包需要映射成 ATM 信元，由此造成较大的传输开销，传输效率较低；② 由于需要解决 IP 地址与 ATM 地址多重映射的矛盾以及 IP 网络的非连接特性与 ATM 面向连接特性之间的矛盾，使得网络管理比较复杂；③ 基于 ATM 实现的 IP 网络带宽受限于 ATM 网络技术本身状况，这就导致其不太适用于超大型 IP 骨干网。

(2) IP over SDH 技术

IP over SDH 以 SDH 网络作为 IP 网络的物理传输网络。它使用链路及 PPP 协议(Point-to-Point Protocol)对 IP 数据包进行封装，根据 RFC1662 规范把 IP 分组简单地插入到 PPP 帧的信息段中，再由 SDH 通道层的业务适配器把封装后的 IP 数据包映射到 SDH 的同步净荷中，然后再向下经过 SDH 传输层和网络层，加上相应的开销，把净荷封装在一个 SDH 帧中，最后到达光层，在光纤中传输，保留了 IP 面向无连接的特征。

支持 IP over SDH 技术的协议、标准和草案主要有：PPP 协议和简化的数据链路协议(Simplified Data Link, SDL)。IP over SDH 具有以下优点：① 对 IP 路由的支持能力强，具有很高的 IP 传输效率；② 符合 Internet 业务的特点，有利于实施多路广播方式；③ 能利用 SDH 技术本身的环路，故可利用自愈合(Self-healing Ring)能力达到链路纠错，同时又利用 OSPF 协议(Open Shortest Path First)防止链路故障造成的网络停顿，提高网络的稳定性；④ 省略了不必要的 ATM 层，简化了网络结构，降低了运行费用。缺点是：① 仅对 IP 业务提供良好的支持，不适于多业务平台；② 不能像 IP over ATM 技术那样提供较好的服务质量保障；③ 对 IPX 等其他网络技术支持有限。

(3) IP over WDM

IP over WDM 也叫"光因特网"或 IP 优化"光互联网"，它是指直接在光纤网络上传输信息的 Internet。这是一种由高性能 WDM 设备、超大容量存储设备和超高性能路由交换器组成的数据通信网络，综合利用了 IP 技术和基于 WDM 的光纤网络技术。基本原理和工作方式是，在发送端将不同波长的光信号组合(复用)送入一根光纤中进行传输，在接收端又将组合光信号分开并送入不同终端。IP over WDM 是一个链路层数据网，高性能路由器能通过光 ADM(Add/Drop Multiplexer，分插复用器)或 WDM 耦合器直接连到 WDM 光纤，并由它控制光信号的接入、交换、选路和保护。

IP over WDM 具有以下优点：① 能够充分利用光纤的带宽资源，极大地提高带宽利用率和数据传输速率；② 传输码率、数据格式及调制方式是透明的，可以传送不同码率的基于 ATM、ADH/SONET(Synchronous Optical Network，同步光纤网)以及千兆以太网的业务；③ 与现有通信网络兼容，同时也支持宽带业务网及网络升级，具有可推广性、高度生存性等特点。缺点是：① WDM 系统的网络管理应与其传输信号的网管分离。但在光域上加上开销和光信号的处理技术还不完善，从而导致 WDM 系统的网络管理还不成熟；② WDM 系统的网络拓扑结构尚限于点对点的方式，未形成"全光网"；在光路的路由选择和波长分配、网络的逻辑拓扑设计和网络抗毁等方面还有待进一步研究和改善。

随着高性能高速路由器的推出，IP 组网的体系结构会越来越简化，速率和效率会越来越高。体系结构从最开始的 IP/ATM/SDH/WDM 到 IP/SDH/WDM，不久将发展到 IP/WDM，取消了中间的 ATM 与 SDH 层。IP 直接在光路上"跑"，即实现所谓的 IP over WDM/Optical。这是一种最简单直接的 WDM 体系结构，成本更低，传输效率更高，代表着网络体系结构的重要发展方向。

§2.6 无线网络技术

无线组网技术是目前国际上较为先进的技术。从专业角度讲,无线网络利用了无线多址信道的一种有效方法来支持计算机之间的通信,并为通信的移动化、个性化和多媒体应用提供了可能。无线网络的通信范围不受环境条件的限制,使网络的传输范围得以拓宽,最长可达数十千米。相距数千米的建筑物中的网络可以集成为一个局域网。

2.6.1 无线网络的分类

与有线网络一样,根据网络覆盖距离可将无线网络分为:无线广域网、无线局域网和无线个人区域网。

1. 无线广域网

无线广域网(Wireless Wide Area Network,WWAN)技术可使用户通过远程公共网络或专用网络建立无线网络连接。通过使用无线服务提供商所维护的若干天线基站或卫星系统,这些连接可以覆盖广大的地理区域,如许多城市或者国家(地区)。目前的WWAN技术,是为大家所熟悉的第二代(2G)系统。主要的2G系统包括全球移动通信(Global System for Mobile communication,GSM)、蜂窝式数字分组数据(Cellular Digital Packet Data,CDPD)和码分多址(Code-Division Multiple Access,CDMA)。现正努力从2G网络过渡,其中有些具有限制漫游功能和互不兼容功能,到第三代(3G)技术将执行全球标准并提供全球漫游功能。

2. 无线局域网

无线局域网(Wireless Local Area Network,WLAN)是一个灵活的数据通信系统,它能够取代或扩展有线局域网,以提供更多功能。利用RF技术,无需架设线缆,无线局域网就可以通过空气穿越墙壁、屋顶甚至水泥结构建筑物来发送和接收数据。无线局域网具有像以太网和令牌环这样的传统局域网技术的所有特性和优势,而且不受线缆连接限制,实现了更大的自由和灵活性。

无线局域网技术的重要性远远不止以上这些,它的出现揭开了网络基础设施一个全新的定义。它反映出网络基础设施不一定是实实在在的物理实体,不一定就是固定的、难以移动的(或移动成本很高),而是可以随用户一起移动,甚至可以跟企业的变化速度一样快。

3. 无线个人区域网

无线个人区域网(Wireless Personal Area Network,WPAN)是为个人提供特殊无线通信的技术,它所涉及的设备有PDA、移动电话和便携式计算机等。目前两种主要的WPAN技术是蓝牙和红外光波。蓝牙的创始人是瑞典爱立信公司,爱立信早在1994年就已开始了蓝牙的研发工作。1998年2月,由5个跨国大公司,包括爱立信、诺基亚、IBM、东芝及Intel组成了一个特殊兴趣小组(SIG),他们共同的目标是建立一个全球性的小范围无线通信技术,即现在的蓝牙,并于1999年发布了第一个蓝牙规范(1.0版本)。该技术能实现在10m以内使用无线电波来传送数据。蓝牙的数据传输可以穿透墙壁、口袋和公文包,当然,需要在近距离(1m以内)连接设备,用户也可以创建红外链接。

为了使 WPAN 技术向标准化方向发展,IEEE 已成立了 802.15 工作组。该工作组正在发展基于 1.0 版本蓝牙规范的 WPAN 标准。该标准草案的主要目标是实现 WPAN 的低复杂性、低能耗、强交互性以及与 802.11 网络兼容。

2.6.2 无线局域网

无线局域网是移动计算网络的关键技术之一,它主要实现移动站中的物理层与链路层功能,为移动计算网络提供必要的物理接口。

1. 无线局域网与有线局域网的主要区别

无线局域网可以作为传统有线网络的延伸,在某些环境下还能替代传统的有线局域网。无线局域网与有线局域网的主要区别可归纳为如下几点:

(1) 移动性不同

有线局域网中每个地址对应于一台固定在某个位置的计算机设备。由于受线缆束缚,一般很难自由移动,而无线局域网的站点尽管也拥有唯一的物理地址,但可随设备随意移动,与所处位置无关,亦即目的地址与站点位置无关。在一个局部区域内(例如大楼、校园),无线局域网用户可以在任何地方实时地访问网络信息。

(2) 传输介质不同

无线局域网使用无线电波或光波来传输信号。这使得安装无线局域网系统快速、简单、灵活,消除了穿墙或过天花板布线的繁琐工作,并使网络能遍及有线网难以企及的地方(如危险区域、艰苦恶劣环境等)。然而,用无线电波传输信号的无线局域网与有线局域网相比,其传输信号更容易受到干扰和破坏,其可靠性相对较低。另外由于衰减等原因,无线局域网一般只能工作在相对比较小的范围内(几百米内),显然小于有线局域网的工作范围。

(3) 拓扑结构不同

无线局域网的拓扑结构是移动的,它不同于有线局域网的拓扑结构,也有别于便携式计算机等移动设备与有线网络的连接。无线局域网可以组成多种拓扑结构,从少数用户的对等网络模式扩展到上千用户的结构化网络模式都是十分容易的。

(4) 可靠性处理不同

为了方便无线局域网与 TCP/IP 协议的连接,无线局域网的逻辑链路层 LLC 被设计成与其他有线网络的逻辑链路层相同。因此,无线网络的移动性被限制在介质访问(Media Access Control,MAC)层内,这就要求 MAC 层担负更多的可靠性处理任务。

2. 无线局域网的组成

无线局域网由无线网络接口卡(Network Interface Card,NIC)、传输介质、无线接入点(Access Point,AP)、站点和有关设备组成,采用单元结构,将整个系统分成许多单元,每个单元称为一个基本服务组(Basic Service Set,BSS)。分述如下:

1) 无线网络接口卡。又称为无线网络适配器,用于将 PC 或其他设备同无线网络连接起来。

2) 接入点。又称为存取点。它就像是无线网络的一个无线基站,能将多个无线的接入站聚合到有线网络上,相当于有线网络中的互联设备。

3) 站点。能接收和发送无线信号并共享无线局域网频段的设备。

4) 传输介质。传输信号的媒体,如无线电波等。

5) 基本服务组。采用两种控制方式:① 集中控制方式:每个单元由一个中心站控制,网络中的终端在该中心站的控制下与其他终端通信。BSS 区域较大,所建中心站的费用较昂贵。② 分布对等式:BSS 中任意两个终端可直接通信,无需中心站转接。尽管这种方式下 BSS 区域较小,但结构简单,使用方便。

一个无线局域网可由一个基本服务区(Basic Service Area,BSA)组成,一个 BSA 通常包含若干个单元,这些单元通过 AP 与某骨干网相连。骨干网可以是有线网,也可以是无线网。

3. 无线局域网标准

无线接入技术区别于有线接入的特点之一是标准不统一,而不同的标准又有不同的应用。正因为此,使得无线接入技术出现了"百家争鸣"的局面。在众多的无线接入标准中,无线局域网标准成为人们关注的焦点。

(1) IEEE802.11

IEEE802.11 是 IEEE 最初制定的一个无线局域网标准,主要用于解决办公室局域网和校园网中用户终端的无线接入,业务主要限于数据存取,数据传输速率最高只能达到 2Mbps。

由于 IEEE802.11 在速率和传输距离上都不能满足人们的实际需要,因此 IEEE 小组又相继推出了 IEEE802.11b 和 IEEE802.11a 两个标准。三者之间技术上的主要差别在于 MAC 子层和物理层。

IEEE802.11b 物理层支持 5.5Mbps 和 11Mbps 两种速率,使用动态速率漂移,可随环境的变化在 11Mbps、5.5Mbps、2Mbps 和 1Mbps 之间切换,并且在 2Mbps 和 1Mbps 速率时与 IEEE802.11 兼容。

IEEE802.11a 工作在 5GHz 的 U-NII 频带,物理层速率可达 54Mbps,传输层可达 25Mbps。采用正交频分复用这种独特的扩频技术;可提供 25Mbps 的无线 ATM 接口和 10Mbps 的以太网无线帧结构接口以及 TDD/TDMA 的空中接口;支持语音、数据、图像业务;一个扇区可接入多个用户,每个用户可带多个用户终端。目前其设备比较昂贵,空中接力不好,点对点连接不太经济,不适合小型设备。

(2) 蓝牙标准

蓝牙(Bluetooth)实际上是中世纪北欧一位丹麦国王的绰号,在实际应用中蓝牙概念最早是由爱立信公司提出的,指的是一个单芯片、低成本、低功耗的无线通信模块。这个模块安装在移动电话、掌上电脑、数码相机和无绳耳机等设备的内部,这些设备之间不需要线缆就可以方便快速地进行通信。

IEEE 802.15 是蓝牙的标准,对于 IEEE802.11 来说,它的出现不是为了竞争而是相互补充。蓝牙比 IEEE802.11 更具移动性,比如,IEEE802.11 限制在办公室和校园内,蓝牙能把一个设备连接到 LAN 和 WAN,甚至支持全球漫游。此外,蓝牙成本低、体积小,可用于更多的设备。但是,蓝牙主要是点对点的短距离无线发送技术,本质上要么是射频,要么是红外线。而且,蓝牙被设计成低功耗、短距离、低带宽的应用,严格来讲,不算是真正的局域网技术。

2.6.3　无线组网问题

实现无线或移动计算机网络的方法有很多,目前主要有四条途径。一是直接利用现有的模拟或数字蜂窝电话网、微蜂窝无线电话网传送计算机数据;二是建立专用的移动分组交换网;三是在现有的蜂窝电话网络上建立面向移动计算机的分组交换网;四是从无线局域网发展到移动计算机网络。在实际中可根据需要和条件选择其中的一种或多种方式的结合来实现无线网络的组网。例如,图 2-20 所示为直接利用蜂窝电话网络传送计算机数据的示意图。计算机经调制解调器与蜂窝电话网的手机相连,手机被作为计算机无线收发机来使用。由于手机可在蜂窝电话网中漫游,因而计算机可以直接获得无线通信和移动能力。

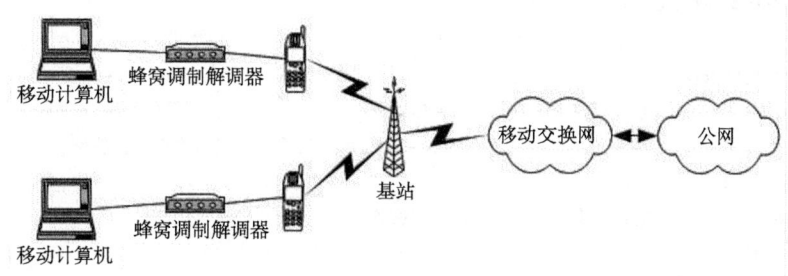

图 2-20　直接利用蜂窝电话网实现移动计算机通信示意图

这种方法的特点是:① 组网方式简单;② 利用蜂窝电话网,使得网络覆盖范围广;③ 无线组网与专用的分组交换数据网络相比,其可靠性差,数据的传输速率较低,在空间数据和多媒体数据的传输中容易造成速率瓶颈。

习　题　二

一、填空题

1. 数据是指_____。
2. 信息是指_____。
3. 信号是指_____,它具有_____和_____两种基本的表现形式。按因变量的取值连续与否可将信号分为_____和_____。
4. 信道在单位时间内能传输的码元(时间轴上的最小编码单位)的数量称为_____,单位为_____。
5. 数字通信中,根据载波的三大要素,模拟数据编码方式可分为:_____、_____和_____。
6. 位同步主要是使接收端接收的每一位信息与_____保持同步。位同步主要有_____和_____两种。
7. 数字数据采用基带传输时,需要解决的主要问题是_____以及_____。
8. 数据传输率是指_____。
9. 常用的数字信号编码方式主要有:_____、_____和_____等几种。
10. 目前较广泛使用的同轴电缆有两种:一种为_____;另一种为_____。
11. 在同一介质上同时传输多个有限带宽信号的方法被称为多路复用。目前常用的多路复用技术主要有三种:_____、_____和_____。

12. 广域网中采用的数据交换技术主要有三种类型：_____、_____和_____。
13. 宽带 IP 网络是指_____。
14. 根据网络覆盖距离可将无线网络分为：_____、_____和_____。

二、单项或多项选择题

1. 早期的计算机网络是由（ ）组成的。
   A. 主机—通信网络—主机　　B. 终端—通信网络—终端　　C. 主机-通信网络—终端
2. 若网络结构的形状是由站点和连接站点的链路组成的一个闭合环，则称这种拓扑结构为（ ）：
   A. 星形拓扑　　B. 总线拓扑　　C. 环形拓扑　　D. 树形拓扑
3. 串行传输与并行传输相比，（ ）。
   A. 速度快、费用高　　B. 速度快、费用低　　C. 速度慢、费用高　　D. 速度慢、费用低
4. 在同一个信道上的同一时刻能够进行双向数据传送的通信方式是（ ）。
   A. 单工　　B. 半双工　　C. 全双工　　D. 以上均不对
5. 在下列传输介质中，错误率最低的传输介质是（ ）。
   A. 双绞线　　B. 同轴电缆　　C. 光纤　　D. 微波
6. 微波通信的主要特点在于（ ）。
   A. 数据传输率高　　B. 方向性好　　C. 保密性好　　D. 不受气候影响
7. 市话网在数据传输期间，在源节点与目的节点之间有一条利用中间节点构成的物理连接线路。这种市话网采用的交换技术是（ ）。
   A. 报文交换　　B. 电路交换　　C. 分组交换　　D. 混合交换
8. 信息高速公路是指（ ）。
   A. Internet　　B. 宽带 IP 网络　　C. 国家信息基础设施　　D. B-ISDN
9. 蓝牙是一种无线网络，它实现的是（ ）通信。
   A. 点-点　　B. 广播式　　C. 组播式　　D. 以上均不对

三、判断题

1. 全双工通信方式最少需要三根线路。
2. 自同步方法的发送端在发送数据之前先发送同步时钟信号，接收方用发送方发送的同步信号来锁定自己的时钟脉冲频率。
3. 基带信号就是未经调制的原始信号。
4. 比特率与波特率是同一个概念。
5. 网络的带宽是指每秒中传输的二进制数。
6. 在模拟数据的数字信号编码中量化过程可有可无。
7. 有线介质中光缆的传输距离最远。
8. 波分多路复用实质上就是频分多路复用。
9. 电路交换一般要经历电路建立、数据传输和电路拆除这几个过程，因此必须占用整条物理线路才能完成交换。
10. 分组交换可以减少网络延迟。

四、简答题

1. 什么是计算机网络？它是由什么组成的？
2. 计算机网络系统和分布式计算机系统的异同体现在哪里？
3. 简述计算机网络的功能和分类，并比较不同类型网络的特点。
4. 分析比较串行通信和并行通信的特点。
5. 什么是波特、波特率和比特率？
6. 什么是基带传输和频带传输？它们分别有何特点？

7. 数字数据编码的作用是什么?当前采用的方法主要有哪些?分析这些方法的实现原理和特点。
8. 画出 10101100 的不归零码、曼彻斯特编码和差分曼彻斯特编码波形图。
9. 简述模拟数据的数字信号编码过程。
10. 常用的传输介质有哪些?简述各自的优缺点。
11. 什么是分组交换?简述其实现原理,并分析其优点。
12. 什么是高速计算机网络?它与传统的计算机网络的根本区别体现在哪里?
13. 高速计算机网络与空间信息基础设施有什么关系?
14. 什么是无线网络技术?无线网络的益处和不足表现在哪些方面?

五、论述题

1. 结合本章内容,论述网络发展趋势和最新技术,并分析怎样利用先进的网络技术更好地支持和推进 GIS 的发展。
2. 随着我国经济的蓬勃发展,各行各业对网络 GIS 的需求日益增长。目前许多部门都分别建立了局域网络,并且通过 Internet 与外界进行信息的传递,试论述建构于局域网之上的网络 GIS 在网络传输带宽、网络拓扑结构以及网络数据传输形式的选择方面应该采取何种策略。

第3章 网络GIS基本原理

§3.1 网络GIS概述

回顾计算技术的发展历史,可以发现从独立主机时代到客户/服务器计算模式时代直至Internet的分布式计算时代,其进化的动力始终围绕更高性能、更低成本和更人性化的操作方式。与计算模式发展相适应,GIS体系结构大致经历了单机结构GIS和网络环境下GIS两个发展阶段,目前正向与网格计算相结合的模式推进。

20世纪70年代初到80年代初的十多年里,由于当时的计算机硬件平台主要只有大、中、小几种类型,相应的GIS技术应用体系结构的硬件平台是由一台或多台主机和与主机相连的若干台用户终端构成的,软件系统(包括系统软件、应用软件和数据等)全部驻留在主机上。

1981年以后,微处理技术和磁记录技术迅猛发展,PC的功能不断增强,存储容量不断增大,性价比迅速提高,以前只能由小型机、中型机或更高性能的计算机承担的任务,只要在一般档次的PC上就能完成。同计算机及微处理技术发展相适应,在这一时期出现了许多以PC为硬件平台的GIS软件,即单机结构的GIS。GIS由一台PC及相关的输入输出等外围设备和装载于PC硬盘上的GIS软件组成。这种以PC为核心的技术应用体系结构,把原有集中在主机上的数据计算处理、屏幕管理、用户界面生成和交互与数据维护等功能全都在用户的本地机上实现。

20世纪80年代中期开始,随着网络及其相关技术的发展和普及,基于局域网、广域网和Internet的GIS——网络GIS随之成为研究的热点和GIS的重要发展方向。

3.1.1 传统GIS的不足

过去由于信息技术发展水平的限制,GIS多以独立主机结构的计算模式为主。随着信息技术尤其是计算机通信网络的迅速发展,人们需求信息的类型和数量发生了很大的变化。地理空间信息的应用不仅仅限于专业人士,而是被广泛地应用于各行各业。在这种情况下,独立主机结构GIS的弊端就渐渐地暴露了出来。归纳起来主要表现在:

(1) 数据的互操作性较差

数据和应用程序集中管理,不同部门之间的地理信息的交互性比较差,难以进行互操作。

(2) GIS数据共享能力弱

传统GIS的地理数据存储方式主要有两种,即以文件的形式存储和以数据库的形式存储。文件由于其自身的特点导致共享困难;使用数据库管理系统来管理地理空间数据也往往因为没有统一的标准或规范导致很难在不同行业或同一行业的不同部门之间实现共享。

(3) 数据冗余严重

由于传统的 GIS 数据组织和管理是相对独立的,因此不同 GIS 用户为了满足自身的需要,往往都需各自生产地理空间数据和属性数据,然而,这些数据可能大多已由其他的 GIS 用户在自身的应用中生产出来,这样势必造成大量的冗余数据。

(4) GIS 的分析能力有限

我们知道,GIS 中的空间数据往往都是海量的,而由于单个计算机的处理能力有限,导致 GIS 对大数据量的数据处理能力不高。"数字地球"或数字化工程中的空间数据的处理与分析工作都不可能在一台计算机上完成。

(5) 成本高昂

对于那些只需要 GIS 提供常规地图查询和处理功能的企业来说,如果配置功能齐全的单机版专业 GIS 软件,显然是一种浪费,会导致企业投入成本过高。

3.1.2　网络 GIS 的特点

与独立主机结构的 GIS 相比,网络 GIS 的出现使 GIS 大众化及空间数据的共享成为可能,这主要是因为网络 GIS 具有传统 GIS 无法比拟的优点。具体表现在:

1) 大规模降低成本,全面取代 GIS 桌面系统。无论是以何种结构来组织开发的网络 GIS,它都是一个多用户的空间信息系统。用户无需拥有自主版权的 GIS 软件系统就可以通过网络使用 GIS 功能。

2) 使企业的事务与 GIS 专业有机结合。网络 GIS 的出现可以使企业成员的交流合作与 GIS 专业操作有机结合,构成企业群体生产力。

3) 网络 GIS 中的 WebGIS 采用页面操作取代传统 GIS 的窗口操作,简单易用,降低了操作难度。

4) GIS 处理能力大为提高。由于网络 GIS 是一个任务分布处理系统,可以充分利用网络资源,采用分布式协同计算来完成复杂、计算量大的地理空间计算任务。这样,一些复杂的计算任务,诸如大规模查询可交给性能比较强大的服务器来执行,而数据量较小的简单操作则由本地计算机完成。这是一种比较理想的全局优化模式。

5) 网络 GIS 是一个动态系统,可以根据用户的请求随时向用户动态提供其所需的空间信息服务,为用户提供个性化空间信息服务。

6) 跨平台性好。网络 GIS 的分布性、多用户特点决定了网络 GIS 必须具有较强的跨平台性能,即能够适用于异构系统。

7) 互操作能力强。网络 GIS 开发过程中因遵守一些互操作规范,如开放地学数据互操作规范(Open Geodata Interoperability Specification,OpenGIS),使得所开发的网络 GIS 对数据的共享性和互操作有较强的支持能力。

8) 利用网络 GIS 容易实现大范围的数据分发。

总之,与传统 GIS 相比,网络 GIS 具有明显的优势,这也使得网络 GIS 能够得到广泛应用和迅速发展。

§3.2 网络GIS体系结构

3.2.1 两层体系结构

伴随着网络技术和计算机技术的发展,网络计算模式亦从早期的单一计算模式(集中式体系结构)发展到后来的客户/服务器计算模式(分布式的两层体系结构)乃至今天的浏览器/服务器计算模式(分布式的三层、多层体系结构)。两层体系结构把网络GIS分成客户机(也可称为客户浏览器)和服务器两个部分,它们之间通过网络(包括局域网、Internet、Intranet等)在一定的协议(如TCP/IP、HTTP等)支持下实现信息的交互,形成客户/服务器计算模式(C/S),共同协调处理一个应用问题。如图3-1所示。

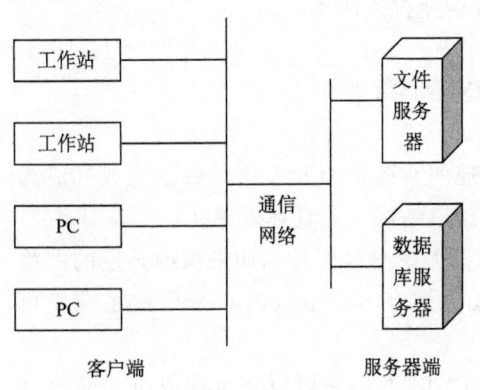

图 3-1 两层结构示意图(客户/服务器模式)

这里,客户机和服务器并非专指两台计算机(一台是客户机,另一台是服务器),而是根据它们所承担的工作来加以区分的。客户机和服务器是相互独立、相互依存、相互需要的。客户机通常是承载最终用户使用的应用软件系统的单台或多台设备,而服务器的功能则由一组协作的过程或数据库及其管理系统所构成,为客户机提供服务,其硬件组成往往是一些性能较高的服务器或工作站。

客户/服务器模式的计算机系统可以有多个客户端,或者多个服务器,或者兼而有之。从图中不难看出,客户机可以是高性能的工作站,也可以是中低性能、使用方便的个人计算机。

客户/服务器模式基于简单的请求/应答方式,即客户机向服务器提出数据处理请求,服务器端接收到请求并对请求进行处理,根据请求的内容执行相应操作,并将操作结果传至客户机一端。可以看出,只有经历这样的一个来回才能完成一项任务的处理。

按照逻辑关系,一个复杂应用程序可划分为表示逻辑、业务逻辑、事务逻辑和数据逻辑。其中,表示逻辑主要负责前端用户界面,业务逻辑主要负责系统中业务规则和流程处理,事务逻辑主要负责应用程序访问数据的安全性、完整性等,数据逻辑主要负责数据库的存取、管理等。由于这几个逻辑层在网络GIS中所处的位置不同,因此,网络GIS的构成方式也不尽相同,所采用的开发方式也有所差别。网络GIS体系结构的主要问题就是如何均衡以上各业务中的负载分配。一般来讲,事务逻辑、数据逻辑往往在服务器端,而表示逻辑和业务逻辑则不确定,可以在客户端,也可以在服务器端,或服务器端和客户端都有一部分,但是从安全性、稳定性来考虑,最好将业务逻辑置于服务器端。

由于实际情况千差万别,导致这几种逻辑的分配情况也有很大的差异。可以设想一下,如果表示逻辑、业务逻辑和数据逻辑等都在客户机一端实现,则客户机要承载的任务是非常繁重的,在客户端相应地也要安装或下载许多GIS处理软件,导致客户机臃肿(这就是常说的"胖"客户机,对应地,也有"瘦"服务器一说);反过来,如果服务器一端(如图中的文件服务器和数据库服务器)承担过多的数据处理任务,则它(们)在响应多个客户机发出的空间数据处理请求时,可能性能跟不上,导致数据处理效率低下,这就是常说的"胖"服务器(对应地有"瘦"客户机一说)。因此,根据实际情况会产生许多不同的组合,组合的目的就是解决负载如何分配的问题,具体而言,就是解决服务器与客户机各承担什么任务、承担多少的问题。至于负载合理分配的好处在哪里,这个问题在两层结构的网络 GIS 中表现得尤为突出。

在两层体系结构中,按负载的轻重可将客户/服务器体系结构归纳为以下两种:

1. 基于客户机的网络 GIS 体系结构

称为"瘦"服务器/"胖"客户机的网络 GIS。即,GIS 的绝大多数功能都是在客户机实现的,只有少量的 GIS 功能在服务器端实现。为此,客户机需要下载或安装相应的客户机 GIS 应用程序。此外,对于像 WebGIS 或移动 GIS 的应用,客户机还需要一些脚本程序,用于在客户端创建复杂的用户接口。

大多数基于客户机的网络 GIS 中,GIS 分析工具和 GIS 数据最初驻留在服务器上。用户通过客户机向服务器发出 GIS 数据和 GIS 处理工具的请求,服务器根据客户机的请求将数据和 GIS 处理工具一并传送给客户机。客户机接受所需要的数据和 GIS 处理工具,按照用户的操作,进行 GIS 数据处理和分析。

2. 基于服务器端的网络 GIS 体系结构

称为"胖"服务器/"瘦"客户机的网络 GIS。其主要特点是服务器端的负载较重,GIS 的绝大多数功能都是在服务器端实现的,客户机的浏览器仅充当前端的对用户友好的接口。用户在客户机浏览器上通过向服务器发送初始化和数据处理与服务请求,服务器接受此请求后,分析请求的处理要求,并对请求加以处理,将处理结果通过网络返回客户机,并在客户机浏览器上按适当方式予以显示。

客户/服务器体系结构的优点在于简单和高效,这也直接加快了它的普及。流行的 HTTP、FTP 等协议都是遵循客户/服务器模式的。早期的网络 GIS 建设大都采用这种模式。客户/服务器结构以 PC 为主,适合部门级应用。初期投入成本低,但随着应用规模扩展,网络上异种资源类型逐步增多,管理、维护的复杂程度加大,软硬件升级要求频繁,导致后期成本骤升,而且关键事务处理的安全性与并发处理能力还有待进一步提高。

3.2.2 三层及多层体系结构

随着 GIS 应用系统的大型化以及用户对系统性能的要求不断提高,两层结构的缺点逐渐暴露出来。于是在 Internet 的基础上,两层体系结构自然延伸到三层或更多层次的体系结构。这实际上可以看作是基于服务器端的网络 GIS 体系结构("胖"服务器/"瘦"客户机结构)的拓展和细化。

1. 三层体系结构

三层体系结构突破了客户/服务器两层模式的限制,将各种逻辑分别分布在三层结构中来实现(如图 3-2 所示),这样便可以将业务逻辑、表示逻辑、数据逻辑分开,从而减轻客户机和数据服务器的压力,较好地平衡负载,并且形成了一种新的计算模式——浏览器/服务器模式(B/S)。另外,将用于图形显示的表示逻辑与 GIS 的处理逻辑分开,可以使

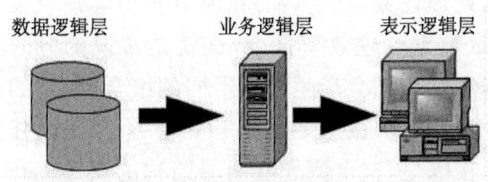

图 3-2　三层逻辑体系结构

GIS 的处理逻辑为所有用户共享，从根本上克服两层结构的缺陷。

三层体系结构中，客户端可以是 PC、PDA 或者蜂窝电话等，中间层通常是工作站或小型机，服务器可以是主机、小型机等。客户机可以不直接向数据服务器发送请求，数据的请求由应用服务器根据客户端的请求向数据服务器提出，数据访问的结果也是由应用服务器负责发送到客户端的。与两层结构相比，在三层结构中，Web 服务器既作为一个浏览服务器，同时又是应用服务器，将整个应用逻辑和规则驻留其上，而只有表示层存在于客户机，使客户机变得很单纯，从而极大地减轻了客户机的负担。这种客户被称之为瘦客户（Thin Client）。在这种结构中，只需相应地增加中间层服务器（应用服务器）即可满足应用的需要。应用服务器支持多种关系数据库管理系统和数据类型，并通过对象中间件技术（Java、DCOM 及 CORBA），在网络上寻找对象应用程序，完成对象间的通信。这样便屏蔽了网络通信的细节，使客户机和服务器均不需要了解对方的具体工作，从而实现无缝透明的连接。

2. 多层体系结构与应用举例

多层结构的网络 GIS 在负责与用户交互的客户机和负责数据存储管理的数据服务器之间存在一层或多层负责业务处理逻辑，通过这些业务处理逻辑对 GIS 分析处理任务进行分解达到平衡负载的目的。多层结构与三层结构相比，主要是在业务逻辑层增加了更多的逻辑处理单元，以根据不同客户的请求情况分别予以高效处理。

（1）多层结构应用例一

ESRI ArcGIS 是一个典型的多层结构地理信息平台，也是一个可伸缩的系统，它由若干不同定位的 GIS 产品组成，根据这些产品所扮演的角色，可将 ArcGIS 的体系划分为如图 3-3 所示的层次结构。

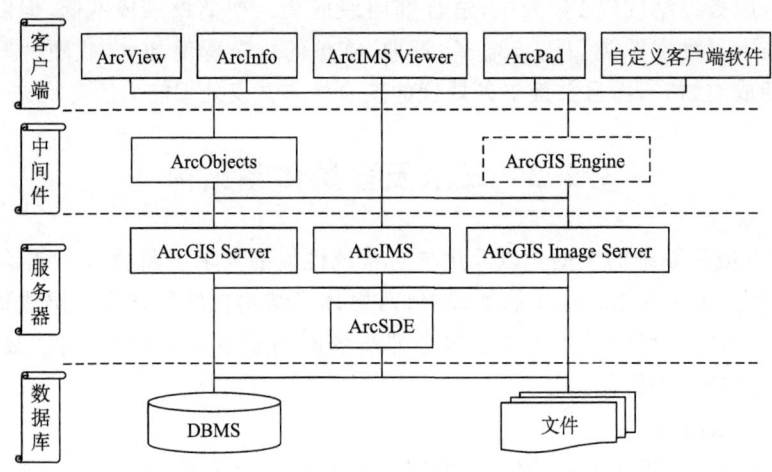

图 3-3　ArcGIS 系列软件多层体系结构

① 客户端：包括桌面 GIS 和移动 GIS。桌面 GIS 包括 ArcReader、ArcView、ArcEditor、ArcInfo 和 ArcGIS 扩展模块等；移动 GIS 包括 ArcPad 和 ArcGIS Mobile 等。

② 中间件层：为开发者提供的用于扩展 GIS 桌面、定制基于桌面和基于 Web 的应用、创建移动解决方案的公共组件库。ESRI 为开发人员提供了可编程的 GIS 工具包，既可以开发出定制的桌面或服务器 GIS 应用，也可以在现有的应用系统里嵌入 GIS 功能。ArcObjects 为 ArcGIS 中各个不同的产品提供共同的基础部件和工业标准接口，对于 ArcGIS 自身的定制和扩展以及 ArcGIS 与其他系统和平台之间的连接或集成起到了至关重要的作用。ArcGIS Engine 是一个基于 ArcObjects 的、用于创建客户化 GIS 桌面应用程序的开发产品，是 ArcObjects 组件跨平台应用的核心集合，它提供有多种开发接口，适用于 .Net、Java、VB 和 VC 等开发环境。

③ 服务器端：提供三种服务器端 GIS，即 ArcGIS Server、ArcIMS 和 ArcGIS Image Server，以满足 GIS 企业化和网络化需求。ArcIMS 是实现网络信息发布、动态地图共享、GIS 元数据服务的服务器产品，用户可通过浏览器进行访问和交互操作。ArcGIS Server 是基于服务器的网络 GIS 产品，用于构建多用户、企业级、集中式空间数据管理系统，提供二维三维地图可视化、数据编辑、空间分析等高级 GIS 应用功能和服务。ArcGIS Image Server 是基于网络的、能提供动态影像处理服务的服务器端软件，使得无须复杂的数据加载或处理即可支持大量用户对海量影像数据的快速、并发访问。

④ 数据库端：为数据存储与管理层，支持文件格式和 DBMS 存储的 GIS 数据源，包括 ArcSDE 空间数据库、个性化空间数据库和文件空间数据库等。

(2) 多层结构应用例二

多层结构的另一个典型应用是 Autodesk 企业版 GIS。Autodesk 企业版提供了一种真正的多层体系结构来支持地理空间数据。Autodesk 企业版的体系结构包括数据层、应用层、客户端、Web 服务器和浏览器五层。各层的分工如下：

① 数据层：是整个企业级空间信息系统的基础，是空间数据的组织和管理层，采用数据库管理系统 Oracle 来实现对空间数据的管理；

② 应用层：是 Autodesk 的 GIS 设计服务器的一层，GIS 设计服务器主要为企业应用提供各种矢量地图服务；

③ 客户端：Autodesk 的客户端是指一些桌面程序，如：Autodesk Map™、Autodesk MapGuide® 和 Autodesk® OnSite 等。

实际上，前述三层就可以构成一个完整的三层体系结构的网络 GIS，但在 Internet 中这种体系结构得到了进一步扩展。Autodesk 在上述三层结构的基础上提供了互联网络中心的空间数据解决方案。为适应 Internet 的需要，在三层的基础上又增加了 Web 服务器和浏览器两层。

④ Web 服务器：在 Internet 中要求服务器层与数据层及应用系统连接并通过 Web 来传递它们的功能。Autodesk 实现了 Web 服务器与数据层、设计服务器和客户端的桌面系统间的有效结合；

⑤ 浏览器：浏览器是用户通过 Internet 进行访问的数据表示层。Autodesk 提供了 MapGuide 软件作为基于浏览器端的解决方案。

(3) 多层结构应用例三

图 3-4 所示为 Any* GIS(日立公司)的系统结构示意图,Web 服务器在表示逻辑层负责 Web 消息的传递,是一个消息泵,接收从客户端发送过来的各种请求消息,交给应用服务器处理,并把处理结果封装成 Web 消息返回给客户端,客户端能立即从界面上看到变化,知道它发送的请求消息已经被处理了。从这个意义上来说,Web 服务器其实更新的是客户端的界面,它把应答消息表现在客户端的界面上,这就是典型的表示逻辑。应用服务器的角色也很明确,它主要处理 GIS 相关的操作。而数据存储层中的 Geo 适配器(Geo-Adapter)、Oracle Spatial 模块、CORBA 组件则负责存取后台数据库,可视为工作在数据存取层的组件。

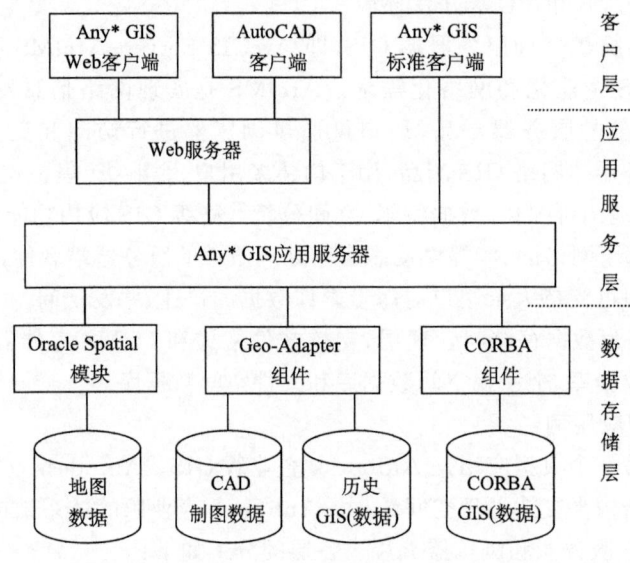

图 3-4 Any* GIS 的分层结构

各层的功能如下:

① 客户层:三种不同的客户端接口(Any* GIS Web 客户端、Any* GIS 标准客户端和 AutoCAD 客户端)可以适应公司的使用功能和商业各个方面的需求;

② 应用服务层:由 Web 服务器和 Any* GIS 应用服务器组成。Web 服务器使得终端用户可以和标准 Internet 服务器(如 IIS 或 Apache)相交互。Any* GIS 应用服务器是 Any* GIS 的功能中枢,它提供空间数据的整合和转换功能;

③ 数据存储层:代表了存储在公司里的各种空间和非空间数据,这些数据通常是以互不兼容的格式存在的。Geo-Adapter 组件提供了一个读、写各种格式的空间数据的中间层,同时通过它还可以连接到其他厂商的 GIS。

使用多层结构设计、开发网络 GIS 应用系统时,系统将被分为不同的逻辑模块。因其能有效地平衡服务器端与客户端的负载,从而使系统的整体性能有较大提高,同时也使网络 GIS 变得比较安全、灵活,维护更加方便。正是有这样的许多优点,基于多层结构的网络 GIS 的发展速度越来越快,应用领域也越来越广。

§3.3 网络 GIS 数据组织与管理

空间数据的组织与管理一直是 GIS 理论与技术发展的基础问题,是 GIS 技术能否得到广泛应用并为用户提供高效服务的关键。GIS 技术的发展与计算机相关技术的发展进步是密不可分的,GIS 中空间数据的组织形式与管理方式同样遵循这一规律,这已从空间数据管理的发展历程中得以印证。

GIS 数据组织与管理技术是指通过研究地表现象的表达方式,进而研究它们在计算机中的存储、管理和分析方法。例如通过地理认知可将地表现象抽象为点、线、面、体等四种类型,为了在计算机中再现这些地表现象,根据计算机科学的有关理论和技术(如计算机图形学、数据库、数据结构等),人们又按照点、线、面、体的组织方式选择合适的数据模型和数据结构来实现地表现象的可视化表达,这是建立任何 GIS 的基础和前提。

3.3.1 网络 GIS 数据特点

网络 GIS 的地理空间数据具有地域分布性、多源异构性和表现形式多样化的特点。具体阐述如下。

(1) 地域分布性

网络 GIS 地理空间数据的分布性体现在两方面,既有空间数据本身的地域分布性,也有空间数据存储地域的分布性。这是由 GIS 数据所具有的典型的空间特征和专题特征所致,即地图的平面二维分布和垂直方向的第三维分布。按行政区划、流域甚至经纬度划分,不同地域均有其相关的 GIS 数据,而且不同层级地域的 GIS 数据所代表的信息及数据精度均有所不同。在网络应用服务中,需要根据这一特点,按照由上至下、由粗到细的方式分地区、分级别地进行数据组织。空间数据在垂直方向的第三维分布将产生各种专题数据,如相同地域范围内同一比例尺地图既有道路数据也有水文数据,既有地籍房产数据也有地下管线数据等。现实中,不同专题的空间数据往往由不同行业部门来采集、存储、处理和管理,客观上造成不同专题的空间数据存储存在地域分布特性。因此,在网络应用服务中,还要根据该特点对数据进行分专题、分类别的组织。

(2) 多源异构性

网络 GIS 的地理空间数据来源广泛、结构多样,既有矢量数据也有栅格影像数据,而且这些数据既可采用文件方式存储和管理,也可以将其存储于数据库管理系统(DataBase Management System,DBMS)中。同样为文件方式的空间数据,其数据文件格式也迥然不同,如 ESRI 的 Shape 格式、MapInfo 的 MIF 格式等。因此,需要根据空间数据的不同结构特征采用合理的组织和管理方法,并考虑它们之间的转换和交互。

(3) 表现形式多样化

空间数据在网络 GIS 客户端浏览器上有多种不同的表现形式。概括来说,主要基于三种浏览器:① 专用浏览器,如 ESRI ArcExplorer 等,这类浏览器可以将远程访问的数据与本地空间数据集成在一起进行显示;② 通用 Web 浏览器,如 Internet Explorer、Navigator 等,这类浏览器主要支持通用格式的栅格数据显示;③ 通用浏览器加特定插件,如在通用 Web 浏览器上集成 ActiveX 或 Java Applet 等插件,通过这些插件访问远程空间数据,并在客户端显示和操作获得的空间数据。

需要说明的是,不同的客户端因其实现方法不同,所支持的地理数据格式也不一样,既有矢量和栅格的差异,也有数据文件格式的差异。因此,需要在空间数据组织和客户端访问数据过程中顾及这些差异。

3.3.2 网络 GIS 数据组织策略

认知方式、认知手段的不同会带来认知结果的差异。人们对现实世界的地理现象通过认知和抽象,把地理实体用数学上的一些基本几何形体(如点、线、面以及栅格单元等)来进行结构化表达,这种抽象与表达方法为基于分层的数据组织奠定了基础。但这种抽象并不能对地理空间进行真实地描述和表达,点、线、面以及栅格单元实际上是不存在的。因为现实中的道路不是数学上的线,城市也不是数学上的点。现实世界是一组具有高度相关结构的物质实体,这些实体拥有一组允许人们在相似性基础上进行分类的共同属性,人们可以通过实体的这些属性和关系的共性来认识和表达地理实体,即通过地理特征来认识客观世界,这就是基于地理特征的数据组织方法。一般而言,基于特征的数据组织是在面向对象数据模型的基础上使用面向对象的技术方法来组织数据,而基于分层的数据组织主要在矢量和栅格数据以及关系数据模型的基础上使用分层的方法来组织数据。虽然技术手段不断发展和完善,分层数据组织方法也渗入了面向对象技术(如 ESRI 的 Geodatabase),但还没有构成真正意义上的面向对象数据模型。

1. 基于分层的数据组织

分层理论是 GIS 数据组织的主要理论之一。"层"是 GIS 中最重要的基本概念之一,"分层"是目前 GIS 数据组织的最基本的方法之一。矢量结构中的分层往往是基于几何要素分类(如点类、线类、面类和体类等)而实现的。如图 3-5(a)所示,按照地物抽象成的几何要素被人为地分为点层(如图中建筑物层)、线层(如图中河流层)和面层(如图中公园层)。在这种分层组织方式中,GIS 的地理空间数据由若干个图层及相关属性数据组织而成,每个空间数据图层又以若干个空间坐标的形式存储。因此,矢量空间数据的分层组织可概括为:坐标对—空间对象—图层—地图。其中,空间对象及其属性信息属于最基础层次,而地图则是最高层次。图 3-5(a)的分层组织中的信息可按以下方法分类:

1) 地图集。地图集是地理数据组织中的顶层信息,实现对各个地图的管理,主要包含地图引用(表名、地图层数等)、地图坐标(坐标系统、配准信息等)及地图描述(访问权限、地图说明等)等信息。

2) 图层集。图层集是由多个空间图层组成的能满足一定应用需求的图层集合,包含组成图层集的图层引用(图层标号、图层表名)、图层空间索引(大小、标号、表名)、图层显示、图层坐标范围(坐标最大、最小值)等信息。

3) 图层。图层是由多个具有某些相同或相似特性的同种类型的空间对象组成的集合,包含有以下信息:空间对象的标识(标号、名称)、描述(名称、特征属性、类型)及几何表示(坐标的二进制大对象形式——BLOB 数据类型)。

尽管基于分层数据组织策略是 GIS 中空间数据的主要组织形式,并得到了广泛应

用,但它对地理现象的描述仍存在很多缺陷。主要体现在:

1) 对现实世界中的地理现象进行几何抽象往往忽视了地理现象的本质特性及现象之间复杂的内在联系,导致获取的空间信息被极大地简化,降低了 GIS 的信息容量。

2) 注重空间位置的描述,较少考虑以分类属性和相互关系为基础的结构化实体的内在规律描述,致使空间分析能力相对较弱。

3) 分层叠加的方法把现实世界划分为一系列具有严格边界的图层,但这些边界并不能充分反映客观现实,从而造成了许多人为误差。

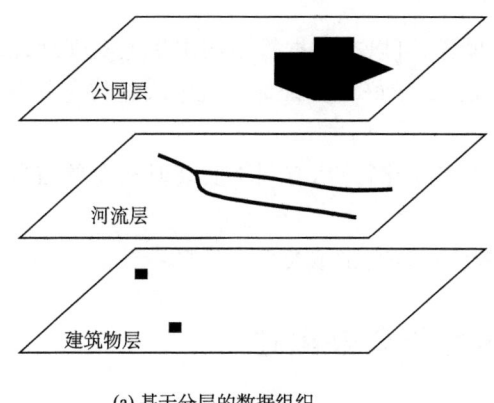

图 3-5 两种数据组织策略

2. 基于特征的数据组织

针对分层组织存在的缺陷,要对地理现象进行合理抽象和简化,就需要一个高度统一的框架对地理现象和地理数据进行规范化的理解、表达和组织。为此需要寻求另外的认知方式,于是提出了"地理特征"的概念,进而引申出基于特征的数据组织方式。特征是对地理现象的高度抽象和全面表达,它包括地理现象在空间、时间和专题等方面的所有信息,有两方面的含义:既是地理现象也是地理现象的数字化表达。特征是运动和变化发展的,具有产生、发展、衰减、移动、消亡和再生的特性,这一特性使特征本身成为集时间、空间和主题于一体的对象。

如图 3-5(b) 所示,基于特征的数据组织的基本思想是把地理特征(如图中的建筑物、河流和公园等)作为地理空间信息的基本单元,利用地理特征来表达和描述地球空间上客观存在的实体。地理特征用位置和类别来进行刻画,位置和类别又由属性和关系来刻画,如图 3-6 所示。一个地理特征既是一个地理实体又是一个表达对象,形式上被定义为具有共同属性和关系的一组现象,其中,位置

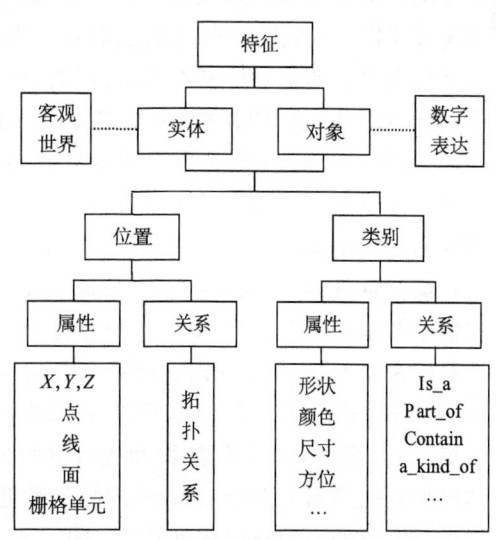

图 3-6 特征中位置与类别的属性和关系

与类别的属性和关系是必要的。

图 3-6 所示,特征的数字表达为对象,包括特征的空间与非空间要素的属性和关系,这里的对象概念与面向对象中的对象概念不同,面向对象中的"对象"一词过于灵活,是一切建模要素的数字表达,如点、线、面等都可以视为对象,在面向对象的模型中,对象并不是主要概念,类才是主要概念。此外,面向对象作为专有名词,有一系列内部特征,如概括、继承、封装、传播、多态等。基于特征的 GIS 数据组织倾向于概念建模阶段,而面向对象的数据模型和方法可以较好地应用于逻辑模型设计和数据库的物理实现。

基于特征的数据组织方法主要有以下优点:

1) 采用基于特征的方法认识和表达客观世界,可以在数据模型的层次上实现地理现象的规范化理解与表达,形成地理现象的统一框架,较好地保证地理现象表达的完备性与一致性;

2) 根据特征的生命周期特性和它具有的动态变化特点,有利于实现时空专题信息的集成和分析;

3) 在基于特征的 GIS 中,特征可以通过聚集或联合形成更为复杂的特征。

3.3.3 网络 GIS 数据管理概述

1. 空间数据管理技术的发展过程

空间数据管理技术的发展主要经历了以下几个阶段:

第一阶段:属于早期形式。GIS 中空间数据的组织与管理均采用文件的形式,即空间几何数据与属性数据都以文件的形式表达,而文件是由操作系统负责在计算机外存储器上进行组织和管理的,并提供对文件的访问方法。操作系统实现的文件组织方式一般可以分为顺序文件、索引文件、随机文件和倒排文件等多种形式。

采用文件系统组织和管理空间数据的缺点是显而易见的。首先,文件中的数据安排与组织是依赖于操作系统和文件系统的,不具备独立性,致使不同操作系统上的 GIS 难以实现互操作;其次,文件系统受其自身性能限制,数据的安全性、共享性差,这不适合以共享为主要目的之一的网络 GIS;再次,针对空间数据存储需生成数量庞大的数据文件,不利于 GIS 中数据的存取、调度与管理。例如,以 Shape 文件组织的空间数据,用三个文件(空间数据文件、属性数据文件和空间与属性间的关系文件)来组织、表达一幅地图。这种多文件结构方式的不足在于文件管理不方便,如果有一个文件被意外删除,或者地图数据复制过程中遗漏一个文件,都会破坏地图数据的完整性,从而导致数据出错。

第二阶段:随着关系数据库技术的发展与广泛应用,GIS 中空间数据的组织与管理形式借鉴并采用了 DBMS 和文件的混合方式,即空间几何数据仍以文件的形式表达,而属性数据采用 DBMS 的方式进行管理。这种空间数据组织管理方式的典型代表是 ESRI 公司的 Arc/Info。其空间数据管理方式的基本思想是在商业化的 DBMS 基础上开发附加系统,用于管理空间几何数据和进行空间分析,并使用 DBMS 管理属性数据,使空间数据和属性数据逻辑上置于 DBMS 的统一管理之下。这种方式是目前技术上成熟、GIS 中应用十分广泛的一种空间数据管理方式。

第三阶段:以商业化 DBMS 为核心,对系统功能进行扩充,使空间几何数据与属性数据在同一个 DBMS 管理之下，并增加大量的软件功能以提供图形显示和空间分析等功能。从上面关于 GIS 空间数据组织与管理的发展历程来看，使用功能强大的数据库管理系统进行空间数据的组织与管理是 GIS 技术发展的必然趋势，但目前商业化的 DBMS 并不能完全满足空间数据管理的要求，其表现如下：

1) GIS 的空间数据具有类型复杂、存储量大以及存在变长记录等特征，而一般的 DBMS 只支持固定长度的记录域值；

2) 空间数据一般具有空间参考、特征坐标、事实上的拓扑关系、非空间主题属性等多种特征，一般的 DBMS 难以全面表达；

3) 空间数据要求更高的安全性以及数据内部的一致性和完整性约束等，一般的 DBMS 难以保证空间数据的高安全要求；

4) 空间数据需要复杂的图形操作、空间拓扑以及空间分析等一系列特有的功能，这些需求也是一般商业化 DBMS 难以满足的；

5) 一般商业化的 DBMS 难以满足海量空间数据的管理及网络 GIS 的应用。

第四阶段：基于对象-关系数据库的空间数据管理技术的发展。在对象-关系空间数据管理系统中，图形数据和相应的属性数据作为一条记录存放在数据库中，采用技术成熟的关系型数据库来管理图形数据，这样，图形的操作如同属性数据的操作一样，具有速度快、支持多用户操作、事务管理等特点，可以较好地解决网络环境下空间数据的使用问题。这种技术已经成为发展潮流。ESRI、Oracle、MapInfo 等公司先后推出了 SDE、OracleSpatial、SpatialWare 空间数据库解决方案。空间数据库在多用户并发操作、权限管理等诸多方面有优势，适合建设大型工程项目。

2. 网络 GIS 空间数据管理发展趋势

针对 DBMS 管理空间数据所存在的问题，空间数据库管理系统（Spatial DataBase Management System，SDBMS）成为人们关注的热点问题。SDBMS 应该可以存储与处理在二级存储设备（如磁盘、光盘等）上的海量空间数据，并具备专门的空间索引和查询处理技术以完成 GIS 中的空间分析等操作。同时，SDBMS 需继承和强化传统 DBMS 所拥有的并发控制、安全保护等机制，以保证多个用户能同时访问共享的空间数据，并保持数据的一致性。GIS 可以作为 SDBMS 的前端，通过 SDBMS 访问海量空间数据。

网络 GIS 的发展对 SDBMS 的性能提出了更高的要求。SDBMS 除需具有基本的海量空间数据存储、管理以及空间数据操作与分析功能外，还必须满足日益增长的基于网络的应用需求，即需要提供高效的数据传输能力、有效的网络安全控制机制以及基于网络的海量空间数据的快速存取与调度能力等。

目前，SDBMS 的研究仍集中在现有的商业化 DBMS 基础上进行空间信息处理功能的扩展，并且随着传统商业化 DBMS 的发展已取得了一定的成果。以下分别根据数据库系统操作对象和数据库系统体系结构的划分来说明对网络 GIS 空间数据管理发展趋势。

1) 按数据库系统操作对象划分，网络 GIS 空间数据管理将逐渐采用面向对象的数据库管理系统（Object Oriented DBMS，OODBMS）和对象-关系型的数据库管理系统（Object-Relation DBMS，ORDBMS）。在这两种数据库管理系统当中引入了抽象数据类型（Abstract Data Type，ADT），以增强 DBMS 的灵活性，但是 ADT 的引入仍需解决一些关键问题。例如：① 尽管 OODBMS 产品已经面世多年，但市场对此类产品的接受能力还有限,许多 GIS 用户并未真正使用 OODBMS 进行空间数据的管理。② SQL 作为关系数据库的通用语言,不适于操作 ADT 类型的数据,需要对其进行语法、语义及功能上的扩充,以满足空间数据操作的需求。

2) 按数据库系统体系结构划分,网络 GIS 空间数据管理将逐渐采用分布式数据库管理系统和并行数据库管理系统,以满足由于计算机网络的高速发展和不断增加的网络互联而快速增长的应用需求。

网络 GIS 空间数据管理的新技术及新的发展趋势将在 3.3.4 和 3.3.5 两个小节中详细介绍。图 3-7 描述了 GIS 空间数据管理的演进过程。

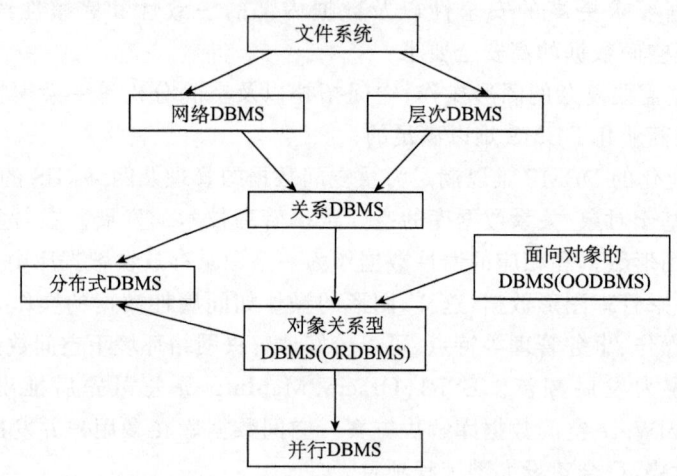

图 3-7 空间数据管理系统的演进

需要说明的是,这个演进过程仅表明了数据库管理技术的几个发展阶段,而不代表新技术的产生与旧技术的消亡。事实上,像关系 DBMS、文件系统等仍在被广泛使用。

3.3.4 空间数据库技术概述

空间数据库技术的发展始终带动着 GIS 的重大技术革新。早期的以文件与关系数据库管理系统混合模式的空间数据管理方式以及 20 世纪 90 年代末出现的对象-关系型数据库管理系统都代表着当时 GIS 技术的基本特征。

空间数据具有空间参考、非结构化、空间关系依赖及数据量庞大等特征,这些特征是一般事务性数据库(如金融数据等)的数据所不具备的。因此,研究并开发新的、面向空间数据和空间操作的数据库管理系统是当代 GIS 技术发展与突破的当务之急,尤其是面临高度信息化和网络普及化的技术发展新特征,针对满足网络 GIS 技术发展需求的新型空间数据库技术显得尤为重要。

1. 空间数据建模

目前,地理空间数据模型的种类有很多,如地理空间几何模型、实体-关系模型、拓扑关系数据模型、面向对象数据模型等。从概念上讲,可以把它们归类为基于场的模型和基于对象的模型。

1) 基于场的模型:对于空间应用来说,定义的场模型要求至少有三个组成部分:空间框架(Spatial Framework)、场函数(Field Function)和一组相关的场操作(Field Operation)。空间框架(或称为空间参考)是一个有限的网格,所有的度量都基于这个框架完成,其典型代表是地球表面的经度-纬度参考系。场函数是用于描述空间地物特征的函数表达式,如分段函数。场函数所表达的地物特征是连续的或是等值的。场建模的第三个重要内容是场函数的操作规约,用于操作不同场之间的联系和交互。基于场的模型进行建模的情况包括大气模拟、火灾或洪水演进模拟、温度及土壤变化等的模拟。

2) 基于对象的模型:在基于对象的建模中,是将地理实体或现象抽象为明确的、可识别的相关事务或实体,我们称之为对象,用以表示具有几何特征和离散特点的地理要素,如点对象、线对象、面对象以及集合对象。

采用何种模型对空间地物建模需要根据应用的需求及使用的习惯。当处理在一定空间范围内连续变化或具有恒定值的地物特征时可采用基于场的模型进行建模,如覆盖某一地理空间的格网数字高程模型、影像数据等;而基于对象的模型一般更多地用于运输网络(如道路)、物流管理、地籍管理等方面。

2. 空间数据库内容

从应用性质上划分,空间数据库可分为基础地理空间数据库和专题空间数据库。基础地理空间数据库一般包括地形要素矢量数据(又称数字线划图:Digital Line Graphic,DLG)、数字正射影像图(Digital Orthophoto Map,DOM)、数字高程模型(Digital Elevation Model,DEM)、数字栅格地图(Digital Raster Graphic,DRG)以及相应的空间元数据库(前四种数据通常称为"4D"数据)。专题空间数据库一般包括土地利用、城市规划、人口统计、环境保护、市政建设等多种用于专业部门的数据产品,其数据结构一般分为矢量和栅格两种形式。

3. 空间数据库用户

用户需求是推动技术进步的动力。空间数据库的用户分布范围十分广泛,各个行业、各个领域几乎都不同程度地分布着对空间信息技术有强烈需求的用户。针对这些用户的需求,许多著名公司在原有 DBMS 的基础上不断地改进其产品的性能,拓展其功能,使其具备一定的空间信息处理能力。如甲骨文(Oracle)、Informix 和 IBM 分别推出了空间数据处理组件,并分别以 Cartridge、Datablade 或 Spatial Option 为其产品命名。与此同时,专门从事 GIS 技术和产品研发的大型机构也在不断地研制新的 GIS 软件,如 ESRI 的 SDE,通过这种中间件产品可以增强 GIS 与空间数据库及其他商用数据库的互操作能力。

Internet 的迅速发展为空间数据产品带来了新的机遇。越来越多的 Internet 用户通过 Internet 获得各种空间信息服务,如 Internet 上的电子地图服务等。同时,由于无线网络技术的发展,促使手机、PDA 等移动计算平台得到广泛应用,并使基于位置的空间信息服务逐渐受到广大用户青睐。上述这些新的空间数据产品及空间信息服务形式将对空间数据库技术提出更高的要求,如效率更高、性能更强、安全性更好以及更适应于网络环境应用等。

3.3.5 对象-关系型空间数据管理技术

关系数据库系统因其具有坚实的理论基础和非过程化的查询语言,目前在整个数据库应用领域还占据着主导地位。但是针对诸如空间、音频、视频及图像等结构复杂的多媒体数据,关系数据库将面临许多新的问题。20世纪90年代初发展起来的面向对象技术和随后发展的对象-关系型数据库技术提供了比较好的解决方案。本小节将讨论适用于空间数据管理的两种数据库管理系统,即面向对象数据库管理系统和对象-关系型数据库管理系统。

1. 面向对象数据库管理系统

当数据库系统应用到更广阔的领域中时,比如计算机辅助设计,关系模型就暴露出了极大的局限性。为此,数据库研究者提出了一些克服关系模型限制的数据模型。采用面向对象方法进行建模的数据库系统就是这一研究的产物。

OODBMS借鉴面向对象的程序设计方法,将现实中复杂的数据类型抽象为对象,以表达那些不能被关系数据库管理系统所描述的数据。例如,地理空间中的点、线、面等地物目标的建模。面向对象的数据模型有几个主要的概念:对象结构和类的概念、继承以及对象标识。有关这些概念,读者可参考面向对象程序设计方法的相关文献,此处不再赘述。

虽然OODBMS适合于空间数据库中复杂地物数据的建模,但由于以下几种原因,使得OODBMS并未在空间数据库中得到广泛的应用。

1) 如前所述,尽管OODBMS产品已经面市多年,然而市场对此类产品的接受能力有限,致使许多GIS企业及用户未采用OODBMS作为其空间数据库建库和管理的方案;

2) 空间地物除具有与空间相关的属性特征外,仍需要大量的社会经济数据作为其辅助数据,OODBMS并不完全支持这种混合的数据模型;

3) 关系数据库的成功及基于关系数据模型的SQL语言的广泛应用,使得完全摒弃关系数据库很困难。

基于以上因素,将关系数据库与面向对象技术相结合的对象-关系型数据库技术逐步发展起来,并被广泛采纳。

2. 对象-关系型数据库管理系统

为使关系数据库管理复杂的数据类型,一般采用功能扩展的方法。大致分为两种:

1) 在关系数据库中增加新的数据类型,即把所有的复杂的数据类型抽象为一个二进制流,以支持大数据量和长度可变的数据存储。这种方法在大多数商用数据库中已经实现,如Oracle的Long Raw数据类型、Informix 4.x以上版本的BLOB数据类型、Microsoft SQL Server的Image数据类型等。当前变长二进制对象存储的数据最大可达4GB。在SQL3中,BLOB被定义为一种新的数据类型,可以通过通用的数据访问接口操作这些数据。但是这种扩展方法只停留在通过关系数据库存储复杂数据类型的层面上,并不能通过对其建立索引来查询这种数据类型。

2) 采用对象-关系的数据建模方法,即把复杂的数据类型作为对象放入关系数据库中,并提供索引机制和操作方法,这种扩展后的数据库称为对象-关系型数据库。使用对象-关系数据模型扩展关系模型的方式可使关系数据库具备表达复杂数据类型和面向对象的能力。同时,关系查询语言(特别是在 SQL 中)需要做相应扩展以处理这些复杂的数据类型。

20 世纪末开始,对象-关系型数据库管理系统逐渐成为 GIS 中组织和管理空间数据的首选数据库产品。与此同时,多数主要的数据库企业(如 Oracle)也在其各自的数据库产品中增加了支持空间数据类型的专用软件模块,使关系数据库能够同时管理矢量图形数据和属性数据。另一种方式是 GIS 软件企业在传统的关系数据库管理系统之上进行功能和数据类型的扩展,外加一个空间数据管理引擎,如 ESRI 公司的 ArcSDE,MapInfo 公司的 Spatial Ware 等。无论是数据库企业提供的扩展功能,还是由 GIS 企业独自进行的扩展,其原理均是利用关系数据库提供的 BLOB 数据类型。

目前的 ORDBMS 产品提供了构建 ADT 的模块化方法。一个 ADT 可以嵌入到系统中,也可以从系统中删除,而不会影响系统的其他部分。虽然这种"插件"方法为 DBMS 带来了更强的功能,但用于操作优化的支持却很少。基于对象-关系型数据库管理系统的空间数据库应满足空间数据的处理需求,并在空间数据库范围内运用空间领域的知识来改进 ORDBMS 的整体效率。

图 3-8 说明了基于对象-关系型空间数据库管理系统的基本架构。

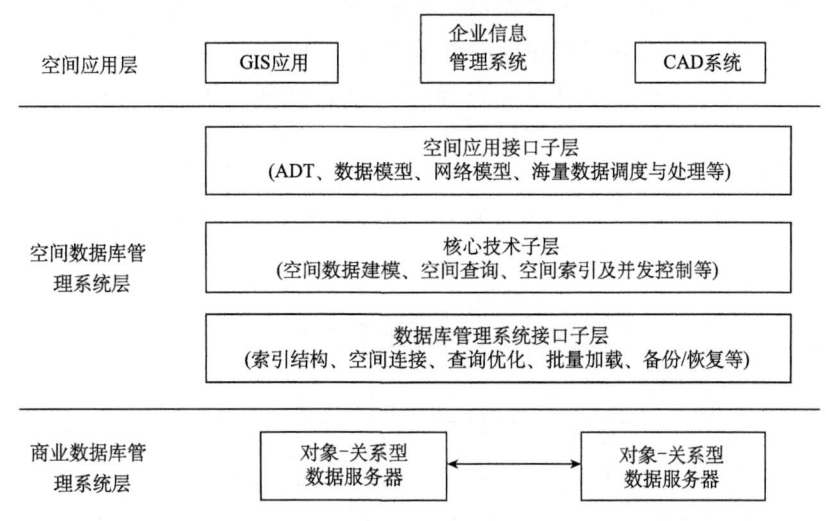

图 3-8 对象-关系型空间数据库管理系统的三层体系结构

从图中可以看出,对象-关系型空间数据库管理系统可分为三个层次:空间应用层、空间数据库管理系统层及商业数据库管理系统层。其中,空间数据库管理系统层封装了大量的空间领域知识,是 SDBMS 的关键与核心,它负责为上层应用提供各种空间数据处理服务,同时承担着将建模后的空间数据存储到后台数据库中,并提供高效的空间索引和查询机制。下面以基于对象-关系型数据库管理系统的产品——Oracle 为例,简要介绍空间数据库设计的三个基本步骤。

Oracle 数据库在其自身的关系模型基础上开发了称为 Oracle Spatial 的扩展产品,专门用于空间数据管理。它提供了几何类型、空间元数据模式、空间索引以及一整套函数和过程集合,除具有空间数据管理能力外,还拥有关系数据库管理系统的所有特性,如标准的 SQL 查询、页面缓冲、并发控制、多层结构的分布式管理等。该产品完全集成于数据库服务器端,用户可以通过 SQL 定义和操作空间数据,同时也可访问标准的 Oracle 数据库内容。基于 Oracle 的空间数据库设计步骤同样适用于采用其他数据库产品的设计过程,具体设计步骤如下:

1)用实体-关系模型(Entity Relationship,ER)描述概念模型,以组织所有与应用相关的可用信息。在概念层次上,重点应放在数据类型及其联系和约束上,而不应该过多关注实现细节。概念模型通常采用浅显易懂的文字并结合简单的图形符号表示。

2)逻辑建模。逻辑建模与概念模型在商用 DBMS 上的具体实现有关。商用的 DBMS 中的数据由实现模型进行组织,这些模型包括层次模型、网状模型和关系模型。在关系模型中,数据类型、联系和约束都被建模为关系(Relation)。其中,关系代数(Relational Algebra,RA)是关系模型中用于形式化查询的基础工具,使用 RA 可以查询用关系方式组织的数据。但是,由于没有广为接受的地理信息数学模型,这就使得空间数据查询和空间数据库的设计变得异常困难。

3)物理设计。它涉及数据库在计算机实现中的多种细节,如存储方式、索引机制、内存管理和数据调度等。

在空间数据库设计的第一个阶段(概念模型设计),Oracle 8i 以后的产品中遵循了 OpenGIS 提出的关于空间几何体建模的模型结构。OpenGIS 中有关几何体的基本组件分为四类:点(Point)、线(Curve)、面(Surface)和几何体集合(Geometry Collection)。几何体集合有三种类型,即多点(Multipoint)、多线(Multicurve)和多面(Multisurface)。几何体集合空间数据类型保证了 OpenGIS 空间数据类型在几何操作(如几何并、几何差或几何交操作)上的闭合性。图 3-9 所示为用 UML 概念表达的 OpenGIS 空间几何体的基本组件。

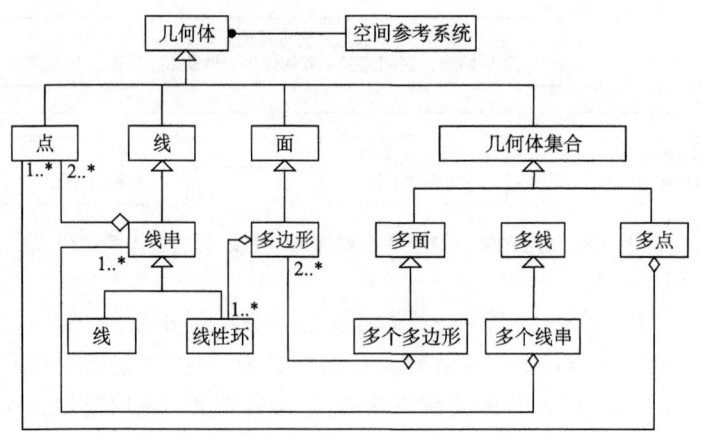

图 3-9　OpenGIS 的空间几何体的基本组件(采用 UML 概念表达)

空间数据库设计中后两个步骤的大部分工作可由 Oracle 数据库负责完成。如概念模型中的多种几何对象的实现可使用 Oracle Spatial 定义的 MDSYS.SDO_GEOMETRY 类型派生。同时,Oracle Spatial 提供了对空间数据的索引与查找机制,可以对空间数据和属性数据进行统一管理。

尽管已有多种商用的对象-关系型数据库提供了空间数据管理的方法和能力,但是基于这些 ORDBMS 的空间数据库的设计及对矢量和栅格数据的管理仍需要考虑许多关键问题,如高效的空间索引机制、空间分析等。正是由于空间数据具有与其他数据类型不同的特点,因此空间数据库中相当一部分的有关空间领域知识的核心技术需要重点研究与开发。

3.3.6 栅格数据的组织与管理

1. 栅格数据的组织策略

在 GIS 中,栅格数据组织一般采用一组笛卡儿平面来描述空间对象的空间位置和属性。所谓笛卡儿平面,实际是一个二维数组,数组中的某行某列对应现实世界中的某一栅格单元的某一项属性值。这种具有一定属性的笛卡儿平面通常也称为"层"。在数据库中,根据栅格图像的不同存储单元,栅格数据的组织可分为基于像元、基于层和基于面域的组织。

1) 基于像元,以像元作为存储单元,每一个像元对应一条记录,每条记录的内容包括像元坐标及其各类属性值的编码;

2) 基于层,以层作为存储基础,层中又以像元为序记录其坐标和对应该层的属性值编码;

3) 基于面域,也以层作为存储基础,层中又以面域为单元进行记录,记录的内容包括面域编号、面域对应该层的属性值编码、面域中所有像元的坐标等。

上述三种栅格数据组织方式中,基于像元方式的优点是简单、便于数据扩充和修改,但属性查询和面域边界提取速度较慢;基于层方式的优点是便于进行属性查询,但因重复存储每个像元的坐标而浪费了存储空间;基于面域的方式虽然有利于面域边界提取,但不同层中像元的坐标仍需要多次存储。

2. 遥感影像的组织管理

高分辨率遥感影像是 GIS 的主要空间数据之一。对高分辨率的遥感影像进行合理有效地存储和管理,是 GIS 能够正常、高效、灵活运行的基础。文件组织管理方式中由于文件的无序性,致使其检索、访问效率低;另外,文件管理中数据安全性也存在很多问题,因此文件管理并不太适合高分辨率遥感影像的组织管理。然而,完全用关系数据库技术管理海量遥感影像数据在实际中也存在一些问题。如影像入库后会因存储空间急剧增大而使影像库的查询和检索效率降低。从这个意义上讲,采用关系数据库与文件结合的方法在海量影像数据管理中不失为有效的方法之一,其基本思想是:对每一幅遥感影像进行必要的分级分块预处理,建立分级、分块的索引机制,以数据库的形式存储和管理索引信息,而原始影像和分级、分块影像以磁盘文件来保存。另外,一些必要的属性信息可以用 DBMS 来管理,属性数据库和磁盘文件用唯一 ID 来建立关联关系。

(1) 分级存储

高分辨率遥感影像具有范围大的特点。而网络用户往往可能只对某一个范围较小的区域感兴趣,或者从一个细节很少的较大区域逐渐深入到一个有更多细节的较小区域。

因此，对于高分辨率遥感影像的存储可以考虑采用金字塔式的层次结构。即，以像素数目最多、尺度最大的原始影像为基础，按照某种规则逐步重采样得到像素数目越来越少的影像，原始影像和这些层层重采样得到的影像自下而上就构成了一个金字塔结构。位于塔顶的影像像素最小，适宜于粗略查看全幅影像；位于塔底的影像适宜于放大处理，以查看感兴趣区域的细节。

在利用数据库进行管理时，应当记录每幅影像的实际比例尺以及该幅影像在磁盘上的实际存储位置。需要说明的是，重采样后的影像比例尺需通过原始影像比例尺与重采样比例因子一起计算得到。

(2) 分块存储

分块存储的方法是将覆盖范围较大的高分辨率遥感影像分割成覆盖范围适中的多幅影像来存储。这样，当用户请求某个区域时可以根据用户的实际请求读入相关的图像块，并在内存中进行无缝拼接，生成用户所需区域的图像。这种方法的优点是可以避免用户每次都要读入整幅影像而造成资源浪费，同时提高多用户的访问效率，因为不同用户可能访问的是影像中的不同区域。

(3) 影像金字塔

在实际应用中可以将分级和分块结合起来实现对影像数据的存储管理，其中最为典型的应用体现在影像金字塔技术。影像金字塔技术指的是利用水平尺度上分块、垂直尺度上分层的结构来组织和管理影像数据，在保持影像数据质量的前提下实现影像快捷提取、还原与显示。这种结构的关键是在同一空间参照下，根据用户的需要以不同分辨率进行影像的存储与显示，形成分辨率由粗到细、数据量由小到大的金字塔结构。影像金字塔技术有压缩(Huffman 无损压缩)和非压缩两种，同时支持文件和数据库两种存储方式。许多 GIS 的空间数据引擎支持影像数据的关系数据库存储，以影像层的方式存储影像数据，实现 GB 级影像层的多分辨率快速提取、还原和显示。通过影像集还能实现多个 GB 级影像层的管理和自动调度，进一步提高海量影像的提取速度。通过影像金字塔技术，多幅影像可以快速拼接成一个连续、无缝和无损的海量影像层。

影像金字塔技术得到了 Google、ESRI 和 SuperMap 等国内外 GIS 软件商的采纳与推广。将这种技术应用于海量影像数据的组织与管理，通过集成多种其他影像处理技术，不仅能大幅度压缩影像数据，而且还能以极快的速度获取并显示影像，在一定程度上可以缓解超大型影像数据快速浏览和显示速度的瓶颈。

3.3.7 网络 GIS 空间数据库技术新趋势

网络 GIS 的应用对空间数据库技术的要求比传统的单机 GIS 的要求更高，不但要满足网络环境下空间数据的快速存储与高效管理，还需在安全性、时效性等方面有可靠的保证。本节将简要介绍一下基于网络的空间数据库技术发展的一些新趋势。

1. 分布式空间数据库系统

分布式数据库管理系统(Distributed Database Management Systems,DDMS)是一组物理上分布的数据库集合，由数据库管理软件进行统一管理。这组数据库集合也可看作是松耦合连接的一组节点，它们不共享任何物理部件，并且在每个节点上运行的数据库系统之间是相互独立的。

分布式数据库可分为同构分布式数据库和异构分布式数据库。前者是指所有的节点都用共同的数据库管理系统软件,并协同处理用户的任务请求。后者是指不同的节点有不同的模式和不同的数据库管理系统软件,节点之间互不了解,在事务处理过程中,彼此之间仅提供有限的功能合作。

分布式数据库系统具有以下几个关键点:

(1) 分布式数据存储

在分布式数据库系统中,一个关系 R 一般有两种方法将其存储到数据库当中,即复制和分片。复制是指在分布式数据库系统的多个节点维护关系 R 的多个完全相同的副本;分片是指将关系 R 划分为几个片,每个片存储在不同的节点上。分片和复制可以组合,即关系 R 可以被划分为几个片,每个片可以有几个副本。这一特点适合地理分布的空间数据的分布式存储。

(2) 分布式事务

分布式数据库系统中对各种数据项的访问常常通过事务来完成。其中事务分为局部事务和全局事务,前者是指只访问和更新一个局部数据库中数据的事务,后者是指访问和更新多个局部数据库中数据的事务。网络 GIS 中的用户具有明显的分布性,对数据库的访问大多呈现为事务性的要求,因此分布式数据库系统的事务处理亦符合网络 GIS 的要求。

(3) 提交协议

分布式数据库系统中必须保证执行的事务是原子性的,即事务必须保证在所有节点上执行产生的最终结果的一致性。分布式数据库系统中常用的提交协议有两段式提交协议和三阶段提交协议。

除上述三点以外,分布式数据库系统具有与其他数据库系统不同的并发控制机制及封锁机制,读者可自行参考相关的书籍。

2. 并行空间数据库系统

分布式数据库系统各个节点的数据库之间是松耦合的,而并行数据库中各计算节点之间处于紧耦合状态。并行是关系数据库管理系统的主要发展趋势。十五年前,并行数据库系统几乎被全部否定,甚至一些最坚定的拥护者都不再坚持它。然而,今天每个数据库系统供应商都成功地打开了并行数据库产品的市场。随着 IT 业各项技术的突飞猛进,常规存储器和处理器的价格下跌很快,使得人们获得性价比高的模拟的并行计算环境变得更加容易。计算机的大量使用,使各部门的业务数据量得到快速增长,而且 Internet 的快速普及创造了大量拥有数以百万计浏览者的网站。企业正是用这些不断增长的大量数据来计划市场行为和定价策略的,这些策略的制定需要对高达 TB 级数据量的数据的访问,因此只有在并行计算环境下才能获得快速的响应。

在空间信息领域中,并行空间数据库系统的需求与传统的并行关系数据库的需求是有区别的,其根本原因在于空间操作既有计算密集型(CPU 密集型)的任务,也有 I/O 密集型的任务,而传统的关系数据库更多地关注于 I/O 性能的提高。

(1) 并行数据库系统的体系结构

并行数据库系统有三类主要的资源:处理器、主存模块和二级存储(通常是磁盘)。并行数据库管理系统就是按照这些资源的互相作用方式进行体系结构划分的。三类主要的体系结构分别为共享内存(Shared-Memory,SM)、共享磁盘(Shared-Disk,SD)和无共享(Shared-Nothing,SN)。如图 3-10 所示。

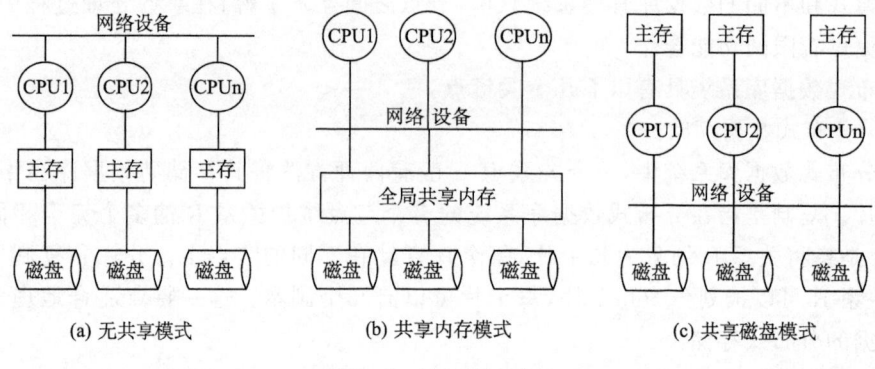

图 3-10 并行体系结构

1) 无共享模式的并行数据库体系结构中,每个处理器只与供其访问的主存和磁盘单元相关。每一组主存和磁盘单元称为一个节点,连接这些节点的网络负责节点之间的信息交换。这种体系结构具有良好的可扩展性和线性加速性能。该模式存在的问题主要是,由于不同节点之间所需要进行的消息传递和通信量大量增加,使节点之间负载的平衡变得困难。例如,如果某个节点的处理器失效,那么该节点的数据就会处于不可用状态。

2) 共享内存模式的并行数据库体系结构中,多个处理器通过网络设备互联,并能够访问一个公共的、系统范围内的主存。使用这种共享内存的方式,并行数据库的各个节点之间可以减少由于通信所带来的开销,并可方便地控制处理器之间的同步。由于每个处理器可以平等地访问共享内存及数据,因而采用该模式的并行体系结构有利于任务的负载平衡处理。但是,共享内存模式的体系结构会随着处理器数目的增多产生对共享内存和磁盘的频繁访问,从而导致瓶颈的产生。

3) 共享磁盘模式的并行数据库体系结构中,每个处理器都拥有只能被该处理器访问的专用主存,而且所有处理器都可以访问系统中所有的磁盘资源。采用该模式的并行体系结构适合于数据的负载平衡处理。

上述三种模式中,无共享模式比较流行,一些商业化的并行数据库系统和原型系统大都采用该模式的体系结构。在并行空间数据库设计中,并行算法的设计和实现必须重点考虑算法所带来的通信代价和动态负载平衡问题。传统的商用并行关系型数据库主要关注于最小化 I/O 所需的代价,因而大部分研究放在了采用共享磁盘模式的体系结构应用上,有的研究仅仅是基于单处理器多磁盘的系统,目的就是为了减少通信代价。例如,国际著名的 Paradise Project 中的对象-关系型数据库系统是一个并行的地理空间数据库管理系统,它采用共享磁盘模式的并行体系结构。Paradise Project 的目标是设计、实现和评估一个可扩展的、并行的 GIS,使其具有存储和管理海量空间数据的能力,通过应用面向对象和并行数据库技术,解决海量空间数据存储和管理的难题,以提高 GIS 处理海量、复杂空间数据的能力。

(2) 并行数据库系统的评估标准

评估并行系统有两个重要的度量标准:线性加速和线性扩展。线性加速是指当硬件(处理器、磁盘)数量加倍时完成任务的时间是数量增加前的一半。线性扩展是指如果硬件大小加倍,则完成大小为 $2x$ 的任务所需要的时间应该与原有系统完成大小为 x 的任务所需的时间相同。影响这两种标准的因素有:

1) 启动

如果一个操作被划分为数千个并行的小任务,那么启动每个处理器的时间占总处理时间的绝大部分。

2) 干扰

多个处理器同时访问共享资源时将导致系统总体性能下降。

3) 偏斜

如果处理器间未能达到负载平衡,则并行系统的效率将会下降。

(3) 操作的并行化

并行数据库系统中,操作的并行化处理一般可以从两个级别加以区分:

1) 操作间并行

操作间并行是指不同的操作彼此并行地执行,即并发操作可以由不同的处理器并行进行。这种形式的并行可以提高系统的吞吐量,但是单个事务的响应时间不会比事务独立运行时快。因此,操作间并行的主要用途是扩展事务处理系统,使它在单位时间内能处理更多的事务。

2) 操作内并行

操作内并行是指单个操作在多个处理器和磁盘上并行执行。对于加快耗时长的任务处理速度,采用操作内并行非常必要。例如,一个要求对某关系进行排序的操作,假设该关系已经基于某个属性进行了范围划分,即关系中的元组已经放置到多个磁盘上,并且要进行的排序是基于属性的,则排序运算可以按如下步骤进行:对每个划分并行地执行排序,然后将排好序的各个划分串接在一起,得到最终排好序的结果。这种单个操作的执行又可以有两种并行方式:① 计算内并行:通过并行地执行每一个运算,如排序、选择、投影、连接等,以加快单个操作的处理速度;② 计算间并行:通过并行地执行一个操作表达式中的多个不同的运算,以加快单个操作的处理速度。

这两种并行方式是互相补充的,并可以同时应用在一个操作中。计算内并行可以通过函数分块或数据分块来实现,函数分块采用与串行情况不同的特殊数据结构和算法;数据分块技术将数据分割到不同的处理器,并在每个处理器上独立执行串行算法。

分布式空间数据库和并行空间数据库是空间数据库发展的新趋势。这两种模式的空间数据库管理系统可以很好地满足网络应用环境下用户对海量空间数据存储与管理的新需求,可以支持更多的诸如移动 GIS、网格 GIS 等新型的空间信息服务方式和服务种类,是 GIS 技术革新的推动力。

§3.4 网络 GIS 的数据共享

地理空间数据近年来在许多部门中得到了广泛应用,尽管不同的部门和机构对地理空间数据的应用在区域上、目的上和内容上有很大不同,但这些应用始终会包括一些基础的空间数据,例如交通、水文、行政区划、土地地籍和高程等。如果这些基础数据能够得到充分共享,则可以避免大量的重复采集工作,节约人力和物力,提高资源利用率。因此,随着 GIS 技术本身的发展和应用需求的增长,不同 GIS 之间数据的共享和互操作必将受到越来越多的关注。

3.4.1　传统 GIS 数据共享方法

在 GIS 发展的初期,由于 GIS 比较封闭,数据共享问题还不是很突出,这时的数据共享方案大多是针对在单机环境中运行的 GIS,数据共享局限于不同数据结构的空间数据之间的格式转换。这个时期实现异构数据共享的方式大致有三种模式,即,数据格式互换模式、数据直接访问模式和数据互操作模式。

1. 数据格式互换模式

数据格式互换模式是传统 GIS 数据共享中应用最广泛的一种解决数据共享的方案。它的基本思想是通过把其他格式的数据经过专门的转换软件进行转换,变成本系统可以识别与利用的数据格式,以此来达到不同系统间数据间接共享的目的。例如,许多 GIS 软件为了增强数据的通用性,除了内部数据格式外,还带有文本型的交换格式,如 Arc/Info 的 Shape、MapInfo 的 MID/MIF、MapGIS 的明码格式文件等。通过交换格式可以实现不同系统之间的数据相互转换。

数据格式相互转换模式的缺点是:

(1) 转换后不能完全准确表达源数据的信息

由于不同系统对空间实体的描述方法和数据模型不同,而该方案只强调格式的转换,不考虑语义的翻译,因而往往会丢失一些信息。

(2) 数据转换过程复杂、频繁,易产生数据的不一致性问题

一个系统的数据要被另一个系统所采用,首先需要把数据文件输出为另一个系统所能识别的交换格式数据,然后另一个系统再将该交换格式数据转换为本系统的内部格式。如果数据需要不断更新,为保证不同系统之间数据的一致性,需要频繁地进行数据格式的转换。

2. 数据直接访问模式

与数据格式转换的共享方案相比,数据直接访问模式的共享方案是出现较晚的一种 GIS 空间数据共享方案。该方案的基本思想是在同一个 GIS 软件中实现对不同格式数据的直接访问,用户可以使用单个 GIS 软件访问和存取多种格式的数据。这种方式在一些 GIS 软件中已得到应用,如 Intergraph 的 GeoMedia 系列软件实现了对大多数 GIS/CAD/DBMS 的数据的直接访问,包括对 MGE、Arc/Info、Oracle Spatial、SQL Server、Access MDB 等数据的直接访问。这种方案无需进行数据转换,代表了实现数据共享的新方向,但开发难度大,需要不断修改软件以适应新的数据格式需求。

与数据格式转换模式相比,数据直接访问模式的特点主要表现在:数据直接访问避免了繁琐的数据转换过程,而且在一个 GIS 软件中访问其他软件的数据格式不要求用户拥有该数据格式的宿主软件,也不需要运行该软件。因此它为用户提供了一种更为经济实用的多源数据共享模式。

3. 互操作数据共享模式

空间数据互操作(Interoperability)是指通过规范接口自由处理所有种类空间数据的能力和在 GIS 软件平台上通过网络处理空间数据的能力。与数据转换相比,互操作不仅是对数据的集成,也是对处理过程的集成,实现在更高层次上不同系统、不同环境之间的互相合作。它将 GIS 带入了互操作时代,从而为空间数据集中式管理和分布式存储与共享提供了操作的依据。采用互操作模式实现空间数据共享的关键在于互操作规范。目前,空间数据共享采用的互操作规范主要是 OpenGIS 协会(OGC,OpenGIS Consortium)制定的 OpenGIS。

在 OpenGIS 支持下,一个系统可同时支持不同的空间数据格式。遵循 OpenGIS 研制的 GIS 应用软件,可通过网络自动地处理大量的空间数据,这样空间数据用户可以共享一个大型的网络数据空间,在这一网络数据空间中,所有的空间数据将不再因为数据格式的不同和传输时间的耗费而影响其正常使用,甚至还可以使用不同部门在不同时间跨度内用不同系统生产的不同数据。

数据互操作为地理数据共享提供了新的思路和规范,它将 GIS 带入了开放的时代,然而,基于 OpenGIS 开发的 GIS 软件仍然不是完美的,其主要缺点是还无法处理那些已经存在的大量的非 OpenGIS 空间数据。因此,在非 OpenGIS 空间数据仍然占据已有数据主体的情况下,如何继续使用这些 GIS 软件和共享这些数据已成为在推广使用 OpenGIS 时面临的现实问题。

从前面分析可知,传统的地理空间数据共享解决方案都存在着这样那样的不足之处,如何更好地解决地理空间数据共享问题是地理信息及相关领域的研究者需要进一步探讨和研究的课题。

3.4.2 分布式空间数据共享

GIS 信息处理模式的不断演进促使空间数据共享的方式产生了变革,计算机网络为实现数据共享提供了物质基础,Internet 为数据共享提供了廉价、先进的技术方法。网络 GIS 的出现一方面为分布式空间数据的共享提供了条件和基础;另一方面使得空间数据的分布式共享问题变得更加迫切。本小节主要探讨分布式空间数据共享的若干问题。

1. 地理信息的分布性及其表现

空间数据客观上的分布性和应用上的相异性导致空间数据的采集工作由不同地域、不同行业的生产部门分别完成;同时,要求这些地域、行业和部门对所采集和维护的数据进行及时地更新,这样才能保证用户能够对最新的地理信息进行浏览、查询、分析等。很显然,空间数据的存储具有分布性,这样既符合空间数据采集的分布特征,便于数据的维护更新,又有利于克服集中管理中存储设备性能要求太高、安全性不好等缺点。

另外,文件服务器处理模式和 C/S 等传统的计算模式不再能满足地理信息处理、操作和服务的需求,分布式计算模式也因此成为人们研究的热点。

不难发现,空间数据的分布性和计算模式的分布性是地理信息分布的主要特点,地理信息的分布性造就了不同形式的分布式地理信息,即分布式数据库和以此为基础构建的 GIS 应用软件。

2. 分布式空间数据库

分布式空间数据库是指空间数据在物理上分布于计算机网络的各个节点，每个节点拥有一个集中的空间数据库系统，而且都具有自治处理能力，负责完成本节点的局部应用；而在逻辑上是一个整体，由分布式数据库管理系统统一管理，共同参与并完成全局应用。分布式空间数据库的特点是：① 数据在物理上分布，逻辑上统一；② 数据具有独立性。这种独立性不仅表现在逻辑和物理上的独立，还表现为数据的分布独立性，即分布透明性；③ 适当的数据冗余。在分布式空间数据库中，有时为了提高系统中数据的可靠性，改善系统的性能，允许适当的数据冗余。

3. 地理信息的分布式计算

与传统的 GIS 相比，采用分布式计算模式的 GIS 数据和处理程序（应用程序）不仅可以位于一个集中的服务器上，也可以分散到多个在地理上分离的服务器上。地理信息分布式计算的特点是：① GIS 的应用功能装配在服务器上为网络中的所有用户提供共享；② 中间层的可重用组件，可以由开发人员采用任何自己熟悉的工具开发，还可以镜像到多台机器上同时运行，从而分担多用户的负载；③ 应用程序组件可以共享与数据库的连接，以克服数据库服务器为每个活动用户保持一个连接而造成负载过重的缺陷，增加了系统的动态可伸缩性；④ 安全管理可以基于组件授权，而不是授权给用户，用户不再直接访问数据库，提高了系统的安全性；⑤ 不同层次的组件开发可以并行进行，提高了系统的开发效率。

4. 分布式空间数据共享

在网络条件下的分布式空间数据库的空间数据共享是指空间数据用户如何通过 Internet 有目的地从空间数据服务器那里透明地获取数据生产者生产的各种格式的数据。当前，异质环境下的数据库互操作仍是建设和推行分布式 GIS 的瓶颈问题。

解决这一问题的最有效途径无疑是把异质数据库（数据库系统不同）转变为同质数据库（数据库系统相同），但实际中并不可行，因此必须寻求其他途径来解决此问题，于是提出了数据库的一体化构想，实现联邦数据库（Federated Data Base System，FDBS）管理。Sheth 和 Larson 用五层模式描述了这种联邦数据库的结构，如图 3-11 所示，目的就是发现成分模式和联邦模式之间的映射，并在局部操作和全局操作之间定义这种映射，利用统一数据模型的联邦模式屏蔽局部模式之间的差异性。

成分数据库（Component Databases）是指分布于网络不同节点（或地理位置）的各种异质空间数据库，有本地数据库和远地数据库之分。

局部模式（Local Schema）是指成分数据库的概念模式，即本地数据库采用的模型。

成分模式（Component Schema）是指从局部模式转换到联邦模式所用的一致的数据模型，即联邦模式所采用的模型。

输出模式（Export Schema）是成分模式的一部分，它包含了所有被输出到联邦模式的数据，过滤掉成分模式的私有数据。

联邦模式（Federated Schema）也叫总体模式，是多个输出模式的一体化集合模式。

外部模式（External Schema）是 FDBS 的用户及应用所使用的模式，可能有一些额外的约束和限制。

上述的基本思想是使分布于不同区域的数据库通过网络连接在一起，实现逻辑上的

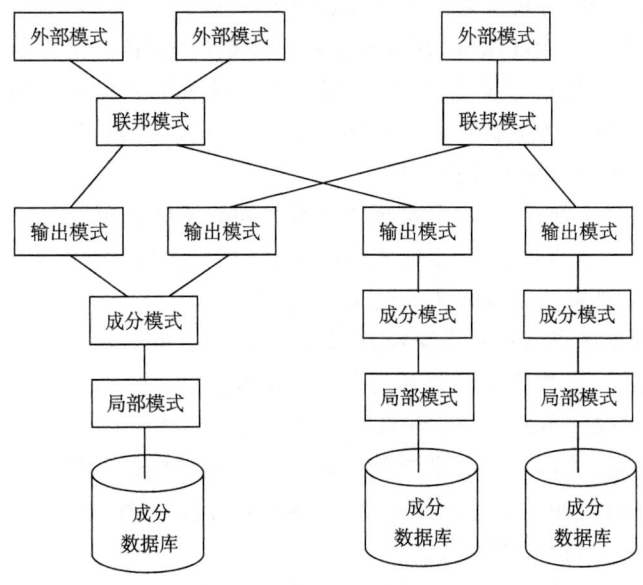

图 3-11 联邦数据库的五层模式

一体化,即数据库的一体化,其核心是联邦模式的实现。由于采用一致数据模型的联邦模式屏蔽了局部模式的差异,因此用户只需关心外部模式,即本地局部模式与远地输入模式。

事实上,目前实现联邦模式尚存在一定的困难,更为现实的做法是建立基于空间元数据的分布式结构实现元数据共享管理,如图 3-12 所示。

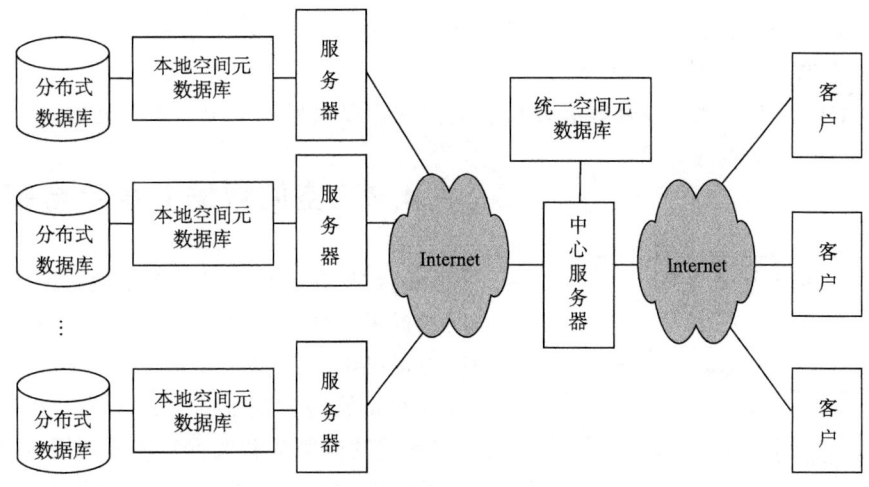

图 3-12 基于元数据的分布式共享框架

图 3-12 中,除具有一系列分布式空间数据库服务器及其本地元数据库外,还有一个中心服务器,它负责所有服务器的总控管理,其主要作用是对所有空间数据库的元数据进行管理;它存储了一个统一的空间元数据库,该元数据库描述了地理位置分布的服务器站

点上空间数据库的情况,并可以通过每条元数据记录访问它所对应的空间数据库。在每个服务器上,还拥有一个元数据库,即本地空间元数据库,它描述了该服务器上所有空间数据库的情况,当该元数据库发生变更时,服务器会通过消息将更新情况发到中心服务器,由中心服务器上的元数据管理系统自动更新统一空间元数据库。客户对分布式数据库的访问一般是通过中心服务器进行的。

这种方法的不足之处在于,它只实现了具有相同数据模型和数据结构的异地读取,即只是一种异地同质数据的共享,还不能实现异地异质数据的共享,也不能把分布在异地的数据库一体化,更不能解决异地数据库的无缝组织问题。

分布式空间数据库虽然在数据交换方面有一些不足,但却是目前 GIS 海量数据共享最好的解决方案之一,这主要是因为其具有以下特点:

1) 符合地理数据分布的特点。地理空间数据的生产和更新工作量十分巨大,一般需要多个单位参与,因此不同区域的生产单位会形成本区域内的地理空间数据库;另外,已有的地理数据由于行业职能不同往往存放于不同的部门。采用分布式管理可以充分利用已有的资源,节省人力、物力和财力。

2) 提高了可靠性和可用性。这是分布式最有吸引力的地方。在传统的集中式 GIS 数据库中,如果数据库或软件出了故障,则整个系统都无法使用。但当地理数据分布在多个节点时,即使某个节点出了故障,其他节点仍可以继续使用,只是出故障节点上的数据和软件不能使用而已。

3) 使局部自治的数据实现共享,不强调集中控制,各节点对本地数据库均有相应的自治权、高度的自主权,但其他节点也可以共享这些本地数据。

4) 数据具有独立性。分布式数据库系统除具有集中式数据库系统的逻辑独立性和物理独立性外,还具有数据分布的独立性,亦即分布透明性。尽管数据库位于网络中的不同节点,但用户看到的是一个完整的、逻辑统一的数据库,可以很方便地访问任何数据,而不需关心数据存储在哪个节点上。

5) 此外,分布式数据库还具有硬件上的独立性以及操作系统上的独立性。

3.4.3 空间数据共享平台框架

空间数据共享技术平台是指通过网络平台和空间数据平台建设,实现对多种类型数据的整合,为应用提供不同层次的技术平台支持与服务,包括以空间元数据为基础的目录服务、数据存取服务、交互式功能服务和数据集成应用服务等。

根据结构和功能的不同,可以将空间数据共享平台的总体框架分为三个层次:共享基础平台、共享服务体系和共享应用体系。如图 3-13 所示。

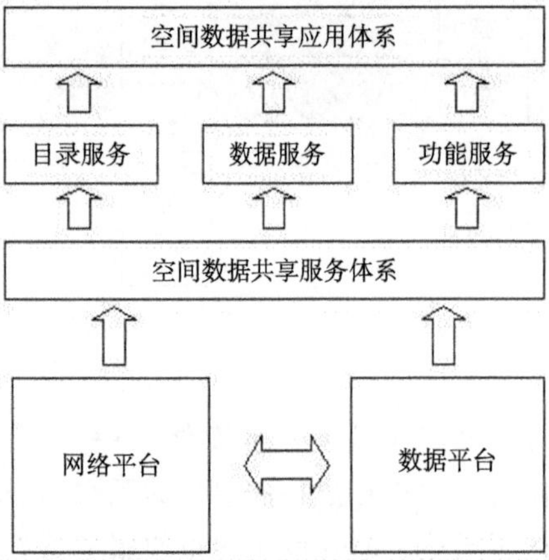

1. 空间数据共享基础平台

基础平台包括基础网络平台和数据平台,是海量空间数据共享技术平台的基础与保障。

图 3-13 空间数据共享框架

(1) 基础网络平台

在现代信息技术迅速发展和广泛应用的今天,网络几乎成为大范围数据共享传输的首选方式,尤其在带宽不断增加的情况下,网络更显示出其不可替代的地位。因此,在空间数据共享平台的设计过程中要充分考虑和利用网络技术的优势,为空间数据共享技术平台构建一个灵活、方便的可交互空间。

(2) 基础数据平台

相对于基础网络平台这一以硬件为主的平台而言,基础数据平台则是共享平台的灵魂。没有空间数据作为基础,空间数据的共享就失去了其应有的意义。

基础数据平台从结构上包括国家级的空间数据中心、各部门的分布式空间数据库(或数据中心)和一套完整的数据管理体系。由于网络 GIS 的结构为分布式的网络结构,因此空间数据共享技术平台的数据管理要考虑以分布式管理为主、集中式管理为辅的模式。

2. 空间数据共享服务体系

共享服务体系是共享平台的技术关键。空间数据的共享服务主要包括目录服务、数据服务和功能服务三个层次的内容。

(1) 目录服务

空间数据共享平台的目录服务是以空间元数据为核心的目录查询与管理。随着空间数据共享技术的不断进展,空间元数据库建设逐步受到各方重视,不少单位和部门已经建立了以提高空间信息服务效率为宗旨的空间元数据库及其管理系统。空间元数据丰富的同时也会带来诸如查询、理解和应用等方面的问题,目录服务就是为实现这一问题设计开发的应用服务系统。其结构如图 3-14 所示。

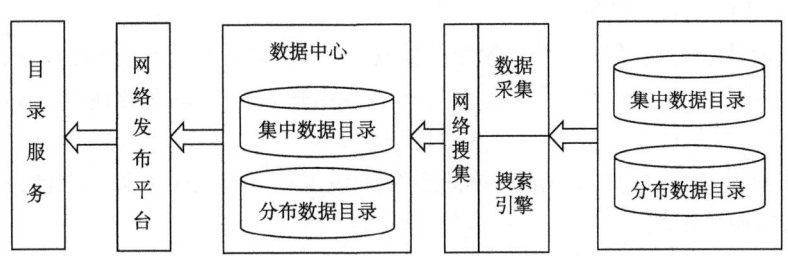

图 3-14 目录服务框架示意图

目录服务是空间元数据系统利用元数据技术提供空间信息服务的一种标准模式,它通过元数据标准的核心元素将信息以动态分类的形式展现给用户。用户可以通过浏览门户网站的空间元数据信息迅速确定所需要的空间数据范围,然后要求门户网站在这一范围内进一步搜索。

图 3-14 表明了目录服务中的元数据可以来源于两个渠道:一是从数据平台中心节点的集中数据目录中获取,但能获取的元数据十分有限;二是从各种分布式空间数据库(即部门数据中心)的分布式数据目录中获取。分布式空间数据库及其元数据资源丰富、类型多样,是目录服务中元数据的主要来源。在这种获取方式中,数据平台中心节点主要担当了将各网站分布式空间数据库相关信息整合于一个目录中的服务角色。这种服务方式可极大地方便用户查询,也利于网络相关信息的发布,但因需要不断地整合异构的分布式空

间数据库资源,致使中心节点的任务比较繁重。

(2) 数据服务

数据服务是在空间元数据目录服务的基础上进一步提供相关空间数据的服务,它和元数据目录服务的本质区别在于它们的侧重点是不同的。目录服务侧重于空间数据库的目录管理,而数据服务的侧重点则是各种类型的数据管理。其服务方式已经超越了目录的检索,更重要的是对空间数据提供浏览、查询和下载等多种功能的服务。例如,Web GIS、移动 GIS 就是典型的空间数据发布和服务平台。根据空间数据服务的功能和特点可以将空间数据服务分为以下几类:

1) 空间信息发布

空间信息发布是集空间数据的收集、整理、存储和发布为一体的空间信息服务系统,提供空间信息的浏览、查询和下载等服务功能。

2) 空间数据分发

空间数据分发是指按照特定的方式为用户提供所需的空间数据。网络 GIS 中提供的数据分发方式就目前来看主要有:直接网上下载,或者在网上订购后通过其他媒体提供。其中,第一种方式比较方便实用,数据的实时性也较强,但可能会受到网络传输瓶颈的限制;第二种方式是指通过网站提供的接口向数据中心提出数据的需求,数据中心根据用户的请求对数据进行提取和加工后通过其他媒体或网络提供。

(3) 功能服务

功能服务是指开发一系列通用的基础性服务的功能性工具,以便用户能在众多来源的海量空间数据中快速搜索特定信息和整合多源数据等。

3. 空间数据共享应用体系

共享应用体系是共享技术平台的功能体现,为用户或应用直接提供所需的共享数据、服务和各种应用功能。为此需要为各部门和各类用户提供一系列的使用工具,使其能从来源众多、数量庞大的空间数据库中方便地搜索、整合和挖掘空间数据,及时获得所需的服务。具体地讲,空间数据共享应用体系至少应该体现下述三个方面的功能或服务:

(1) 基础服务模块

基础服务模块是指在空间数据共享基础平台上开发出的一系列能为各部门和用户提供服务,并且符合相应标准和规范的基础性功能模块(如中间件),以便为构建符合需要的应用服务系统服务。

(2) 空间数据论坛

为满足空间数据应用、服务和研究的需要,建立一个科技论坛,以便为空间数据的研究者和用户提供科学和技术交流的平台。

(3) 空间数据挖掘

空间数据挖掘是空间数据共享平台的一个较深层次的应用。空间数据共享平台涉及的空间数据大多为行业性或领域性的数据,具有数据量大、内容丰富、规律性较强、类型多样等特点,在有关规范和数据模型的支持下,对分布式空间数据库的数据进行集成挖掘,可以为各部门提供有价值的科学决策依据。

§3.5　网络 GIS 中的多服务器技术

在三层或多层结构的网络 GIS(以 WebGIS 为主)中,只有表示层存在于客户端,扩展地理信息处理与服务功能只需增加中间层服务器(应用服务器),即可满足需要。应用服务器支持多种数据库和数据类型,并通过对象中间件技术(JAVA、DCOM 及 CORBA),在网络上搜寻对象应用程序,完成对象间的通信。这样便屏蔽了网络通信的细节,能实现无缝透明连接。

本节基于三层(多层)Web 服务器结构和多服务器技术,提出了一个扩展的三层多服务器处理 WebGIS 客户请求的模型,并对多服务器环境下如何实现服务器之间的负载平衡提出了解决的方法(有关 WebGIS 的详细内容请参见第 5 章)。

3.5.1　三层客户/服务器 WebGIS 的服务模型

基于三层客户/服务器模式的 WebGIS 服务模型功能软件平台在逻辑上可以简单地分为用户浏览器、GIS 功能中间件和 GIS 数据存储服务器三部分,如图 3-15 所示。

图 3-15 中,主体部分为 GIS 数据存储服务器(Data Storage Server)、Web 服务器和 GIS 功能中间件(GIS Function Middleware)以及客户端(Client/Browser)。

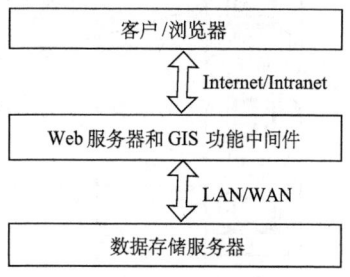

图 3-15　WebGIS 三层模型逻辑图

(1) 数据存储服务器

数据存储服务器负责空间数据和属性数据的存储、管理与维护,以及与 Web 服务器进行数据的交互。它通过数据存取模块对空间数据库进行数据维护、添加、删改和查询等,并通过高速局域网(High-speed LAN)或 Internet 与事务服务器进行数据交互,响应 GIS 功能中间件的数据请求,将请求响应的结果返回给中间件服务器。

(2) Web 服务器和 GIS 功能中间件

Web 服务器和 GIS 功能中间件是三层结构体系中与客户进行交互的服务器,它负责接收客户端的 Web 请求,根据客户请求,提供相应的 GIS 功能服务,通过与数据存储服务器的数据存取模块的通信实现空间数据库的修改和增删等,并将结果数据返回给客户端。

(3) GIS 客户/浏览器

客户端主要有两种实现方式:一种是浏览器形式的,不安装任何 GIS 插件,它接收来自服务器的栅格数据,如 bmp、jpeg 格式的图像等。这种方式没有数据操作能力,只是简单地将用户的请求发送到服务器端,由服务器进行所有的 GIS 分析与计算;另一种是通过 Java Applet 或 ActiveX 等插件形式,在客户端实现一定的空间数据计算功能。由于在前一种方式下服务器负担很重,而且网络资源浪费比较严重,因此,Java Applet 或 ActiveX 等插件方式是目前乃至将来 WebGIS 客户端的主要实现方式。

3.5.2 多服务器技术

多服务器是指物理上相互独立,而逻辑上单一的一组网络计算机集群系统,以统一的系统模式加以调度和管理,为客户工作站提供高可靠性服务。当一台服务器发生故障时,驻留其上的应用和数据将被另一节点服务器自动接管,客户能很快连接到新的服务器上。系统资源的切换是自动进行的,对于用户来讲是透明的。图 3-16 所示为一种多服务器系统结构图。

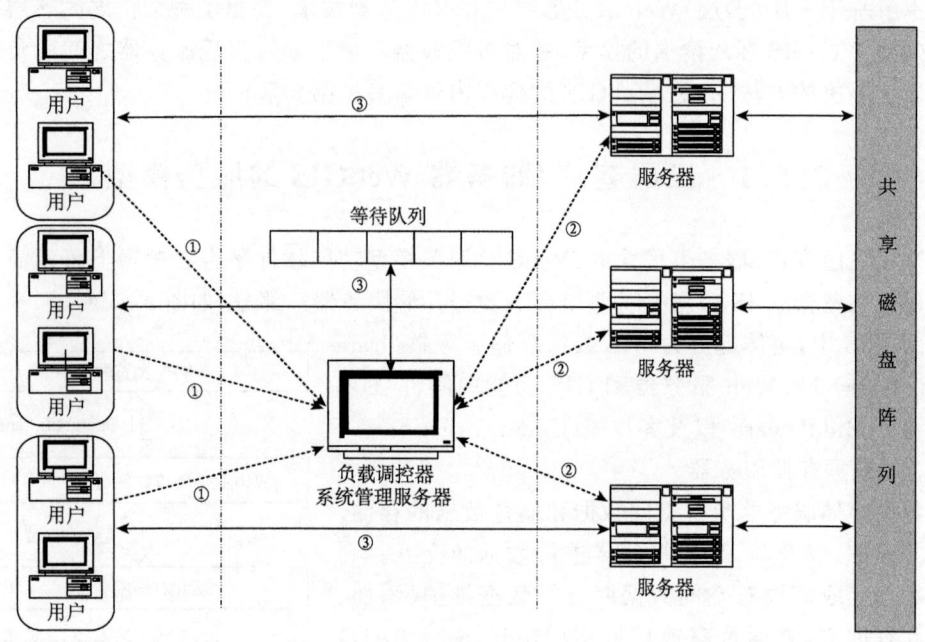

图 3-16 多服务器系统结构图

如图 3-16 所示结构的工作原理为:用户第一次请求对象服务时,首先向负载调控器发送获得服务对象实例引用的请求。负载调控器根据各后台服务器上的当前负载状态,从中选择一个合适的服务器,并由该服务器上的对象实例管理器分配服务对象实例,同时将该对象的引用返回给客户端。客户端通过获得的对象实例引用指针,完成后续的请求操作(不再通过负载调控器转发)。若后台服务器负载过重,那么用户建立服务对象实例的请求将被负载调控器暂存到等待队列中进行排队,待服务器空闲时再行处理。

多服务器系统的组件包括:

(1) 负载调控器

负载调控器(又称系统管理服务器)为多服务器系统提供负载与系统信息的监控、负载初始化分配、动态资源调度与任务迁移等功能。负载调控器和 Web 应用服务器不能运行在同一台服务器上,只能单独运行在另一台服务器上,它负责监控各后台服务器的当前负载;接收用户的请求,维护请求等待队列,将用户请求传送到合适的服务器等待响应;根据一定的算法,通过对服务器之间的负载调度,实现多服务器之间的负载平衡。

（2）对象实例管理器

对象实例管理器对应于系统中每一台具体的服务器，它负责管理该服务器，获取当前服务器的运行参数和运行状态，将这些参数返回给负载调控器。任一台服务器发生故障时，该机器上的对象实例管理器则停止工作，并将停止状态报告给负载调控器，以便让其进行负载的重新调配，让其他的服务器接管该服务器的服务。

对象实例管理器负责完成的功能有：向负载调控器报告系统当前的运行状态，以便对各服务器进行负载计算和调控；维护服务对象实例缓冲，限制每个对象实例的用户数（即每个对象实例可以服务于多个用户，但需要控制同时连接的用户个数，以满足服务响应速度的要求）。

（3）Web应用服务器

Web应用服务器和对象实例管理器运行在同一台节点服务器上，主要实现业务逻辑功能。服务器接收到客户的请求后，进行后台的应用处理，并将处理后的结果直接通过Internet返回给用户端，该结果数据不再通过负载调控器转发。

3.5.3 扩展的多服务器技术及其在WebGIS中的应用

在多服务器系统中，为实现系统的容错管理，需要若干台完全相同的服务器进行备份，任何一个服务请求都同时发送到所有的服务器进行处理，客户端只接收第一个到达的结果数据，任一台服务器发生故障时，其他的服务器都可以接管该服务器的功能。一种容错的方法是采用一个主服务器对象和一个从服务器对象一一对应的方式实现容错，从服务器仅备份主服务器对象的状态和请求队列，在主服务器对象正常运行的时间里，从服务器处于空闲状态。显然，在这种情况下，会造成从服务器资源的极大浪费。

对此，在三层客户/服务器和多服务器结构的基础上，可将服务器上的对象实例管理器的功能进行扩展，以实现多服务器系统的容错管理和合理的动态负载调度（如图3-17

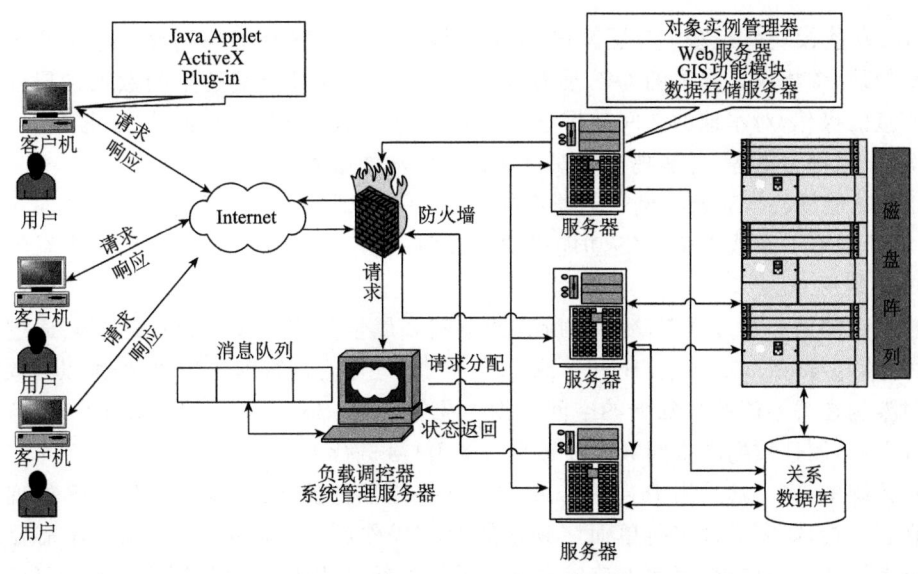

图3-17 扩展的多服务器系统结构图

所示)。这在 WebGIS 应用中,可以减轻服务器由于相互备份造成的不必要的资源消耗,可以让系统有更多的资源来进行 GIS 的数据操作和处理计算。

在该结构中,主要由负载调控器负责客户的请求管理,它是客户请求服务的入口,在整个系统启动时启动,在系统退出时停止。它把接收到的客户请求生成一个请求队列(Request Queue),然后根据各个对象实例管理器获得的对应节点服务器的负载信息,将请求队列里的请求按照负载平衡的原则分配给各节点服务器,使之能在最短的时间里得到响应。

如图 3-18 所示的服务器结构中(虚框部分),每台服务器均有一个相应的对象实例管理器。对象实例管理器负责管理每一节点服务器的信息,并将本节点服务器运行状态等信息反馈给负载调控器。对象实例管理器的对象名对于整个系统来讲是可知的,其在节点服务器启动时启动,在该节点服务器退出时停止。启动一个节点上的对象实例管理器即表示该节点正式加入到整个系统之中。

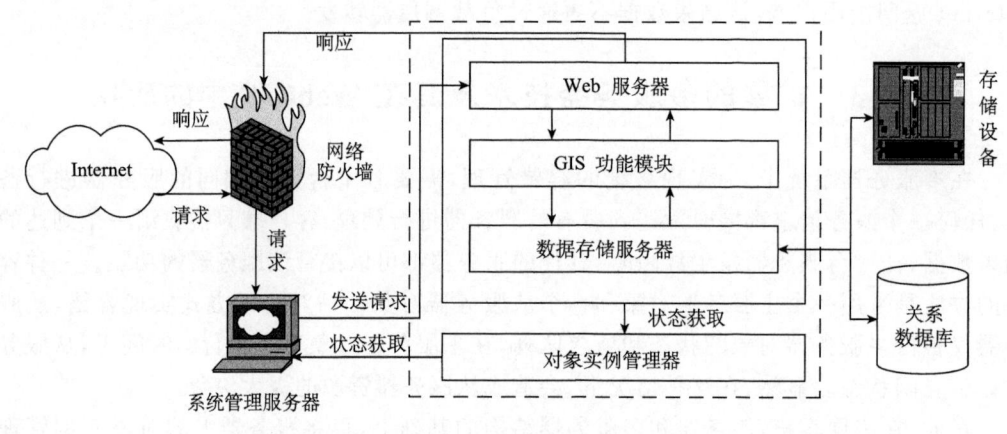

图 3-18 服务器结构图

GIS 功能模块就是基于三层客户/服务器模型中的 GIS 功能中间件。它是 GIS 的功能集成模块,该模块是基本的 GIS 服务模块,对存在于服务器端的空间数据和属性数据进行直接的操作,对本地的空间数据进行空间分析、空间查询,如空间变换、缓冲区分析、叠加分析、网络分析等,并能提供针对行业特点的功能服务。

GIS 功能模块与对象实例管理器不同,在任一节点服务器上,只有一个对象实例管理器,但是可以有一个或多个 GIS 功能模块。在每一台节点服务器上,可以提供系统所有的 GIS 功能服务。

数据存储服务器负责存储 GIS 所有的空间和属性数据。属性数据的存储通过关系数据库(如 Oracle、DB2、SQL Server 或 Sybase 等)进行后台管理,空间数据则以对象的方式通过架构在关系模型基础上的空间数据对象管理器(Spatial Data Object Server)进行管理和存储,属性数据和空间数据通过唯一的 ID 号进行关联。

在系统中,客户端采用 Java Applet、ActiveX 或插件的形式,将一部分 GIS 处理功能驻留在客户端,能完成很多简单而又频繁的 GIS 操作(如平移、缩放)。由于不需要时刻向服务器发送任务请求,因此可节省大量的服务器资源,以便使服务器完成更为复杂的计算和处理功能。

3.5.4 动态负载平衡

动态负载平衡是指各服务器响应的负载在任一时刻应该基本均衡。为了能够实时地响应客户请求,并使每台服务器的负载均衡,在最短期望时间内对客户的请求做出响应,可有以下几种主要的解决方法。

(1) 数据分级索引存储策略

当用户第一次进入系统时,首先看到的是整个区域的全局图,然后经过缩放、漫游等一系列的空间操作才定位到自己感兴趣的区域。在这一系列的操作过程中,如果服务器每次都对全区域的数据进行搜索,则十分耗时,极大地浪费系统资源。为避免系统计算和处理的数据量过大,可在服务器端将空间数据以分级的、不同的比例尺进行索引。按照数据的分级存储,服务器在处理客户请求时,就能按客户端目前比例尺大小在数据服务器里获取相应比例的数据来进行处理。若允许服务器端存储数据时存在一定的冗余,还能减少服务器的计算时间。但随之而来的问题是,数据更新可能破坏数据的一致性。

(2) AOI 管理及缓冲区策略

为了能够实时操作客户端的数据,常规方法是把当前请求区域的几倍或几十倍的数据下载到客户端,用户在进行漫游操作时可以实现地图实时显示,此时不需要从服务器端获取信息。但该方法存在的主要问题是:传输的数据量相当大,可能导致下载时间过长甚至下载失败。另外,把大量不必要的数据传输给客户端,将增加服务器的处理时间和网络负荷,极易造成网络拥塞。

AOI(Area of Interested,感兴趣区域)数据区域管理策略提供了一种解决办法。它将客户当前浏览的矩形区域(即感兴趣区域)作为被管理的对象。该区域可用下式描述:

$$AOI:(X_{min}, Y_{min}, X_{max}, Y_{max}, Scale)$$

当客户进行移动或缩放操作时,会引起相应的 AOI 数据区域的变化,此时客户端可以通过网络通信模块与服务器进行通信,将 AOI 区域的参数不断传送给服务器,服务器则根据获取的客户 AOI 区域参数提供相应的数据处理和传输服务。

很明显,如果移动和缩放等操作过于频繁,则 AOI 区域会随之不断地改变。客户频繁向服务器发送任务请求,将导致处理效率急剧降低。为此可为 AOI 区域预设一定宽度的缓冲区域,对下次可能涉及的数据进行预先存取,以减少请求次数。图 3-19 所示为 AOI 区域的缓冲区域示意图。

图中,某一比例尺下的阴影部分为 (X_1, Y_1, X_2, Y_2),是当前的 AOI 数据区域。以该区域为基点(设编号为 (0,0)),向周围八个方向扩展,产生八个相同大小的区域,这些新的区域就是 AOI 区域的缓冲区域。其中,编号为 (-1,-1) 的区域范围为 $(X_1-(X_2-X_1), Y_1-(Y_2-Y_1), X_1, Y_1)$。同理,有 (-1,0)、(-1,1)、(0,-1)、(0,1)、(1,-1)、(1,0)、(1,1) 所表示的区域。以编号表示,则当前 AOI 区域的缓冲区域为集合 {(-1,-1), (-1,0),(-1,1),(0,-1),(0,1),(1,-1),(1,0),(1,1)}。当客户发送数据服务请求

(-1, 1)	(0, 1)	(1, 1)
(-1, 0)	(0, 0)	(1, 0)
(-1, -1)	(0, -1)	(1, -1)

图 3-19 AOI 区域的缓冲区域示意图

时,将当前AOI数据区域及缓冲区域的数据一同发送给客户端。这样,当客户端进行漫游、缩放等操作时,是进行本地的数据操作,因此可以做到实时显示。只有当客户全部移出该数据区域或缩放的范围超过一定阈值时,客户端才重新向服务器发送数据请求服务。服务器可以根据客户的数据请求,动态地计算AOI数据区域及缓冲区域,并提供相应的数据服务。

(3) 多服务器负载调控策略

对负载进行调控是实现动态平衡的必要措施,主要包括分配新的任务请求和负载平衡处理两个阶段。

1) 对新加入的请求进行分配

设系统中有 M 台 Web 应用服务器,第 i 台服务器的等待队列为 Q_i,含有 N_i 个请求,用 Q_{ij} 表示其中的第 j 个请求。假设第 i 台服务器的服务速率为 V_i,第 j 个请求需要消耗的资源为 T_j,响应的优先权重为 W_j,则第 i 台服务器的负载为:

$$L_i = \Sigma W_j \times T_j / V_i \qquad i=1,\cdots,M, j=1,\cdots,N_i \tag{3-1}$$

设系统在某一时刻,负载调控器的等待队列为 WQ,等待队列中第 k 个请求用 WQ_k 来表示,该请求需要消耗的资源为 T_k。要得到服务,必须有空闲的 Web 应用服务器。假设第 i 台 Web 应用服务器在完成当前请求(负载为 L_i)后可为其提供服务,则第 i 台 Web 应用服务器的预期负载为:

$$WL_i = L_i + W_k \times T_k / V_i \tag{3-2}$$

根据 WL_i 最小原则进行分配,取

$$WL_r = \min(WL_i) \qquad i=1,\cdots,M \tag{3-3}$$

则可将 WQ_k 分配给第 r 台服务器,即将请求 WQ_k 置入 Q_r 队列中。

2) 动态负载平衡

在服务器处理客户的任务请求时,由于实际服务时间和预期服务时间不同,可能会造成服务器的负载不均衡。因此,负载调控器在某一时刻要对当前系统中每一台应用服务器的负载状况进行计算,并对最重载服务器和最轻载服务器的负载进行平衡调度,以保证系统达到负载的动态平衡。

在某一时刻,某一台服务器的总负载如式(3-1)所示,则在整个系统中,最轻载服务器为服务器 L_p,满足:

$$L_p = \min(L_i) \qquad i=1,\cdots,M \tag{3-4}$$

最重载服务器为 L_k,满足:

$$L_k = \max(L_i) \qquad i=1,\cdots,M \tag{3-5}$$

最重载和最轻载负载之差为 ΔL,表示为:

$$\Delta L = L_k - L_p \tag{3-6}$$

由负载调控器获取各服务器负载,则当式(3-7)成立时,负载调控器进行负载的均衡调度。

$$(\Delta L \geqslant \delta) \cup ((L_k \geqslant \delta) \cap (L_p = 0)) \tag{3-7}$$

式中,δ 为一给定阈值。

动态负载平衡调度时,每次只进行最轻载服务器和最重载服务器之间的均衡调度,这样可以避免因频繁的任务调度而造成系统的不稳定,也便于简化调度算法。

3.5.5 实现研究与性能分析

1. 软硬件实现

这里给出的应用模型,可以通过应用 Apache + Tomcat 的 Web 服务器来实现。数据的存储以关系数据库 Oracle、IBM DB2 或 SQL 等实现。由于 Apache Batik SVG 应用软件开发包提供了将空间数据文件(如 ArcView 的 Shape、MapInfo 的 MIF/MID 交换格式)转换为 SVG 应用格式的功能,因此可以集成 SVG 软件包来开发各服务器的功能接口。负载调控器可以通过 Java 语言的 RMI 所提供的方法来实现对各应用服务器的管理和任务的分配。我们以两台 IBM AS400 AIX 服务器和一台联想 Windows 2000 Server 进行了多服务器应用的模拟,并在 10M 带宽下进行了响应时间的测试,得到比较满意的结果。

2. 性能分析

(1) 数据量对响应时间的影响

如图 3-20 所示,当数据量在 200K (Byte)以下时,响应时间基本上是一个常数。但是,当所要传输的数据量大于 200K 后,响应的时间就趋于线性增长。因此,为使客户端得到快速响应,服务器应减少每次的数据传输量。应用地理空间数据的分级索引技术以及 AOI 空间数据区域的管理方法,可以极大地减少服务器每次传输的数据量,从而提高 GIS 的 Web 服务性能。

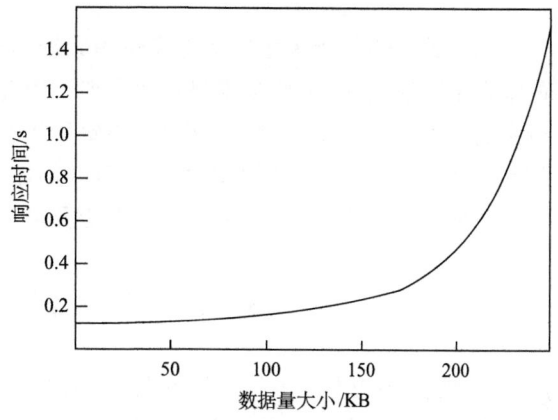

图 3-20 数据量对响应时间的影响

(2) 服务器性能和调度算法对响应时间的影响

当分配静态请求时,根据各服务器本身的响应时间和计算速度,可估算出每一个请求所需的等待响应时间。然后根据最小等待时间原则将该请求分配到适宜的服务器,再进行请求的处理,并将处理结果返回至客户端。

如图 3-21 所示,由于服务器处理速率的不同,对于相同的算法时间复杂度,所需的响应时间不同。所以,应根据服务器的性能分别测定各服务器的相应参数,再根据所得的参数来计算各个请求所需的响应时间,并进行相应任务的分配,以均衡负载。这在静态请求的分配策略和动态的负载平衡调度中是必需的。否则,系统中性能较低的服务器就会成为影响系统整体性能的瓶颈。

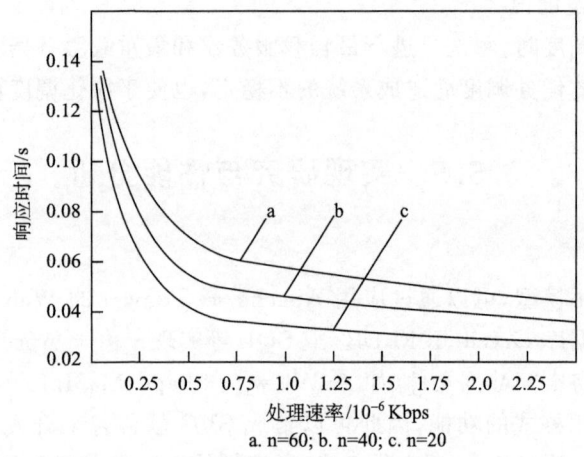

图 3-21　服务器性能和调度算法对响应时间的影响

§3.6　网络 GIS 的安全机制

共享数据不等于无限制地随意使用数据,恶意的个人或团体有可能在没有得到授权的情况下非法复制、传播版权保护的内容。因此,需要对具有版权的数据实施有效保护,否则将会挫伤数据生产者的积极性,导致所能获得的共享数据越来越少。有效的版权保护是空间信息共享中需要考虑的一个重要问题。一般认为,空间信息的安全主要包括空间信息的访问安全、空间信息的传输安全及机密空间信息的隐藏等几个方面。

3.6.1　空间信息的访问安全

事实上,地理空间数据尽管在许多部门中得到了广泛应用,但在网络 GIS 中可以无偿共享的往往是一些基础的空间数据。而一些由不同的应用部门针对不同的应用而采集的不同区域或不同专题的地理空间数据,因为其采集过程中投入了大量的人力和物力,所以,共享往往是有偿的或者不同的用户具有不同的共享层次,这部分数据可以认为是版权保护数据。对于版权保护的地理空间数据,安全保护的一般方法是在服务器端控制不同用户对地理空间信息源的访问,对版权保护的地理空间数据,只提供给授权用户访问,以防止非法信息的获取。权限的控制可以在操作系统级,也可以在网络防火墙或数据库层次进行授权。总之,版权保护就是在服务器端通过某种措施,控制不同用户对数据的访问权限。

3.6.2　空间信息的传输安全

地理空间信息的传输安全措施主要是防止空间信息在网络中传输被非法截获、复制和修改,保证地理空间数据网上传输的安全性与保密性。由于密码技术是保护信息安全的主要手段之一,因此使用密码技术不仅可以保证空间信息的机密性,而且可以保证信息的完整性和确定性,防止信息被篡改、伪造和假冒。

网络加密常用的技术有链路加密、节点加密和端到端加密三种。链路加密(又称在线加密)是在通信链路上为空间信息的传输提供安全保证,在传输之前对空间信息(以数据包的形式存在)进行加密,中间节点对接收到的数据包进行解密,然后使用下一条链路的密钥对数据包加密,再进行传输。在到达终点之前,一个数据包可能要经过许多通信链路,并且在中间节点上均以明文形式存在。因此所有节点在物理上必须是安全的,否则就可能泄漏明文内容;节点加密在操作方式上与链路加密类似,也是在通信链路上为传输的空间信息提供安全保证。不同的是,中间节点对数据包的加密是在相应节点的一个安全模块中进行的,该模块先把收到的数据包解密,再用另一个不同的密钥进行加密,并且数据包在中间节点上以密文形式存在,但报头和路由信息仍以明文形式传输,以便后续节点正确转发该数据包;端到端加密(又称脱线加密或包加密)是指空间信息在从源点到终点的整个传输过程中始终以密文形式存在。每个数据包在传输之前即被加密,到达终点时才被解密,使其在整个传输过程中均受到保护。在这种加密方式中,数据包的路由信息亦不能被加密,这是因为每一个数据包所经过的节点都要用该地址来确定如何转发数据包。网络 GIS 可根据网络的情况和空间信息的密级要求选择相应的数据加密技术。

数据的加密是由各种加密算法具体实现的,这些算法的目的是以尽可能小的代价提供尽可能高的安全保护能力。在多数情况下,数据加密是保证信息传输中机密性的最有效方法。据不完全统计,到目前为止已经公开发表的各种加密算法多达数百种,加密算法的一般模型如图 3-22 所示。数据在传输之前首先将明文(被加密之前的信息)

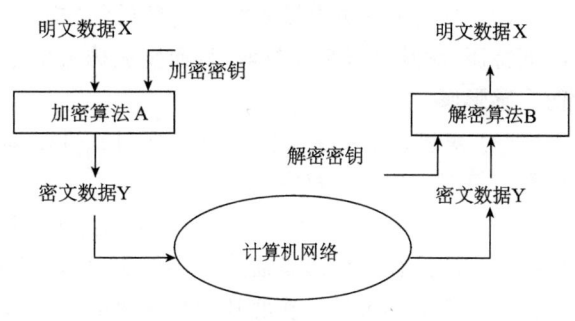

图 3-22 加密技术的一般模型

经过以密钥为参数的函数(加密算法)转换(即加密)得到密文(加密的结果),密文在网络中传输,数据的接收方以解密密钥对密文进行破解,还原出数据的原来格式和形态。由于窃密者不知道密钥,因而不能轻易地破解密文,这样就可以实现对信息的有效保护。

3.6.3 机密空间信息的隐藏

信息隐藏是将一个消息(称为待隐消息或秘密消息)隐藏在另一个消息(称为遮掩消息或载体)中。有些空间信息,如军事基地,也许只希望部分授权用户可以看到,或者说对普通用户来说需要保密,这时候就要将空间信息中的这些机密信息隐藏起来,并且同时不影响隐藏了机密信息后的空间信息使用价值,这也是空间信息安全中需要重点解决的问题。这里以遥感影像中机密信息的隐藏为例来介绍机密空间信息隐藏的一般技术。

图 3-23 表明了采用扩频通讯技术以及用密钥产生的混沌二值序列对机密二进制序列(遥感影像)进行调制,以达到对机密信息进一步加密的目的。这是对遥感影像中的机密信息实施隐藏的一种技术。

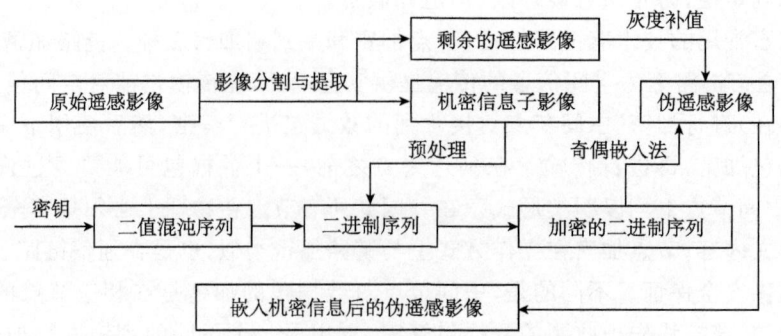

图 3-23 遥感影像机密信息隐藏算法框图

算法的实现过程是：

(1) 首先对原始遥感影像进行机密信息分解、分析与综合,将机密信息(如机密地物)从遥感影像中识别出来,无论机密地物是何形状,均可用其最小外接矩形选定,然后将包含机密地物的最小外接矩形从遥感影像中提取出来,称为机密信息子影像;

(2) 对遥感影像中提取机密信息后的"空白"影像块根据其周围地物的地貌、形状与纹理特征,对其进行灰度补值,从而生成抹去机密信息但其余地物地貌特征都没有变化的伪遥感影像;

(3) 对机密信息子影像进行压缩与二进制编码,并引入扩频通讯技术以及用密钥生成的二值混沌序列对机密信息进行加密;

(4) 采用奇偶嵌入法与 JPEG 标准量化表将机密信息以不可见的方式嵌入到伪遥感影像中。因为机密信息是遥感子影像块,数据量大,为了不影响遥感影像的各种应用,所以选择在伪遥感影像的灰度补值影像块的空间域上内嵌机密信息,从而生成隐藏了机密信息的伪遥感影像。

对于授权用户来说,可依据内嵌机密信息的逆过程,提取机密信息,过程如下：

(1) 从隐藏机密信息的伪遥感影像中提取嵌入机密信息的影像块,然后利用 JPEG 标准量化表对该影像块进行量化,以提取机密信号;

(2) 用相同的密钥生成二值混沌序列对提取的机密信号进行解密;

(3) 进行十进制编码与解压缩,可提取出机密子影像;

(4) 将机密信息子影像与隐藏机密信息的伪遥感影像进行综合,即可恢复遥感影像原貌。

此外,算法在提取机密信息和恢复遥感影像原貌时,不需要原始遥感影像,因此是一种盲算法。

习 题 三

一、填空题

1. 传统 GIS 的地理数据存储方式主要有两种：即_____和_____。
2. 一个复杂的应用程序逻辑上一般可分为_____、_____、_____和_____等部分。
3. 三层体系结构将各种逻辑别分布在三层中实现,这样便可将_____、_____和_____分开,从而减轻客户机和数据服务器的压力,达到有效平衡负载的目的。

4. 网络 GIS 通常采用两种数据组织策略,即:_____和_____的数据组织。
5. 空间数据建模在概念上可归结为_____的建模和_____的建模。
6. 由于 GIS 的应用目的及数据生产规范等因素的制约,空间数据库所包含的内容也存在着较大的差别。但从空间数据的应用性质上划分,可分为_____和_____。
7. 基础地理空间数据库一般包括_____、_____、_____,以及相应的元数据库。
8. 对象-关系型空间数据管理系统可以分为_____、_____及_____三个层次。
9. 栅格数据的组织主要有三种基本方式:基于_____,基于_____和基于_____。
10. 海量遥感影像数据的组织管理多采用_____、_____或_____的方式。
11. 影像金字塔技术指的是利用水平尺度上_____、垂直尺度上_____的结构来组织和管理影像数据,在保持影像数据质量的前提下实现影像快捷提取、还原与显示。
12. 分布式数据库可分为_____数据库和_____数据库,分布式环境中各个节点的数据库之间是松耦合的。
13. 并行数据库系统有三类主要的资源:_____、_____和_____。并行数据库管理系统就是按照这些资源的互相作用方式进行体系结构划分的。
14. 并行数据库系统中,操作的并行化处理一般可以从_____和_____两个级别进行区分。
15. 实现异构数据共享的方式大致有三种模式,即,_____、_____和_____。
16. 互操作不仅是对_____的集成,也是对_____的集成,实现在更高层次上_____、_____之间的互相合作。
17. 分布式空间数据库是指空间数据在_____分布于计算机网络的各个节点,每个节点拥有一个集中的空间数据库系统,而且都具有自治处理能力。
18. 空间数据共享技术平台是指通过_____和_____建设,实现对多种类型数据的整合,为应用提供不同层次的技术平台支持与服务。
19. 空间数据的共享服务主要包括_____、_____和_____三个层次的内容。
20. 多服务器是指_____相互独立,而_____单一的一组网络计算机集群系统,以统一的系统模式加以调度和管理,为客户工作站提供高可靠性服务。
21. 负载调控器可为多服务器系统提供负载与系统信息的_____、负载_____、动态资源_____与任务迁移等功能。
22. 一般认为,空间信息的安全主要包括空间信息的_____、_____及机密空间信息的_____等几个方面。
23. 网络 GIS 中的链路加密是为了确保空间信息在_____之间的链路上传输时的安全;节点加密是对源节点到目的节点之间的_____提供保护。
24. 信息隐藏技术是指将一个消息_____消息中的实现技术。

二、单项或多项选择题

1. 在两层体系结构的 GIS 中,服务器主要是指( )。
   A. 文件服务器   B. 数据库服务器   C. GIS 服务器   D. Web 服务器
2. 下列中不能作为网络 GIS 客户机的设备是( )。
   A. PC   B. PDA   C. 蜂窝电话   D. 打印机
3. 下列中的( )不能作为 GIS 空间数据的管理方式。
   A. 文件方式   B. 面向对象的方式   C. 四叉树   D. 对象-关系数据库
4. 地理空间数据模型的种类有很多,但下述中的( )不属于地理空间数据模型。
   A. 地理空间几何模型   B. 实体-拓扑模型   C. 拓扑关系数据模型   D. 面向对象数据模型
5. OODBMS 未在空间数据库中得到广泛应用的主要原因是( )。
   A. 市场对此类产品接受能力有限,致使许多 GIS 企业及用户均未采用其作为空间数据库建库方案。
   B. OODBMS 并不完全支持空间相关的属性特征与大量的社会经济数据混合的数据模型。

C. 关系数据库的成功及基于关系数据模型的 SQL 语言的广泛应用,使得完全摒弃关系数据库很困难。
D. OODBMS 只适合于结构化的非空间数据管理。

6. 下述有关分布式数据库的描述中,正确的是(　　)。
   A. 分布式数据库系统由于数据分布在网络中的不同节点,使其安全性难以得到有效保证。
   B. 分布式数据库的每个节点可对局部存储的数据保持一定程度的控制,增强了数据操作的灵活性。
   C. 分布式数据库系统中,如果一个节点数据库发生故障,则数据库系统瘫痪。
   D. 分布式数据库系统中,由于数据分布存储,故数据的冗余度较大。

7. 按共享方式划分,并行体系结构可以有三种结构模式,它们分别是(　　)。
   A. 共享内存　　　　B. 共享存储器　　　　C. 共享主机　　　　D. 无共享

8. 分布式空间数据共享的可行解决方案是(　　)。
   A. 异质空间数据库转换为同质空间数据库。
   B. 联邦数据管理模式。
   C. 基于元数据的分布式管理模式。
   D. 关系数据库管理模式。

9. 下列关于共享应用体系的叙述中不正确的是(　　)。
   A. 共享应用体系是共享技术平台的功能体现。
   B. 共享应用体系是共享平台提供的共享数据的直接使用者。
   C. 共享应用体系是数据的共享平台。
   D. 共享应用体系是共享平台提供的服务和功能的直接使用者。

10. 下述关于空间信息发布的描述中,不正确的是(　　)。
    A. 空间信息发布系统是集空间数据收集、整理、存储和发布为一体的空间信息服务系统。
    B. 空间信息发布系统提供空间信息的浏览、查询服务功能。
    C. 空间信息发布系统提供空间信息的下载服务功能。
    D. 空间信息发布是以空间元数据为核心的目录查询与管理。

11. 下述方法中属于动态负载解决方法的是(　　)。
    A. 三层体系结构　　B. 多服务器负载调控策略　　C. 两层体系结构　　D. 增加负载平衡服务器

12. 下述关于加密技术的叙述,正确的是(　　)。
    A. 保护网内的数据、文件、口令和控制信息,保证网上传输数据的安全性与保密性。
    B. 信息加密的目的是保护网内的数据、文件信息,保证网上传输数据的安全性与保密性。
    C. 节点加密是对源节点到目的节点之间的传输链路提供保护。
    D. 加密密钥用于对明文加密,只有用相同的密钥才能解密,恢复出正确的明文。

三、判断题

1. 网络 GIS 中,客户机和服务器主要是指两台性能不同的计算机设备。
2. 由于网络 GIS 是一个任务分布处理系统,需要利用网络资源,因此,与独立主机结构的 GIS 相比整体处理能力较弱。
3. 三层体系结构至少需要三台计算机分别负担逻辑结构中的各层逻辑。
4. 多层结构的网络 GIS 在客户机与数据服务器之间存在一层或多层负责业务处理的逻辑。
5. 由于文件具有结构简单的特点,因此用文件的方式管理数据更有利于提高检索和访问的效率。
6. 为满足不断增加的网络应用需求和保持数据的一致性,网络 GIS 的空间数据管理最好采用集中管理模式。
7. 把空间地物和现象抽象为可识别的相关事务或实体,这种空间数据建模方法属于面向对象建模。
8. 空间数据库管理系统(SDBMS)是一个与传统的数据库管理系统相对独立的一个新型数据库管理系统。
9. 与分布式数据库系统类似,在并行数据库中各计算节点之间也是松耦合的。
10. 分布式空间数据库和并行空间数据库可以很好地满足网络应用环境下用户对海量空间数据存储与管理的新的需求。
11. 由于空间操作和运算既有计算密集型又有 I/O 密集型,因此并行空间数据库系统的并行处理能力要求比传统的并行关系数据库系统更高。
12. 短期内,OpenGIS 不能解决网络 GIS 所面临的空间数据互操作问题。
13. 地理信息分布式计算中的数据和处理程序在地理位置上可以是集中的,但更多的是分布的。
14. 目录服务是为了提高空间数据的管理效率而被提出的,但由于这种服务将额外占用系统的处理时间,因此反而会影响空间数据管理的整体性能。
15. 空间数据的分发是指按照特定的方式(如网络传输、网上订购等)为用户提供所需的空间数据。
16. 多服务器是指逻辑上相互独立,而物理上单一的一组网络计算机集群系统。
17. 动态负载平衡是指各服务器相应的负载在某些特定时刻基本均衡。
18. 隐藏在另一个消息中的消息属于机密信息,用户无法看到和感受到。

四、简述题

1. 简述网络 GIS 的特点。
2. 什么是网络 GIS 的体系结构?试述网络 GIS 体系结构的发展情况。
3. 简述网络 GIS 的数据特点。
4. 与两层结构相比,三层结构的网络 GIS 的主要特点是什么?
5. 简述空间数据组织策略,并举例说明地理实体的"特征"概念。
6. 描述自 GIS 技术诞生以来空间数据管理技术的发展历程,并举例说明不同时期的代表产品。
7. 简要说明基于场的数据模型与面向对象数据模型的区别。
8. 说明面向对象数据库和对象-关系型数据库的原理及各自优缺点,并简要分析对象-关系型数据库流行于空间数据库领域的原因。
9. 分别描述对象-关系型空间数据库管理系统中各个层次的内涵。
10. 简述栅格数据的不同组织方式及其特点。
11. 简述高分辨率遥感影像数据的分级与分块存储技术的一般方法。
12. 描述分布式数据库的实现原理、方法及特点,并从 GIS 技术角度讨论分布式空间数据库的实现方法以及使用分布式模式管理空间数据的优势。
13. 并行数据库及并行空间数据库需要依托于并行的计算环境,请列举目前流行的几种并行计算的体系结构,并说明各自的优缺点及适用范围。
14. 简述并行空间数据库当中需要解决的关键问题。
15. 分析比较各种数据共享方式的特点。
16. 分布式空间数据共享的方法和原理是什么?
17. 简述空间数据共享平台的组成及其在数据共享中的作用。
18. 分析网络 GIS 的安全的关键问题。

五、论述与设计题

1. 结合常用的实际产品分析网络 GIS 的多层体系结构,并结合实例阐述其应用方法。
2. 直观上看,网络 GIS 是计算机网络和 GIS 的结合,但是这种结合却构成了网络 GIS 自身的特点,使得它在处理空间数据、提供便捷高效服务等方面远远优于传统的 GIS。结合自己所学,论述网络 GIS 涉及的相关技术,并深入分析在当今信息化建设中如何更好地发挥网络 GIS 的作用。
3. 传统的集中式 GIS 由于相对封闭,信息安全问题不太突出,而在网络 GIS 中,必须保证空间数据在网络环境下各个环节的安全。请论述空间数据安全面临的主要问题并给出解决这些问题的可行办法。
4. 请查阅资料或实地调研,熟悉电子政务或电子商务的有关内容,并基于三层结构设计一个用于电子政务或电子商务信息发布的网络 GIS。

第4章 网络 GIS 数据存储

数字技术是信息时代的重要特征之一,而数据存储则是数字技术的基础和保证。无论计算机和网络等信息技术多么先进,都离不开各种数据资源,而这些数据资源必须依托于存储技术。数据处理技术、网络技术和数据存储技术是紧密相连、互相促进、共同发展的。本章主要介绍网络存储技术及其在网络 GIS 中的应用。

§4.1 数据存储概述

随着 GIS 技术在各行各业的广泛应用,在海量空间数据存储容量和存取速度方面对数据存储技术提出了更高的要求。同时计算机网络应用的迅速普及所带来的数据存储安全性和可靠性问题也较之过去更为突出。因此,数据存储技术必须解决以下几个问题:
1) 提供备份保护以防数据丢失而无法恢复;
2) 减少因丢失数据带来的费用开销;
3) 减少停机时间所造成的成本增加;
4) 允许现场(在线)或非现场(近线或离线)的存储;
5) 确保空间数据的快速存取;
6) 提供一定的数据纠错和恢复能力;
7) 防止非法用户获取有用数据。

4.1.1 数据存储技术的发展与分类

1. 存储技术的发展趋势

(1) 磁存储技术仍将有突破

磁记录存储技术在数据存储发展史上长盛不衰,极薄磁层的稳定性技术等难题的解决将使存储密度从目前的 20Gbits/in²[①] 增加到 100Gbits/in²,而存储容量将达到 400GB 以上。

(2) 光存储技术将有重大进展

光存储技术与磁存储技术一直在并行发展,因各有利弊,两者在相当长的时间内仍将呈现出蓬勃发展的趋势。当前由于近场光学研究取得重大进展,光记录密度将有极大地提高,光存储设备的存储容量将有望提高 10 倍以上。

(3) 可生存存储系统

可生存存储系统(Survivable Storage System,SSS)是一个热点研究领域,其目标是

[①] $1\text{in}^2 = 6.4516 \times 10^{-4} \text{m}^2$

建立一个能够实现永久可用、永久安全和平稳降级等功能的数据存储系统。

（4）基于微电子机械系统的存储器

基于 MEMS(Micro-Electro-Mechanical Systems,微电机系统)的存储器是存储技术的突破,与目前磁盘存储技术相比,具有更高的性能、更强的容错能力以及更加低廉的成本。MEMS 是指通过集成技术实现的包括微传感器、微执行器、微机械、微机构和电路的一种系统,由多个存储小单元构成,能将许多存储部件集成在一个模块,在 1cm² 内就能存储 10GB 的数据,而且可以提供 100Mbps~1Gbps 的数据传输带宽,存取时间是磁盘的 10 倍,功耗却是磁盘的十分之一。这种新型的存储技术可以满足多方面的要求,应用面十分广泛,在 GIS 中也将是一种廉价、高性能的大容量存储器。

（5）网络存储技术方兴未艾

在得益于各项存储技术进步的基础上,网络存储技术将在网络结构、存储机理等方面继续改善,在存储容量、速度、可靠性及数据处理等方面将有更广阔的拓展空间。

2. 数据存储技术分类

数据存储技术种类繁多,按不同的分类依据可分成多种不同的类别。

（1）按连接方式分类

即按伺服主机与存储设备间的数据存取信道进行分类,可以有如下几种类别：

1) 直接连接存储(Direct Attached Storage,DAS)：是指存储设备与服务器直接连接的存储方式,相当于扩大了服务器端的存储容量。存储介质可以是磁盘、磁带、磁盘阵列、磁带库等；

2) 附网存储(Network Attached Storage,NAS)：又称网络附加存储,是指依靠网络连接的存储方式,亦即将存储设备直接附着在基于 TCP/IP 协议的现有以太网上的一种存储技术,它所存储的数据以文件为单位。存储介质可以是磁盘、磁盘阵列、光盘、磁带等；

3) 存储区域网(Storage Area Network,SAN)：通常是一个使用光纤通道连接的高速专用存储子网。这个子网专门用于数据存储,因不占用服务器的资源,也不占用服务器所属的通信网络的带宽,所以非常适合超大容量空间数据的存储。SAN 通常由磁盘阵列、磁带库、光盘库和光纤交换机等设备组成,它和服务器之间的数据通信通过 SCSI 命令（而不是 TCP/IP),并以数据块的形式存取数据。

（2）按存储系统联机方式分类

即按存储介质的特性与数据存取的效率进行分类,主要有：

1) 在线存储(On-line Store)：又称工作级存储,采用高速数据存储设备,常常是高端 SCSI 存储设备,以便能随时读写数据,满足计算平台对数据访问的速度要求。它的特点是存取速度快、容量相对小、单位容量的成本相对高。如磁盘阵列,适合空间分析、远程数据调用等对数据存取速度有较高要求的应用场合；

2) 离线存储(Off-line Store)：又称备份级存储,是一种不需要时刻与计算机保持联系的存储设备,主要用于对在线存储的数据进行备份,以防范可能发生的数据灾难。它对容量要求较高,而性能则不太重要,如磁带库。这种存储技术存取速度慢,单位存储容量的成本相对低,适合卫星影像、海量基础空间数据等大规模数据的备份保存；

3) 近线存储(Near-line Store)：是介于离线存储和在线存储之间的一种存储技术,用以存储非实时需求的数据或备份重要数据,如光盘库。其数据调用不会像在线存储那样频繁和迫切,也不是纯粹的顺序存储,但需具备随机存储能力。它的特点是数据访问的速度接近在线存储,但在价格上接近离线存储,适合档案管理、数字图书馆等应用领域。

(3) 按接口协议标准分类

1) 小型计算机系统接口(Small Computer System Interface,SCSI):是一种高性能计算机外部设备接口。它整合了与主机通信的指令,降低了系统 I/O 处理对主机 CPU 的占用率,这是与一般的 ATA 接口的本质区别。通过它,所有连到 PC 的外设均可实现彼此间独立于主机的数据传输与分发。当前,这种技术应用十分广泛,各项技术性能还在不断提高,数传率从 SCSI-1 的 5Mbps 提高到 Ultra320 的 320Mbps,并有继续提高的空间。

2) 光纤连接:利用光纤通道技术来连接存储设备。由于光纤的传输速度快,这种连接将极大地提高数据传输率。4Gbps 光纤通道技术实现了将硬盘连接到硬盘控制器,在提高速度的同时还保持了与已有设备的兼容性。此外,它还支持 1Gbps 和 2Gbps 系统中常用的环路结构。

3) 第三代输入输出总线(Third-Generation Input/Output,3GIO):由 PCI-SIG 开发并由 Intel 率先采用,能支持各种全新的数据交换技术,可应用在 PC、便携式计算机、服务器等设备上,为网络数据交换提供更高的性能,并将逐步取代目前的 I/O 总线技术(PCI、PCI-X)而成为新的 I/O 总线技术标准(PCI 3.0 协议)。3GIO 的每 PIN 的数据传输率可达 2.5Gbps,支持点对点连接,能满足高速数据传输的需求。

4) InfiniBand:是一种服务器 I/O 技术新规范和新的网络互联技术,采用基于包交换的高速交换网络技术,可以实现服务器内部的互联、服务器之间的互联、集群系统的互联以及存储系统的互联,还能组建基于 InfiniBand 的 SAN。同时,它利用外部的交换串行 I/O 结构有望取代当前速度为 1Gbps 的 PCI-X 和千兆以太网技术,拓宽服务器集群之间的管道。它支持全双工下 2.5~10Gbps 的数据传输速率,最高可达 30Gbps。

以上这些分类是相对的,有的存储产品是综合性的,区分界限比较模糊。无论采取何种分类方法,存储容量、数据存取速度、可靠性、兼容性以及价格等都是衡量存储设备不可缺少的重要指标。

随着 Internet 的普及与高速发展,网络服务器的规模越来越大。Internet 不仅对网络服务器本身,也对服务器端存储技术提出了更高的要求。一些新的存储体系和方案不断涌现,网络存储技术将有更加广阔的发展空间。

4.1.2 磁盘阵列技术

计算机的存储设备从体系结构上可分为内存储器和外存储器。内存储器(即内存)直接与 CPU 相连,通常由半导体存储器芯片组成,速度快。外存储器是一种辅助存储器,常见的有硬盘存储器、软盘存储器、光盘存储器、磁带等,速度较慢,适合于大容量数据(如遥感影像数据、GIS 矢量图形数据等)的存储场合。本节主要介绍一种能实现数据并行传输和并发存储的基于硬盘集成的外存储技术,即磁盘阵列技术(属于在线存储范畴)。由于采用现有硬盘构造,所以这种阵列又被称为廉价磁盘冗余阵列(Redundant Array of Inexpensive Drives,RAID)。

1. RAID 概述

RAID 这一术语是 1988 年由美国加利福尼亚大学的三位学者首次提出的,它是一种用来提升数据存取能力和存取效率的存储技术。RAID 通过将多个存储设备(通常是硬盘存储器)按照一定的方式集成起来,组成一个逻辑上单一的大容量存储设备。由于数据分布在多个磁盘中,所以在进行数据输入/输出时,多个磁盘能同时工作,并行传输数据,从而提高整个系统的数据传输速度和吞吐量。

RAID 中磁盘数量的增加使发生磁盘损坏的可能性也随之增大。对此,RAID 采取了多种不同的构造方案和检、纠错技术,以避免由于磁盘损坏而造成的数据丢失、错误或损坏,其主要优势在于借由不同的硬盘组织方式和数据分块方法将数据分散存储在多个磁盘内,能够方便地扩充数据存储容量,提高数据的安全性与数据的传输效率。它的优点主要有:

(1) 存储容量成倍增大

磁盘阵列的显著特征是将多个磁盘按某种方式集成在一起作为一个逻辑盘,提供跨磁盘的数据存储能力,能组成一个拥有巨大存储容量的存储子系统。

(2) 数据存取速度极大提高

单个磁盘存取速度的提高受到各个时期技术条件的限制,而且提高程度有限。RAID 通过多个磁盘同时分摊数据的读或写操作,因此整体存取速度得以极大提高。

(3) 容错能力显著改善

通过镜像或校验措施提高数据容错能力。RAID 控制器的一个重要功能就是容错处理,高级 RAID 控制器还具有数据的纠错与恢复功能,使得阵列中即使有单块(或多块)磁盘出错,也不会影响到阵列的继续使用。

磁盘阵列可分为软件磁盘阵列(Software RAID)和硬件磁盘阵列(Hardware RAID)两种。硬件磁盘阵列又分为内置式和外置式两种形式。

(1) 软件磁盘阵列

软件磁盘阵列是指通过网络操作系统(如 Netware、Windows NT/2000/XP/2003、Linux 等)本身的磁盘管理功能把普通 SCSI 卡上的多块硬盘配置成一个大容量逻辑盘。该阵列中各磁盘的并发数据存取功能通过 CPU 和专用软件共同实现,只需要一个标准的磁盘控制卡,不需要其他专门设备。

(2) 内置式硬件 RAID

由安装在系统内的一张 RAID 卡(磁盘阵列控制器)集中进行数据的存取处理,它可以连接内置硬盘、热插拔背板等设备。由于该卡本身带有 CPU 和内存,因此它可以极大地减轻主机 CPU 的负担,提高系统整体性能。这种阵列的数据保护性能好,恢复方便,可以实现硬盘的热插拔,性能高于软件 RAID。

(3) 外置式硬件 RAID

通过一个标准的 RAID 卡连接服务器,RAID 功能由 RAID 卡上集成的微处理器实现。该控制卡安装在外置的存储设备内,独立性较好,但价格较高。它兼有内置式硬件 RAID 的功能,不受操作系统的限制,可以为服务器提供高性能的存储子系统,主要使用在大型网站、ISP 提供商等对性能要求较高的部门。

根据磁盘阵列的数据接口不同,一般可以分为 IDE RAID、SCSI RAID、FC RAID 等。

基于不同接口的 RAID 的数据传输速率、存储容量、设备成本、安装及维护技术的难易程度等各不相同。

在 RAID 的实现方面，SCSI RAID 应用最广。在 SCSI RAID 控制卡上有 CPU 和高速缓存两个重要组成部分，其中 CPU 和高速缓存均各分为两种。两种 CPU 分别用于 SCSI 和 RAID 的处理。高速缓存则分为预读缓存和回写缓存。所谓预读就是将经常读取的和较小的数据直接存储到缓存芯片中，下次再读时系统会先到缓存中寻找并直接读取，从而提高数据读取速度；回写缓存则是将要写入硬盘的数据先写到缓存中，由缓存直接与 SCSI 控制卡上的芯片进行写入硬盘的处理，从而提高硬盘的使用效率。

光纤通道作为 SCSI 的一种替代的连接标准的解决方案，目前正在被开发和使用。其信号失真率小、带宽大，在光纤的每个节点都可以达到 100Mbps 的传输速率，并能叠加到 1Gbps，信号之间不受任何干扰。光纤通道还提供了多种增强的连接技术，服务器系统可以通过光缆实现远程连接，最大可跨越 10km，每个光纤仲裁环路最多可连接 126 个设备。FC RAID 适合磁盘阵列柜连接，在阵列柜上将光纤通道和 SCSI 转换，而阵列柜中只需要用 SCSI 硬盘进行连接即可，从而可降低成本。

2. 几种常见的 RAID

RAID 技术是一种工业标准，各厂家对 RAID 级别的定义各不相同。根据实际情况选择适当的 RAID 级别可以满足用户对存储系统可用性、可靠性和容量的不同要求。所谓 RAID 级别是指磁盘阵列中针对不同的应用而使用的不同技术，目前业界公认的标准是 RAID0～7。RAID 级别并不代表技术水平的高低，而与操作环境及应用要求有关。例如，RAID0 及 RAID1 适用于 PC 等系统，如小型网络服务器及需要高磁盘容量与快速磁盘存取的工作站等；RAID3 及 RAID4 适用于影像处理、CAD/CAM 等应用场合；RAID5 则能满足金融机构和大型数据处理中心对数据备份与处理的需要。下面简要介绍一下获得业界广泛认同并应用较广的几种 RAID 的原理及其特点。

（1）RAID0

RAID0 采用数据分条技术（Data Stripping Array without Parity），即把数据分成若干个大小相等的小块（Block），经由 RAID 控制器平均分配到阵列的磁盘中，因此又称为"Stripping"（即将数据条带化）。假设有 n 个磁盘构成 RAID0，当系统向 RAID0 发出 I/O 数据请求时，该请求将被分解为 n 个子操作，每个子操作均驱动一块物理硬盘进行读写操作。数据的分条不需要系统干预，在读写时，各磁盘仅执行各自的数据请求。RAID0 的存储空间利用率高（接近 100％），适用于图像编辑、美工制作与 3D 动画、视频生产与编辑、临时文件的转储等对数据容量和传输率有较高要求的场合。

RAID0 虽然具有成本低、读写性能和空间利用率高等优点，但安全性和可靠性是其致命的弱点。由于它没有任何容错措施，不提供数据的冗余处理，因此当阵列中有磁盘产生数据出错或丢失现象时，则无法进行检测、纠正与恢复，影响数据的可用性。

（2）RAID1

RAID1 采用磁盘镜像技术（Disk Mirroring），即数据完全冗余。其原理是在两个磁盘之间建立完全的镜像。当写入时，所有数据在被存储到称为工作盘的磁盘上的同时，也被存储到另一块称为镜像盘的磁盘上；当读出数据时，先从工作盘读取数据，如果读取的数据有误或数据被损坏，则自动转而读取镜像盘上的数据，不会造成用户工作任务的中断；更换故障盘后，数据可以重构，恢复工作盘的正确数据。由于被存储的数据有两个备份，因此 RAID1 比起其他 RAID 为数据提供了更高的安全性和可靠性。

不难看出，在整个镜像过程中，只有一半的磁盘容量是有效的，另一半磁盘容量用来备份数据，系统的实际使用率不到 50%，因此磁盘空间利用率低，存储成本高。

同 RAID0 相比，RAID1 是另一个极端。RAID0 首先考虑的是磁盘的速度和容量，忽略安全性和可靠性；而 RAID1 首先考虑的是数据的安全性，容量减半，其目的是最大限度地保证用户数据的可用性和可修复性。

(3) RAID0+1

RAID0+1，也称为 RAID10，是 RAID0 和 RAID1 技术的组合，以充分利用这两种技术的优点，达到数据存储和传输既高速又安全的目的。RAID0+1 可以看成是两个 RAID0 互为镜像。

RAID0+1 是存储性能和数据安全兼顾的方案，它在提供与 RAID1 相同数据安全保障的同时，也提供了与 RAID0 近似的存储性能。但 RAID1+0 存储成本高，存储空间利用率不到 50%，不是一种经济高效的磁盘阵列解决方案。

(4) RAID3

RAID3 采用单盘容错并行传输技术(Parallel Disk Array)。其工作原理是采用 Stripping 技术把数据分成多个"块"，并按照某种容错算法对数据进行位校验。该种阵列有 $n+1$ 个磁盘组成，其中 n 个磁盘作为数据盘，第 $n+1$ 个作为容错盘(也称为校验盘)，存储容错信息。当 $n+1$ 个磁盘中有一个磁盘出现故障时，通过容错盘和其他磁盘的联合作用(运行某种算法)可以恢复原始数据。然而，若有多于一个磁盘的数据同时产生错误，则无法进行纠正。

RAID3 采用的是一种较为简单的校验实现方式，具有并行 I/O 传输和单盘容错能力。它在对数据进行存储时，同时对被写入的分布数据按位进行异或运算，运算结果(Parity Data)作为校验数据被存储在容错盘上。校验数据对检查和纠正数据磁盘上的数据是至关重要的。RAID3 的可靠性不如 RAID1，但空间利用率高。RAID3 的主要不足是校验盘很容易成为存储子系统的瓶颈，这是由于数据是在位一级交叉，任何数据的写入操作均导致校验盘相关信息的更改。因此，对于那些经常需要执行大量写入操作的应用来说，校验盘的负载将会很大，从而导致 RAID 系统性能的下降。

(5) RAID5

RAID5 采用旋转奇偶校验独立存取技术(Striping with Floating Parity Drive)，是一种存储性能、数据安全和存储成本兼顾的存储解决方案，目前应用最为广泛。其原理是将各块独立磁盘进行条带化分割，相同的条带区进行奇偶校验，校验数据平均分布在每块磁盘上。RAID5 不对存储的数据进行备份，也没有固定的校验盘，而是按某种规则把数据和相应的奇偶校验信息均匀地分布存储到各磁盘上，每块磁盘上既有数据信息也有校验信息。RAID5 的任何一块硬盘上的数据丢失时，均可以通过校验数据推算出来。这样，以 n 块磁盘构建的 RAID5 就可以有接近 $n-1$ 块磁盘的容量，存储空间利用率非常高，同时也为系统提供了较高的数据安全保障。

RAID5 的上述特点使其在多人多任务的频繁存取、数据量不大的环境下具有很强的适应性，例如企业档案服务器、Web 服务器、在线交易系统、电子商务等领域。其主要不足是当一块磁盘出现故障后,整个系统的性能将极大降低;写入时的校验运算开销较大,不适合输入输出数据量很大的图像信息存取。

图 4-1 说明了以上几种磁盘阵列存储方式的比较。不同的存储方式导致不同 RAID 的性能存在较大区别。表 4-1 和表 4-2 中,比较了上述几种磁盘阵列的特点和性能。一般而言,需重点考虑的因素有:可用性、存取速度和成本。如果可用性要求不高,可选择 RAID0 以获得最佳性能;如果可用性和存取速度是重要的,而成本不是主要因素,则可考虑选择 RAID1;如可用性、成本和存取速度均重要,则根据一般的数据传输速度和磁盘数量以选择 RAID3 或 RAID5 较为适宜。

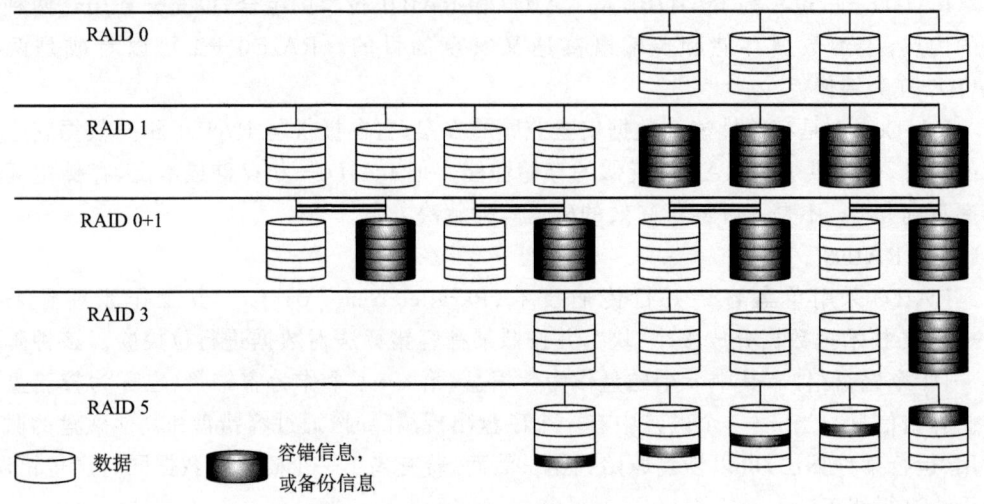

图 4-1 常用 RAID 的存储方式比较

表 4-1 常用 RAID 级别的特点比较

比较类别 \ RAID级别	RAID0	RAID1	RAID3	RAID5
容错性	无	有	有	有
冗余类型	无	有(完全冗余)	奇偶校验	奇偶校验
热备份选择	无	有	有	有
硬盘要求	一个或多个	偶数个	至少三个	至少三个
有效硬盘容量	全部硬盘容量	硬盘容量 50%	硬盘容量$(n-1)/n$	硬盘容量$(n-1)/n$
存储方式	数据分块循环存到各硬盘	数据分块循环存到各硬盘	数据以字节交叉方式存于 n 个硬盘	数据以块交叉方式轮流存入 n 个硬盘

4.1.3 数据存储接口协议和标准

1. SCSI 技术

SCSI 最早研制于 20 世纪 70 年代末,原是为小型机和工作站研制的一种传输速度高

表 4-2 常用 RAID 级别的性能比较

RAID级别 比较类别	RAID0	RAID1	RAID3	RAID5
读取数据	容易处理多个同时读取	较快,其中的任何一个硬盘都有数据	正常速度,与一个的速度一样	快
写入数据	容易处理多个同时写入	较慢,需要重复写入多个硬盘	较慢,Parity 编码的运算包含从其他硬盘内读取与写入 Parity 编码所需要的时间	较慢,Parity 的计算包含读与写
备份功能	无	安全性最高	很好	很好
空间利用率(费用)	非常合理,硬盘空间完全利用	硬盘使用率不到50%。	合理,硬盘空间被充分利用	合理,硬盘空间被充分利用

的接口技术,现在已被广泛使用于普通设备上,如硬盘、光驱、ZIP、MO、扫描仪、磁带机、JAZ、打印机、光盘刻录机等设备。

(1) SCSI 的类型

SCSI 标准至今已发展了几代:SCSI-1、SCSI-2 以及最新的 SCSI-3,各代 SCSI 的 I/O 速率在不断上升,其中目前最为流行的版本为 SCSI-2。另外 SCSI 还有以下几种延伸规格:Fast SCSI、Wide SCSI、Ultra SCSI、Ultra Wide SCSI、Ultra 2 SCSI、Wide Ultra 2 SCSI、Ultra 160 SCSI、Ultra 320 SCSI。

1) SCSI-1

它是最原始的版本,其异步传输时的频率为 3MHz,同步传输时的频率为 5MHz。现在 SCSI-1 几乎被淘汰了,但一些扫描仪和内部 ZIP 驱动器仍使用该标准。

2) SCSI-2

早期的 SCSI-2 又称为 Fast SCSI。SCSI-2 通过提高同步传输时的频率使数据传输率从 5Mbps 提高为 10Mbps,支持 8 位并行数据传输,可连接 7 个外设。后来出现的 Wide SCSI,支持 16 位并行数据传输,数据传输率也提高到了 20Mbps,可连接 16 个外设。

3) SCSI-3

SCSI-3 又称为 Ultra SCSI。SCSI-3 将同步传输时的频率提高到 20MHz,数据传输率达 20Mbps。若使用 16 位传输的 Wide 模式,数据传输率可提高至 40 Mbps。

各代 SCSI 的主要特点如表 4-3 所示:

(2) SCSI 的优点

1) 适应面广

SCSI 可支持多个设备,SCSI-2 最多可接 7 个 SCSI 设备,Wide SCSI-2 以上可接 16 个 SCSI 设备。同时,SCSI 支持多种类型设备,如 CD-ROM、DVD、CDR、硬盘、磁带机、扫描仪等。

2) 多任务、高性能

SCSI 允许在对一个设备传输数据的同时,另一个设备对其进行数据查找。SCSI 能

表 4-3 各代 SCSI 的主要特点

代		传输频率/MHz	数据频宽/Bits	传输率/Mbps	可连接设备数
SCSI-1		5	8	5	7
SCSI-2	Fast	10	8	10	7
	Wide	10	16	20	16
SCSI-3	Ultra(Fast-20)	20	8	20	7
	Ultra Wide	20	16	40	16
	Ultra(Fast-40)	40	8	40	7
	Ultra2	40	16	80	16
	Ultra160	160	16	160	16
	Ultra320	320	16	320	16

在 Linux、Windows NT 等多任务操作系统中发挥更高的性能。

3) CPU 占用率低

由于 SCSI 卡本身带有 CPU,可处理一切 SCSI 设备的事务,在工作时,主机 CPU 只要向 SCSI 卡发出工作指令,SCSI 卡便可独自进行工作,工作结束后将结果返回给主机 CPU。所以 SCSI 对主机 CPU 占用率极低。

4) 智能化

SCSI 卡可对 CPU 指令自动进行排队。

5) 带宽高

最快的 SCSI 总线有 160Mbps 的带宽(需要 64 位 66 MHz 的 PCI 插槽)。

6) 可用于外置或内置。

(3) SCSI 的缺点

SCSI 除具有以上诸多优点外,也存在一些不足:

1) 在同样条件下,因为 SCSI 硬盘的控制指令比 IDE 硬盘的控制指令复杂,所以 SCSI 硬盘内部传输速度要比 IDE 硬盘慢;

2) SCSI 性能价格比不高;

3) SCSI 接口安装复杂。

(4) SCSI 与 IDE 的区别

IDE(Integrated Drive Electronics,集成驱动器电子接口),也称为 AT-Bus(Advanced Technology-Bus)或 ATA(Advanced Technology Attachment)接口,同样也是极为常用的一种硬盘接口。IDE 的工作方式需要 CPU 的全程参与,CPU 读写数据的时候不能再进行其他操作,从而导致系统性能下降。目前的 IDE 接口针对该问题做了很大改进,已经可以使用 DMA 模式而非 PIO 模式来读写数据,数据交换由 DMA 通道负责,对 CPU 的占用大为减小。

在外观、接口特性、整体性能等方面,IDE 与 SCSI 均有较大不同,如表 4-4 所示。

2. 光纤通道技术

通道技术是硬件密集型技术,直接连接设备实现缓存间的快速数据传输,而不需要使用太多的逻辑。而网络技术是软件密集型技术,通过操作大量节点,数据包可以被路由到

表 4-4　IDE 与 SCSI 的特点及性能比较

比较类别	IDE	SCSI
类型	基本接口	扩充接口
可使用设备	硬盘、光驱、ZIP、LS-120	硬盘、光驱、ZIP、扫描仪、磁带机、打印机
可连接设备数	最多可接 4 部	7 或 16 部
主板功能	内置	部分内置,通常需自行扩充
安装方式	只能内接;安装步骤简单	可内接、可外接;安装步骤统一,内外相同
传输速率	3.3～66 Mbps	5～160 Mbps
最大连接距离	2～3 m	更长
价格	便宜	略高
稳定性	一般	较高
可靠性	一般	较好

网络中的任意节点设备上。光纤通道技术(Fibre Channel,FC)的设计集成了通道技术和网络技术的优点,可应用于高速、高可靠和可扩展的主干网络中。

光纤通道的传输距离很大程度上取决于所使用的线缆类型和传输率。传输率越高,线缆的直径越大(对于光纤线缆),传输的距离就越远。其线缆类型有光纤和铜缆,而传输率则有 25Mbps、50Mbps、100Mbps、200Mbps、400Mbps 等多种。

(1) 结构层次模型

逻辑上光纤通道标准定义了功能类似的五个模块化层次,如图 4-2 所示。

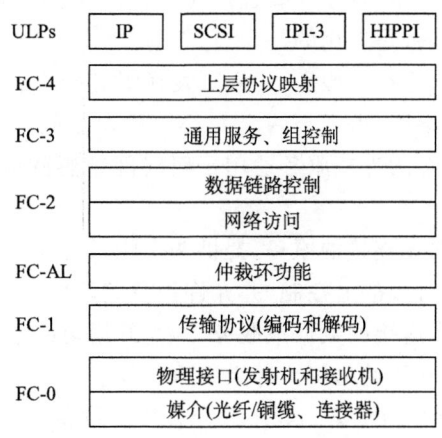

图 4-2　光纤通道结构层次模型

最低的 FC-0 层是物理介质层,描述了可使用的各种介质、用来与媒体连接的发射机和接收机以及传送数据的速率,它用来决定光在光纤上的传输方式以及发射机和接收机在各种物理介质上的工作方式。尽管被叫做"光纤通道",实际上它既能使用光纤也可以使用铜质电缆。

FC-1 层是信号编码和解码层,负责获得信号并将其编码成可用的字符数据,包括编码操作、复用和解复用、监控和检错等功能。

FC-2 层为光纤通道协议层,为光纤通道的最复杂部分,主要定义了帧及流量控制。协议层使用原语操作构成状态机制,用以控制诸如仲裁、环路初始化以及运载数据帧等工作,并通过发送正确的原语来初始化数据传输以控制数据流量。

FC-3 层是通用服务层,提供一个成帧协议和对一个节点上的多个端口进行操作管理的通用服务,如名字服务、组控制等。

FC-4 层是上层协议(ULP)映射层,定义了光纤通道到 ULP 的映射,包括许多重要的信道、外围接口和网络协议,如 SCSI、IP、IPI(智能外设接口)、HiPPI(高性能并行接口)以及 FDDI(光纤分布式数据接口)。

(2) 拓扑结构

光纤通道有点对点、仲裁环路和交换 fabric 三种基本形式的拓扑结构。这些拓扑结构能够组合起来构成满足特殊需要的 SAN 系统。

点对点拓扑结构:应用于两个设备之间,无需解析地址,所有的帧(光纤通道数据包)全部发给另一个设备。

仲裁环拓扑结构:也称光纤通道仲裁环路(FC-AL),是以环状形式连接所有设备的拓扑结构。在这种结构中,一台设备从上游设备接收光纤信号,并将其发送给下游设备,其中环路上的设备通过一个 8 位的 AL_PA(仲裁环路物理地址)来标识。

交换 fabric 拓扑结构:是一种允许连接大量设备的拓扑结构,易于扩展,可热插拔设备,它允许交换机使用硬件电路在节点间路由数据,从而更有效地使用带宽。

(3) 服务等级

为描述不同端口在传输数据时采用的交互机制,光纤通道定义了多个服务等级,分别为等级 1~4 和等级 F。不同的服务等级适用于不同类型的数据。服务等级除了用流控制定义外,还应指明连接是否是专用的。

1) 等级 1:是一个面向连接的服务,建立了发送者和接收者之间的专用连接——运行在光纤上的虚拟端对端的链路,保证了两个 N/NL 端口之间的连接。其主要不足在于需要消耗大量的资源。等级 1 的连接服务适用于对时间敏感的应用或传输流媒体数据,例如声音和视频数据等。

2) 等级 2:是一个面向无连接的服务,提供两个端口之间无连接的通道。等级 2 的帧同时使用缓存到缓存和端对端的流控制,并允许设备共享所有可用的带宽。

3) 等级 3:是多元的无连接的数据报服务,为光纤通道网络中最常用的服务等级。数据报服务是指不包含传输确认的通信。等级 3 除了没有端对端的数据传输确认外与等级 2 很类似,可以认为是等级 2 的子集。等级 3 允许所有设备共享带宽,并允许设备在网络通信量较少时全速运行,但当网络通信量较大时则共享带宽。

4) 等级 4:是面向连接的部分带宽服务,类似于等级 1 的一种不常用的服务级别。服务等级 4 中将带宽划分为独立的虚拟电路,以安全分配带宽资源。

5) 等级 F:用于 fabric 中的内部控制和协调。等级 F 的帧只在交换机之间传递,交换机则使用等级 F 来协调诸如域名服务器和解析传输层次等 fabric 服务。

3. iSCSI 技术

iSCSI 技术是一种基于 IP 存储理论的新型存储技术,该技术是将存储行业广泛应用的 SCSI 接口技术与 IP 网络技术相结合,使在 IP 网络上可组建 SAN。

(1) iSCSI 的概念

iSCSI(Internet Small Computer System Interface,互联网小型计算机系统接口)是由 IBM 下属的两大研发机构——加利福尼亚 Almaden 和以色列 Haifa 研究中心共同开发的,是一个供硬件设备使用的、可在 IP 协议上层运行的 SCSI 指令集,是一种开放的基于 IP 协议的工业技术标准。该协议可以用 TCP/IP 对 SCSI 指令进行封装,使得这些指令能够通过基于 IP 网络进行传输,从而实现 SCSI 和 TCP/IP 协议的连接。对于局域网环境中的用户来说,采用该标准只需要不多的投资就可以方便、快捷地对信息和数据进行交互式传输及管理。

iSCSI 在技术上处于领先地位,其重要贡献在于对传统技术的继承和发展:

1) SCSI 技术是被磁盘、磁带等设备广泛采用的存储标准,从 1986 年诞生起到现在仍然保持着良好的发展势头;

2) 沿用 TCP/IP 协议。

以上两点为 iSCSI 的无限扩展提供了坚实的基础,它的推出使 NAS 的性能得到了大幅度提高。iSCSI 产品一方面可以作为企业级光纤通道 SAN 的补充,实现不间断增长集中存储管理,并与 IP 网络技术进行良好地整合;另一方面,随着网络存储技术的发展,可以将其同 NAS 系统进行全面整合,成为一个独立的与 SAN 系统并驾齐驱的发展领域。

对 iSCSI 还有另一种描述:它是连接到 TCP/IP 网络的存储接口,但可以使用与 NAS 和 SAN 存储一样的 I/O 指令对其进行访问。目前,许多网络存储提供商都致力于将 SAN 中使用的光纤通道设定为一种实用标准,但是这种架构需要高昂的建设成本,远非一般企业所能承受。iSCSI 融合了 SAN 和 NAS 的优势,在这两者之间架设了一座桥梁,可以在 IP 网络上应用 SCSI 的功能,充分利用现有 IP 网络的成熟性和普及性等优势。它基于 IP 协议,却拥有 SAN 大容量集中开放式存储的优点。相对于以往的网络接入存储,iSCSI 的出现解决了开放性、容量、传输速度、兼容性、安全性等问题,其优越的性能使其自发布之始便受到人们的关注与青睐。

(2) iSCSI 的工作流程

iSCSI 协议规定了在网络上封包和解包的过程。在网络的一端,数据包被封装成包括 IP 头、iSCSI 识别包和 SCSI 数据在内的三部分内容,传输到网络另一端时,三部分内容分别被顺序解开。图 4-3 所示为 iSCSI 的工作流程。

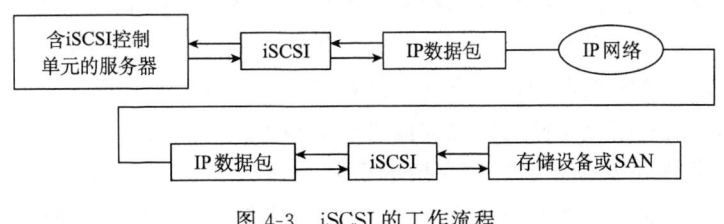

图 4-3 iSCSI 的工作流程

(3) iSCSI 的安全性

相对于采用 FC 的 SAN,iSCSI 的安全性问题较为突出,也更值得关注。传统的 FC SAN 的底层采用光纤通道传输技术,上层采用 FCP(Fibre Channel Protocol)传输 SCSI 协议,与 IP 网络不兼容,形成的独立网络环境往往与通信网络隔离开来,其安全性容易得到保障。而 iSCSI 采用 IP 网络技术作为底层传输技术,与现有的通信网络是完全兼容的,因而 iSCSI 具有 IP 网络类似的常见安全性问题,包括主动型的攻击(如身份伪装、数据删除/修改等)和被动型的攻击(如窃听、数据分析等)。因此,在配置 iSCSI 时必须采取一定的安全措施。

针对各种安全风险,iSCSI 一般采用两种安全措施:① 认证:在目标机器与发起者之间进行身份认证;② 加密:对传输的 TCP/IP 数据包进行加密保护。

(4) iSCSI 存储待解决的几个关键技术

iSCSI 是一个新兴的存储技术,尽管其标准已经建立且应用,但将其真正广泛应用到存储领域中仍需要解决以下几个关键问题。

1) TCP 负载空闲

由于 IP 包可以打乱次序传送,因此,TCP 层需要重新修正次序,再提交到上层应用中(如 SCSI)。其典型操作是使用重调顺序缓冲器,将数据包顺序调整正确。这些处理均需要消耗主机的 CPU 资源,同时增加事务处理的延时,并需要进行更多的 I/O 处理。为此,需要采用一种称之为 TCP 负载空闲引擎(TCP Off-loading Engine,TOE)的设备,以降低主机的处理器负载。

2) 存取速度

IP 存储产品需要保证高速运行,以便与快速的存储设备相匹配。业界也有人认为,IP 存储的最大优势是 IP 的灵活性,而高速率则位居第二。

3) 安全性

当存储设备通过 IP 网络进行远距离连接时,安全性变得愈加重要。生产企业必须明确产品的安全级别,并确保其安全性。

4) 互联性

基于 IP 的技术并没有被所有企业共同使用,为保证这些产品能够相互更好地配合,必须保证企业之间采用相同的协议,使各企业产品具有良好的互联性。

§4.2 网络存储分类

存储产品在 20 世纪 90 年代以前还是作为服务器的组成部分之一。90 年代以后,信息系统技术发展中的数据集中和共享渐渐成为一个亟待解决的关键问题。随着数据的持续增长和数据重要性的日益提高,利用服务器附属存储(Server Attached Storage,SAS)或直接连接存储(DAS)技术构建的直连存储系统已无法满足这种现实需要。于是在传统存储系统的基础上网络化存储的概念被提出并得到了迅速发展。

网络存储将网络技术与存储 I/O 技术集成,融合了两者的特性,特别是网络的可寻址能力、即插即用、连接性和灵活性,存储 I/O 的高性能和高效率等。网络存储设备能提供基于网络的数据存取和共享服务,其主要特征有:超大容量存储、高数据传输率、极好的扩展性以及高可用性。目前,网络存储主要有两种结构形式:附网存储(NAS)和存储区域网络(SAN)。

4.2.1 直连存储

当前应用最广的企业级存储产品仍集中为磁盘阵列、磁带机(库)、光盘塔(库)等几大类。这些存储设备均以并行 SCSI 总线与主机连接,并被该主机直接访问和控制,其他主机则必须经该主机(服务器)的存储和转发才能访问存储设备中的数据。这样的"以服务器为中心"的存储结构被称为 DAS 或 SAS,该技术一直和 SCSI 技术的发展紧密相关。当前直接连接存储的主流技术为 Ultra 3 SCSI 技术和 RAID。

DAS 系统中数据存取过程如图 4-4 所示。步骤如下:

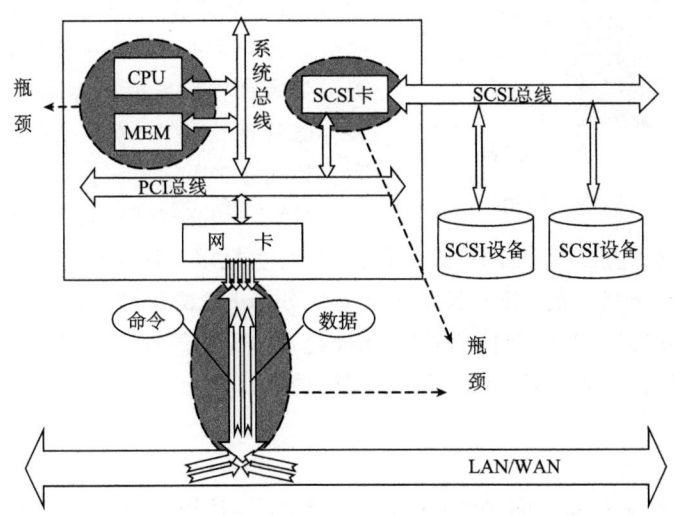

图 4-4 DAS 数据存取过程及可能存在的瓶颈

1) 请求命令经过网络发至服务器;
2) 服务器查询缓冲区,若数据在缓冲区中则经网络将其直接发给客户机,否则将请求翻译成本地数据访问命令并发向与服务器相连的存储设备;
3) 存储设备接收到命令后将数据复制到服务器的系统缓冲区;
4) 系统缓冲区将数据复制到网络适配器(网卡)的数据缓冲区中;
5) 最后通过网络将数据发给客户端。

DAS 系统中网络上的数据须经服务器的存储和转发,这导致服务器负荷加重,容易形成网络数据访问的瓶颈而降低系统整体服务能力。在服务器中存在着 SCSI-IP 的协议交换,因此效率低下,实时性差,并且存储 I/O、网络 I/O 以及 CPU 和内存均较易成为系统的瓶颈,难以满足海量数据存取的实际需要。同时,DAS 系统还存在代价高、管理效率不高、数据上传时间长、响应速度慢、可扩展性差等缺点。

4.2.2 附网存储

传统的存储系统以服务器为中心,面对日益增长的海量数据,这种方式已显得力不从心,需要发展一种独立于服务器的数据存储新模式以满足数据存储的要求。这种数据存储新模式,如 NAS,把以服务器为中心的数据存储模式转变为以数据为中心的数据存储模式,具有良好的扩展性、可用性和可靠性。

1. 基本概念

NAS 是一种将分布、独立的数据整合为大型集中化管理的数据中心,以便不同主机和应用服务器对其进行访问的技术。NAS 作为一种概念是 1996 年在美国硅谷提出的,其主要特征是把存储设备和网络接口集成在一起,直接通过网络存取数据。也就是说,将存储功能从通用文件服务器中分离出来,使其更加专门化,从而获得更高的存取效率和更低的存储成本。典型的 NAS 一般都连接到以太网上,提供带有预先配置好的磁盘空间、集成的系统和存储管理软件,构成一个完备的存储解决方案。如图 4-5 所示。

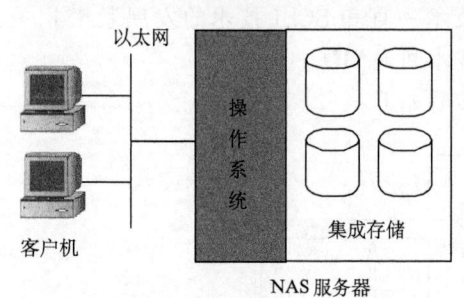

图 4-5　NAS 体系结构

NAS 中的磁盘阵列、磁带驱动器等存储器件和简易服务器通过控制器与网络直接相连接,与主机服务器彻底分离。NAS 与客户之间通过运行于 IP 网络上的 NFS(Network File System)协议和 CIFS(Common Internet File System)协议(或二者混合使用)进行通信。NAS 中的存储设备对数据进行集中管理,可以有效地释放网络带宽,有助于提高存储的整体性能和降低总拥有成本。

2. 结构

(1) NAS 的硬件

与传统的通用服务器不同,NAS 设备仅提供文件系统功能以用于存储服务,省去了通用服务器原有的不适宜于数据存储和传输的大多数计算功能。

如图 4-6 所示,NAS 设备由控制器和存储子系统两部分构成。控制器部分主要包括处理器、内存、网络适配器和存储控制器等模块,存储总线则一般选用 SCSI、IDE 或 FC 三种接口,其当前主流的数据传输率分别为 160/100/200Mbps,均能很好地满足数据传输要求。

(2) NAS 的软件系统

为实现较高的稳定性和 I/O 吞吐率,满足数据共享、数据备份、安全配置、设备管理等要求,NAS 系统将软件结构设计为如图 4-7 所示的五个模块:操作系统、卷管理、文件系统、网络文件共享和 Web 管理。

其中核心部分为操作系统,须对系统进行裁剪并针对特定硬件环境进行性能优化。中高端设备采用 VxWork 等实时操作系统,中低端设备则采用源码开放的 Linux、FreeBSD 等。卷管理器主要负责磁盘管理和空间分区管理,包括磁盘监视、异常处理和软件 RAID。文件系统支持多用户,并具备日志功能,提供持久存储和管理数据的手段。网络文件共享一般随操作系统提供,支持如 FTP 和 HTTP 服务、UNIX 系统的 NFS、Windows 系统的 CIFS、Novell 系统的 NCP 等文件共享协议。Web 管理则提供一个友好的系统管理界面,以浏览器方式实现监视、控制和配置 NAS 设备的网络、卷以及文件存取权限等状态参数。

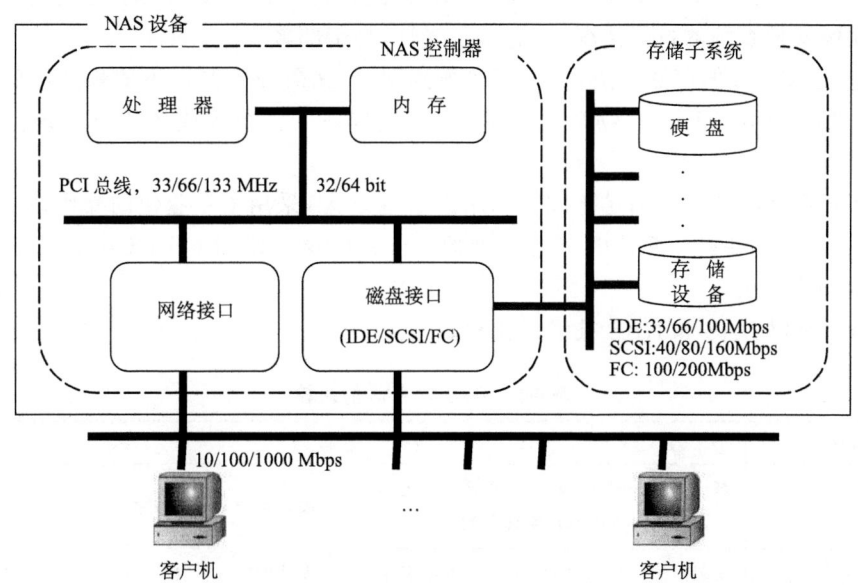

图 4-6 NAS 服务器的基本硬件结构

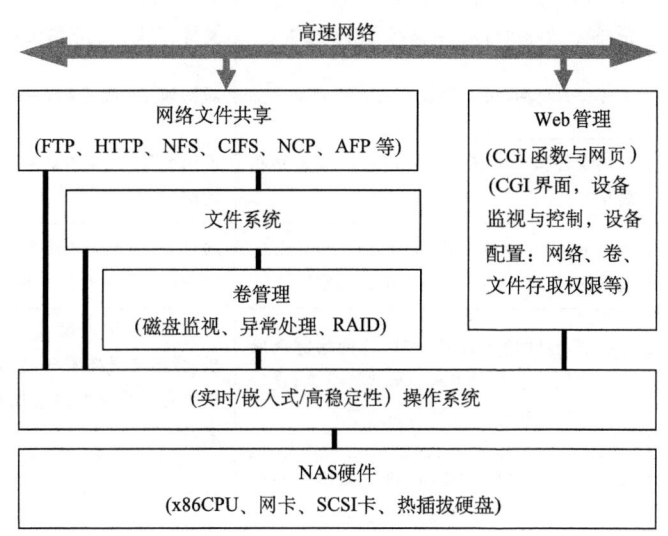

图 4-7 NAS 软件系统结构

NAS设备具有较好的协议独立性,内置常用的网络通信协议和文件共享/传输协议,支持多计算机平台,Windows、Unix、NetWare、Apple 或 Intranet Web/FTP 等客户不需要任何专用的软件均可对其进行数据访问。NAS 设备可仿真成用户所需的 Windows、Apple、Novell 或 Unix 服务器,提供访问权限、用户认证、系统日志、报警等控制和管理功能。

3. 特点

NAS 设备通常用于文件服务,由工作站和服务器通过网络协议(如 TCP/IP)和应用程序(如 NFS 或者通用 Internet 文件系统 CIFS)进行访问。NAS 实际关注的是文件服务而不是实际文件系统的执行情况，具有自包含性，易于部署。

NAS 是文件级的存储方法，可以直接连到网上，无需服务器也不依赖通用的操作系统，具有即插即用的特点，且物理位置灵活，可放置在工作组内或置于其他地点与网络连接。

为了提高系统性能和满足不间断的用户访问，NAS 采用了专业化的操作系统用于网络文件的访问，这些操作系统既支持标准的文件访问也支持如 NFS、CIFS、FTP、HTTP 等相应的网络协议。

表 4-5 是对 DAS 和 NAS 技术的比较。

表 4-5 DAS 与 NAS 的比较

比较项目	NAS	DAS
核心技术	基于 Web 开发的软硬件集于一身的 IP 技术，部分 NAS 由软件实现 RAID	硬件实现 RAID 技术
安装	安装简便快捷，即插即用。基本不需维护，无需专人管理	安装配置过程复杂，初始化 RAID 及调试第三方软件需时长。维护工作需专职人员
操作系统	操作系统对用户是透明的，兼容各种平台。独立的优化存储操作系统，不受服务器干预，能有效释放带宽，提高网络整体性能	与操作系统相关，平台间兼容性不好。无独立的存储操作系统，需相应服务器或客户端支持，容易造成网络瘫痪
物理环境	物理位置灵活，可分散放置也可集中放置	对物理环境要求高，一般置于中心机房
设备平台	专用设备和网络连接以外的功能被舍弃和弱化	通用平台，完整的计算机系统，各部分性能均衡
连接方式	通过 RJ45 接口连上网络，直接往网络上传输数据，可接 10M/100M/1000M 网络	通过 SCSI 连接在服务器上，经由服务器的网卡往网络上传输数据
扩展性	易扩展，在线增加设备，与已建网络完全融合。性能增加和费用增加呈线性关系，良好的扩展性能满足全天候不间断服务	扩展性差，增加硬盘后重新做 RAID 须宕机，会影响网络服务，多服务器配合技术要求更高。系统性能增加和费用增加呈指数关系
安全性	完善的安全机制，可集成进入网络安全体系，具有和服务器同等的安全级别	具有服务器级的网络安全性
异构性	跨平台文件共享，支持现有的主流操作系统	不支持跨平台文件共享，各系统平台的文件需分别存储
数据存储模式	集中式数据存储模式，将不同系统平台下的文件存储在一台 NAS 设备中，方便管理大量的数据，降低维护成本	分散式数据存储模式。网管需要耗费大量时间奔波于不同服务器间分别管理各自的数据，维护成本增加
数据管理	管理简单，基于 Web 的 GUI 界面使 NAS 设备的管理一目了然	管理较复杂，需第三方软件支持。因各系统平台文件系统不同，增容时需对各自系统分别增加数据存储设备及管理软件

续表

比较项目	NAS	DAS
数据备份灾难恢复	集成本地备份软件,可实现无服务器备份,恢复数据准确及时。双引擎设计理念,服务器发生故障不致影响数据存取	异地备份,备份过程麻烦。对多名服务器的数据备份较难
软件功能	自带支持多种协议的管理软件,功能多样,支持日志文件系统,能集成本地备份软件	没有自身管理软件,需要针对现有系统情况另行购买
总拥有成本(TCO)	单台设备的价格高,但选择 NAS 后,以后的投入会减少,降低用户的后续成本,从而使总拥有成本降低	前期单台设备的价格较便宜,但后续成本会增加,总拥有成本升高
整体性能	整体性能好,但全部用于特定服务,并针对该服务优化系统结构。所以存储性能很好,性能价格比高	整体性能较高,但具体服务性能不理想。原因:① 各种服务争夺资源并造成一定浪费;② 平台通用性使得无法针对具体服务来优化系统结构
RAID 级别	RAID0、1、5	RAID0、1、3、5
硬件架构	冗余电源、多风扇、热插拔	冗余电源、多风扇、热插拔、背板化结构

4. 应用

如上所述,NAS 完全以数据为中心,具有较好的可扩展性、可访问性、高可靠性、低价位、安装简单和易于管理等优点。因此,NAS 可广泛应用于对数据量有较大需求的应用中,特别是那些需要存储器容量和速度能随着企业文件规模而增长的中小企业、大型组织及政府部门等。目前,NAS 的用户主要有 ISP/ASP(Internet Service Provider/Application Service Provider,Internet 服务提供者/应用服务提供者)、CAD/CAM(计算机辅助设计/计算机辅助制造)、中小型企业、政府、军队、银行、航空、医疗、教育等。

5. 存在的问题

NAS 是基于现有的网络系统构建的,因此受现有网络技术的限制。在技术上,NAS 也存在许多不足,主要包括:

1) 大量数据存储都通过已有的网络完成,增加了网络的负载,性能随网络负载波动较大,特别不适合于音频、视频等实时性要求较高的海量数据的存储;

2) 不能提供块数据服务,不太适合于数据库应用、数据备份和恢复等,尤其是灾难恢复比较困难,通常需要制定一个专门方案;

3) 安全性问题。NAS 设备直接与以太网相连,存在着与以太网同样的安全性问题,为此需要设置防火墙。

当然,随着网络技术的进步(如千兆、万兆交换网络、虚拟网管理的普及),NAS 系统的各项性能将会得到进一步增强。

4.2.3 存储区域网络

继 NAS 之后,在存储领域又产生了一种专门用于网络存储的技术,这是一种独立于 LAN 的、统一的、高可用性和可扩展的网络存储技术框架,以实现对存储设备和数据实行集中的管理。这种新的网络存储技术就是存储区域网络(SAN)。

1. 基本概念

存储区域网是一种新的以数据存储为中心的网络存储体系结构,采用可伸缩的网络拓扑结构,通过光通道直接连接方式为 SAN 内部任意节点提供多路可选择的数据交换,并且将数据存储管理集中在相对独立的存储区域网内。SAN 的实质就是一个独立的专门用于数据存取的局域网,是在资源共享环境下连接存储器和服务器的高速互联网络,它允许在主机和存储器之间快速进行信息交换而很少有带宽的限制。如图 4-8 所示。

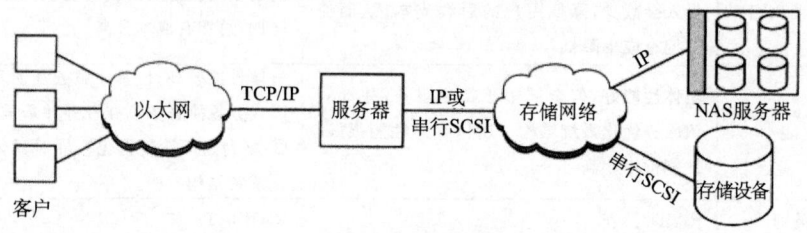

图 4-8 SAN 拓扑结构示例

SAN 作为网络存储的一种配置方案,适合于远距离通信,能实现存储设备与服务器真正的隔离,使存储资源成为可由所有服务器共享的资源。另外,SAN 允许各存储子系统间直接相互协作,而不再需要通过专用的中间服务器。

2. 结构

SAN 系统由光纤通道硬件产品和 SAN 管理软件共同构成。光纤通道硬件产品是构成 SAN 系统的物质基础,提供服务器间和存储设备间的高速连接;而 SAN 管理软件则相当于 SAN 系统中的操作系统,决定 SAN 系统的功能和性能。

SAN 的硬件基础主要是 FC 产品,包括光纤通信的连接设备、交换器以及从光纤到 SCSI 和光纤到以太网的连接器。这些连接器可以方便地把更多的设备附加到 SAN 上。SAN 的硬件设施还包括通过光纤通信的适配器连接到光纤通信网的存储设备和服务器。

由于 SAN 的多样性,有必要分别从物理和逻辑的观点来分析 SAN 的结构。

(1) 物理观点

从物理观点来看,典型的 SAN 环境应包括四个主要组成部分:最终用户平台、服务器、存储设备或存储子系统、互联设备。SAN 中,最终用户平台通过 LAN 或 WAN 与服务器连接,同时也可与光纤连接直接访问存储设备。服务器通过主机总线适配器(Host Bus Adapters,HBAs)、SCSI 或以太网连接到 SAN,具有高性能、易管理的特点。相应地,存储设备则通过光纤通信网连接到服务器和终端用户。

(2) 逻辑观点

从逻辑观点看,SAN 的组成包括 SAN 的组件、资源以及它们之间的联系、独立性和协同性。SAN 是由软件而非硬件拓扑结构来定义的,一个 SAN 的逻辑运行要求有应用程序和管理工具的参与,这些工具能够对许多主机系统中的存储资源进行管理。这种逻辑管理体系结构包括从数据管理到设备管理在内的几个层次,还必须包括每一层中的管理控制。

SAN 需要通过网络并借助于管理工具或一整套工具软件实现数据的集中或远程管理。通常，每个可管理 FC 设备的厂家都会提供各自专用的软件来管理其特有的设备。理想的方案是用单一的端对端管理应用程序来管理 SAN 上所有的设备。这样的一个工具应该基于业界标准协议，如 SNMP(Simple Network Management Protocol,简单网络管理协议)。

总的来说，SAN 有如图 4-9 中所示的三种构造方法，即基于交换机的交换式 SAN、基于集线器的共享式 SAN 和以交换机为主干的混合式 SAN。

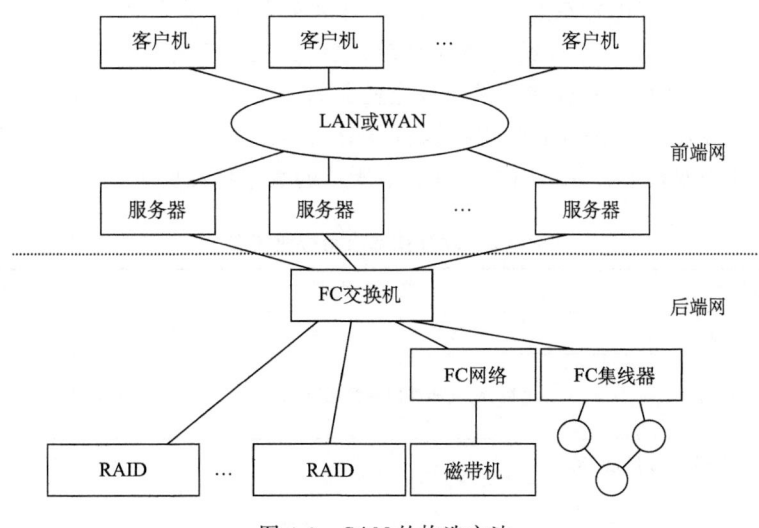

图 4-9　SAN 的构造方法

3. 特点

SAN 具有可靠性、高性能、动态配置存储结构三个主要特点，这些特点使得 SAN 受到人们的日益青睐。SAN 中，存储资源被许多主机共享，主机访问存储资源的具体数目随资源容量的要求动态地增减。

与传统网络存储模式的分布式存储策略不同，SAN 采用集中式存储策略，在服务器与存储设备之间通过 SAN 进行连接，将多级存储器合并成一个集中管理的网络存储基础设施，由 SAN 取代服务器实施对整个存储过程的控制和管理，而服务器只承担监督工作。同时，SAN 中的存储设备之间可以相互备份而无需通过服务器，减少了因网络备份而带来的网络拥塞现象。

SAN 是一个网络的概念，而 NAS 是指一种可以与网络直接相连的存储设备。与 DAS 和 NAS 等存储方案相比，SAN 具有以下几个方面的优越性：

1) SAN 采用网络结构，具有无限的扩展能力，服务器可以访问存储网络上的任何存储设备，因此用户可以根据实际需求自由增加磁盘阵列、磁带库和服务器等存储设备，不断扩大系统的存储空间和处理能力，以保证系统的整体性能；

2) SAN 中的通信协议与现有的应用系统完全一致，适应面广。在主机、存储设备之间使用 SCSI 协议进行通信，在主机与主机之间采用 IP 协议通信；

3) SAN 采用光纤通道技术，具有更高的连接速度和处理能力；

4) SAN 能够将所有客户机、服务器、存储设备、交换机、网络与存储管理工具等多种软硬件系统构成的共享存储池连接起来,提供高速的共享资源访问服务;

5) SAN 的集中存储管理服务模式有助于降低企业的数据存储开销;

6) SAN 承担以前服务器的备份与恢复、数据迁移等任务,极大地提高了服务器性能;

7) SAN 具有较好的数据完整性、可用性和可靠性。

4. 应用

正是由于具有上述的特点及优越性,SAN 越来越为业务量及数据量迅猛增长的企业所青睐。由于企业的业务形式通常错综复杂,数据也具有多样性,同时 SAN 结构复杂、建设昂贵,维护比较困难,所以并不是所有企业存储系统的首选。是否选用 SAN,需要结合 SAN 技术特性及对行业和企业的数据特性分析后才能决定。总的来说,较为适宜采用 SAN 技术的企业环境往往具有如表 4-6 中所示的数据特性要求。

表 4-6 SAN 技术应用行业情况

数据特性	典型行业	典型业务
对数据安全性要求很高	电信、金融和证券	计费
对数据存储性能要求高	电视台、交通部门和测绘部门	音频/视频、石油、测绘和 GIS 等
在系统级方面具有很强的容量(动态)可扩展性和灵活性	各中大型企业	ERP 系统、CRM 系统和决策支持系统
具有超大型海量存储特性	图书馆、博物馆、税务和石油	资料中心和历史资料库
具有本质上物理集中、逻辑上又彼此独立的数据管理特点	银行、证券和电信	银行的业务集中和移动通信的运营支撑系统(BOSS)集中
实现对分散数据高速集中备份	各行各业	企业各分支机构数据集中处理
对数据在线性要求高	商业网站和金融	电子商务
实现与主机无关的容灾	大型企业	数据中心

5. 存在的问题

SAN 具有很大的潜能来解决数据存取问题,但也存在许多不足之处。首先,SAN 的普及率低,一是因为市场需求没达到一定程度,二是由于建立 SAN 所需投资较大,三是目前 SAN 的受训人员及专业人员还很缺乏;其次,SAN 通信的距离问题。目前光纤通信能传输的距离是 10km,应用最新的技术最多可能达到 45km;再者,SAN 硬件部件之间还存在兼容性问题,即硬件之间的相互协调问题。另外,SAN 是一种新的网络存储技术,尚处于成长期。

在实际应用中,SAN 技术的实施还存在着很多亟待解决的问题,如跨服务器平台的数据共享和互操作性、高效的存储资源分配和管理机制等。但随着 SAN 硬件和软件技术的进一步发展与成熟,将来 SAN 有望提供质优价廉的数据存储服务和更为丰富的存储资源。

§4.3 网络存储模式

4.3.1 网络存储集成式技术

NAS 和 SAN 的出现印证了三种重要的发展趋势：
1) 网络正成为主要的信息处理模式；
2) 需要存储的数据量迅速增加；
3) 数据的战略竞争性日益重要。

NAS 和 SAN 是两种互为补充的存储技术，分别提供对不同类型数据的访问。NAS 提供文件级的数据访问功能，而 SAN 则主要提供海量、面向数据块的数据访问与传输能力。SAN 在数据块传输和扩展性方面表现优秀，并能够有效地管理设备。与 SAN 相比，NAS 支持多台对等客户机之间的文件共享。应该说，SAN 和 NAS 均基于开放的、业界标准的网络协议，如用于 SAN 的光纤通道协议和用于 NAS 的网络协议（如 TCP/IP）。SAN 与 NAS 在技术层面的互补性表现如下：

1) NAS 设备逐渐采用 SAN 来解决与存储扩展和备份恢复相关的问题，这将使得 NAS 和 SAN 之间的许多原有差别逐步消失；
2) 将 NAS 与 SAN 连接起来的"存储管理＋应用"专用服务器能够使 SAN 像访问网内存储设备一样访问 NAS；
3) 将 SAN 与 NAS 服务器连接，NAS 服务器可以代替 SAN 中的文件服务器，同时也可提供文件共享服务。

基于上述几点互补性，NAS 和 SAN 主要有如图 4-10 所示的几种结合方式。NAS 和 SAN 技术的融合将解决目前网络存储中的诸多问题，但是要实现这种融合仍需较长的周期，而且有赖于像 Intel 3GIO 这样的新总线体系结构的成功实现。

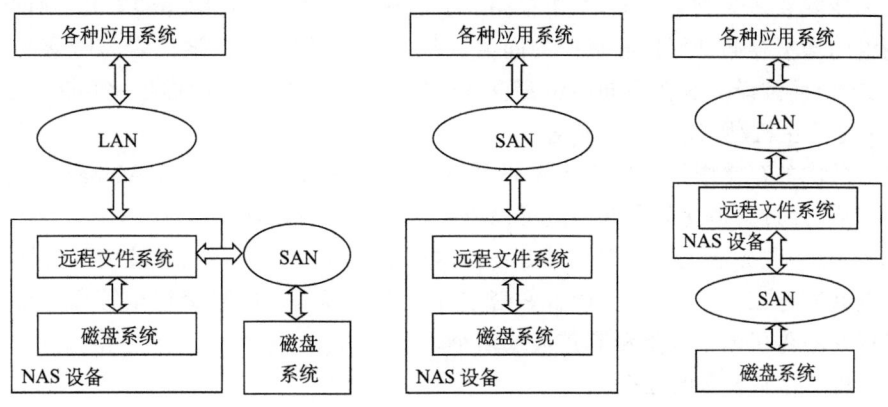

图 4-10　NAS 与 SAN 的集成

4.3.2　网络存储虚拟化技术

和其他领先技术一样,网络存储技术的发展趋势也将走现有技术和创新技术融合的道路。存储虚拟化技术正是这种融合的一种体现,它能够将物理存储设备和虚拟存储实体结合在一起以满足应用的需求。虚拟化的存储设备不受任何物理设备在容量、速度、可靠性方面的限制。

1. 概念模型

国际存储网络工业协会(Storage Networking Industry Association,SNIA)提出的存储虚拟化模型,主要涉及以下两个方面:

(1) 虚拟化对象

针对不同的存储设备和数据形态,有多种形式的虚拟化资源:① 虚拟数据块,例如建立在文件系统或内存上的块设备;② 虚拟磁盘或者 SCSI 的逻辑单元数(Logic Unit Number,LUN),在内存、磁带机/库、硬盘上建立虚拟磁盘设备;③ 虚拟磁带或磁带库,利用磁盘、磁带机/库或者内存建立虚拟的磁带设备;④ 虚拟文件系统,跨越多个文件系统建立一个虚拟文件系统,或者在现有文件系统上增加其他文件系统的功能(例如不同文件系统的访问协议,NFS、CIFS 等)。

(2) 虚拟化层次

存储虚拟化可以在不同的层面上进行:① 主机/服务器;② 存储网络(交换机或存储专用设备);③ 存储子系统(智能阵列控制器)。

2. 虚拟化的主要方法

对于三个层次的存储虚拟化,惠普公司有一个形象的比喻:在一个 SAN 环境中,就像一个有演讲者和听众的会场,演讲者就是主机,听众好比存储设备,但演讲者与听众讲不同的语言,相互间无法直接交流。存储虚拟化就像一台翻译器,基于主机的虚拟存储就是将翻译器安装在演讲者身上,基于存储设备的虚拟存储就是将翻译器安装在听身上;基于网络的虚拟存储则好比会场中的同传设备。装上了翻译器,演讲者与听众间就可以顺畅地交流,而翻译器装在不同的位置也就构成了在不同层面上的虚拟化存储。

(1) 基于主机/服务器的虚拟化

这种层次的存储虚拟化通常由逻辑卷管理软件(Logical Volume Manager)在主机/服务器完成,经过虚拟化的存储空间可以跨越多个异构的磁盘阵列,如图 4-11 所示。

基于主机/服务器进行虚拟化具有很强的稳定性和对异构存储系统的开放性。它与文件系统共同存在于主机上,使两者紧密结合从而实现有效的存储容量管理。卷和文件系统可以在不停机的情况下动态扩展或缩小。

(2) 基于存储设备的虚拟化

这种层次的存储虚拟化通过智能阵列控制器完成,如图 4-12 所示,将阵列上的存储容量划分为多个逻辑单元,以供不同的主机系统访问。智能的阵列控制器提供数据块级别的整合,同时提供如 LUN Masking、缓存、即时快照、数据复制等一些其他附加功能。

这种虚拟化独立于主机,能支持异构的主机系统,但对于每个存储子系统而言,它又是个专用私有的方案,不能够跨越各个存储设备间的限制,无法打破设备间的不兼容性。

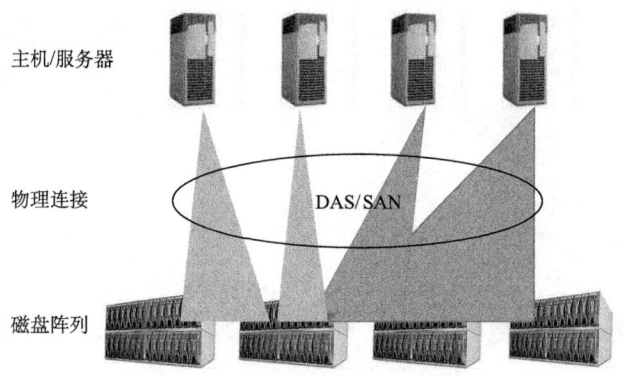

图 4-11　基于主机/服务器的虚拟化

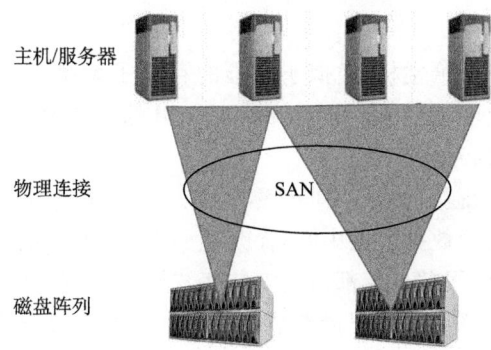

图 4-12　基于存储设备的虚拟化

(3) 基于存储网络的虚拟化

上述两种存储虚拟化层次都是一对多的访问模式,而在现实的应用环境中,为优化资源利用率,即多个用户可使用相同的资源,或者多个资源对多个进程提供服务等功能,很多情况下是需要多对多访问模式的,也就是说,多个主机/服务器需要访问多个异构存储设备。这种情况下的存储虚拟化必须基于存储网络才能实现。

基于网络的存储虚拟化通过使用专用的虚拟化引擎来实现,适合于开放的存储网络,即 Open SAN,它独立于主机,同时也独立于存储设备。所谓的虚拟化引擎(SAN Appliance)是一种用来完成虚拟化工作的专用存储管理服务器。专用存储管理服务器建立在某种专用的平台或标准的 Windows 或 Unix 服务器上,配以相应的虚拟化软件而构成。它将多个物理磁盘系统组合成大的存储空间或者把它们分割成小的存储单元,并根据主机对容量、速度和可用性的要求,将这些存储单元分配给主机使用。在这种模式下,因为所有的数据访问操作都与 SAN Appliance 相关,所以在实际应用当中 SAN Appliance 通常都是冗余配置的,以避免单点失效所造成的损失。

SAN Appliances 以两种形式来控制存储的虚拟化,如图 4-13 所示。

1) In-Band:带内虚拟化,或称对称模式,是目前使用最多的方式。如图 4-13(a)所示,虚拟化引擎位于主机和存储系统的数据通道中间,控制信息和用户数据都通过它进行

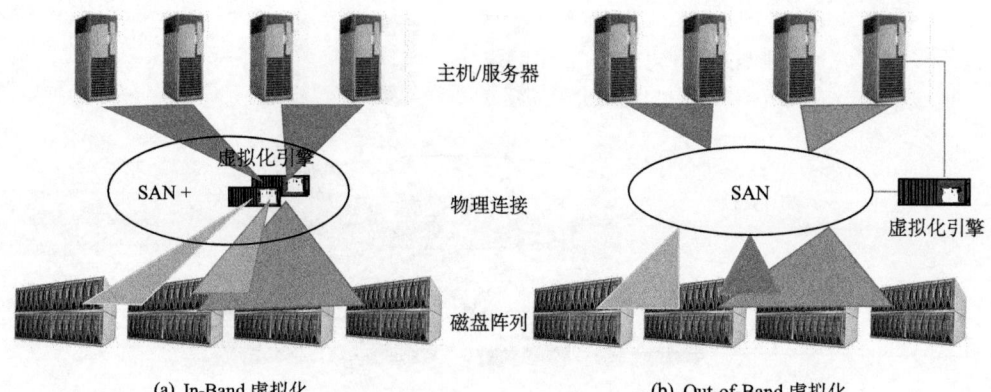

图 4-13 基于存储网络的虚拟化

传送。该引擎将逻辑卷分配给主机,类似于标准的存储子系统。该虚拟化方式不需要在主机上安装特别的虚拟化驱动程序,相对 Out-of-Band 的方式易于实施,并且支持广泛的异构存储系统,具有良好的互联性。

2) Out-of-Band:带外虚拟化,或称非对称模式。如图 4-13(b)所示,虚拟化引擎物理上不位于主机和存储系统的数据通道中间,而是通过其他的网络连接方式与主机系统通信。这种方式在每个主机/服务器上都需要安装客户端软件或特殊的主机适配器驱动,客户端软件接收从虚拟化引擎传来的逻辑卷结构和属性信息以及逻辑卷和物理块之间的映射信息,而存储的配置和控制信息则由虚拟化引擎负责提供。因此,其实施难度大于 In-Band 模式,目前大多数 SAN Appliance 采用的是 In-Band 方式。

3. 虚拟化作用

虚拟化是一种实现对逻辑环境进行简单管理的有效手段。通过虚拟化,用户不必关心底层物理环境的复杂性,能充分利用基于异构平台的存储空间,在开放的基础上实现对资源的有效规划。利用虚拟化存储来改善数据管理将带来许多好处:

(1) 实现存储管理的自动化与智能化

存储虚拟化屏蔽了各物理存储设备的复杂性,简化了逻辑卷的使用。在虚拟存储环境下,所有的存储资源在逻辑上被映射为一个整体,对用户来说是单一视图的透明存储,而在服务器及其应用系统看来,仅为一逻辑映象。同时存储虚拟化较易实现集群中卷共享和文件共享,使多个主机系统在可控的前提下能够同时访问共享卷。

另外,存储虚拟化可以让存储管理员定制不同的存储服务质量。例如,按需获取存储容量、缩短故障恢复时间等。同时,利用存储虚拟化技术可以方便地建立存储池,让使用者以事件驱动的形式来分配存储资源。

(2) 提高各种存储设备的利用率和数据的可用性

存储虚拟化技术将系统中各个分散的存储空间进行整合形成一个连续编址的逻辑存储空间,突破了单个物理磁盘的容量限制。存储池扩展时自动重新分配数据并利用高效的快照技术降低容量需求,以提高存储资源的利用率。同时利用存储虚拟化技术,可在存储设备之间协调统一管理数据,实现数据的安全备份,提高数据的可用性。

(3) 降低成本,增加投资回报

采用存储虚拟化技术,可以支持物理磁盘空间的动态扩展,从而可以有效利用企业的现有设备。这些不同操作平台的服务器和不同厂家不同型号的存储设备都可以通过存储虚拟化技术融入到系统中,有助于保障已有投资,降低成本,并增加用户的投资回报。

随着时间的推移,存储虚拟化将由一个专门产品成为一个支撑存储容量和存储服务的基础平台,通过提供不同层次的功能协助管理工具来更好地完成管理工作。

§4.4 网络 GIS 数据存储实例

随着遥感、遥测等先进的对地观测系统(Earth Observation System,EOS)技术的进步,GIS 将面临更加严峻的海量空间数据存储与管理等难题。与此同时,由于 PC 及计算机网络的迅速普及和广泛应用,使得空间信息及空间信息系统的服务模式逐渐从以专业用户为中心向面向普通大众提供空间信息服务的方向转变。在新的基于网络的 GIS 应用中,如何安全、可靠、完整地保护数据,如何迅速、有效地进行数据灾难恢复,如何实现充分的数据共享并在现有数据上快速推出新的业务应用,已成为制约测绘事业和其他相关行业能否持续发展的首要因素。另外,随着遥感影像数据获取、处理、加工和应用业务的开展,以及省、地、市各级基础地理信息数据库的建立,对数据的安全备份也提出了更高的要求。本节结合前面有关数据存储相关技术,简要介绍目前国内外网络化数据存储及网络 GIS 数据存储与管理的有关情况。

4.4.1 商用网络化存储解决方案简介

在经济全球化、全球信息化的时代,信息就是财富,信息更是一个国家重要的战略资源。对于信息而言,存储区域网如同一家数据化银行。IBM 在业界最早推出了存储区域网络(SAN)计划,同时推出了一系列与 SAN 相关的产品,帮助用户随时随地通过存储网络更有效地进行信息资源管理,实现信息共享,从数据中汲取商业价值。

IBM SAN 的基本内容包括连接、管理、使用和服务,它将光纤通道集线器、交换机和网关等硬件与软件管理功能结合为一体,各种设备和软件不论是否出自 IBM 公司都可以密切配合,随时随地实现信息的存储、访问、共享和保护。以下简要介绍商用 SAN 所能支持的解决方案。

1. 资源汇集解决方案

在商用 SAN 出现以前,对数据中心公用区域内的设备进行物理汇集通常非常困难,而且需要专用的扩展技术和大量的资金支持。当使用网络将存储设备和数据服务器连接之后,这一难题方得以解决。特别是商用 SAN 出现之后,为资源汇集提供了更好的解决方案,其表现为:

(1) 存储容量的增加

当所有设备都与 SAN 相连,那么为一个或多个服务器增加存储容量就变得非常容易。根据 SAN 配置和服务器操作系统的不同,有可能做到服务器不用停机或重新启动就可以增加或移走存储设备。若新的存储设备使用环路拓扑结构与 SAN 相连,那么环路初始化过程(Loop Initialization Procedure,LIP)可能会影响环路上其他设备的工作,这个问题可以通过在连入新设备前暂时停顿那些特殊环路上所有设备操作系统的活动来得以解决。若存储设备利用交换机(使用交换机和管理软件)与 SAN 相连,那么有可能所有与 SAN 相连的系统都能使用这个设备。磁盘汇集允许多台服务器使用由 SAN 连接的磁盘存储设备组成的公用存储池,此时可以在一个磁盘子系统内或跨多个 IBM 或非 IBM 磁盘子系统对磁盘存储资源进行汇集,同时将汇集的磁盘容量指定给由服务器操作系统支持的独立文件系统。存储设备可以动态地增加到磁盘池内,并且根据需要随时分配给与 SAN 相连的服务器使用。由于存储设备做到了与服务器直接相连,并且存储容量的整合实现了容量的有效扩展,所以,与独立文件服务器的间接连接相比,这种磁盘汇集方法实现了有效的磁盘资源共享。

磁带汇集可以解决当今开放系统环境中面临的问题,如多台服务器不能跨多台主机共享磁带资源的难题。目前在主机之间进行设备共享的方法是:人工将磁带设备从一台主机切换到另一台主机,或者是利用分布式编程来编写服务器之间进行通信的应用程序等。磁带汇集使一台或多台服务器上的应用程序能够以一种自动、安全的方式共享 SAN 环境中的磁带驱动器、库和磁带。利用 SAN 基础结构,每台主机都能直接寻址到磁带设备。

(2) 服务器集群

由于异构服务器的集群可以将数据当作是一个单一的系统映象进行操作,所以 SAN 结构实际上是以一种全共享的方式提供可扩展的集群。同时,SAN 允许在分布式处理应用环境中进行有效的负载平衡,在一台服务器上受到处理器限制的应用程序可以在多台服务器上利用更大的处理器能力得以执行。为了达到此目的,服务器必须能访问相同的数据卷,同时应用程序或操作系统必须提供对数据访问的并行化服务。除了这项优势外,SAN 结构还可以用于故障恢复。当主系统出现故障时,辅助系统接管主系统的工作,并直接访问主系统使用的存储设备。这可以消除由于处理器失效而造成的停机现象,从而提高集群环境下的系统可靠性与安全性。

2. 数据共享解决方案

数据共享是指访问多个系统和服务器上的相同数据,也可以称为存储分区和磁盘汇集。真正的数据共享并不仅仅是利用汇集实现存储容量的共享,而是多个服务器真正共享存储设备上的数据。虽然 SAN 并不是提供数据共享的惟一解决方案,但 SAN 结构可以利用多台主机到同一存储设备的连通性来保证实现更有效的数据共享,而目前采用的方法多是通过一台文件服务器的服务来实现非常有限的共享能力。SAN 的连通性为向异构主机(如 UNIX 和 Windows)提供数据共享服务创造了便利条件。

在数据共享中,数据的多个拷贝同时被多台服务器访问,这样就节省了大量的存储空间,同时,在此基础上可以对存储进行整合。数据共享包括以下几个层次:

(1) 序列化逐次或一次一个地访问

这是一种数据的串行再利用方式,相同的数据首先分配给不同服务器的第一个应用,然后到第二个,依此类推。

(2) 多个应用同时进行读

在这种模式下,一个或多个服务器中的多个应用程序能同时读取数据,但只有一个应用程序能对数据进行更新,因此可以保证数据的完整性。

（3）多个应用同时进行读和写

这有点类似上一种模式的情况,不同的是所有主机都能修改数据。在这种模式下,也分两种不同的情况,一个是所有的应用程序都运行在相同的平台上（同构）,另一种情况是应用程序分别运行在不同的平台上（异构）。

3．数据移动解决方案

数据移动解决方案可以实现将数据在类似或不同的存储设备间来回移动。数据的移动或复制往往靠一台或多台服务器来完成,服务器从源设备中读取数据,然后通过 LAN 或 WAN 传送给其他的服务器,最后将数据写入目标设备。整个过程要占用服务器处理器的操作周期,而且在 LAN 上数据要传送两次,一次是从源设备到服务器,一次是从服务器到目标设备。

SAN 数据移动解决方案的目标是不使用服务器（无服务器）、不使用 LAN 或 WAN 来进行数据拷贝,这样就释放了服务器处理器的操作周期,同时也释放了 LAN 或 WAN 的带宽。这种数据复制主要靠在 SAN 内使用支持第三方 SCSI-3 拷贝命令的智能网络来完成。第三方拷贝也可以看作是外部数据移动或拷贝。

4．备份和恢复解决方案

目前,对多个网络连接服务器的数据保护主要采用以下两种备份和恢复方法:本地备份和恢复、网络备份和恢复。

1）本地备份和恢复具有速度快的优势,因为它的数据传输不需要通过网络。但必须为每台服务器配备本地设备来进行备份和恢复,因此,设备利用率很低、管理复杂（需要支持多种磁带驱动器、磁带库,并且需要多次安装）,而且成本高昂。

2）网络备份和恢复是一种高性价比的方法,因为它允许使用一个或多个网络连接设备实现存储设备的集中式管理。由于安装的存储设备得到了很好的利用,所以这种集中式管理具备更高的效益。一台磁带库可以被多个服务器共享,同时网络备份和恢复环境的管理也相对简单,因为它不再需要对多台服务器进行人工安装磁带操作。

SAN 将上述两种方法的优点结合到一起,其方法是对备份和恢复进行集中式管理,将一至多台磁带设备分配给每个服务器,使用 FC 协议将数据直接从磁盘设备传递给磁带设备。使用 SAN 基础结构可以在一个校园或城市内实现远程的灾难恢复备份。当需要更长距离的备份时,SAN 可以使用网关和 WAN 连接。根据不同的商业需要,灾难保护解决方案可以使用磁盘子系统和磁带库中的拷贝服务（实现时也可能使用 SAN 服务）及 SAN 拷贝服务,最有可能的是同时采用上述两种方法。

5．IBM SAN 开放存储解决方案

IBM SAN 开放存储解决方案是指采用现有海景（Seascape）构建模块与 7133 串行磁盘系统和 SAN 网关 7139-111 一起,构成能够提高 IBM 与非 IBM 服务器（UNIX 与 Windows）操作性能的"光纤通道子系统"。此外,它还能够在今后的企业存储区域网中接受已安装的 7133 串行磁盘,为考虑创建企业存储区域网的客户奠定基础。

IBM SAN 开放存储解决方案主要面向低端与中型服务器。与企业存储服务器（Enterprise Storage Server,ESS）相类似,这种高性能的新型产品能够提供拷贝服务,并能提高数据库与批处理应用的性能,减少备份窗口（采用具有强大的不依赖于主机功能的即时拷贝技术),并通过双重及三重磁盘镜像避免出现因硬件故障而造成的死机现象。而且,7133 串行磁盘具有极强的扩展性,能够被迁移到企业存储服务器中。IBM SAN 开放存储解决方案的要点:

1) 提供即时拷贝能力;
2) 支持脱机备份和拷贝,以用于测试和开发;
3) 提供具有 SSA 空间复用的高性能;
4) 创建更大的 7133 容量需求;
5) 适合于将来准备转到 ESS 的小容量客户;
6) 支持 IBM 和非 IBM 平台;
7) 扩展性强且非常方便(不中断);
8) 能够规划 SAN 并且将来平稳地过渡到企业级 SAN。

4.4.2　SAN 在空间数据存储管理中的应用

商用 SAN 的网络化存储解决方案在海量数据存储、管理、共享、备份与恢复等方面具有多种优势,并且可最大限度地发挥用户所拥有的各种服务器资源的作用,所以将 SAN 的数据存储解决方案应用到海量空间数据存储与管理业务中,应能解决网络 GIS 应用及空间信息服务所遇到的一些问题。但是,商用 SAN 产品及网络化存储解决方案的投入往往很高,这是一般空间数据用户难以承受的。目前,在国内只有个别几家空间数据生产单位采用了 SAN 存储解决方案,其中,国家基础地理信息中心(National Geomatics Center of China,NGCC)是国内最早采用 SAN 技术来解决海量空间数据存储和管理的单位。以下结合这套解决方案,简要介绍 SAN 技术在海量空间数据存储与管理中的应用情况。

1. 数据存储与备份的现状及需求

由于国家信息化步伐的加快及国家空间信息基础设施建设的需求,全国各级空间数据中心(包括 NGCC 及各省市测绘部门)所采集、处理、存储与备份的各种类型空间数据呈海量增长态势,海量空间数据存储、管理及利用成为各级数据中心亟待解决的问题。

在备份应用领域,随着用户数据量的不断扩大,网络带宽成为网络备份的瓶颈,用户只能通过不断增加网络带宽或磁带机数量加以缓解。然而,LAN 或者 WAN 上的 TCP/IP 协议是用于消息传递而并非为大规模数据传输而设计的,数据备份恰恰是一种大规模数据传输行为,客观上需要一种新的备份技术。

以 NGCC 为例,目前所管理的 GIS 成果数据已经超过 2TB。未来几年,随着遥感影像数据库的完成,成果数据量将很快达到或超过 20TB 的规模。NGCC 的主要数据成果(如 1∶1000000 和 1∶250000 基本比例尺地形数据库)均采用 Arc/Info 的 Coverage 模式存储和管理,而遥感影像数据的特点是整体数据量巨大,文件数量少。这两种特征截然不同的空间数据,对软件选取、备份方式与策略的要求常常是冲突的。同时,在空间数据生产和基础 GIS 数据库的建设过程中,衍生的中间数据量约是成果数据量的 2～3 倍。在引入 SAN 存储系统之前,这些海量的空间数据均使用商用服务器或高性能的 PC 工作站来存储和管理,历史数据则直接备份到磁带中。

与 NGCC 相比,其他各级数据中心同样拥有各种类型大量的空间数据,例如各省市的中大比例尺地形图数据和各种分辨率的遥感影像数据以及航空正射影像数据等。传统的空间数据生产和数据存储与备份一般均采用基于 LAN 的客户/服务器模式实现,即数据中心将成果数据和中间数据通过部门内部的局域网存储到服务器上或与服务器相连的磁盘阵列上,海量空间数据和历史数据一般备份到磁带上。这种数据存储与备份方案的缺点是显而易见的。由于空间数据数量巨大,通过 LAN 进行传输与备份将消耗掉大部分的网络通信资源,而且基于 LAN 的数据备份不能提供高可用和高安全的数据存储环境。同时,采用磁带对数据进行备份,主要的备份工作基本上是人工单机单盘手工作业完成的,不仅效率低、安全性差,而且磁带固有的低速度、高故障率等将为今后使用数据带来一定隐患。显然,利用 SAN 作为海量空间数据存储与备份的方案,可以较好地解决这些问题。

2. 数据存储与备份的解决方案

针对不同的空间数据结构和类型,如矢量数据和栅格数据,所采用的存储与备份方案应该区别对待。SAN 备份解决方案是与现有的网络(如 LAN)备份方案并行发展起来的,它借鉴了 LAN 的一些技术,网络的构成也与 LAN 或 WAN 相似。图 4-14 为基于 SAN 的存储备份模型示意图。

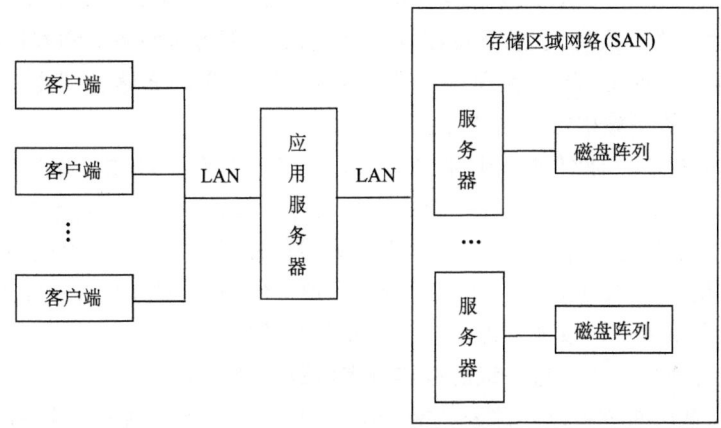

图 4-14 SAN 数据备份模型图

图中,客户端通过局域网与应用服务器进行通信,而应用服务器经由局域网(包括高速局域网环境)连接到 SAN。SAN 由若干服务器与磁盘阵列组成,磁盘阵列与服务器之间以及服务器与服务器之间可以直接连接,也可以通过高速以太网或光纤网络互联,同时,该存储区域网络可以通过光纤通道与磁带机互联(图中未示出)。

以 NGCC 的存储方案为例,依据备份数据量和性质的不同,将备份节点分为主节点、一级节点和二级节点三类。主节点包括一台 Sun Sparc 1000E,两台 Sun Enterprise 5500 以及三台 Windows NT 共六台企业级服务器,它们主要完成成果数据(而非中间过程数据)的备份;一级节点包括 1:50000 数据库部、遥感部、数据档案部、应用部和空间定位部的 NT 部门级服务器(5 台以上),主要进行本部门和重要的中间过程数据的备份,同时也进行部分成果数据的备份(如空间定位部);二级节点包括上述部门和通信部所属的在工作中发挥核心作用的 Unix 工作站和 PC,主要备份重要的中间过程数据,一般不进行成果数据的备份操作。

从备份方式看,除二级节点可通过 LAN 进行备份外,其余节点不占用 LAN 资源进行备份操作。也就是说,服务器的数据备份采用 LAN free 方式的 SAN 备份技术,避免了由于备份时数据量过大而导致 LAN 崩溃的危险,而客户端由于数据量较小则可通过 LAN 进行备份。

在这种解决方案中,多台服务器和磁带库/磁带机由光通道交换机连接在一起,形成专门的大规模数据传输存储网络。用户的备份数据通过光纤通道直接备份到存储设备/介质上,大规模的数据传输在 SAN 上进行,只有少量的控制命令通过 LAN 进行交换,因此与数据传输网络 LAN 关系十分松散,对于用户的 LAN 在线应用几乎没有影响。由于 SAN 所采用的协议是光纤通道协议,加上光纤通道协议本身能够支持很高的带宽,保证了数据备份能够高速、高效地完成;同时可以实现动态分配资源,在多个服务器之间复用磁带库/磁带机,缓解 LAN 传输压力,备份效率高,每一个节点均可获得 100Mbps 带宽,易于管理和维护。

3. 多层集中管理

上述备份方案采用三级层次结构集中管理,适应于多种应用结构:

第一级由 NetBackup 及主服务器组成,NetBackup 是一种安装在主服务器上的备份软件,它的作用相当于人的大脑,管理制定全网(包括全部备份服务器和客户端)的备份策略和跟踪客户端的备份,能够管理一台或多台磁带库,实现多客户端数据备份。NetBackup 及主服务器是集中管理的核心。

第二级由介质服务器组成,介质服务器可以直接连接和管理磁带库或与主服务器或者其他介质服务器共享一个磁带库。介质服务器与主服务器的不同在于全网的备份策略和控制通路均由主服务器集中管理,而介质服务器仅提供数据通路。如果拥有诸如数据仓库的海量数据,介质服务器可以进行大量的本地备份,同时对其他客户端进行备份。介质服务器能够和主服务器或者其他介质服务器共享磁带库。

第三级是客户端。通常这一级的机器较多但数据量不是最大。

综上所述,此解决方案硬件部分包括 StorageTek 9176 高性能全光纤通道磁盘阵列、StorageTek L700 磁带库、StorageTek 9840 高性能磁带机,归档软件为 StorageTek ASM 高性能分级存储和归档软件。此解决方案的目标为,向前端用户提供无限大的虚拟磁盘空间,利用磁带库作为磁盘的二级存储,利用 ASM 软件将磁带库存储空间虚拟为磁盘存储空间,从而实现利用磁带作为存储空间的无限扩展,且可同时支持多个文件系统,并同时产生多个磁带拷贝。整个系统的用户响应时间在 20s 以内,包括对存储在磁带上的数据的访问时间,真正实现"近线"存储。

NGCC 的基于 SAN 的存储备份方案自建成以来运行良好,基本解决了海量空间数据的存储备份问题,其下属的各省级数据中心也将逐渐采用 SAN 方案。未来网络 GIS 的建设可望以这种高效的存储环境为基础,为用户提供更好的空间信息服务。

4.4.3 SAN 在网络 GIS 中的应用

基于网络 GIS 对地理信息的巨大需求以及复杂空间数据分析、计算的客观要求,需要不经过主机便可直接快速备份和访问系统中的海量空间数据存储。SAN 为形成统一的基础地理数据存储、管理、共享模式提供了技术保障。

1. 基础地理数据存储现状

基础地理数据一般包含各级比例尺或分辨率的 4D 产品（DLG、DOM、DEM、DRG）、元数据（Meta Data）和专题数据等。各种数据的数据量都很大，其中，DOM、DEM、DRG 等图形图像数据量尤其庞大，对计算机的存储、运算能力要求更高。例如，以我国某城市（简称 Z 市）的基础 GIS 建设为例，DLG 就包括主城区及建成区范围内的 1∶500DLG 数据和全市区范围内的 1∶2000DLG 数据；栅格数据方面则包括全市范围内 1∶2000 和 1∶10000 的 DOM 数据以及全市范围内 0.61～0.7m 分辨率的 QuickBird 和 5m 分辨率的 SPOT 卫星影像数据；数字高程模型则涵盖全市范围内 1∶2000 的 DEM 数据等。

由于涉及具体业务和数据管理部门的不同，基础地理数据还分不同的专题。Z 市基础 GIS 中根据不同的专题将数据库体系划分为：基础地理信息矢量数据库、栅格数据库、控制测量成果数据库、综合管线数据库、地名及境界数据库、房产测绘数据库、土地资源数据库、地籍管理数据库、矿产资源数据库、三维景观模型库、决策支持库、元数据库和系统维护数据库。由于业务数据复杂，因此增加了不同数据之间的共享困难。

系统数据库一般包括现势性数据、工作数据和历史数据，也可将其分为原始数据、过程数据、成果数据和数据库数据。原始数据主要是采集、扫描或购买的原始模拟图件、航片、卫星影像以及业务数据等；过程数据主要是在原始数据基础上加工和处理而产生的中间数据，这类数据的数据量大，需要保留一段时间后才可以删除；成果数据是经生产和质量检验合格后的最终标准产品，往往以目录树或产品库的方式存储和分发；数据库数据则是经数据入库前的再检验和编辑，转换处理后存储于无缝空间数据库。这四类数据中的原始数据、成果数据和数据库往往需要长久保留，随着周期性数据的更新，需要将其归档为历史数据，从而造成数据量的不断增加。

当前，在大多数网络 GIS 中，数据存储面临几个方面的困难：① 现有存储体系和设备不一造成数据转换过程复杂，难以进行统一管理；② 以局域网传输为主，过于依赖数据服务器，造成传输效率低且安全性不高；③ 存储设备难以进行有效扩展；④ 数据备份方法要么单一，难以保证安全性，要么过程复杂，自动化程度低。

基础地理数据库具有数据类型复杂、数据量庞大、建设周期长的特点，往往还具有不可再生性；另外在基础 GIS 的数据更新、建库、管理工作中，数据的获取和加工处理、存储和分发服务各阶段都涉及数据流，均存在丢失等数据安全风险。同时，随着 Internet 和 Intranet 的广泛应用，地理信息容量高速增长也增大了以分布式方式构建的基础 GIS 中的数据管理难度和运行维护成本。因此，如何设计合理的方案建设基础地理数据库存储系统，是网络 GIS 建设中需要解决的重要问题。

2. SAN 在网络 GIS 中的应用设计

SAN 是独立于服务器网络系统之外，几乎拥有"无限"存储能力的高速存储区域网络。由于网络 GIS 及其数据的特殊性，应用 SAN 来解决数据存储及备份具有独到的优势。在系统建设中可按如下过程进行：① 需求分析，了解和收集基础 GIS 所涉及部门及其业务需求情况；② 环境信息分析，细化当前存储环境的条件以及 SAN 所需达到的相关环境信息；③ 选择高容量、高可靠性、高性价比的大型存储设备，合理配置和使用磁带库和磁盘阵列;④ 网络拓扑设计与存储设备的内部划分设计;⑤ 选择管理软件和合适的空间数据库管理系统。

Z市基础GIS的建设目标是构建包括地籍、房产、管线、土地利用、控制测量成果、地名、元数据及数据共享和分发等专题领域应用的公共信息管理和信息服务基础平台,实现对基础地理信息的采集、录入、编辑、存储、查询、分析、输出和更新等功能,以达到全市范围内基础地理信息的资源优化配置,并形成准确、动态、高效的数据管理和共享交换体系。系统涉及部门众多,不同部门的业务复杂,现有系统及其存储设备和运行方式不一,数据入库及其共享方式(既有文件级,又有数据库级的要求)差异也较大。

为满足基础空间数据和各专题数据的入库、质量检查以及数据更新等功能的需求,Z市基础GIS中的每个基础库和专题数据库都对应有三个数据库,即现势库、历史库和工作库(临时库)。其中,现势库存储满足入库要求的最新数据,供各子系统使用;历史库只存储数据的变化情况,历史数据的恢复或回放需要同时从现势库和历史库中提取数据联合进行处理。为了保证现势库和历史库的完整性,源数据在进入现势库之前以及从现势库中提取用于更新数据时,都需要使用工作库,将数据先存放到工作库中进行质量检查或更新。质检合格的数据方能进入现势库。

根据对基础GIS数据特点的分析,在数据存储和备份方面要考虑以下基本要求:① 可存储管理海量数据;② 实现跨平台共享各种存储设备中的数据;③ 充分利用现有设备,实现服务器及存储设备的平滑升级和扩展,方便地添加新购服务器及存储设备;④ 支持多种备份策略及数据库和文件的在线备份,且其操作不占用过多的网络资源;⑤ 具有全面的灾难恢复安全机制。

基于上述要求,Z市基础GIS在市政府设立了数据中心,管理所有的存储设备,负责存储共享数据,基础数据由处理点定期更新到数据中心中。客户端向数据中心提出备份申请或共享需求时,数据中心将申请发送给存储设备之后,客户端直接与存储设备进行交互,进行数据的存取。显然,这种方式可以提高数据存取速度,有效缓解网络负荷。通过设置不同用户的权限,还能极大地提高数据存取的安全性。

Z市基础GIS采用如图4-15所示的网络拓扑结构进行部署。市政府数据中心部署多台1000MB的光纤交换机,以光纤通道连接中心的磁盘阵列、磁带库等大容量存储设备,共同构成SAN数据中心,实现中心多存储资源的整合,提供可扩展的海量数据存储能力;SAN通过1000MB光纤通道连接的管理服务器、元数据服务器、文件服务器、数据库服务器、应用服务器、Web服务器等向下联各单位提供全方位数据管理和多层次数据共享;同时,通过备份服务器和千兆光纤通道连接异地备份数据中心,进行网络数据备份;下联各单位(包括国土资源局基础数据中心、测绘大队、公安局、民政局、发改局、城建档案馆)与数据中心各服务器的连接采用1000MB以太网方式,各单位内部采用100/1000MB以太网,提供内部访问点和内部工作站的接入;针对外部用户,系统则采用专门的政务外网核心交换机提供与外网的连接;另外,系统预留了万兆端口升级能力,便于网络带宽升级,解决网络瓶颈问题。

3. SAN在网络GIS中的应用效果

Z市基础GIS建设中,SAN由于能支持数据的安全备份与恢复和集成环境的平滑升级与扩展,对于系统的顺利建立和数据库安全等起到了保障作用。在以下四个方面取得

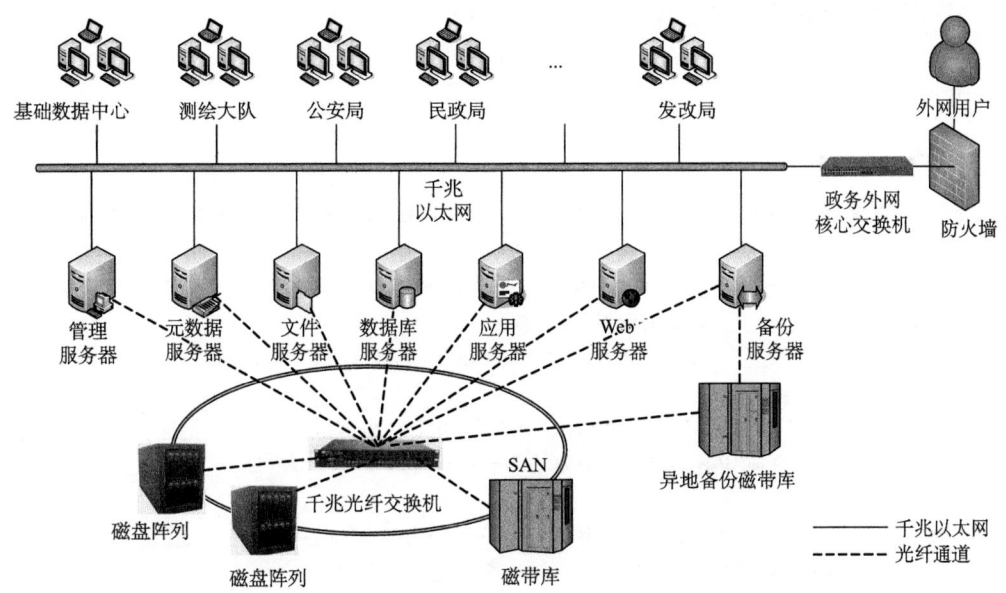

图 4-15 Z 市基础 GIS 网络结构及数据中心部署

了明显成效。

(1) 海量数据存储

SAN 的管理软件可以将分布于网络中的资源(包括存储设备、服务器和数据资源)进行灵活整合和有机集成,使 SAN 具备良好的存储扩展及为用户提供透明存取服务的能力。同时,SAN 也提高了网络存储的数据传输率和数据存取的实效性。

(2) 网络数据备份

数据备份和恢复是保证 GIS 应用系统数据安全的重要措施。通过制定备份策略,简化存储备份管理,SAN 实现了基于网络的文件和数据库等多种方式的数据备份,并有效提高了数据备份效率和安全性。

(3) 全方位数据管理

采用 SAN 可实现多级别、多层次的用户管理,可将存储在不同设备上的数据合并到一个整体的数据库或数据仓库里,方便管理和共享。在 Z 市基础 GIS 中,SAN 能实现远程和本地两种模式的管理,可根据软硬件的实际配置,提供简单、快速、可靠、可扩展的数据管理方案,解决数据共享、保护和管理等一系列问题。

(4) 多层次数据共享

以数据为中心的集中管理模式逐渐成为基础 GIS 数据共享交换的主要方式。当前,大部分系统仅能提供文件级的数据共享,难以满足众多行业部门对不同层次数据共享交换需求。而通过构建数据中心的方式,集成存储设备、服务器和数据等多种资源,可以提供数据平台级、系统功能级和 Web 服务级的共享模式。其中,数据平台级共享模式可使各部门直接共享并利用中心数据库的空间数据;系统功能级共享模式主要为共享空间数据提供了所需的功能部件支持;而 Web 服务级共享模式则能共享由数据中心提供的 Web 服务,如各种分析和应用服务。无论哪一种共享模式,由于是直接建立在 SAN 基础上的,因此均可高效、安全地利用数据中心的数据。

习 题 四

一、填空题

1. 存储技术按存储系统联机方式可分为在线存储、离线存储和近线存储,其中在线存储和离线存储又分别称为_____和_____。
2. RAID0 采用_____技术,数据被分成大小相等的若干个小块(Block),经由 RAID 控制器平均分配到阵列的磁盘中,而 RAID1 采用_____技术,即数据完全冗余。
3. RAID0+1 也称为_____,是 RAID0 和 RAID1 技术的组合,既提供与 RAID0 相同的_____,又提供了与 RAID1 近似的_____。
4. SCSI 标准迄今已发展了 SCSI-1、SCSI-2 以及 SCSI-3 等几代。SCSI-2 和 SCSI-3 又称为_____和_____。
5. 用来构成满足特殊需要的 SAN 系统的三种基本形式的光纤通道拓扑结构为:_____、_____和_____。
6. iSCSI 是一种基于_____理论的新型存储技术。它规定了一个在网络上_____和_____的过程。在传输之前,数据包被封装成含有_____、_____和_____的内容。
7. DAS 是以_____为中心的数据存储模式,而 NAS 和 SAN 则是以_____为中心的数据存储模式。
8. 在 DAS 存储模式中,_____、_____和_____均易成为系统瓶颈,难以满足海量数据存取的实际需要。
9. NAS 与客户之间通过运行在 IP 网络上的_____协议和_____协议进行通信。
10. 为实现较高的稳定性和 I/O 吞吐率,满足数据共享、数据备份、安全配置和设备管理等需要,NAS 系统将软件结构设计为_____、_____、_____、_____和_____五个模块。
11. SAN 采用为大规模数据传输而专门设计的_____,具有更高的连接速度和处理能力。
12. 从物理观点看,典型的 SAN 环境应包括_____、_____、_____和_____等组成部分。
13. NAS 和 SAN 是两种互为补充的数据存储技术。NAS 提供_____级的数据访问能力,而 SAN 则主要提供海量、面向_____的数据访问能力。
14. 基于主机/服务器的虚拟化通常是由_____在主机/服务器上完成;基于存储设备的虚拟化是通过智能的_____来完成;基于存储网络的虚拟化是使用相应的专用_____来实现的。
15. IBM SAN 的基本内容包括_____、_____和_____,它将_____、_____和网关等与软件管理功能结合为一体,随时随地实现信息的_____、_____和_____。
16. 对多个网络连接服务器的数据备份和恢复一般采用_____和_____实现。
17. 数据共享是指访问多个系统和服务器上的相同数据,也可以称为_____和_____,是多台服务器真正共享存储设备上的数据。

二、单项或多项选择题

1. 光盘库属于( )类型的存储技术。
   A. 在线存储　　　　B. 近线存储　　　　C. 离线存储
2. DAS、NAS 和 SAN 是按照( )对存储产品进行划分的。
   A. 存储速度　　　B. 存储系统联机方式　　C. 接口协议标准　　D. 存储类型
3. 在 RAID 的实现方面,( )应用最广。
   A. SCSI RAID　　　B. IDE RAID　　　C. FC RAID　　　D. iSCSI RAID
4. 采用数据交错存储技术,将用于校验的数据集中存储到磁盘阵列的某一个设定的磁盘中,这种技术被用于( )中。
   A. RAID 0　　　B. RAID 1　　　C. RAID 3　　　D. RAID 5
5. 在下列的 RAID 级别中,( )没有数据冗余与容错能力。
   A. RAID 0　　　B. RAID 1　　　C. RAID 3　　　D. RAID 5

6. 在下列的 RAID 级别中,( )的数据安全性最高。
   A. RAID 0   B. RAID 1   C. RAID 3   D. RAID 5
7. 下列中的( )数据传输率最高。
   A. SCSI-1   B. Fast SCSI   C. Wide SCSI   D. Ultra SCSI
8. 光纤通道标准逻辑上定义了功能类似的五个模块化层次,最低的 FC-0 层是物理介质层,而光纤通道协议层为( )。
   A. FC-1   B. FC-2   C. FC-3   D. FC-4
9. 为描述不同端口所采用的交互机制,光纤通道定义了 1~4 和 F 服务等级,其中最常用的服务等级为( )。
   A. 等级 1   B. 等级 2   C. 等级 3   D. 等级 4
10. ( )把存储设备和网络接口集成在一起,并直接通过网络进行数据文件的存取。
    A. SAS   B. DAS   C. NAS   D. SAN
11. 下列中的( )不属于 NAS 控制器的组成部分。
    A. 处理器   B. 卷管理   C. 网卡   D. 存储控制器
12. NAS 具有许多优点,如安装简单和易于管理等。下列中的( )不属于 NAS 的特点。
    A. 物理位置灵活   B. 分散式数据存储模式   C. 完全跨平台文件共享   D. 可在线增加设备
13. 与 NAS 相比,SAN 也有许多优点,并日益受到人们青睐。下列中的( )不是 SAN 的主要特点。
    A. 可靠性高   B. 高性能   C. 通信距离长   D. 动态配置存储结构
14. 对于不同的存储设备和数据形态,存储虚拟化资源有多种形式。下列的( )属于存储虚拟化资源。
    A. 数据块   B. 磁带设备   C. 文件系统   D. 服务器
15. 基于存储网络的虚拟化实现了( )的访问模式。
    A. 一对一   B. 一对多   C. 多对一   D. 多对多

三、判断题

1. 基于微电子机械系统的存储技术比磁盘存储技术具有更高的性能、更强的容错能力以及更加低廉的成本。
2. RAID 级别是指磁盘阵列中针对不同的应用所采用的不同技术,也从一个侧面反映了相应技术水平的高低。
3. RAID0 缺乏数据的冗余容错处理能力,无法检测数据是否出错或丢失。
4. RAID1 具有比 RAID0 更强的数据安全性和更高的数据存取速度。
5. IDE 的工作方式需要 CPU 的全程参与,CPU 读写数据的时候不能再进行其他操作,而 SCSI 卡本身带有 CPU,对 CPU 的占用较 IDE 低。
6. 相对于传统的光纤通道 SAN,iSCSI 的安全性更高。
7. DAS 中的数据存取须有服务器直接参与,但服务器和网络之间不会产生严重的瓶颈问题,因此对系统整体服务能力的影响不大。
8. NAS 服务器可以代替 SAN 中的文件服务器,提供文件共享服务,并能提供适于数据库应用的数据块服务。
9. SAN 实质就是一个能连接存储器和服务器的数据存储局域网。
10. 在 SAN 中,服务器可以访问其中的任一存储设备,用户还可以根据需要自由增添存储设备。
11. 存储虚拟化技术可以对分散的存储空间进行连续编址,形成逻辑上连续的存储空间,这将限制物理磁盘空间的动态扩展能力。
12. SAN Appliances 主要以 In-Band 和 Out-of-Band 实现存储虚拟化,其中 Out-of-Band 模式由于不占用主机和存储系统之间的数据通道,在性能上优于 In-Band 模式,实施难度更小。

四、简答题

1. 数据存储技术有哪些分类标准?说明每种标准的分类依据。
2. 请对比磁盘阵列技术与其他存储技术的异同,并简述磁盘阵列技术的优点。
3. 磁盘阵列可分为软件阵列(Software RAID)和硬件阵列(Hardware RAID)两种,两者有何异同?
4. 请分析几种常用的磁盘阵列技术的原理及特点。

5. 请对比说明目前流行的几种常用的数据存储设备接口技术的特点及适用环境。
6. iSCSI 作为一种新兴的存储技术标准,在存储领域中尚难以得到真正广泛应用的关键问题是什么?
7. 按数据存储连接方式分类,网络存储有哪几种存储模式,各自的特点是什么?
8. DAS 中常用的存储设备有哪些?客户机如何访问 DAS 中的共享数据?
9. 请简述 NAS 的概念和结构,它和 DAS 在软硬件组成、数据安全性和可靠性等方面有何异同?
10. 请简述 SAN 的基本概念,并从物理和逻辑两个方面讨论其组成结构。
11. 结合 SAN 的特点和功能特性,描述其适合的应用领域。
12. 试从应用角度分析 DAS、NAS 和 SAN 的优缺点。
13. 请分析 NAS 和 SAN 两种技术融合的形式、优点及难点。
14. 存储虚拟化技术是提高网络存储性能和存储设备管理效率的重要技术手段,请简述这种技术的特点。
15. 虚拟化方法一般有哪几种实现方式?简要描述每种方式的实现机理和特点。
16. 虚拟化的作用有哪些?这些作用是如何在网络存储中得以体现的?
17. 目前市场上有多种网络存储方案及相应的设备,请查阅资料,列举目前市场占有率较高的几种典型的网络存储设备及其相应的解决方案,分析各自的优缺点。
18. 分析 SAN 在网络 GIS 建设中的应用前景

五、论述题

1. GIS 中的空间数据具有数据量大、形式多样、来源丰富、结构复杂等特点,在网络上传输空间数据不仅受到网络带宽的制约,也与存储技术和数据组织方式密切相关。请针对矢量和栅格这两种主要的空间数据论述应该采取的存储策略及其在网络上传输时的主要问题和解决方法。
2. 目前国内已有空间数据生产部门采用 SAN 技术取代早期的客户/服务器模式的空间数据存储方法,从而提高了生产和管理效率。请结合实际应用分析说明 SAN 在存储与管理海量空间数据方面的方法、组网方案及其优势。

第 5 章 WebGIS

WebGIS 是一种典型的基于 Internet 的网络 GIS。目前,各个领域对 WebGIS 的应用需要越来越大。随着网络和 GIS 技术的发展,WebGIS 正朝着标准化、互操作这一方向迈进。Web Service 的兴起,无疑将会推动 WebGIS 进入一个崭新的时期。本章主要围绕 WebGIS 的基本概念、技术特点、技术方法及应用等进行阐述,以使读者对该技术有较深入、全面的了解和理解。

§5.1 WebGIS 简介

WWW(World Wide Web,中文称"万维网")给各行各业带来了巨大的冲击,仅需要一个浏览器,就可以连接到 Internet 上浏览世界各地的丰富信息,所有这些信息以超媒体的结构进行组织,而且浏览器还提供了与用户交互的功能。WebGIS,即通常所说的万维网 GIS,是 GIS 技术和 WWW 技术的有机结合,是 Internet 或 Intranet 环境下的一种传输、存储、处理、分析、显示与应用地理空间信息的计算机系统,它使得 GIS 的各项功能的实现不再局限于局部计算机网络,而是扩展到更加广阔的范围(如 Internet)。

5.1.1 WebGIS 基本概念

通俗地讲,WebGIS 是指工作在 Web 网上的 GIS,是传统的 GIS 在网络上的延伸和发展,具有传统 GIS 的特点,可以实现空间数据的检索、查询、制图输出、编辑等 GIS 基本功能,同时也是 Internet 上地理信息发布、共享和交流协作的基础。

在 Internet 支持下,根据 TCP/IP 和 HTTP 协议,WebGIS 把支持标准的 HTML(超文本标识语言)的浏览器作为统一的客户端(即 WebGIS 浏览器),所以狭义地讲,WebGIS 是一种在 Internet 技术上发展起来的新技术,其核心是将 GIS 的功能嵌入到满足 HTTP 和 TCP/IP 标准的 Internet 应用体系中,实现 Internet 环境下地理信息的有效管理与处理。

WebGIS 在结构上采用分布式模型,通过 WWW 机制来进行信息处理,实现客户端和服务器端(即 WebGIS 服务器)的数据连接和交互操作。目前对 WebGIS 的定义主要有如下两种:

1) 以网络为中心的 GIS,它使用 Internet 环境,为各种 GIS 应用提供 GIS 功能(如分析功能、制图功能)和空间数据获取能力;

2) 基于 Internet 的 GIS,常称为 WebGIS,主要是由于大多数客户端应用采用了 WWW 的协议。随着技术的进步,客户端可能会采用新的应用协议,因此也被认为是 Internet GIS。

综合这两方面定义，我们可以进一步对 WebGIS 的内涵进行阐述。所谓 WebGIS，其实质就是基于"客户机/服务器"这种分布式计算模式的 GIS，使 GIS 的空间数据查询、分析和可视化能在 WWW 上进行。从 WWW 的任意一个节点，Internet 用户可以浏览 WebGIS 站点中的空间数据、制作专题图以及进行各种空间检索和分析。

与传统 GIS 相比，WebGIS 有其特殊之处，主要表现在：

1) 它必须是基于网络的"浏览器/服务器"结构，而传统 GIS 多为独立的单机系统；

2) 它通过 Internet 来实现客户机和服务器之间的信息交换，这就意味着信息传递是全球性的，数据资源是分布的；

3) 它是分布式系统，客户机和服务器可以分布在不同地点和不同的计算机平台上。

5.1.2 WebGIS 的功能与作用

WebGIS 可以提供以下一些主要的功能：

(1) 空间数据发布

WebGIS 能以图形方式显示空间数据，较之于单纯的 FTP 或者 HTTP 方式，它使用户更易获取所需的数据，这使数据的共享和传输也更加方便。

(2) 空间查询检索和联机处理

利用浏览器提供的交互能力，WebGIS 可以实现图形及属性数据的查询检索，并通过与浏览器交互来远程操作这些数据。

(3) 空间数据可视化

通过某种 Web 传输方式，把空间图形及属性数据或者是分析结果发送到客户端的浏览器上，供用户查看。

(4) 空间模型分析服务

在高性能的服务器端提供各种应用模型的分析与实现方法，通过接收用户提供的模型参数，进行快速计算与分析，及时将计算结果以图形或文字等方式返回至浏览器端。

(5) Web 资源的共享

Web 上存在着大量的信息资源，这些资源多数具有空间分布特征，利用 WebGIS 对这些信息进行组织和管理，可为用户提供基于空间分布的多种信息服务，提高资源的利用率和共享程度。

WebGIS 是传统 GIS 应用的拓展，它对于推动 GIS 的发展和进步具有以下作用：

1) 促使传统工作站版的 GIS 走向分布式、大众化，使 GIS 真正走进人们的生活、工作和学习中；

2) 空间数据的分发、获取、浏览更加方便、快捷；

3) 更加友好的、互动的可视化界面，是对传统 GIS 的一种革新；

4) 使空间分析无处不在，人们能够随时随地使用 GIS 的分析功能；

5) 将 GIS 与其他软件系统之间的集成变得更加容易，推动了 GIS 向纵深快速发展，使 GIS 走向企业化、社会化、网络化和智能化。

5.1.3 WebGIS 应用领域

WebGIS 作为一门技术能够在全球范围内发展迅速,其原因是多方面的。技术驱动和应用驱动是推动其快速发展的两个重要因素。

(1) 技术驱动

Internet 技术的发展、计算机硬件性能的改进以及网络传输速度的提高为 WebGIS 的空间数据传输提供了较好的保障。软件设计技术、数据库技术方面所取得的进展直接推动了 WebGIS 的设计理念、设计方法、数据组织以及数据管理等向更合理、科学、有效和实用的方向发展。

(2) 应用驱动

地球上大部分的事件和数据都是和地理信息相关的,传统的 GIS 处理这些信息是十分专业和复杂的,一套系统所需要的软硬件成本也比较高,使得 GIS 的应用主要局限于一些专业应用领域,而 WebGIS 的产生则使 GIS 真正地走向大众。其应用领域主要包括:

1) 传统 GIS 应用领域。WebGIS 可以改善传统 GIS 在数据共享、数据更新等方面的不足,是传统 GIS 有益的补充和革新。

2) 管理部门。例如土地管理、交通、物流运输等行业或部门,可利用 WebGIS 使网络(无论是内部网还是 Internet)上已经使用的系统更好地与地理位置相关,并实现与业务办公软件有机地结合,提高工作效率和管理水平。

3) 大众化服务领域。WebGIS 可为一般的网络用户提供服务,例如在 Internet 上提供城市地图,为人们出行提供乘车参考等。

4) 辅助决策应用领域。在一些发展较快的大中型城市,政府部门需要利用现代信息技术帮助他们制定正确的城市规划政策和方案,但是各种各样的数据分布在不同的部门。例如地理空间数据保存在各个测绘部门,街区的数据可能在交通管理部门,人口数据可能在公安部门或者人口普查部门,还有地下综合管线等数据也都隶属于不同的管理部门,这种分散存储的数据不能被各部门彼此互相利用,因而形成了一个个信息孤岛。通过 WebGIS,可以把这些相关数据联系起来,建立起一个完善的系统,从而为政府部门提供综合信息分析和综合管理的支持,辅助政府科学决策。

5.1.4 WebGIS 应用服务模式

如上所述,WebGIS 的应用领域非常广泛,涉及国民经济的大多数部门和行业。根据 WebGIS 的应用特点,大致可以将 WebGIS 的应用模式分为以下几个方面。

(1) 原始 GIS 数据下载

最初的 WebGIS 应用通常是将 GIS 原始数据以 Web FTP 方式从服务器端下载到客户端。其工作原理是:服务器将组织好的空间数据文件以 Web 方式提供 FTP 下载列表;Web 浏览器发出 FTP 下载的 URL 请求;Web 服务器接到 URL 请求后,将磁盘上的相应数据文件通过 FTP 方式传送给 Web 浏览器;Web 浏览器将数据文件保存在本地;客户机可通过 GIS 软件使用下载后的空间数据。在这种原始的服务模式中,服务器和客户机均对数据不做任何处理,它们之间除了下载的内容为地理空间数据外,与 GIS 技术相关性不大。其不足主要在于无法在线浏览;服务器和客户机两端的 GIS 软件均须支持该 GIS 数据格式。

(2) 静态地图图像显示

这是一种简单的在线浏览服务模式,为客户端提供能够在线浏览的静态地图图像。其工作原理是:服务器提供含有地图图像序列的 Web 网页;浏览器向服务器发出获取相应 Web 页面的 URL 请求;服务器根据请求参数发送给 Web 浏览器所需要的地图图像文件及其 Web 页面;客户机上的 Web 浏览器可在线浏览这些地图图像。在这种模式中,服务器需利用 GIS 和相关图像处理软件创建或生成地图图像序列,按地图浏览的预计模式合理组织和管理这些序列文件,并存储于服务器中的相应虚拟目录中,通过向客户端提供 Web 页面及地图图像,使得在客户端可以在线浏览。这种应用服务方式主要应用于类似旅游地图信息发布这种在短期内信息变化较少的领域,其不足主要在于无法定制地图图像大小,也无法进行要素查询(详见 5.4.1)。

(3) 动态地图浏览

动态地图浏览是指能够在浏览地图图像或图形时还能与之进行交互,这是当前应用广泛的一种 WebGIS 应用服务模式。静态图像浏览服务仅供使用者查看地图,而动态地图浏览则可以使用地图为用户提供信息导航,可查询相应地图要素的相关信息,还可根据需要做进一步的地图分析和处理(详见 5.4.2)。其工作原理是:浏览器向 Web 服务器发出 URL 请求,请求中可能包含地图范围、比例尺、主题等参数;Web 服务器根据 URL 请求及相应参数,启动地图生成器、GIS 接口程序、GIS 软件或制图脚本等,临时生成地图图像,并将其传送给 Web 浏览器显示。由于这种交互式的地图图像或图形不是静态的,而是根据确切的参数在使用过程中临时生成的,因此具有较大的灵活性,其典型应用有 Google Map、百度地图、搜狗地图等。

(4) 空间元数据查询

空间元数据是关于空间数据的数据,用以描述用户可能感兴趣的各种数据集合的特征,一般包含有主题类型、地图投影、坐标系、文件格式、数据源、生产时间、生产者以及该数据所存储的网络地址等信息。空间元数据库中并不包含相应的空间数据集,但是可通过元数据查询到空间数据所在的网络地址并进一步获取所需的数据。因此可通过发布空间元数据的方式进行空间数据的网络发布,使得用户能方便、及时地了解所关注的空间数据情况,并通过适当途径得到满足应用要求的空间数据。其工作原理是:浏览器发出标准的查询请求,Web 服务器接受查询请求,将其转给元数据服务器;经过元数据服务器对请求的处理,启动服务器的元数据库,获得查询结果(空间元数据),并以 HTML 或元数据形式传送给 Web 服务器;Web 服务器根据元数据结果获知所需空间数据的网络地址,向相应的空间数据库服务器请求数据,并将结果(空间数据)返回给 Web 浏览器。

一般情况下,WebGIS 可以提供空间元数据项查询和图形化界面查询两种方式的空间元数据查询,这两种方式也可以统一使用。元数据项查询是给定元数据项的各项条件,如按数据类型、主题、投影、坐标系、生产时间等列出相应的空间元数据内容;图形界面查询则可在指定要查询的元数据项的基础上,通过指定位置或范围来得到元数据结果,如按矩形查询、按行政区查询、按指定的线目标查询等。

(5) 数据预处理

数据预处理应用服务模式不是将分布式地理空间数据以原始格式简单下载给用户使用,而是在数据传输之前,对原始数据进行一定程度的预处理。预处理包括数据的格式转换、数据的投影变换以及坐标系变换等。经过预处理后,数据的格式、投影、坐标系与客户机地理信息系统软件的具体要求一致,用户可以直接使用这些预处理后的数据。该模式中,服务器通常可以提供多种不同的数据预处理 Web Service,用户根据需要使用相应的 Service 进行数据的预处理。这些预处理 Service 不但可以对来自服务器的数据进行处理,而且还可处理传送到服务器的数据。

5.1.5　WebGIS 应用前景

地理空间信息科学的进展促进了 WebGIS 的发展,海量数据存储、管理、索引以及高效的空间分析算法的实现,都极大地推动了 GIS 应用向网络化方向快速发展。当前,新硬件、新技术层出不穷,应用领域日益广泛,人们对信息利用程度的要求也在不断加深和拓宽,这些都为 WebGIS 的应用提供了十分广阔的前景。

1) 随着 Web Service 的兴起,一系列的服务、通信标准的制定,在网络上实现 GIS 互操作已成为可能。

2) WebGIS 自身将与各种先进的计算机技术相结合,例如虚拟现实技术、多媒体技术等,这将会极大地扩展 WebGIS 的应用和发展空间。

3) 结合 GPS、移动 GIS 等技术的研究与实用化,WebGIS 将深入到人们的日常工作与生活中。WebGIS 作为基于位置服务(LBS)的基础平台,将为人们提供丰富多彩的位置服务。

4) 电子商务、电子政务的应用离不开空间信息,WebGIS 将为其提供良好的支持。

§5.2　WebGIS 分类与特点

5.2.1　WebGIS 分类

WebGIS 是一个分布式处理系统,它通常包括三个基本方面:客户端、服务器和空间数据库。WebGIS 中的客户端是由通用的 Web 浏览器(如 IE),必要时再加上插件(Plug-in)共同构成的,它是用户使用 WebGIS 的界面,用户通过它提出请求,获得结果。WebGIS 服务器包括 WWW、MAIL、FTP 服务器和 GIS 服务器,通过 HTTP 协议和 TCP/IP 协议为用户提供信息交换的通道和地理信息处理功能;空间数据库则为客户的数据请求和 WebGIS 的各种处理功能提供空间数据。

根据 WebGIS 服务器的组成结构和其与空间数据库关系的不同,可以把 WebGIS 分为以下两种:

1. 基于浏览器/服务器模式的 WebGIS

这是 WebGIS 最早采用的方式,也是区别于客户/服务器模式的本质特征。它把数据库和 GIS 的应用逻辑分开,相对于最初的两层结构,数据库的改变对应用的影响减少了。客户通过 HTTP 协议向 Web 服务器请求数据服务,服务器返回以 HTML 方式描述的页面。

在实现形式上,这种结构的 WebGIS 分为动态和主动两类。

(1) 动态(Dynamic)WebGIS

WebGIS 最早出现的时候,只是简单地将地图图片链接到网页上,对于任一用户查询,服务器端也仅仅把预先形成的相同地形文件和数据返回客户端。由于页面固定、数据量大,在多用户并发访问时,很容易造成网络拥塞。此后的改进方案是在服务器端使用公共网关接口(CGI)技术,由 CGI 程序负责处理客户请求,将请求指令发往运行于后台的 GIS 服务器,再将服务器处理的结果返回给用户。这是一种动态地操作空间数据库并生成相应查询结果(图形和数据)的方式,被称为动态 WebGIS,或被动的 WebGIS。其特点是:

1) 系统的构造简捷方便、运行效率较高,基本上可以直接使用原有 GIS 的各种函数。

2) 可响应不同用户的请求,实现 GIS 的绝大多数功能。

3) 对服务器性能的要求较高。所有用户的请求最终都由 GIS 服务器完成,服务器负担重,容易在服务器端形成瓶颈,进而影响整个系统的效率。

4) 对网络性能要求较高。返回至用户的数据先在服务器生成,再通过网络回传,所以数据流量较大。

(2) 主动(Active)WebGIS

与被动 WebGIS 不同,在主动 WebGIS 方式中,由服务器向客户端发送一段能运行在客户机上的程序。由该程序处理用户的一些简单请求(如地图开窗、缩放、漫游等),需要矢量数据时直接向服务器申请。由于该程序功能相对简单,对于那些复杂的客户请求(如空间分析),则仍由服务器处理,处理的结果也以矢量形式返回至客户端。

采用主动 WebGIS 的优点在于:

1) 客户端得到的不是静态图像,而是矢量地理要素实体。用户可以根据需要对这些地理要素进行查询、处理乃至更新。

2) 发送到客户端的运行程序(一般为 Java 程序)不需要安装,可以在客户端直接执行,兼容性好。

3) 网络中传输的数据为矢量图形数据和属性数据,较之于被动方式下的图像来说,数据量更少,对网络的性能要求不太苛刻。

4) 客户端能处理一些简单的操作,减轻了服务器和网络的负荷,网络的整体运行效率得以提高,响应速度加快。

5) 对并发用户访问的支持力度明显高于被动 WebGIS,可以响应更多的用户请求。

6) 软件设计工作量大。需要开发客户端程序,并要修改原有的 GIS 服务器端应用软件。

2. 基于中间件技术的 WebGIS

基于浏览器/服务器模式的 WebGIS 在早期可以满足许多应用需求,但随着应用复杂度的增加和数据量的膨胀,客户对 GIS 服务器的访问频率增加,单一服务器和复杂的应用程序无法快速处理大量的地理信息服务请求。与此同时,中间件技术这一软件设计和开发的新模式得到迅速发展。WebGIS适时地引入了这一新技术,极大地改进了传统模式WebGIS的体系结构和系统的运行效率。

中间件技术应用于WebGIS时,客户端的请求均通过中间件处理,GIS服务器包含了由多个中间件组成的分布式的多个进程。由于存在多个中间件,中间件与中间件之间的关系比较复杂,它们可以相互调用,一个中间件的进程可能是其他中间件进程的客户(要求得到服务),同时它又可能是其他中间件进程的服务(提供服务)。中间件内进程所访问的空间数据库也不再是单个的数据库,可能是分布式的异质、异构、多源数据库。

基于中间件技术的WebGIS是一个多浏览器/多服务器模式的复杂系统,各中间件的组织通过既定的接口实现,而用户的调用呈动态特性,即只有当接收到客户请求时才动态装载中间件并处理地理信息,因此浏览器与服务器之间的负载是动态的,需要解决它们之间的动态负载平衡问题。

目前支持分布式计算的主要中间件技术有CORBA、DCOM、J2EE、.Net等,我们将在后面详细介绍这些技术。

5.2.2 WebGIS特点

WebGIS使各类用户能通过浏览器对空间数据进行访问,实现检索、查询、制图输出、编辑等GIS基本功能,具有传统GIS的所有特点。在以下几个方面,WebGIS还显示出其与传统GIS的根本区别。

(1) 基于Internet/Intranet标准

WebGIS采用Internet/Intranet标准,以标准的HTML浏览器为客户端,通过TCP/IP和HTTP协议,可以访问任何地方的空间数据。

(2) 分布式体系结构

空间数据本身在空间上是分布的,WebGIS采用分布式体系结构,形成了客户端和服务器端相互分离、协同工作的多层分布结构,通过各种均衡策略有效平衡两者之间的负载。这种结构适应了空间数据分布的特征,提高了网络计算资源和存储资源的利用率。

(3) 服务范围广

WebGIS服务范围的广泛主要体现在两方面:WebGIS可以通过网络为更加广阔范围内的用户提供空间信息服务;WebGIS客户可以同时访问多个位于不同地方服务器上的最新数据,而这一Internet/Intranet所特有的优势极大地方便了GIS的数据管理。

(4) 平台无关

一般来讲,WebGIS的客户端采用的是通用浏览器,因此对客户端的软硬件没有特殊要求。在服务器端无论采用什么样的操作系统和GIS软件,由于通过网络将请求和处理结果发往客户端,WebGIS服务器的处理方式对客户端而言是透明的。任一用户均可以通过通用浏览器访问任何得到许可的WebGIS服务器。这种特性使得远程异构数据共享成为可能,极大地提高了软硬件平台的独立性。

当然,在具体实现方面,由于各技术的特点不同,在平台无关的实现程度方面也是不一样的。从后面的阐述中,我们将看到,为了提高系统的整体效率,有些技术与具体的操作平台之间并不能达到完全的无关。

(5) 成本低廉、操作简单

在 WebGIS 的实现中,客户端往往只需使用 Web 浏览器(有时可能会安装一些插件以处理图形数据),而数据和软件的管理与维护基本上由服务器端完成,因此系统的成本比以往的全套专业 GIS 软件平台要少得多,客户端软件的简单性所节省的维护费用也是不容忽视的。

(6) 支持地理分布存储的多源数据

WebGIS 能充分利用已有的各种空间信息资源,支持地理上分布存储的多种来源和格式的空间数据,不仅有利于数据的维护和更新,而且有利于平衡系统负载,提高存取速度。

§5.3 WebGIS 通信协议及规范

WebGIS 是工作在 WWW 上的 GIS,空间数据的传输依靠 Internet 来实现。因此基于 Web 的通信协议和相关的规范是 WebGIS 信息传输与处理的基础。

5.3.1 通用协议与规范

在 Internet 上使用的通信协议是一组开放性的协议集——TCP/IP 协议簇。WWW 服务器是建立在 TCP/IP 协议上的服务程序,HTTP 协议提供了 WebGIS 运行的基本功能,是实现客户端与服务器交互的基础。

1. TCP/IP

TCP/IP 协议规范了 Internet 上所有计算机之间的数据传输格式和传送方式。该协议集的核心是 IP(Internet Protocol)协议和 TCP(Transmission Control Protocol)协议。

TCP 和 IP 在数据传输中的主要作用为:

1) TCP 对数据进行格式化,将其分成若干数据包,并标上序号和校验号。

2) IP 负责在数据包前添加报头,标明发送主机和接收主机的地址,然后发往相应的网络接口。IP 中还设有一些专门的路由算法,以确定数据包的传输路径。采用数据包的方式可使很多不同的用户或应用程序在同一时间使用同一条通信线路。

3) 在数据包接收端(即目的主机),TCP 协议负责还原数据,并检查和处理错误,向发送主机发回"确认"(Acknowledge),或请求重发(数据接收不正确或丢失时)。数据包可以沿一条规定的路径从主机到网关,一直到达目的地址,也可以根据线路情况,选择不同的传送路径。传输的灵活性提高了使用的可靠性。

需要说明的是,数据从一个主机传到另一个主机是由 IP 负责完成的,检查数据的可靠性和完整性是由 TCP 负责完成的。

在传输层除了 TCP 外,通常使用的还有 UDP(User Datagram Protocol)协议,可用于提供高效率的服务,对一次只交换少量数据报的情形十分有效。它是一种无连接的协议,不能保证数据的可靠性,可靠性由基于 UDP 的应用程序自身解决。

2. HTTP

HTTP是超文本传输协议(Hyper Text Transfer Protocol)的缩写,它采用请求/应答模型实现客户机与服务器的信息通信。客户机的请求经由网络发往服务器,服务器处理该请求并产生应答。客户机的请求包含 HTTP 方法、URI(Universal Resource Identifier)以及 HTTP 协议版本,也可以包含一些请求报头。服务器的应答信息中包含 HTTP 协议版本、状态代码(Status Code)及原因短语(Reason Phrase),也可以包含一些应答报头,报头后面是被请求的数据。

3. HTML

HTTP 协议建立了 Web 服务器和客户机的通信,被请求的数据传回至客户机后,还需经客户机解释才能供客户浏览,这种解释规范便是 HTML 语言。

HTML 并不是一种程序设计语言,而是一些代码集合,其特点是定义了各种标识符,由一些尖括号"〈"、"〉"括起来,放置在文本中,使浏览器根据这些标识符显示不同的信息。HTML 文件是无格式的纯文本文件,可以使用文本编辑器或其他的 HTML 制作工具编辑。

4. XML

XML(eXtensible Markup Language)是可扩展标记语言的缩写,它是 W3C 为适应 WWW 的需要,将 SGML(Standard Generalized Markup Language)标准简化而成的标记语言,其功能比 HTML 更加强大,不再是固定标记,允许定义数量不限的标记来描述文档中的数据,允许嵌套的信息结构,并提供了一种直接处理 Web 数据的通用方法。

目前 XML 已被广泛接受,大量针对 Internet 应用的标准在此基础上进行了扩展,形成了能为不同领域服务的标准。其中与几何图形信息相关的标准(如 SVG)、与地理空间信息相关的标准(如 GML)在 GIS 领域的应用日益广泛(详见下述)。

XML 与 HTML 的主要区别在于:XML 侧重于描述 Web 页面的内容,而 HTML 着重于描述 Web 页面的显示格式。

XML 是为 Web 设计的一种机器可读文档的规范。作为一种可用来制定具体应用语言的元语言,XML 的语言简练,具有强大的描述能力,适合网络应用。

(1) 标记(Markup)

Markup 说明了文档中相应的字符序列,描述了文档的数据布局和逻辑结构。由于它使用标签(如〈name〉),所以看起来很像 HTML。

(2) 可扩展(Extensible)

Extensible 表明了 XML 的主要特征。本质上,XML 是一种元语言(Meta-Language),为结构文档提供了一种数据格式,其适用范围很广,XHTML 就是使用 XML 对 HTML 的再定义。

XML 也有自身的局限,它没有对数据本身做出解释,没有指明被标签所包括的数据的用途和语义,因此凡是使用 XML 表达用于交换的内部数据时,必须在使用前定义它的词汇表、用途和语义。

以下程序段是用来描述一个空间点的属性信息的 XML 文档简例。

〈? xml version="1.0"?〉
　〈employees〉
　　List of persons in company:

```
〈person name="John"〉
  〈gender〉M〈/gender〉
  〈phone〉47782〈/phone〉
  〈street〉
   1401 Main Street
  〈/street〉
  〈city State="NC"〉
   Anytown
  〈/city〉
  〈postal-code〉
   34829
  〈/postal-code〉
  On leave for 2001.
〈/person〉
〈/employees〉
```

XML 文档由标记、元素和属性三个部分构成：

1) 标记：左尖括号（"〈"）和右尖括号（"〉"）之间的文本为标记。有开始标记（例如〈phone〉）和结束标记（例如〈/phone〉）；

2) 元素：开始标记、结束标记以及位于二者之间的所有内容；

3) 属性：一个元素的开始标记中的名称-值对。在该示例中，"State"是"city"元素的属性。

需要说明的是，一个 XML 文档只能有一个根元素，它包含文档中所有文本和所有其他元素；一个元素必须有一对匹配的标签；子元素全部嵌套在父元素内部；属性用"word=value"形式表示。

5.3.2 空间数据相关标准与规范

空间图形数据包括点、线、面、体等空间实体；属性数据包括与图形数据相关联的特征描述数据和各种经济、社会及自然数据，它们的表现形式可以是文字、图像、声音、视频等。空间数据的编码与传输针对空间图形数据和属性数据进行。在网络上传输海量的和形式多样的空间数据，需要能支持 WebGIS 的数据编码与传输标准和协议。

1. GML

地理标识语言（Geography Markup Language，GML）是专门用于表示空间和属性数据的标记语言规范，是 XML 在地理空间信息领域的重要应用，由 OGC 于 1999 年提出。它是以 XML 为基础的编码标准，得到了许多 GIS 软件的支持。截至目前，GML 推出了三个版本，其中 1.0 版（2000 年 5 月发布）和 2.0 版（2001 年 2 月发布）的组成和实现方式存在着较大差异，而 3.0 版（2003 年 2 月发布）和 2.0 版相差不大。1.0 版的 GML 由基于 XML 文档的类型定义（XML Document Type Definitions，XML DTD）和资源描述框架（Resource Description Frameworks，RDF）所构成，2.0 版本的 GML 完全基于 XML

模式。

GML 为 WebGIS 的空间数据编码提供了一种开放式的标准,它以 OGC 所倡导的地理抽象模型(The Abstract Model of Geography)为基础,使用特征(Feature)来描述现实世界。特征由一些非空间的属性信息(Properties)和几何信息(Geometries)组成。属性内容包括名称(Name)、类型(Type)、描述(Value Description)等,几何信息则由点、线、面等基本几何要素组成。

GML 具有以下主要优点:

1) 提供了适合网络数据传输与存储的空间信息编码方式,可以对地理空间数据进行高效编码;

2) 支持对空间信息的多样化需求,既能描述空间信息,又能用于深层次的分析,具有可扩展性;

3) 提供了一种易于理解的空间信息和空间关联的编码方式,并能实现空间与非空间数据在内容和表现形式上的分离,也便于空间与非空间数据的整合;

4) 能方便地实现空间几何元素同其他空间或非空间元素的联结;

5) 为方便应用系统之间的互操作,提供了一系列公共地理建模对象。

新版本 GML 对老版本进行了扩充,增加了许多新的特性,主要体现在:

1) 增加了曲线、表面、实体等复杂空间几何元素及其描述方法,允许使用几何元素集合;

2) 支持拓扑存储,能够表示定向的点、线、面及三维空间实体;

3) 引入了空间参照系统,并定义了这种系统的框架和多种通用方案;

4) 提供了用于建立元数据与特征(和/或属性)之间联系的框架机制;

5) 增加了描述标准时间特征(年、月、日、时、分、秒)和移动目标特征(位置、速度、方位、加速度)的能力。

以下程序段是用 GML 文档描述一个多边形空间要素的简例。

```
<? xml version="1.0" encoding="UTF-8"?>
  ...
  <Feature fid="201" featureType="school" >
    <Description>武汉大学</Description>
    <Property Name="NumFloors" type="Integer" value="3"/>
    <Property Name="NumStudents" type="Integer" value="987"/>
      <Polygon name="extent" srsName="epsg:66789">
        <LineString name="extent" srsName="epsg:66789">
          <CData>
            4918.88,54580.45    4919.04,54580.44
            4919.08,54580.64    4919.24,54580.64
            4919.25,54580.79    4919.77,54581.20
            4919.53,54580.17
          </CData>
        </LineString>
```

        〈/Polygon〉
      〈/Feature〉
      〈Feature〉
      ...
      〈/Feature〉
      ...

2. SVG

可伸缩矢量图形(Scalable Vector Graphics,SVG)是由 W3C 组织开发,利用 XML 来描述二维矢量图形的一种标准。它由图形、影像和文字三个基本部分组成,三部分之间可以任意组合运用。W3C 已发布了 SVG 1.0 版,现正在拟定 SVG 2.0 版。

SVG 具有以下优点:

1) 可伸缩矢量图可以保证图像的显示质量不会因为缩放而产生失真或受损;
2) 特别适合网络应用;
3) 支持交互性;
4) 灵活易用。

以下程序段是用 SVG 文档描述点、折线、面和标注的一个简例。

〈? xml version="1.0" standalone="no"?〉
  〈! DOCTYPE svg PUBLIC "-//W3C//DTD SVG 1.0//EN"
  "http://www.w3.org/TR/2001/REC-SVG-20010904/DTD/svg10.dtd"〉
  〈svg width="300" height="300"〉
  ...
  〈circle id="point_1" cx="10" cy="10" r="2"〉
  〈/circle〉
  〈polyline id="road_1" points="100 200 100 20 10 200 100 20"〉
  〈/polyline〉
  〈path id="region_1" d="M10 10L 10 20 L20 20 " style="fill:black"〉
  〈/path〉
  〈texts id="anno_1" x="20" y="20"〉test〈/text〉
  ....
  〈/svg〉

3. KML

KML(Keyhole Markup Language,Keyhole 标记语言)最初是由 Google 旗下的 Keyhole 公司开发和维护的一种基于 XML 的标记语言,利用 XML 语法格式描述地理空间数据(如点、线、面、多边形和模型等),适合网络环境下的地理信息协作与共享。2008 年 4 月,KML 的最新版本 2.2 被 OGC 宣布为开放地理信息编码标准,并改由 OGC 维护和发展。

KML 在很多方面与 SVG 类似,不同的是 SVG 中的画布是二维的计算机屏幕,而 KML 中则是地球表面。

KML 与 GML、WFS 和 WMS 等标注具有很强的互补性。KML 2.2 中的点、线、多边形等地理对象均源于 GML 2.1.2。未来的版本中,KML 与 GML 将会逐步融合,例如采用相同的几何对象。

KMZ 是 KML 的压缩格式,本质上是 ZIP 格式的压缩文档。它将 KML 文档以及与 KML 文档相关的外部文档压缩,并将扩展名改成 KMZ,方便 Google Earth 等直接识别使用。

以下程序段是用 KML 2.2 描述一个多边形的简例。

```
<?xml version="1.0" encoding="UTF-8"?>
<kml xmlns="http://www.opengis.net/kml/2.2"
     xmlns:gx="http://www.google.com/kml/ext/2.2"
     xmlns:kml="http://www.opengis.net/kml/2.2"
     xmlns:atom="http://www.w3.org/2005/Atom">
<Placemark>
  <name>KML 多边形示例</name>
  <Polygon>
    <outerBoundaryIs>
      <LinearRing>
        <coordinates>
        114.3448650413937,30.52408484734346,0
        114.3547856041852,30.52990205857428,0
        114.3392134699607,30.53832575968774,0
        114.3308073412401,30.53096493965628,0
        114.3448650413937,30.52408484734346,0
        </coordinates>
      </LinearRing>
    </outerBoundaryIs>
  </Polygon>
</Placemark>
</kml>
```

KML 最初应用于 Google 公司的 Google Earth、Google Maps 等产品中,随后得到了 GIS 相关的很多公司产品的支持,例如 NASA World Wind(http://worldwind.arc.nasa.gov/)、Microsoft Virtual Earth、Bing Maps(http://cn.bing.com/ditu/)、ArcGIS Desktop 9.3、Quantum GIS(http://www.qgis.org/)等。

4. GeoVRML

地理虚拟建模语言(GeoVRML)是由 Web3D 联盟下属的一个官方工作组制定的,以虚拟建模语言(VRML)为基础来描述地理空间数据,目的是让用户通过一个在 Web 浏览器安装的标准 VRML 插件来浏览地理参考数据、地图以及三维地形模型。

GeoVRML 除具备 VRML 的优点外,还有自己的独特优点,主要包括:

(1) 支持多种坐标系统和投影系统

GeoVRML 全面支持多种常用坐标系和投影系统,消除了 VRML 仅支持局部笛卡儿坐标系的局限性。

（2）数据精度更高

GeoVRML 将所有的数值类型均用 64 位双精度型表示（VRML 表示的数值类型为 32 位单精度浮点型），可使精度指标精确至毫米级，从而使得地理空间数据在表达和发布时不会产生数据重叠、视点抖动等问题。

（3）三维建模功能更加强大

GeoVRML 增强了对复杂地理模型的支持力度，它所拥有的 GeoCoordinate（用于描述对象的地理坐标）、GeoElevationGrid（用于建立 DTM 模型）、GeoLocation（用于将标准的 VRML 模型精确地植入场景）等 10 个节点，可以非常简便、迅速地实现地理空间数据的三维可视化。

（4）浏览模式的增强

GeoVRML 实现了基于高程的浏览模式，亦即可以根据用户当前视点的高程值来确定运动步长，避免了固定用户运动步长的缺陷，极大地方便了用户对整个场景的控制。

（5）代码开放、易于集成

GeoVRML 所提供的源代码是开放的，使其与高级编程语言（如 Java、C++等）之间的通信和集成更加容易。

GeoVRML 规范作为附件已被收入 VRML97 国际标准，并将作为地理几何组件包括在 X3D/VRML200X 国际标准中。

§5.4　WebGIS 的设计与开发

为使 WebGIS 能稳定、高效、长久地运行，在 WebGIS 的设计和开发中必须遵循一定的原则，主要有：

1）以软件工程原理指导系统设计、实施、测试和最终发布，做好文档和系统版本管理；

2）根据用户的需求和软硬件平台配置以及当今各种先进的设计理念和系统结构模式综合确定 WebGIS 的组织结构；

3）选择合适的数据模型和数据结构对空间数据进行描述和组织；

4）尽量使用技术先进、经受了用户考验、维护有保证的成熟产品作为开发环境；

5）合理均衡客户端和服务器端的负载，综合考虑两端的实际需求和处理能力。要重点考虑计算密集型、存储密集型和多用户并发访问时的负载平衡策略；

6）建立符合业务流程的 WebGIS 应用分析模型，并实现在 WebGIS 环境下的可视化；

7）空间数据在不断地发生变化，要考虑各种数据更新和整合策略；

8）开发过程中要进行严密的单元测试，发布之前要在实际的 Web 环境下进行综合集成测试，确保系统的可靠性。

在实现技术上，WebGIS 引入了 IT 行业中的许多新技术，例如动态网页技术、XML 技术等，并对其有所发展。

5.4.1 通用网关接口

通用网关接口(Common Gateway Interface,CGI)是最早实现动态网页(有关动态网页技术请见本节后面)的技术,它使用户可以通过浏览器进行交互操作,并得到相应的操作结果。

CGI相当于在外部应用程序与Internet/Intranet的Web网络服务器之间架设了一座桥梁,使Web服务器可以对客户端的请求作出响应。实现响应的途径是:通过Web服务器激发CGI程序,读取HTML文件,并将读取的数据信息或文件,经由服务器和网络送往客户端。它允许用户通过网页命令来启动一个存于网页服务器主机的程序(称为CGI程序),并且接收该程序的输出结果。

基于CGI的WebGIS是用外部CGI程序通过环境变量、命令行参数、标准输入、输出与Web服务器和GIS服务器进行通信,并传递有关参量和GIS处理结果。在这里,CGI是服务器端的应用程序和Web服务器的标准接口,它定义了Web服务器与GIS服务程序共享信息的方法。它也是最早的Web数据库连接技术,几乎所有的Web服务器都支持CGI。开发者可以使用任何一种语言,例如C、C++、Delphi、Visual Basic、Visual C++或Perl编写CGI应用程序。

CGI程序有两种调用方式,一种是直接通过URL来发送请求;另一种是通过主页的Form表单发送请求进行调用。在具体应用中,多使用后一种方法。

图5-1所示为基于CGI模式的WebGIS体系结构。

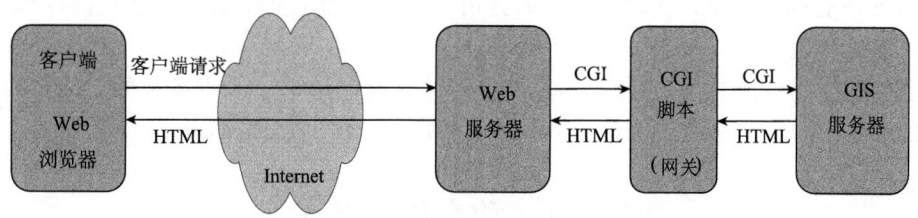

图5-1 基于CGI模式的WebGIS体系结构

从图中可以看出,基于CGI的WebGIS是基于HTML的一种扩展,需要有GIS服务器在后台运行。通过CGI脚本将GIS服务器和Web服务器连接,客户端的所有GIS操作和分析都在GIS服务器上完成。GIS服务器和Web服务器既可以是同一台主机,又可以是两台或多台计算机。

其工作流程如下:
1) Web浏览器的用户向Web服务器发出GIS相关功能的请求;
2) Web服务器接受请求,并通过CGI脚本将用户的请求传送给GIS服务器;
3) GIS服务器接受请求,进行相关的数据处理,如:放大、缩小、漫游、查询、分析等,图形数据以栅格结构表示;
4) GIS服务器将处理结果通过CGI脚本、Web服务器返回给客户端浏览器。

CGI方式的优点:

(1) 功能强、资源利用率高

在 CGI 模式中，WebGIS 的各种操作均由 GIS 服务器完成，可以充分利用服务器端的计算与分析资源，因此具有客户端容量要求小、GIS 服务器空间数据处理能力强大等特点。

(2) 跨平台性好

浏览器端得到的静态图像(如 GIF、BMP 或 JPEG)对客户机没有特殊要求，同时 CGI 程序几乎不需要任何改动就可以移植到绝大多数操作系统上，因此这种方式的跨平台性能良好。

CGI 方式的缺点：

(1) 资源竞争激烈，效率较低

作为独立的外部应用程序来执行的 CGI 程序，与 Web 服务器上的其他进程之间存在着资源竞争，这将使系统运行效率降低。另外，客户端的每个请求均通过网络传给 GIS 服务器，由 GIS 服务器启动新的进程，加以解释执行，而且每个请求都需要建立连接和释放连接这个过程，因此也将导致效率的降低。

(2) 网络负荷重

现有的网络浏览器不能读取矢量图形数据，矢量数据在网上传输需先在服务器端转换成栅格图形数据(如 GIF、BMP、JPEG 等)，然后才能发给浏览器，这无疑增大了网络传输的数据量，致使网络负荷加重。

(3) 功能操作困难

传统 GIS 的数据类型与 Internet/Intranet 现有的数据类型相距甚远，要在浏览器上实现 GIS 原有的许多操作比较困难。而且由于在浏览器上显示的是静态图像，限制了用户操作的灵活性。

目前市场上推出的 WebGIS 软件，有一部分就是利用这一原理实现的，如美国 ESRI 公司的 ArcView Map Server 和 MapInfo 公司的 MapInfo ProServer。

5.4.2 动态网页技术

动态网页(Active Page)是运行在 Web 服务器上的页面，该页面内嵌有程序代码。它必须在服务器端执行，由服务器把运行结果写入 HTML 文件流中，并返回给客户端的浏览器。常见的动态网页技术包括：Microsoft ASP(Active Server Page)，Sun JSP(Java Server Page)，PHP(Hypertext Preprocessor)，CodeFusion 等。

对于那些访问同一个普通 HTML 网页的用户来说，其客户端浏览器显示的内容都是一样的，从这个意义上来讲，普通 HTML 页面又称为静态网页。对于 WebGIS 应用来说，这种静态页面方式难以满足用户的实际需求。因为，用户需要与服务器交互以获取不同状态下的地图，而且需要动态查询的功能；用户还要根据实际情况定制网页，在用户的浏览器中显示不同的内容，即根据需要动态地在客户端的浏览器显示内容(如用户登录、查询等)。采用 ASP、JSP、PHP 等技术可以很好地解决这些问题，目前有很多 WebGIS 站点的开发都采用该类技术。下面简要介绍一下 ASP 技术。

ASP 是微软公司推出的服务器端的组件，它与 IIS(Internet Information Server，网络信息服务)协同使用,可以提供方便的服务器端开发接口和脚本开发环境。通过 ASP 能创建和运行动态、交互和高效页面组成的 Web 服务程序。ASP 最重要的一个特征是能调用服务器端的组件来实现各种功能并将结果返回给客户端。所有的网络交互过程均可以通过 ASP 透明地处理。这就意味着不再需要使用 CGI 或者 ISAPI,可以使用如 VB、FoxPro、VC 等支持 OLE(Object Linking and Embedding,对象链接与嵌入)组件开发的工具来开发服务器端的组件,实现需要的数据访问功能,并方便地从客户端得到各种返回的参数和结果。ASP 技术的主要优点是:

1) 能与 HTML 集成;
2) 易于创建,能自动编译和连接;
3) 面向对象技术,易于与 ActiveX 组件集成;
4) 在客户端仅需一个浏览器,无其他特殊要求;
5) 安全性和保密性较好。

5.4.3 服务器应用程序接口模式

服务器应用程序接口模式(Server API)一般依附于特定的 Web 服务器,例如,Microsoft ISAPI 依附于 IIS,且不能脱离 Windows 平台;Netscape NSAPI 离不开 Netscape Web 服务器。这是因为,Server API 不像 CGI 程序可以单独运行,它运行于 Web 服务器的进程中,而且一旦启动,会一直处于运行状态,并不需要每次都重新启动,因此其运行效率远高于 CGI 程序。

以微软公司的 ISAPI 为例,它运行在 Windows 环境下,是微软用以扩充 IIS/WWW 功能及开发高效率 CGI 程序的接口,它分为 ISA(Internet Server Application)和 ISAPI Filter 两部分。ISA 也可称为 ISAPI DLL,可为程序开发人员提供一些扩展功能,通过在客户端 URL 中指定名称而激活,其功能与 CGI 程序的功能直接对应,使用方法和 CGI 也类似。ISAPI Filter 则用于构造能为服务器直接调用的模块,它位于 Web 服务器和客户端之间,对其间的通信进行预处理和后处理,例如加解密、用户身份验证、自定义日志记录等,并为程序开发人员提供一种用于监测来自服务器 HTTP 请求的无缝链接部件。ISAPI Filter 是 ISAPI 特有的,没有与 CGI 中直接相对应的部分。

基于 ISAPI 的 WebGIS 是 ISAPI 在 GIS 中的具体应用,图 5-2 显示了这种 WebGIS 的体系结构。

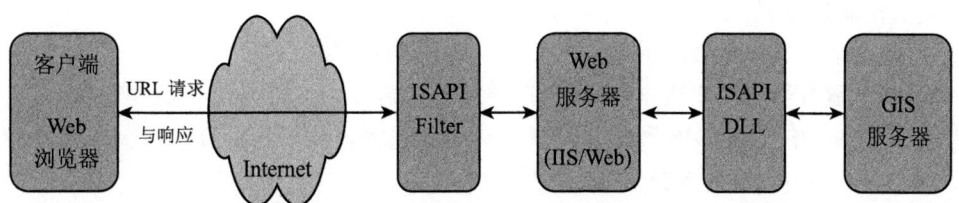

图 5-2 基于 ISAPI 模式的 WebGIS 体系结构

其工作流程如下:
1) Web 浏览器的用户向 Web 服务器发出 URL 请求,该请求经由 ISAPI Filter 传输

到服务器端的 ISAPI DLL 上,ISAPI Filter 将对请求进行预处理,例如用户身份验证等;

2) 由 ISAPI DLL 与 GIS 服务器交互作用得到结果信息;

3) 结果信息经由 Web 服务器和 ISAPI Filter 传输到浏览器。

ISAPI 方式的优点:

1) 运行效率比 CGI 更高。ISAPI 运行的是进程而不是可执行程序,并且一旦启动,总是处于运行状态,因此对请求的反应更加及时。

2) 安全可靠传输。ISAPI Filter 的过滤机制使得请求和结果的传输更加安全、可靠。

ISAPI 方式的缺点:

1) ISAPI DLL 与服务器密切相关,程序可移植性差。

2) 受限于 ISAPI DLL。WebGIS 的所有服务的实现均依赖于 ISAPI DLL,一旦其失效或出现故障,GIS 服务器就不能正常工作。

3) 系统维护复杂。对于每个请求,ISAPI DLL 都要为其产生一个独立线程,多个线程共存导致系统运行的性能不高,也使得系统的维护更加复杂。

5.4.4 插件技术

普通的 Web 浏览器所提供的功能十分有限,基本上仅限于浏览和导航,缺乏空间数据处理能力。利用 CGI 或 Server API 虽然为用户提供了一定的灵活性,但浏览器的功能仍然有限,所显示的图形仍然是静态的,用户不能对图形施以有针对性的操作,例如,单个地理实体的指标查询,甚至对图形的每一次缩放都要由服务器完成,并在浏览器上显示。

对浏览器功能进行扩展,使其支持空间数据处理是 WebGIS 的一种重要实现技术。这需要在普通的 Web 浏览器上安装能与网络浏览器交换信息并能执行的 GIS 软件。这种扩展 Web 浏览器功能的方法被称为"插件技术"(Plug-in)。在 WebGIS 中,"插件技术"被称为"GIS Plug-in",简称 GIS 插件。GIS Plug-in 可使 Web 浏览器支持特定格式的 GIS 数据处理,并为 Web 浏览器与 GIS 服务程序之间的通信提供条件,它能直接处理来自服务器的 GIS 矢量数据,并生成符合浏览器显示格式的数据,以供浏览器或其他 Plug-in 显示使用。

GIS 插件需要先安装才能使用,尽管它可以和浏览器一起来处理空间数据,但会增加客户端的负载。当在客户端安装了许多插件后,如何管理这些插件就成为一个新的问题。

图 5-3 所示为基于插件的 WebGIS 体系结构。

其工作流程如下:

1) 客户端的 Web 浏览器向 Web 服务器发出数据请求;

2) Web 服务器对用户请求进行处理,将用户所需要的 GIS 数据传给 Web 浏览器;

3) 客户端对接收的 GIS 数据类型进行分析和理解,如不需要 GIS Plug-in,则直接显示,如需要 GIS Plug-in 的支持,则转往下一步;

4) 在浏览器中搜索相关的 GIS Plug-in,若有则直接调用并显示 GIS 数据;若没有,则从服务器或网络上下载并安装相应的 GIS Plug-in,并将其加载到客户端以显示 GIS 数据。

GIS Plug-in 常常完成的基本操作有:地图缩放、漫游、图形和属性查询、简单的空间

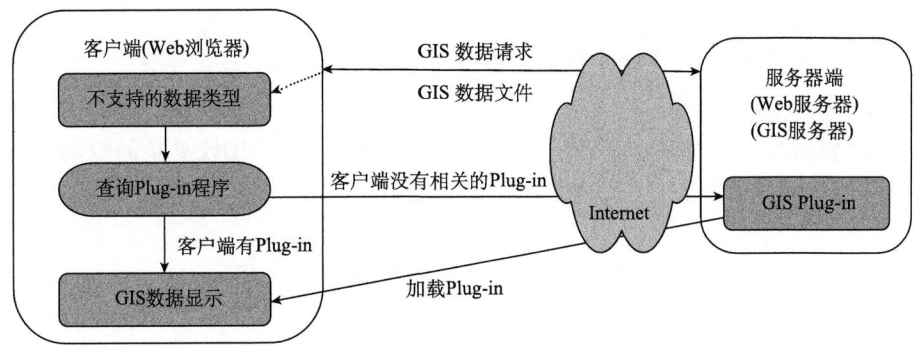

图 5-3 基于 Plug-in 模式的 WebGIS 体系结构

分析等。

Plug-in 方式的优点：

(1) 客户端处理能力强

GIS Plug-in 极大地增强了浏览器的空间数据处理能力，使空间数据的获取更加容易。

(2) GIS 服务器与网络的负荷较轻

由于在浏览器上处理空间数据，对于 GIS 服务器而言，只需提供空间数据(矢量格式)，网络也只需将用户所需要的空间数据一次性地传给客户端，因此 GIS 服务器的空间数据处理任务减轻，网络传输的负担也得以减轻，并可使服务器为更多的用户提供服务。

(3) 支持多种 GIS 数据

客户端的浏览器在不同的 GIS Plug-in 支持下可以支持各种来源和格式的空间数据，实现与多源数据的无缝连接。

(4) 速度快、效率高

大部分的 GIS 基本操作都是在浏览器上经由 GIS Plug-in 完成的，与从服务器得到服务相比，等待时间减少，运行速度加快，运行效率得以提高。

Plug-in 方式的缺点：

(1) 平台相关性

对于同一类型的空间数据，在不同的操作系统环境下(如 UNIX、Windows、Macintosh)，需要有各自不同的 GIS Plug-in。对于不同的 Web 浏览器，同样也需要用相对应的 GIS Plug-in 支持。所以，插件方式极大地受限于平台。

(2) 数据相关性

为了显示和处理不同来源和格式的空间数据，需要在浏览器上安装不同的 GIS Plug-in。这说明 GIS Plug-in 与数据本身的关系极为密切，表现出了极大的数据相关特性。

(3) 插件管理不便

在客户端的浏览器上，随着应用的增多，需要安装多种插件，以适应不同类型和格式的空间数据处理需要，这将导致插件的管理复杂化，也会占据十分可观的客户端存储空间。

(4) 更新困难

当有新版本的插件时,系统不能自动升级,需要用户重新下载和安装。

(5) 客户端功能有限

在客户端的浏览器上完成的多是 GIS 的基本功能,而对于比较复杂的空间分析和资源调用等,则难以很好地实现,仍然需要服务器端配合。

5.4.5　ActiveX 技术

ActiveX 是微软公司提出的一种建立在 OLE 标准之上的规范和公共框架。它同 Plug-in 一样,也用于扩展 Web 浏览器的功能。不过,Plug-in 技术与具体的浏览器有关,而 ActiveX 能使用在任何支持 OLE 标准的程序或应用系统中。ActiveX 由 HTML、Script 和 ActiveX 组件组成,其关键部分为 ActiveX 控件(也称 ActiveX 组件)。ActiveX 控件支持网络环境,是用于完成具体任务和信息通信的软件模块,它通过控件的属性、事件、方法等与应用程序交互。

能实现 GIS 功能的 ActiveX 控件称为 GIS ActiveX 控件,它通常被包容在 HTML 代码中,能与 Web 浏览器无缝地结合在一起,并通过〈Object〉标签来定义和获取,主要用于实现 WebGIS 中的空间数据处理和分析功能。不难看出,WebGIS 功能的强弱与 GIS ActiveX 控件的功能直接相关。

图 5-4 所示为基于 ActiveX 的 WebGIS 体系结构。

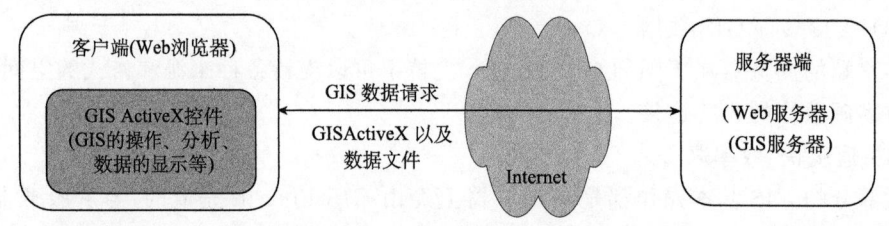

图 5-4　基于 ActiveX 的 WebGIS 体系结构

其工作流程如下:

1) Web 浏览器向 Web 服务器发出数据请求;

2) Web 服务器对接收到的请求进行处理,配合 GIS 服务器将所要的 GIS 数据传送给 Web 浏览器。若客户机已经安装了 GIS ActiveX 控件,则不用再下载,否则需将 GIS ActiveX 控件下载并安装到浏览器上;

3) 浏览器利用 GIS ActiveX 控件对 GIS 数据进行相应的处理。

ActiveX 方式的优点:

(1) 具有 GIS Plug-in 模式的所有优点

与 GIS Plug-in 一样,GIS ActiveX 模式的客户端处理能力强、GIS 服务器和网络负荷较轻、支持多种 GIS 数据、运行速度快。

（2）软件复用能力强

GIS ActiveX 控件可以用多种语言实现，能被任何支持 OLE 标准的程序语言或应用系统所使用（复用），因此比 GIS Plug-in 模式更加灵活和方便。这也使得复用已有 GIS 软件的源代码成为可能，从而加快 GIS 软件的开发进程。

ActiveX 方式的缺点：

（1）平台相关

不同的 GIS 平台须提供不同的 GIS ActiveX 控件。

（2）兼容性较差

ActiveX 是微软公司提出的一种规范，目前只有 IE 全面支持，它只能运行在 Windows 平台上，而在其他浏览器（如 Netscape 的 Navigator）中需要有特制的控件才能运行。

（3）需要下载

当浏览器上没有相应的 GIS ActiveX 时，必须从网络或 Web 服务器上下载，占用客户端机器的磁盘空间。

（4）安全性不高

由于 GIS ActiveX 能够对磁盘进行读写操作，可能会导致数据不一致性问题，因此这种方式存在一定的安全隐患。

5.4.6　Java Applet 技术

Java 是美国 Sun 公司于 1995 年推出的一种程序设计语言，具有平台独立、结构简单、分布性、动态性强、运行稳定、安全易移植和多线程等特点。Java 支持 Web 计算模式，是 Internet 重要的面向对象编程语言，任何支持 Java 虚拟机（Java Virtual Machine，JVM）的系统平台都可以解释执行 Java 程序，与所在系统无关。正如 SUN 公司倡导的，Java 的目标是实现"Write once, Run anywhere"，即一次编程、随处运行。

Java 技术主要是通过将 Java Applet 自动下载到客户端的浏览器上并利用 URL 对象来分布式地访问具有 URL 的数据对象。Java Applet 是一种运行在浏览器环境中的小程序，也可视为 Java 插件。Java Applet 通过〈applet〉标签被嵌入在 HTML 文件中，其执行代码同时被下载到浏览器上，并由浏览器负责解释执行。由于是自动进行的，只要服务器端对 Java Applet 作了更新，浏览器就会将最近版本的 Java Applet 文件下载到本地。

Java Applet 和 WebGIS 结合，形成了基于 Java Applet 的 WebGIS。这种 Java Applet 又称为 GIS Java Applet。它是用 Java 开发的小应用程序，在程序运行时从服务器端自动下载至浏览器，与浏览器紧密结合，用以增强 Web 浏览器的空间信息处理功能。但对于叠置分析、资源分配及优化等空间分析功能的实现，GIS Java Applet 还比较薄弱。

在对空间数据的处理中，Java 采用 JDBC 和扩展 JDBC 来分别访问服务器中的关系型属性数据和非关系型几何数据。利用 Java 开发 WebGIS 主要有两种方法。一种是利用 Java 仅开发客户端的 GIS 功能，服务器端仍采用传统开发方法或仅对现有系统进行适当改造。其特点是简单易行，由于能使用原有的软件，因此可加快开发进度，利用这种方法开发的客户端 GIS 具有较强的地图制图和空间分析功能（如 ESRI 公司的 Internet Map Server，IMS）；另一种方法是完全基于 Java 的 WebGIS，即客户端和服务器端均采用

Java 技术来实现 GIS 的功能,是一种全新的开发方式。但由于这种开发方式是从最底层功能开发的,所以难度大、时间长,目前还没有比较成熟的产品。图 5-5 所示为基于 GIS Java Applet 的 WebGIS 体系结构。

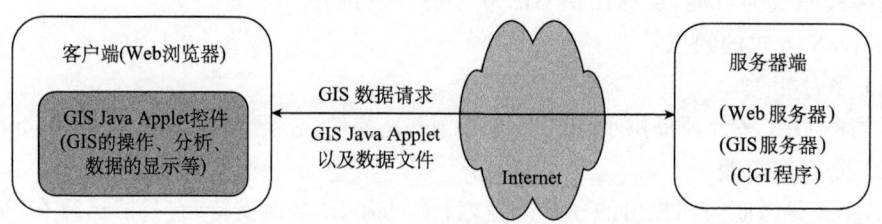

图 5-5　基于 Java Applet 的 WebGIS 体系结构

GIS Java Applet 模式的工作原理同 GIS ActiveX 的工作流程大体一样:
1) Web 浏览器向 Web 服务器发出数据请求,访问服务器端的 CGI 程序;
2) Web 服务器对接收到的请求进行处理,由 CGI 程序将运算结果传送给 Web 浏览器。若客户机已经安装 GIS Java Applet 控件,则无需下载和传输,否则将 GIS Java Applet 控件自动下载并安装到浏览器上;
3) 浏览器利用 GIS Java Applet 控件对 GIS 数据进行相应的处理。
Java Applet 方式的优点:
(1) 平台无关,软件复用能力强

Java 程序经过编译后,生成与平台无关的字节代码(Bytecode),能在不同操作系统的 Java 虚拟机上被解释执行,对 Web 浏览器和操作系统没有任何特殊要求,保持了较好的平台独立性和较强的复用能力。

(2) 动态运行

GIS Java Applet 是在 WebGIS 运行时动态地从服务器端下载的,当服务器端的 GIS Java Applet 更新后,客户端总能得到及时更新,无需预先安装到客户端。

(3) 服务器和网络传输负担轻

GIS 的基本功能主要由 GIS Java Applet 在客户端完成,服务器端只需提供 GIS 数据服务,网络只需一次性传输,因此服务器和网络的负荷轻。

(4) 安全可靠

Java 语言支持异常处理和多线程编程,具有较高的可靠性和安全性,已成为 Internet 的重要编程语言之一。

Java Applet 方式的缺点:
(1) 客户端负荷较重

Java 语言支持网络功能,它能实现 Applet 与服务器程序直接连接,并能根据任务轻重和网络及服务器的负荷状态来选择在何处(服务器端或客户端)对相关数据进行处理,具有一定的平衡两端负载的能力。但是主要计算集中于客户端,导致客户端负载相对较重,这点与 CGI 和 Server API 方式不同,它们的数据处理是在服务器端完成的。

(2) 速度不快

基于 Java 的 Web GIS 是在 JVM 上运行的,并且程序是解释执行的,代码相对冗余,导致运行效率不是很高,速度也没有其他几种方式快。

(3) 分析功能有限

利用 Java 语言虽然可以开发出基于矢量图形的 WebGIS,但在空间分析与处理方面仍受到 Java 语言本身的一些限制,致使处理复杂的空间分析能力有限,而且在数据存储、网络资源优化等方面的能力也有限。

如上所述,WebGIS 的实现方式是多种多样的。设计与开发 WebGIS 需要根据数据量的大小、客户端和服务器端软件的要求、硬件条件、开发周期及资金等诸多要素来综合考虑。为方便实际应用,表 5-1 就以上这几种技术的性能作了比较。

表 5-1　WebGIS 技术性能的定性比较

性能指标	技术类别	通用网关接口	服务器应用程序接口	动态网页技术	插件技术	Java Applet 技术	ActiveX 技术
运行能力	客户机端	很好	很好	很好	好	好	好
	服务器端	差—好	好	好	好	很好	很好
	网络负荷	重	较重	较重	较轻	较轻	较轻
	综合运行能力	一般	好	好	好	好—很好	好—很好
交互能力	用户界面	差	好	好	好	很好	很好
	功能支持	一般	好	好	好	很好	很好
	本地数据支持	否	否	否	是	否	是
可移植性	整个系统	差	很好	差	差	好	一般
安全性	整个系统	很好	很好	很好	一般	好	一般

§5.5　分布式 WebGIS 技术框架

以上介绍的 WebGIS 存在一个共同的弱点:GIS 服务器的负载相对较重,需要完成大量的事务性工作(如用户连接)和数据交换任务,如果并发用户(即同时向服务器提出服务申请的用户)太多则极易形成网络"瓶颈"。因此如何充分利用网络及网络中的计算资源、通信资源和存储资源,需要从 WebGIS 的体系结构上进一步研究。完全分布式体系结构的 WebGIS 是目前受到高度重视的一种结构,借助于计算机领域的技术进展,已有许多可行的技术框架能够支持这种体系结构的实现。

这里所说的分布式体系结构的 WebGIS 是指通过高速互联网把分布在不同地理位置的计算机、存储设备、路由设备、输入输出设备等连接起来形成的能够处理 GIS 数据、实现 GIS 功能的分布式结构,这种结构能将各种负载较均衡地分散到众多设备上,使系统整体性能更佳。

具有分布式体系结构的 WebGIS 必须满足一些功能要求和技术约束。主要体现在:

1) 允许来自不同部门的用户按自己的处理习惯和操作方式进行数据交互,同时也允许他们使用来自其他部门的数据;

2) 具备存储空间历史数据和属性历史数据的能力;

3) 确保数据更新的安全性；

4) 能为所有用户快速提供所需的空间数据。

这些要求和约束在两层结构下或传统的 WebGIS 下是很难全部满足的。目前，J2EE、DCOM、CORBA 以及 .Net 等几种技术方法可用于构造分布式体系结构的 WebGIS。

5.5.1 基于 J2EE 的 WebGIS 结构

1. J2EE 技术概述

J2EE(Java 2 Enterprise Edition)技术是 SUN 公司推出的一种概念模型，它提供了一种利用组件来设计、开发、装配及部署企业应用程序的方法。J2EE 的技术基础是标准版的 Java 平台或 Java 2 平台，它不仅继承了标准版中的许多优点，例如"一次编程、随处运行"的特性、便利的数据存取特性、可靠的网络数据安全性等，同时还全面支持 EJB(Enterprise Java Beans)、Java Servlets API、JSP(Java Server Pages)及 XML 技术。

J2EE 平台提供了多层分布式应用逻辑，这些应用逻辑按功能划分为不同的组件，各组件按其所在层分布在不同机器上。J2EE 的多层企业级应用逻辑可将传统两层模式中的不同层面细分为更多的层，这使得在一个复杂的应用中能够为不同的服务提供一个独立的层。如图 5-6 所示为 J2EE 的典型四层体系结构。

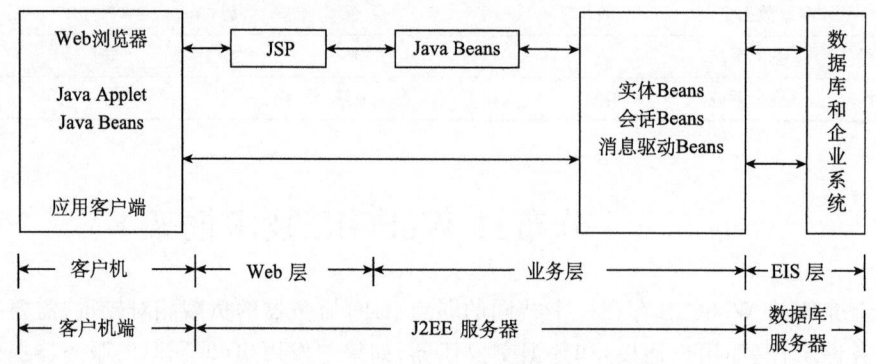

图 5-6 J2EE 体系结构

J2EE 规范所定义的应用组件有四种：应用客户组件、EJB 组件、Java Servlet 和 JSP 组件以及 Applet 组件。其中，应用客户端组件和 Applet 分布在客户层，Java Servlet 和 JSP 分布在 Web 层，EJB 为业务层组件。

(1) 客户层

在客户端，J2EE 应用程序既可以是传统方式的程序，又可以是基于 Java 的 GUI 程序，它将提供与本地应用程序相似的运行方式，并能访问中间各个层次。例如，Applet 是典型的在浏览器中执行的 GUI 程序，为 J2EE 应用提供强大而友好的用户接口。

(2) Web 层

JSP 页面或 Servlet 是在 Web 层执行的 J2EE Web 层组件，主要作用是响应客户端的 HTTP 请求，并生成可在客户端显示的 HTML 页面。在如图 5-7 所示的 Web 层组件结构中,可能会包含一些 Java Beans 对象以处理用户的输入,并将输入发至业务层的 EJB 来进行处理。

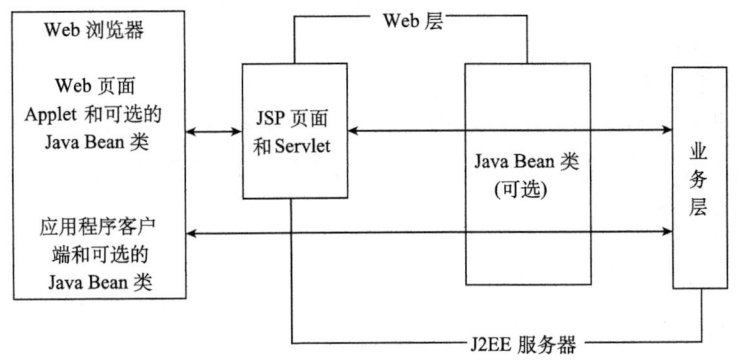

图 5-7　Web 组件结构

(3) 业务层

业务层逻辑由运行在业务层上的企业级 Bean(Enterprise Beans,通常也称为 EJB)承担。EJB 主要负责从客户端接收数据、进行数据处理(若必要时)、并将结果存储于企业信息系统(Enterprise Information System,EIS)。该过程亦可逆向进行。

(4) 企业信息系统层

EIS 上运行的是企业业务信息系统,负责处理企业日常的业务和企业数据的维护,并能为 J2EE 应用组件提供数据库连接和数据访问。

2. EJB 技术简介

(1) EJB 概述

SUN 公司对 EJB 的定义是:开发和配置基于组件的分布式商务应用程序的一种组件结构,用它开发的应用程序是可伸缩的、事务型的、多用户安全的。应用程序可能只需编写一次,却可以在支持 EJB 规范的任何服务器平台上进行配置与运行。事实上,从技术上而言 EJB 不是一种产品,而是一种技术规范,是 Java 中的企业应用组件技术规范,它极大地简化了基于 Java 语言的企业应用系统的开发和配置,提高了运行效率。基于 EJB 的分布式计算结构由六个部分(又称为角色)组成,分别是:EJB 组件开发者、应用组合者、部署者、EJB 服务器提供者、EJB 容器提供者和系统管理员。这些角色可以由不同的开发商提供,为了保持兼容性,每个角色必须遵循 Sun 公司提供的 EJB 规范。

1) EJB 组件开发者

EJB 组件开发者(Enterprise Bean Provider)负责完成以下工作:开发 EJB 组件(EJB 组件被打包为 EJB-jar 文件)、定义 EJB 的 Remote 和 Home 接口、编写 EJB Class(EJB 类)、提供部署文件(Deployment Descriptor)。

2) 应用组合者

应用组合者(Application Assembler)根据实际情况选择应用系统所需要的 EJB 组件,并将它们组合成完整的应用系统。

3) 部署者

部署者(Deployer)负责将 EJB-jar 文件部署到用户的应用系统中,并保证部署文件中声明的资源是可用的。

4) EJB 服务器提供者

EJB 服务器提供者(EJB Server Provider)是系统领域的专家,例如操作系统、中间件或数据库等方面的开发商。

5) EJB 容器提供者

EJB 容器提供者(EJB Container Provider)主要为部署好的 EJB 组件提供良好的运行环境,为 EJB 组件开发者提供一组标准、易用的 API,同时负责实时监测 EJB 容器以及其中 EJB 组件的运行状态。

6) 系统管理员

系统管理员(System Administrator)负责维护企业级的计算机和网络环境,监测 EJB 组件的运行情况。

(2) EJB 的可重用组件

EJB 技术定义了一组可重用的组件,即 Enterprise Beans,这些组件被置于一个安装了 EJB 容器的平台上。客户通过这些 Beans 的 Home 接口,可以快速定位到特定的 Beans,并产生该 Beans 的一个实例(每个实例都运行在 EJB 容器中)。利用这些组件开发应用软件十分容易,可以像搭积木一样来建立分布式应用程序。在 EJB 技术规范定义的组件中,会话 Beans 和实体 Beans 是两个非常重要的组件。

1) 会话 Beans

会话 Beans 是一个单独执行的客户对象。当 EJB 容器对远程任务的请求响应时,便产生一个会话 Beans 实例。一个会话 Beans 对应一个客户端,因此从某种程度上来说,一个会话 Beans 对于服务器来说就代表了它所在的那个客户。会话 Beans 的生命周期相对较短,只有当客户端保持会话的时候,会话 Beans 才处于激活状态。如果 EJB 容器产生崩溃等意外事故,那么客户端必须重新建立一个新的会话对象才能继续会话。

2) 实体 Beans

实体 Beans 通过模拟数据库中的相关数据为用户提供一种数据视图。实体 Beans 可以被多个客户端共享访问,它通过事务的上下文来访问或更新下层的数据,保证了数据的完整性。

与会话 Beans 相比,实体 Beans 的生命周期较长,且状态是持续的。只要数据库中的数据存在,实体 Beans 就一直处于激活状态。即便 EJB 容器崩溃了,实体 Beans 也是存活的。

3. J2EE 开发模型

采用 J2EE 技术进行系统开发时,需要从视图、控制器和模型三个方面对系统进行设计和实现。

(1) 视图

视图就是用户所能感触到的系统界面,亦即 Web 程序中的 HTML、XML 与 JSP 页面,它的主要功能是负责处理用户看到的内容,包括动态 JSP 部分(处理动态网页)和 HTML 与 XML 输出(静态网页)。

(2) 控制器

控制器负责系统的整个逻辑,管理用户与视图之间的交互。在 J2EE 中,控制器的功能一般由 Servlet、JavaBeans、EJB 中的会话 Beans 来实现。它支持视图与控制器和模型之间的相互独立,这将使得客户端应用程序的变更十分容易,并且不影响基于 Web 应用程序的系统功能。

(3) 模型

模型属于应用业务逻辑部分,用于实现企业的业务应用处理功能,主要借助于 EJB 强大的组件技术和企业级的管理控制来实现,系统开发人员可基于这些组件创建出可重用的业务逻辑模块。

4. 基于 EJB 技术的 WebGIS 结构

(1) WebGIS 结构

GIS 应用程序的复杂性决定了创建大型 WebGIS 应用程序的关键是将 GIS 应用程序分割为功能相对独立的多个模块(组件),这样可使 WebGIS 中的每个组件都负责某一特定的 GIS 服务功能。为提高 WebGIS 软件的性能,可以将这些组件分布在不同的计算机上运行,以平衡系统中机器的负载。

EJB 是一个服务端组件结构,具有层次性,这也正适应了大型 WebGIS 应用程序的开发需求。在通常情况下,基于 EJB 技术的系统模型包括三层结构,如图 5-8 所示。

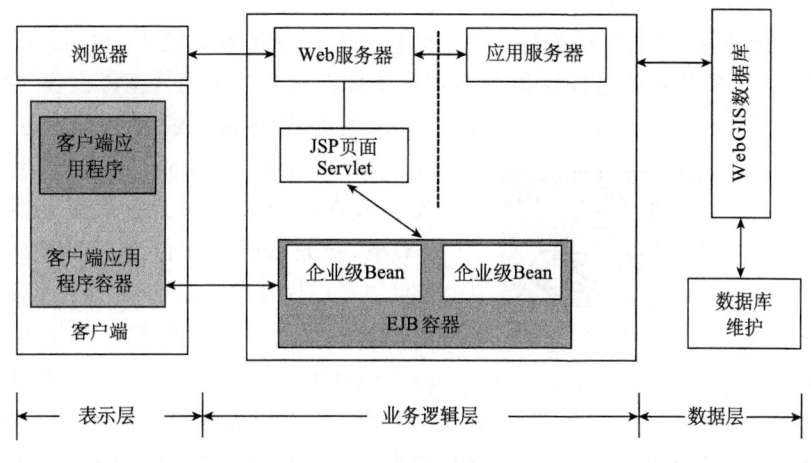

图 5-8 基于 EJB 技术的 WebGIS 结构

1) 表示层

表示层主要用来满足对整个系统的各种访问需求并完成以下任务:接收用户的输入请求,对请求进行分析检查并做相应处理;显示由服务器端传来的运行结果。该层通常由客户进程组成,这些进程由浏览器动态地创建和撤销。在 WebGIS 中表示层通常需要支持影像数据流和矢量数据流。

2) 业务逻辑层

业务逻辑层由 Web 服务器和应用服务器构成。应用服务器是一个基于 J2EE 的应用,以后台进程形式存在,主要完成 WebGIS 应用服务器的处理逻辑,包括影像数据流、矢量数据流和空间查询与分析服务等。它响应客户端的数据、影像以及查询分析等请求,并将生成的结果经 Web 服务器传送给客户端。

结构上,业务逻辑层通常分为两层。高层是请求接收层(一般称之为 Web 层),用于接收从浏览器传来的请求并将请求交给底层进行处理,同时将请求处理结果发送给浏览器。这些过程主要由 JSP 页面、基于 Web 的 Applets 以及显示 HTML 页面的 Servlets 组成。底层是请求处理层(一般称之为 EJB 层),包括监听进程、处理进程和数据库操作进程等,负责处理请求接收层传来的客户请求并对其进行处理,同时将请求结果传递给请求接收层,如果需要的话还需要将处理结果交给数据层进行存储。

3) 数据层

数据层主要是为业务逻辑层提供数据服务,如存储业务逻辑层的处理结果、返回业务逻辑层检索的数据结果,同时也是为了实现屏蔽数据源的变化,从而实现当数据库发生变化时只需修改连接数据源的语句。

4) 数据维护

数据维护是系统的后台管理工具,通过该工具可对数据库中需要发布的数据进行设置,包括所发布的矢量数据的颜色、符号等的设置。

(2) 负载平衡

采用 J2EE 技术实现负载平衡的基本方法是:把 GIS 的功能从逻辑上进行划分,然后将各个功能逻辑分布在不同的组件中完成。为此,基于 J2EE 技术的 WebGIS 大多采用软件组件技术进行设计和开发。

软件的组件模型有客户端组件模型(如 JavaBeans)和服务器端组件模型(如 EJB)。如图 5-9 所示,服务器端的组件模型 EJB 提供了面向事务的中间件基础设施,它支持远程客户端的数据存取。通过远程方法调用(Remote Method Invocation,RMI)产生一个对象(被安装在客户端),作为存取服务器对象的代理对象,服务器所处的位置对于客户机来说是透明的。EJB 开发人员为每一个可存取的接口定义了一个 Java 远程接口。利用 IIOP(Internet InterORB Protocol),EJB 还可以和其他非 Java 的客户机进行通信。EJB 容器提供了 EJB

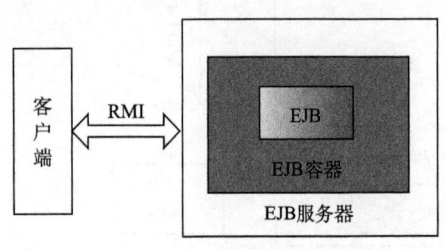

图 5-9　EJB 软件组件模型

赖以存在的环境,并通过 EJB 服务器为客户提供各种服务。这样,EJB 服务器通过一个平衡算法能找出哪个(些)服务器的负载更小,并使负载最小的服务器响应客户端请求,这便使应用服务器的负载从整体上达到基本平衡。

5.5.2　基于 DCOM/COM+的 WebGIS 结构

1. 组件对象模型

组件对象模型(Component Object Model,COM)是基于 Windows 平台的一套组件对象接口标准,由一组构造规范和组件对象库组成。一般的对象是由数据成员和作用在其上的方法组成,而组件对象和一般对象虽有相似性,但又有较大不同。组件对象不使用方法而用接口来描述自身。接口被定义为"在对象上实现的一组语义上相关的功能",其实质是一组函数指针表,每个指针必须初始化指向某个具体的函数体。一个组件对象实现的接口数量没有限制。

COM 支持客户/服务器模式,客户机和服务器之间通过接口相互作用,客户机在请求创建组件对象后,首先要向组件对象申请一个接口指针,然后才能通过接口指针来操作组件对象,即通过接口指针调用函数表中的函数。为了实现客户机和服务器的通信,服务器必须把有关信息注册到系统注册数据库中。对于组件对象的复用,COM 采取"聚集"而不是继承实现的。

2. 分布式组件对象模型

分布式组件对象模型(Distributed Component Object Model,DCOM)是在 COM 基础上发展起来的,以适应分布式计算的需要。显然,DCOM 在处理方法上与 COM 相似,但是 DCOM 通过使用兼容的 RPC 机制,能使网络上不同节点的组件对象相互作用,实现网络的透明性和通信自动化,对于编程者而言,好像所有的组件对象都在本地被使用一样。

当把 COM 与微软的事务服务器(Microsoft Transaction Server,MTS)和分布式 COM(DCOM)结合在一起时,就变成了 COM+。COM+提供了一组面向中间层的服务以及进程管理、数据库与对象连接池处理等特色功能,它主要面向中间层应用程序开发,为大型分布式应用程序提供可靠性和可扩展性。

3. 对象链接与嵌入

OLE 是在动态数据交换(DDE)的基础上发展起来的,比 DDE 的数据交换形式更好。它是一套应用程序互操作的接口标准,用以实现应用程序之间一致的数据传输、复合文档的链接和嵌入以及直观编辑和定位激活等功能。OLE 体系中独立于其他部分的另一种关键技术称为 OLE 自动化。OLE 自动化着重于对象的可重用性,且是基于二进制码的,重用的效率比标准对象继承式的源码级重用更高。

需要指出的是,OLE 只提供一种机制,但并未实现。编程者必须遵循 OLE 规范,实现接口中的方法,这样才能正确实现应用程序间的互操作。

4. 基于 DCOM/COM+的 WebGIS 结构

根据 Microsoft 公司提供的分布式应用程序模型,基于 DCOM 的 WebGIS 可将复杂的 GIS 任务分为三个层次的逻辑:表示逻辑、业务逻辑和数据逻辑,如图 5-10 所示。当然,这些层都是抽象的概念,并不一定是物理结构,每一层也可能包含多个物理结构。

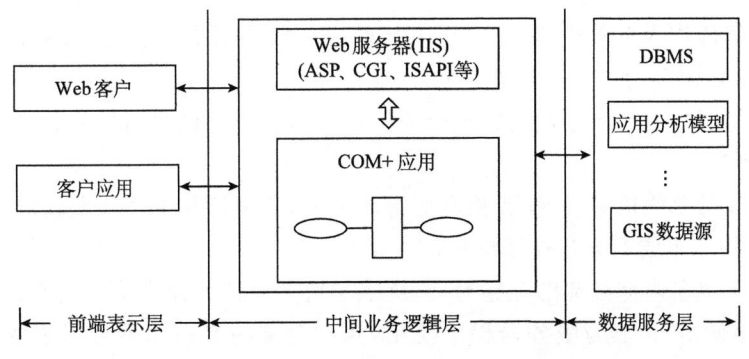

图 5-10 基于 DCOM 的 WebGIS 结构

图 5-10 中,前端表示层是应用的客户端部分,它负责与用户交互和调用业务逻辑层

的 COM+组件来响应用户的请求。该层可以 HTML、DHTML、ActiveX 控件、Win32 应用程序等来实现,并支持"瘦"客户端和"胖"客户端两种客户机。

中间业务逻辑层负责处理表示层的应用请求,在需要的时候通过访问后端的数据服务来完成数据查询、检索和修改。该层可通过 Microsoft 公司提供的三种通用服务组件(COM+、IIS、消息队列)来实现,是整个体系的核心部分。

后端的数据服务层负责为 GIS 应用提供 GIS 数据、GIS 数据分析管理及数据的读写、检索和存储。

5.5.3 基于 CORBA 的 WebGIS 结构

1. CORBA 技术简介

公共对象请求代理结构(Common Object Request Broker Architecher,CORBA)是对象管理组织(Object Management Group,OMG)针对数量激增的软硬件产品之间互操作的现实需求而提出的中间件解决方案。CORBA 定义了接口定义语言和应用编程接口,使对象可以按照特定的对象请求代理(Object Request Broker,ORB)方式进行交互。ORB 是一个在对象之间建立客户/服务器关系的中间件。客户端可以利用 ORB 来激活远程服务器端已有的方法,并且不必知道所调用对象的具体位置、实现方式以及运行环境等。这说明,在异构分布式环境和无缝互联的多对象系统中,ORB 具有实现不同应用之间互操作的能力。图 5-11 所示为一典型的通过 ORB 发送请求并得到服务的过程。

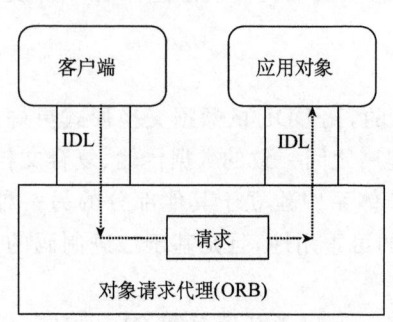

图 5-11 通过 ORB 发送请求的过程

通过客户端发送的请求被传送至应用对象(应用对象为一段代码或数据)。在这一过程中,ORB 主要负责为请求找到该应用对象,让其做好接收请求的准备,并与客户端进行数据交换。客户端的接口完全独立于应用对象的位置,实现方式及所使用的语言不影响应用对象的接口。

CORBA 的主要特点有:

1) 把中间件作为事务代理,完成请求与响应。服务请求映射、服务器的自动搜寻以及路由的自动设定等均由事务代理完成;

2) 实现了客户端与服务器的完全分离。这与以面向过程调用为基础的客户/服务器模式是根本不同的;

3) 提供软件总线机制,以使无论在何种环境下、采用何种语言开发软件,只要符合接口规范定义,均能集成到分布式系统中;

4) 实现了对象内部细节的完整封装,提供了对象方法的标准接口定义。一个对象既能被客户程序使用,又能为服务器程序使用,修改对象的实现亦不会影响双方的实现程序,因此软件重用率很高。

CORBA 的核心是一套标准的语言、接口和协议,以支持异构分布应用程序间的互操作及独立于平台和编程语言的对象重用。其中最重要的是中间件的引入,具体体现为

ORB 和面向对象开发模式,形成了 CORBA 独特的计算模式。CORBA 规范充分吸收了现今各种技术发展的最新成果,将面向对象概念糅合到分布式计算中,定义了一组与实现无关的接口方式,引入代理机制分离客户端和服务器,使 CORBA 规范成为开放的、基于客户/服务器模式的、面向对象的分布式计算的工业标准。

2. CORBA 体系

CORBA 体系主要包括以下几部分:

1) 对象请求代理 ORB:负责对象在分布环境中透明地收发请求和响应,是构建分布式对象应用、在异构或同构环境下实现应用间互操作的基础;

2) 对象服务:为使用和实现对象而提供的基本对象集合,这些服务应独立于应用领域。主要的 CORBA 服务有:名录服务(Naming Service)、事件服务(Event Service)、生命周期服务(Life Cycle Service)、关系服务(Relationship Service)、事务服务(Transaction Service)等。这些服务几乎囊括分布式系统和面向对象系统的各个方面;

3) 公共设施:向客户提供一组可共享的服务接口,例如系统管理、组合文档和电子邮件等;

4) 应用接口:相当于第三方产品,用于接口控制,对应于网络参考模型的应用层(最高层);

5) 领域接口:服务于应用领域的接口。

3. 基于 CORBA 的 WebGIS 结构

CORBA 技术的出现为 WebGIS 的结构优化提供了有力支持,相继产生的一些具有分布特征的 GIS 组件已成为 GIS 服务器的主要组成部分,对于提高 WebGIS 的互操作性和开放性具有直接的促进作用。

使用 CORBA/Java 技术,可以按照三层结构构造 WebGIS 应用。图 5-12 所示为通过 Java ORB 接口存取 CORBA 对象的方法而设计的一种三层结构示意图。该结构共分为客户层、业务层和资源层。

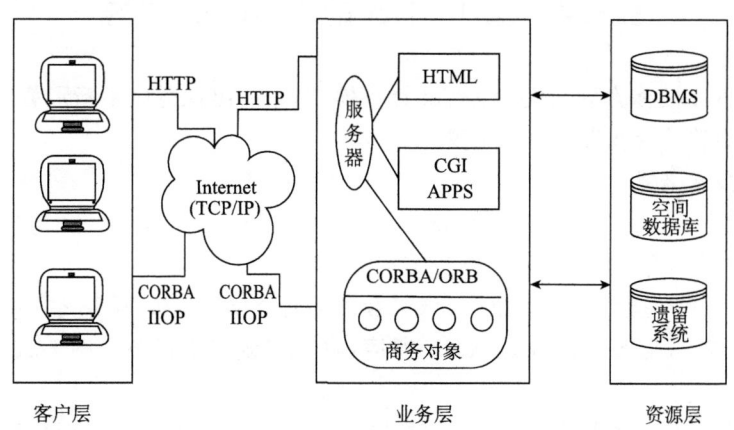

图 5-12 基于 CORBA 的 WebGIS 结构示意图

(1) 客户层

该层提供与用户交互的界面。与传统的浏览器/服务器模式中的客户端相比,这里的客户端(称为对象 Web 客户机)所拥有的组件能够提供灵活性强、交互性好的图形界面,这些组件被嵌入在可移动的容器中(如 HTML)。

客户端运行的是一个使用自身对象协议的分布式对象(如 CORBA 的 IIOP)。与 HTTP 协议不同的是,IIOP 协议是动态的,通过它可以建立客户端 Java 应用和服务器端服务对象间的持久连接,并传递请求和接收返回结果。而 HTTP 协议则主要用来下载客户端组件和 Web 页面。

(2) 业务层

业务层也叫中间层或应用逻辑层,是一组能够向 HTTP 和 CORBA 客户提供服务的服务器,如 Web 服务器、GIS 服务器。基于 CORBA/Java 的对象 Web 中,应用逻辑被封装成 CORBA 对象,担当业务层应用程序服务器的角色,这些对象通过 IIOP 协议与客户端的 Java 应用进行交互,提供逻辑处理功能。这些对象同样也和其他应用逻辑对象按 IIOP 协议进行相互协作和通信。IIOP 提供了本地和远程操作的透明性,因此应用程序开发人员不必关心对象的具体位置。

应用逻辑对象一般通过数据存取对象(也是一种中间件)来存取后台的异构数据库,Java 对象还可以通过 JDBC 来存取数据库中的数据。另外,对于已有的系统(通常称为遗留系统或老系统),也可将其封装成 CORBA 对象,这样无需对原有系统做较大改动,就能被业务层的应用逻辑对象透明访问,从而实现了以最小的代价将遗留系统集成到 Internet 环境中。

(3) 资源层

资源层为 CORBA 对象提供可以访问的资源,包括 DBMS、空间数据库、遗留系统等。由于在中间层以 CORBA 对象取代了 CGI 应用程序,因而扩大了访问资源的范围,几乎可以访问任何符合 CORBA 规范的系统及所拥有的资源。在基于 CORBA/Java 技术的对象 Web 模型中,可以利用 Java 对象请求中介与 CORBA 对象通信。

5.5.4　基于 .Net 的 WebGIS 结构

微软的 .Net 被称为下一代 Internet 计算模型,它的出现适应了新形势对软件技术的新要求,即将为软件行业带来巨大的变化。

1. .Net 技术概述

微软首席执行官鲍尔默认为:"Microsoft .Net 代表了一个集合、一个环境、一个可以作为平台支持下一代 Internet 的可编程结构"。

不难看出,.Net 应该是一个集合,该集合由多种 XML Web 服务之间彼此松散耦合而形成,XML Web 服务之间通过 XML 通信,协同完成特定任务。图 5-13 所示为 .Net 集合的概况。

.Net 还应该是一种理想的 Internet 环境。构建这样一种 Internet 环境,需要解决现有 Internet 存在的缺陷,需要一种新的 Internet 结构。.Net 被定位为可以作为平台支持下一代 Internet 的可编程结构。

.Net 的目标是为发出请求的用户提供所需的资源和服务,而不管用户在何时、何地以及使用何种设备发出请求。对于用户而言,并不需要知道他们所需要的资源和服务存

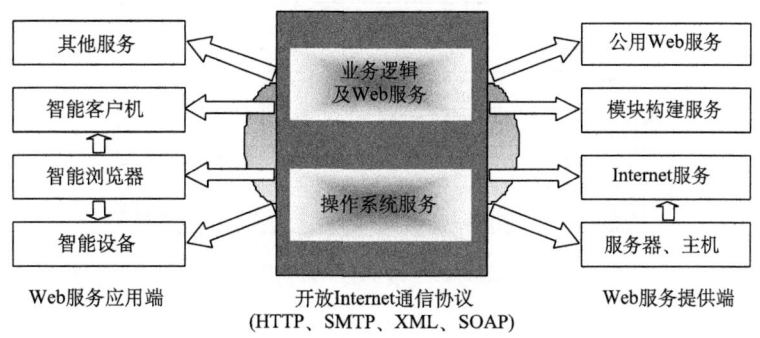

图 5-13 .Net 集合

于何地以及如何才能得到。

与其他平台相比,.Net 技术平台具有下述特点:

(1) 支持多种语言编程,可重用性好

用一种语言开发的组件可通过继承被其他组件重用。目前.Net 支持二十多种语言。

(2) 跨平台性能好

在不同的操作系统平台上运行.Net 程序的过程是,先将用某种语言编写的程序编译成中间语言,执行时用即时(Just In Time)编译器将中间语言编译成本地操作系统平台所支持的代码,从而实现异构平台下对象的互操作。

(3) 安全性高

.Net 通过通用语言运行环境(Common Language Runtime)来确保资源对象及类型安全。

(4) 远程交互能力强

在 HTTP、XML、SOAP(Simple Object Access Protocol,简单对象访问协议)、WSDL(Web Service Description Language,Web 服务描述语言)等标准和规范的支持下,.Net 提供了在异构网络环境下连接远程设备、获取远程服务、交互远程应用的编程界面。

2. .Net 技术体系

.Net 平台主要由 Windows.Net、.Net 框架、.Net 企业服务器、模块构建服务、Orchestration 和.Net 开发平台等部分组成。如图 5-14 所示。

(1) Windows.Net

融入了.Net 技术的一系列核心构造模块的 Windows 被称为 Windows.Net,是微软下一代 Windows 桌面平台,它为各种数字媒体以及应用之间的协同工作提供强有力的支持。

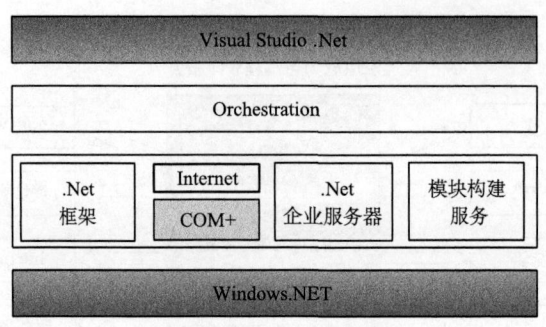

图 5-14 .Net 平台组成

（2）.Net 框架

.Net 框架(.Net Framework)为开发者提供了一个多语言组件开发的环境,其中包括完善的基础类库、下一代数据库访问技术 ADO.Net、网络开发技术 ASP.Net,使开发者可以使用多种语言及 Visual Studio.Net 来快速构建网络应用程序和 Web 服务。随着相关的 Internet 标准及技术的普及,预计将会有越来越多的开发者采用这种模式进行应用系统的开发。

从层次上看,.Net 框架有三个主要组成部分：通用语言运行环境、服务框架（Services Framework）、两类上层应用模板——面向 Web 的网络应用程序模板和 Windows 应用程序模板（如图 5-15 所示）。

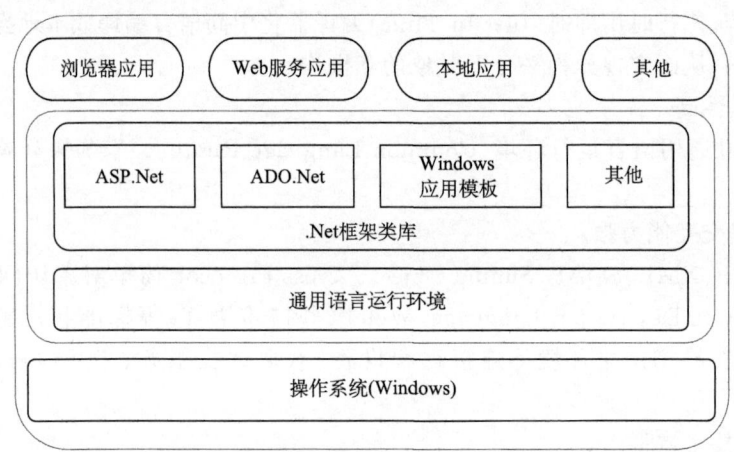

图 5-15 .Net 框架

通用语言运行环境是 .Net 框架的基础,负责内存分配、启动和中止线程及进程、强化安全系数、调整相关组件的附件配置,是每个应用程序必需的一种环境。

通用语言运行环境之上为服务框架,主要为开发者提供各种可扩展类库。

在服务框架之上是被称为 ASP＋的层,是用 .Net 框架提供的类库构建的,提供各种 Web 应用程序模型,开发者可以直接使用 ASP＋的控件集和应用程序模型构造 Web 应用程序。ASP＋还提供了诸如会话状态管理和进程循环等基本结构服务,进一步减少了程序编写量,并使可靠性大幅度提高。

(3) .Net 企业服务器

.Net 企业服务器用于集成和管理所有基于 Web 的企业应用系统,为企业开展电子商务提供高性能的服务。

(4) 模块构建服务

模块构建服务(Building Block Services)是 .Net 平台中的核心网络服务集合,主要提供 Internet XML 通信、Internet XML 数据存储空间、Internet 动态更新、Internet 日程安排、Internet 身份认证、Internet 目录服务和 Internet 即时信息传递等服务。

(5) Orchestration

Orchestration 是一种基于 XML 的面向应用的自动化处理和集成技术,目标是使用户或企业的事务能够交互、动态、可靠地进行下去。

(6) Visual Studio.Net

Visual Studio.Net 是基于 XML 的编程工具和环境,可使开发者快速开发出符合 .Net 体系的应用软件服务,并使各环节的数据传送更加容易。

3. 基于 Web Service 思想的分布式 GIS 结构

.Net 框架的核心是服务,即 Web Service。Web Service 以其突出的优点,几乎可以应用到任何场合。其中最为重要的用途可以分为三类:

(1) 允许经由 Internet,以可编程的方式访问各类应用程序。

(2) B2B(Business-to-Business)整合

Web Service 提供了一种被各大企业认可的技术,利用这种技术可以通过 Internet 将运行于不同企业组织中的软件连接起来。该技术以 XML 描述数据,以 WSDL 定义接口,以 UDDI(Universal Description Discovery and Integration,统一描述、发现与集成规范)找出可用的接口,以 SOAP 调用服务。

(3) A2A(Application-to-Application)整合

很多企业组织最困难的是如何将现有的应用程序连接在一起,这些程序往往是以不同语言在不同时间编写出来的,且运行于不同系统上。在 Web Service 技术出现之前,要将这些应用程序有机地整合为一个整体是相当困难的。Web Service 技术为这种整合提供了有效的解决方案,使得单一企业内部的应用程序能够横跨 Intranet 进行连接通信。

关于 Web Service 的其他内容,我们将在网格 GIS 一章中予以介绍。根据 Web Service 的技术特性及服务方式,这里给出一个基于 Web Service 的分布式 GIS 结构,如图5-16所示。

客户端的计算机通过 Internet 连接网络中提供 Web Service 接口的 GIS 应用程序。该 GIS 应用程序可能由一个 Web Service 提供,使其可通过 Internet 对分布在不同地点的空间数据进行访问。例如,图中所示的第 2 步展示的就是这个 GIS 的应用联系到一个特定的空间数据服务系统。这个动作再次发生在 Internet 上,意味着空间数据服务系统必须以 Web Service 的方式供 Internet 上的 GIS 用户(而非其他用户)访问。图中第 3 步实际上表明了同一组织内部不同应用程序之间的 A2A 整合过程,这一过程经由 Intranet 完成。

可见,通过 Web Service 不仅可以整合企业内部的不同应用系统,还可以通过 Internet 实现分布于不同位置的 GIS 应用系统之间的整合。

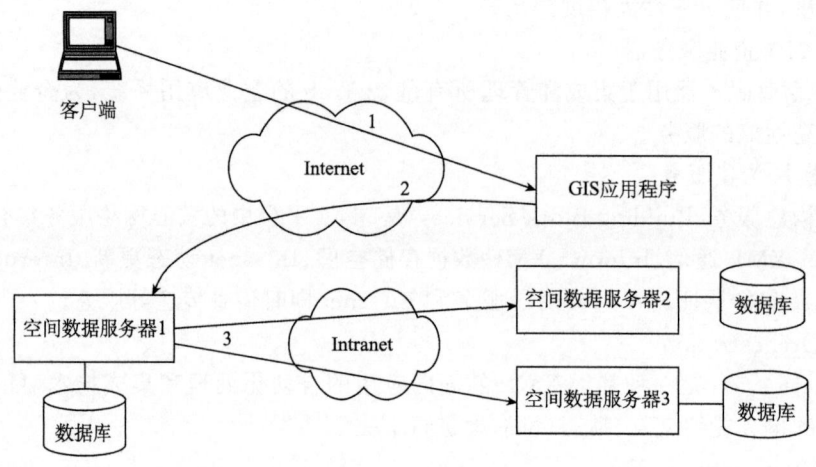

图 5-16 基于 Web Service 的 WebGIS 结构

§5.6　WebGIS 应用

CGI、Server API、Active Page、Plug-in、Java Applet、ActiveX 是 WebGIS 的几种常用设计与开发技术。本节以网上购房地图系统为例,简要介绍一个以 Java Applet 为基础开发的 WebGIS 应用系统。

1. 系统目标

随着我国城市化进程的加快,城市人口不断增多,带动住房需求越来越大。欲买房先看房,但由于楼盘众多、信息分散,致使购房者获取楼盘信息的时间较长,得到的信息量亦十分有限,从而不能很好地进行楼盘信息的对比。

基于 WebGIS 的网上购房地图系统的目标是为用户购房提供快速查询技术,使用户经由 Internet 便能从系统中查询到整个城市的楼盘信息和相应的楼盘辅助信息,并通过对购房地图进行缩放、漫游、距离及面积量测、属性查询、公交查询和分析等基本的 GIS 操作,快速掌握房产信息。这样的一个系统特别适合于大中小城市政务网的信息发布,能为政府部门日常办公和城市居民的生活提供便利。

2. 系统结构

系统以 Java 技术为主进行设计和开发,采用三层结构组织,分别为 Applet 客户端、Servlet 中间逻辑层和数据层,服务器端采用 Java Servlet 技术作为中间件,进行 GIS 数据的管理和更新。系统的结构如图 5-17 所示。

(1) 客户端

客户端采用 Java Applet 与 GIS 服务器进行交互,接收和显示从服务器端下载到本地的数据,实现对地图的操作,响应用户的操作请求,主要包括:

1) 用户界面

为用户提供查询楼盘等信息的操作界面。

2) 地图显示

显示与渲染地形图、道路交通图、河流水系图、楼盘分布图等地理数据。

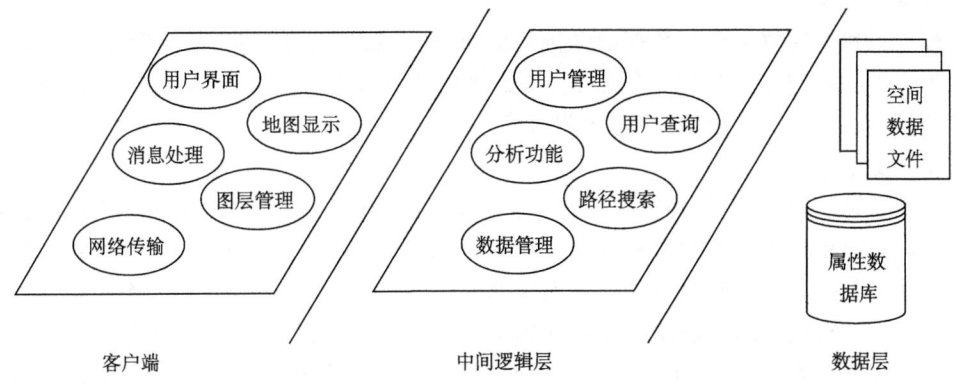

图 5-17 网上购房地图系统结构示意图

3）消息处理

处理用户与系统之间的交互消息。

4）图层管理

以分层的方式管理地理空间数据，并定义了一套系统内部使用的空间数据模型。

5）网络传输

客户端初始化时，从服务器上下载空间数据文件。

(2) Servlet 中间逻辑层

其作用相当于 GIS 服务器，处理用户的各种操作请求，维护各种空间和属性数据。主要功能包括：

1）用户查询

接收并处理用户提交的查询请求，将查询结果返回给客户端。用户可以进行两个方向的查询，即从地图到属性的查询和从属性到地图的查询。前者是指通过在地图上选择一个点位来获取其属性信息（如楼盘详细介绍、电话号码、照片等）；后者是指用户可以按多种方式（如楼盘所在区域、房型、房价等）对楼盘信息查询条件进行限定，以快速查到符合自己要求的楼盘信息集合，并将所得满足条件的查询结果在地图上定位显示。

2）路径搜索

道路交通是否便利是购房者选房的一个重要影响因素。路径搜索主要包括最短路径搜索和公交分析。最短路径搜索是指用户可以通过在地图上选择两点，分析得到两个位置之间相互可达的最短路径；公交分析是指用户可以通过地图选择两个公交站点和适当优先级别（如时间优先、道路等级优先、换乘次数优先等），分析得到两个公交站点之间通过公交到达的最优方式，亦即为用户提供公交站点之间的最佳乘车方案。

3）用户管理

完成用户身份验证、用户信息编辑和权限设置等功能。

4）空间分析功能

为用户提供基本的 GIS 空间分析功能。例如，用户可以通过使用缓冲区分析来统计某楼盘周围一定范围内的城市相关基础设施（如医院、学校、商店等）情况，以便对楼盘的综合居住环境进行评估。

5）数据管理

对空间和属性数据进行数据的维护和更新，提供数据管理模块，系统管理人员可以根据最新的实测数据对楼盘的空间位置、楼盘销售和建设情况、房价、房型等进行修改、更新，为购房者提供及时、最新、有效的购房信息。

（3）数据层

为便于管理和维护，特别是为了及时获得其他部门的相关数据（如环境数据、道路交通数据等），本系统中的空间数据以文件形式存储，属性数据以 SQL Server 组织和管理，属性数据与空间数据之间通过楼盘等实体的 ID 进行关联。在系统对外发布的信息中，空间数据采用了自定义的二进制压缩形式的 ZIP 文件，从而有效地减少了数据量。

空间数据主要包括 1∶10000、1∶2000 和 1∶500 三种比例尺的地形图、道路交通图、河流水系图以及楼盘分布图等。空间数据采用分级和分层的形式进行组织，为用户浏览提供最佳的视觉效果。属性数据主要包括楼盘相关的各种信息，如楼盘价格、房型、规模、位置、售楼电话、简介以及楼盘照片等。

3. 系统运行

系统以 Java 为基础设计开发，充分利用了 Java 在客户端和服务器端的各种技术及配置方案。

1）服务器端运行环境：① Java 开发软件包：J2SDK 1.4.1；② Web 服务器：Tomcat 4.1；③ 数据库管理系统：Microsoft SQLServer 2000。

2）客户端运行环境：① Web 浏览器：Microsoft IE 6.0，NetScape Navigator 或其他 Web 浏览器；② Java 运行环境：JRE 1.4 或以上版本。

图 5-18 所示为系统运行后在客户端产生的主界面。

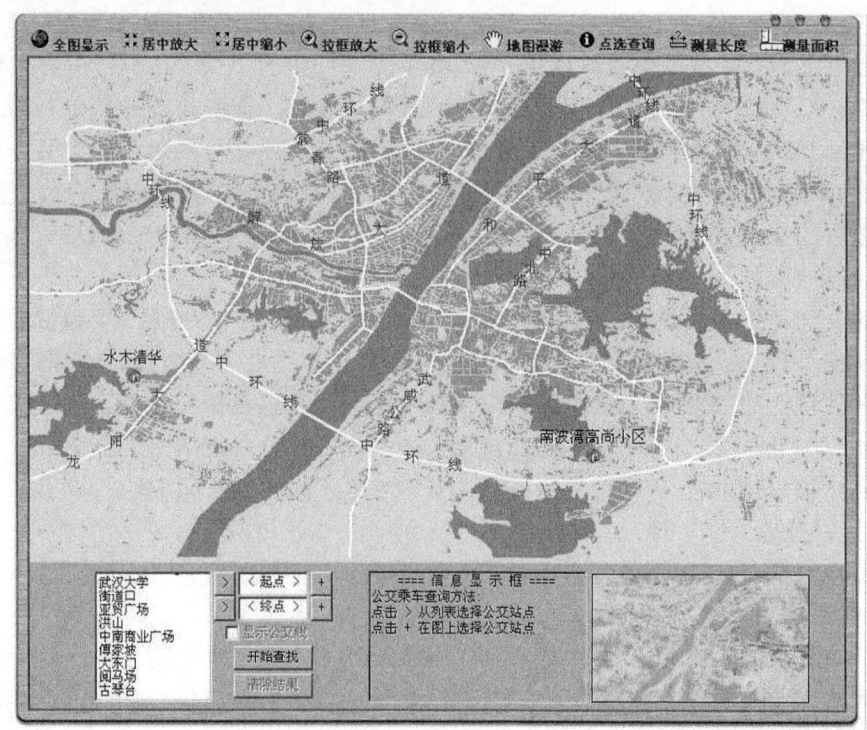

图 5-18　网上购房地图系统的客户端运行界面

在客户端界面上实现的几个与图形操作有关的功能的简要说明：

(1) 漫游及缩放

实现地图的中心放大、中心缩小、中心移动、任意中心放大、任意中心缩小、全图显示及平滑漫游等功能，还可以实现无缝、无刷新的视觉效果，便于用户对楼盘进行快速浏览和定位。

(2) "鹰眼"功能

图中右下角显示的是地图的缩略图，用户可以在缩略图上移动当前视窗所处的地理位置。在局部区域图上进行缩放及移动的效果也能在缩略图上得到反映。

(3) 地图分级显示功能

图形缩放时，可以根据当前视窗情况，调整地图的显示比例、地图要素的显示层数和相应层中信息量的疏密关系，以获得最佳的地图显示效果和漫游速度。

(4) 图层控制功能

可以根据需要，通过复选框来选择需要显示或关闭的图层。

(5) 道路自动标记与追踪功能

道路自动标记与追踪是指道路的注记可以按该条道路在地图显示窗口中的位置及在当前地图视窗中的形状和大小来对注记的显示位置进行动态调整，实现路名随路走，确保标注的内容始终在可视范围之内。

(6) 量测功能

即时获取地图窗口中某个实体目标（如一段折线、一个多边形）的长度和面积数据。

4. 技术改进

在实用中发现，Applet 代码在网络上传输的速度和客户端初始化的速度均较慢，而一般的网页浏览等待时间不超过 7s。为了提高地图数据传输速度，减少代码量显得尤为关键。同时，过长的初始化时间还会失去很多的浏览用户。所以，在系统开发中，技术人员专门编制了一种矢量数据格式，并进行了 ZIP 压缩，还设计了一种有效的地图数据传输方式。除了采用比较常用的"动态数据分级下载"技术，还在编码上作了优化，并使用 Java 多线程技术，实现了客户端多线程同时下载，极大地缩短了地图初始化时间和数据传输时间。

当所有的地图数据下载完毕后，必须在 Applet WebGIS 中进行存放和管理。如何设计一个简单、高效的内存空间数据模型也是影响系统性能的一大要素。本系统在设计时借鉴了开源的 GeoTools 库的设计思路，采用面向对象方法，设计了点、线、面、注记等几种基本几何对象，并抽象出了一系列的 SimpleLayer、ShapeLayer 等类来对这些对象的集合进行分层、分级管理。

经过技术改进所实现的系统具有下列优点：

(1) 操作速度快

初始化速度快，加之大部分 GIS 操作（如地图缩放、漫游、查询等）均在本地由客户端软件完成，因此系统响应速度很快。

(2) 服务器和网络传输负担轻

由于服务器仅提供 GIS 数据服务，同时服务器和客户端之间仅进行一次经过压缩处理后数据的传输，因此极大地减轻了服务器和网络传输的负担，使多用户并发操作的效率得以保证。

习 题 五

一、填空题

1. WebGIS 在结构上采用_____模式,它的核心是将 GIS 的功能嵌入到_____和_____标准的 Internet 应用体系中,实现 Internet 环境下的地理信息管理与处理。
2. 从软件角度看,WebGIS 的客户端主要由_____组成,服务器端主要由_____组成。
3. 在基于中间件技术的 WebGIS 中,GIS 服务器包含了由多个中间件组成的_____。
4. XML 与 HTML 的主要区别在于:HTML 侧重于描述 Web 页面的_____,而 XML 着重于描述 Web 页面的_____。
5. GML 是 XML 在 GIS 中的重要应用,它以_____模型为基础使用_____来描述实体。
6. SVG 是利用 XML 来描述_____的一种标准,由_____、_____、_____三个基本部分组成。
7. KML 在很多方面与 SVG 很类似,不同的是在 SVG 中的画布是二维的计算机屏幕,而 KML 中则是_____。
8. GeoVRML 以_____为基础来描述地理空间数据。
9. CGI 技术是最早的 WebGIS 实现技术,它有两种程序调用方式:一种是_____;另一种是_____。以 CGI 方式生成的客户端浏览器的图形表达形式是_____。
10. 与 CGI 不同的是,ISAPI 不能作为一个执行程序单独运行,只能以_____的形式依附于特定的 Web 服务器,但它的执行效率比 CGI 方式更高。
11. GIS 插件可直接处理来自服务器的_____,并生成符合浏览器显示格式的数据。但插件本身需要通过网络先从服务器下载再安装在本地客户机上。
12. GIS 的 ActiveX 控件能与 Web 浏览器无缝地结合在一起,能应用于任何支持_____的 WebGIS 应用系统中。
13. 利用 Java 技术开发 WebGIS 主要有两种方法:一种是_____;另一种是_____。
14. J2EE 规范所定义的应用组件有四种:_____、_____、_____、_____。基于 J2EE 技术的 WebGIS 多采用软件组件技术进行设计和开发。
15. 基于 DCOM 的 WebGIS 一般将复杂的 GIS 任务分为三个层次的逻辑:_____、_____、_____。
16. 基于 CORBA 的 WebGIS 的体系结构一般分为三层:_____、_____、_____。
17. Net 提供了在异构的网络环境下连接_____、获取_____、交互_____的编程界面。

二、单项或多项选择题

1. WebGIS 是基于网络的 GIS,它的体系结构及其对空间信息处理的模式均与单机 GIS 有本质不同。下述选项中的(   )是 WebGIS 经常采用的计算模式。
   A. 并行计算模式   B. 客户/服务器计算模式   C. 浏览器/服务器计算模式   D. 集中计算模式
2. 自服务器向客户端发送一段能运行在客户端上的 GIS 程序,由该程序负责处理用户的某些简单请求。这种方式的 WebGIS 属于(   )。
   A. 动态 WebGIS   B. 基于中间件的 WebGIS   C. 主动式 WebGIS
3. 下列中的(   )是 WebGIS 信息传输与处理的必备基础。
   A. TCP/IP   B. GML   C. XML   D. HTTP
4. 下列技术中,(   )不是中间件技术。
   A. CORBA   B. EJB   C. DCOM   D. HTML
5. 根据 TCP/IP 和 HTTP 协议,在 Internet 支持下,WebGIS 以(   )作为统一的客户端浏览器。
   A. 标准 HTML 浏览器   B. 支持 ActiveX 的浏览器   C. 支持 Java Applet 的浏览器   D. 所有浏览器
6. 用户想通过 Web 浏览器中的插件来浏览三维地形图。要实现这一功能,应该选择(   )来对地理空间数据进行描述。
   A. XML   B. GML   C. SVG   D. GeoVRML
7. WebGIS 充分利用已有的各种空间信息资源,支持地理上分布存储的多种来源和格式的空间数据,其优点主要表现为有利于（　　）。
A. 数据维护和更新　　B. 平衡系统负载　　C. 提高存取速度　　D. 提高数据安全性

8. 以 CGI 方式实现的 WebGIS 在浏览器上显示的是（　　）。
A. 动态图像　　B. 静态图像　　C. 矢量图形　　D. 地图的各种参数

9. 基于插件（Plug-in）技术的 WebGIS 可以在客户端实现（　　）。
A. GIS 所有功能　　B. GIS 基本功能　　C. 与平台无关的空间信息服务　　D. 资源共享

10. 下列中的（　　）不是 ActiveX 技术的优点。
A. 软件复用能力强　　B. 支持多种 GIS 数据　　C. 运行速度快　　D. 跨平台

11. Java Applet 技术和 GIS 技术的结合可以使 WebGIS 的功能实现与平台无关。这里的"平台"主要是指（　　）。
A. 客户端操作系统　　B. 服务器端操作系统　　C. 编程语言　　D. 编译环境

12. 分布式体系结构的 WebGIS 是指通过高速互联网把分布在不同地理位置的各种设备连接起来形成的高性能 GIS。这里的设备主要包括（　　）。
A. 数据处理设备　　B. 数据采集设备　　C. 数据存储设备　　D. 网络连接与传输设备

三、判断题

1. WebGIS 主要是一种以服务器为核心的网络 GIS，因此对服务器的性能要求较高。
2. WebGIS 中的客户机实质上就是各种形式的计算机和网络通信设备。
3. WebGIS 的分布式计算模式可以消除"信息孤岛"，有助于形成广泛的数据共享环境。
4. 实现 WebGIS 只需严格遵循 Internet 的各种通信协议和规范。
5. 利用高级语言编写的 CGI 程序只能实现有限的 GIS 功能，但它对客户端的要求也很低。
6. 基于 ISAPI 模式的 WebGIS 可以同时响应多个请求，并为每个请求产生独立的进程。这些进程之间不会竞争系统的资源。
7. 在 GIS Plug-in 模式中，如果客户端不能识别所请求的数据类型，则本次请求失败。
8. 不论采用何种语言编写的 GIS ActiveX 控件，均能被当今的主流浏览器支持，这表明 GIS ActiveX 控件具有相当强的软件复用能力。
9. 利用 Java 开发 WebGIS 可以实现"一次编程、随处运行"的目标，但是对于大型的 GIS 应用，系统的运行效率并不高。
10. 在基于 DCOM 技术的 WebGIS 运行过程中，所有的分布式组件都会被自动地转移到本地实现。
11. CORBA 将中间件技术引入其体系结构中，CORBA 对象之间的交互必须经由中间件才能完成。
12. 遗留系统在 CORBA 中被封装成可由应用系统访问的 CORBA 对象，这将解决新老系统共存的问题。
13. 在 .Net 环境下，无论何时何地，用户都能获得 .Net 所提供的各种服务和资源。
14. .Net 和 J2EE 都可以用来设计 WebGIS，这是 Microsoft 提出的两种十分重要的规范。
15. 从 WebGIS 的应用和其他相关技术的发展水平看，WebGIS 今后主要用于信息的发布。

四、简述题

1. 什么是 WebGIS？和传统的 GIS 相比，它有什么特殊之处？
2. 举例说明 WebGIS 技术的应用领域和应用前景。
3. WebGIS 有哪些应用服务模式？
4. 简述 WebGIS 的分类和特点。
5. 简要回答 HTTP 和 TCP/IP 在 WebGIS 中的作用。
6. 解释 XML、GML、SVG、KML 和 GeoVRML 之间的区别。
7. 简述设计 WebGIS 时应该遵循的主要原则。
8. CGI 方式有何特点？它所产生的图形并不能直接用于分析，但为什么不少 WebGIS 仍然采用这种技术？
9. 简述 ISAPI 模式下的 WebGIS 请求-响应过程。
10. WebGIS 具有与平台无关的特点，但基于 Plug-in 模式的 WebGIS 却与平台相关。请解释这种情况。
11. 为什么说 Java 语言具有很强的软件复用和跨平台性能？

12. 阐述基于 Java Applet 的 WebGIS 体系结构，分析客户端负载较重的原因。
13. 简述 J2EE 技术的主要特点。为什么它能较好地实现负载平衡？
14. 什么是 EJB？给出一个基于 EJB 技术的 WebGIS 结构。
15. 简述 DCOM 在分布式信息处理中的优点，它应用于 WebGIS 中时能解决哪些问题？
16. 简述 CORBA 的主要特点，举例说明基于 CORBA 的 WebGIS 体系结构及请求–响应过程。
17. 简述 .Net 的体系结构，举例说明在 WebGIS 中如何使用 .Net 技术。
18. 分析比较 .Net 和 J2EE 两种技术的特色。

五、论述与设计题

1. 分别以 GML、SVG 和 KML 设计描述点、线、面的程序，并说明其描述方法。
2. WebGIS 技术发展很快，并已从有线领域延伸到无线领域。基于无线通信的移动 GIS 也多采用 WebGIS 的技术方法及体系结构。请根据通信技术、网络技术、数据库技术以及计算技术的发展情况论述 WebGIS 将如何引入这些技术，在哪些方面可能取得突破？
3. 假定要设计一个基于 Internet 的城市地理导航系统，以使人们在世界任何地方都能预先知道目的地的有关情况。围绕系统所涉及的数据类别、数据模型、数据结构以及系统目标与功能、系统的组织、系统的实现流程等进行分析与设计，并解决以下问题：
   (1) 系统需要哪些地理空间数据？应该采用什么样的手段来组织和管理这些数据？
   (2) 考虑到系统以后的维护与扩展，在数据设计方面还需要做哪些工作？
   (3) 如果需要发布公交换乘方面的信息，应该对现有的数据进行哪些处理？
   (4) 为满足人们驾车出行时获得最佳路径服务的需要，系统应如何实现？

第 6 章　移 动 GIS

　　GIS 经历几个阶段的发展后,已与无线互联网技术结合,这种结合使得移动用户能够随时随地通过无线接入方式上网,完成以前只有在办公室或家里才能完成的工作,实现"在移动中办公"、"在移动中获得空间信息服务"。当前,移动智能终端与无线互联网相结合的技术已经成功地应用到人们生活和社会经济发展的各个方面。同时,与这些移动智能终端相配套的 GPS、GSM 等外围设备,进一步拓宽了移动智能终端的应用领域。移动智能终端、GPS、无线互联网等新技术与 GIS 的结合将极大地丰富 GIS 理论和技术,拓展 GIS 应用领域。国际 GIS 界将 GIS、GPS 和无线互联网一体化的技术称为"移动 GIS"(Mobile GIS,MGIS)。移动 GIS 所具有的信息处理智能化、信息服务个性化、信息来源多样化、位置服务动态化等优点正在改变着人们的生活和工作方式。

　　本章主要介绍移动 GIS 的基本概念、组成和特点、无线互联应用协议(WAP)及基于 WAP 的移动 GIS 开发技术。

§6.1　空间移动服务

　　随着无线互联网技术的日臻成熟,越来越多的无线互联应用开始进入人们的生活。如果说现有的 Internet 拉开了人类应用 Internet 的序幕,那么无线互联则正在开创 Internet 产业的一个新时代。

　　移动用户通常迫切想知道其时所处环境的信息,比如"我在哪儿"、"我附近是什么"、"我怎么能快速到达目的地"、"我要找的人现在何处"等。如何提供这类服务,是移动服务提供者要回答的问题,于是基于位置的服务(Location Based Service,LBS)和移动位置服务(Mobile Location Service,MLS)应运而生。LBS 和 MLS 定义了未来空间信息服务和移动位置服务的蓝图,即当用户与现实世界的一个模型交互时,在不同时间、不同地点,该模型会动态地向不同的用户按需提供具有个性化、智能化、多样化的空间移动服务。

　　空间移动服务技术主要包括 GIS、遥感(Remote Sensing,RS)、全球定位系统(Global Positioning System,GPS)、移动通信、惯性导航(Inertial Navigation System,INS)、互联网通信等技术。除标准的大地坐标位置这一典型的空间数据外,以符号、文字或数字等形式出现的移动用户的地址、电话号码、服务区位置,乃至于拥有车载单元或手持移动终端的车辆及其使用者的实际位置,都包含有与地理空间位置相关的大量信息。LBS 和 MLS 正是通过对这些数据或信息进行深入加工,才实现为用户提供高效空间移动服务的目的。

　　当前,遥感卫星技术所获取的遥感信息具有厘米到千米级的多种尺度,如 63cm、1m、3m、4m、5m、10m、20m、30m、60m、120m、150m、180m、250m、500m、1000m 等多种分辨率,重访周期从 1 天到 40~50 天不等。而 GPS 所具有的全球性、全能性、全天候性的导航、定位、定时和测量优势也必然会在空间移动服务中得到深入应用。

无线网络技术摆脱了线缆约束,实现随时随地的无线接入。在移动通信领域,无线接入技术可以分为两类:一是基于数字蜂窝移动电话网络(Cell Phone Network,CPN)的接入技术,目前已有 CDMA、GPRS、GSM、TDMA、CDPD、EPGE 等多种无线承载网络;二是基于局域网的接入技术,如蓝牙(Bluetooth)、无线局域网(Wireless LAN,WLAN)等技术。

全球移动通信(Global System for Mobile communication,GSM)是 1992 年欧洲标准化委员会统一推出的标准,它采用数字通信技术和统一的网络标准,使通信质量得以保证,在此基础上可以开发出更多的新业务供用户使用。相对于模拟移动通信技术,GSM 属于第二代移动通信技术,所以简称为 2G。截至 2008 年年底,全球的 GSM 移动用户已经超过 30 亿,覆盖了近一半的人口,GSM 在世界数字移动电话领域所占的比例已经超过 80%。我国的 GSM 网基本上覆盖了全国,拥有 6.41 亿以上的 GSM 用户,成为世界第一大运营网络,目前的主要服务项目是话音业务和短信息服务。

在 GSM 网的基础上,中国移动正在建设的通用无线分组业务(General Packet Radio Service,GPRS)是一种基于 GSM 系统的无线分组交换技术,以"分组"的形式传送数据,提供端-端的、广域的无线 IP 连接。它是在 GSM 基础上发展起来的介于第二代移动通信和第三代分组型移动业务之间的高速数据通信与处理技术,所以通常称为 2.5G。它的网络容量只在需要时分配,不需要时就释放,这种发送方式称为统计复用。目前,GPRS 移动通信网的传输速度可达 115Kbps。

中国联通也在建设 2.5G 的 CDMA 网络。CDMA(Code-Division Multiple Access,码分多址)是数字移动通信发展进程中出现的一种先进的无线扩频通信技术,它能够满足市场对移动通信容量和品质的高要求,具有频谱利用率高、话音质量好、保密性强、掉话率低、电磁辐射小、容量大、覆盖范围广等特点。CDMA 最早由美国高通公司推出,近几年由于技术和市场等多种因素的共同作用得以迅速发展。

宽带 CDMA 技术是第三代移动通信(3G)的首选技术,目前关于 3G 的国际标准有 WCDMA、CDMA2000 和 TD-SCDMA。需要说明的是,TD-SCDMA 是我国拥有自主知识版权的第三代移动通信标准,也是我国电信领域的第一个国际标准。我国政府对 TD-SCDMA 标准的支持,再加上此前国家在划定 3G 频段时对 TD-SCDMA 技术的倾斜,以及国家有关部门公开表示为其投入大量资金的举措,可以预见不久的将来这一标准将在我国的 3G 市场中占据重要的位置。

以上这些技术的发展将为移动 GIS 更好地实现空间移动服务提供强有力的技术保障。

§6.2 移动 GIS 概述

6.2.1 概　　述

基于工作站的 GIS 与单机/固定网络 GIS 是传统 GIS 的主要构造模式。从组件 GIS 到 WebGIS,虽然都具有各自的优点,如组件式 GIS 的高效无缝集成、不依赖于专业 GIS

开发语言等特点,以及基于 Client/Server、Browser/Server 模式的 GIS 具有的多源数据共享和跨平台操作等特点,它们使得传统 GIS 技术日趋完善。然而,无线技术的飞速发展及其在 GIS 领域的不断渗透,使得单机、固定网络的 GIS 面临极大的挑战。网络技术、空间信息技术、无线通信技术、多媒体技术和虚拟现实技术的结合,使得无线、移动 GIS 的产生成为必然。

1996 年,美国联邦通信委员会(FCC)曾颁布规定,要求移动运营部门为手机用户提供应急特号码服务,使之能够定位呼叫者以便为用户提供及时的救援。这实际上就是位置服务的开始。此后日本、德国、法国、瑞典、芬兰等国家纷纷推出各具特色的实用位置服务系统。这也说明,高速发展的移动通信技术带给我们的不仅是日益完善的无线信息基础设施和功能越来越强大的移动通信和计算设备,更重要的是它正在改变我们的生活和工作方式。这其中包括全新的空间信息服务和应用模式——移动地理信息服务(Mobile Geographic Information Service),它是移动通信技术与传统的空间信息技术相结合的产物。其中,空间信息技术可为广大移动用户提供丰富的基于位置的空间信息服务,移动通信技术则为移动地理信息服务提供良好的承载平台。但是两者的结合绝不是简单的累加,移动通信技术将在空间信息服务领域找到新的发展空间和应用模式,空间信息服务也将在无线平台上衍生出新的服务,而不仅仅是简单的转换运行平台。世界上约 80% 的信息都与空间位置直接或间接相关,移动用户对空间位置尤其敏感,而移动 GIS 正是以空间位置为核心的信息服务系统,这预示着两者的结合是应用发展的必然趋势,并且两者都将在这一结合中找到自己全新的发展空间。

一般将掌上电脑、个人数字助理(PDA)和个人信息管理(Palm PC)、便携式计算机等移动电子设备称为移动智能终端或移动计算设备。这些移动计算设备所处的环境称为移动计算环境,它们是一种以无线网络为主的、使用户无约束自由通信和共享资源的分布式计算环境。其应用领域十分广阔,可以应用到军事、国防、智能交通、信息家电、工业控制、环境工程等多个领域。目前,国内外都在积极考虑和规划将 GIS 的部分功能移植到小巧灵活的移动设备上,即实现移动 GIS 在嵌入式操作系统上的应用。

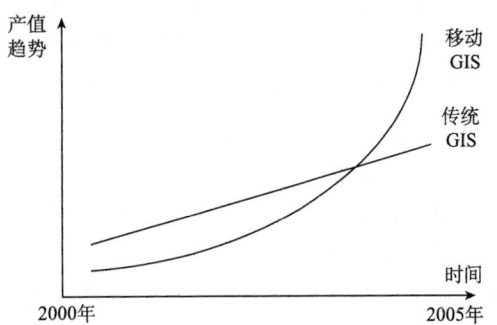

图 6-1 移动 GIS 与传统 GIS 的产值与时间关系

据部分学者估计,移动 GIS 与传统 GIS 的产值与时间关系呈现出图 6-1 所示的情况。据预测,随着全球 3G 热潮的到来,到 2014 年,全球 LBS 产值可望达到 140 亿美元。我国的移动定位技术渐趋成熟,部分产品已投入使用。随着越来越多的人认识到移动 GIS 的潜在价值,将促使各种技术及领域的紧密融合,有力地推动移动 GIS 实用化进程。

6.2.2 移动 GIS 的发展

1. 移动 GIS 的产生

对移动 GIS 的研究始于 20 世纪 90 年代初期。当时从事这一研究的大多为国外一些对野外作业人员进行管理的专业部门(如电力、自来水等公司),其目的主要是便于作业人员与公司总部通信以及公司管理。这些部门试图通过移动 GIS 使室内外办公相结合,利用无线网络实现数据的及时更新,并将数据传回公司的 GIS 中,达到提高管理效率、降低管理成本的目的。

早期的移动 GIS 解决的问题主要是数据双向通信以及数据管理,以便获取即时的简短信息、发布工作信息等。此时对移动 GIS 的功能要求还比较弱,系统的结构和功能大多依赖于公司的业务需求,并兼顾已有的 GIS 及其他软硬件环境。实际上,移动 GIS 是以现有的 GIS 作为后端管理系统,从中获取各种空间与非空间数据,并与移动 GIS 用户之间进行数据交互的。

这一时期的移动 GIS 通信传输方式也有多种形式,如基于 GSM 蜂窝电话的数据通信、基于个人移动电台(Private Mobile Radio,PMR)的数据通信等。通信连接主要有直接连接和室外架设天线两种方式。

早期的移动 GIS 功能还不强大,受到许多技术上的限制,应用范围比较狭小,且专业性强,移动终端对移动环境的要求较高。

2. 移动 GIS 发展中期

20 世纪 90 年代中期以来,计算机软硬件发展迅速,电子移动终端不断涌现,GIS 本身的理论和技术也有了较大的发展,特别是 GPS 的实用化,促使移动 GIS 进入了 GIS 和 GPS 结合的发展阶段,其应用面得以极大拓宽,涉及的行业应用也更为广泛,各种与移动计算相关的行业都试图利用移动 GIS 进行移动办公。这时的移动 GIS 主要被用作室外移动办公的辅助工具,典型的应用领域包括:图像导航、环境调查、国土资源调查等。

在图像导航应用方面,国外学者利用移动 GIS 实现了基于图像导航的多功能 3D 虚拟现实系统。在他们的移动 GIS 里,利用地磁仪、旋转仪及差分 GPS(DGPS)测出大致的方位角及位置坐标,然后利用图像系统分析并用地面标识线计算出数码相机的精确位置及方位,系统自动检测以上数据后,利用空间数据库的 3D 模型进行图像实时覆盖,从而实现基于图像导航的多功能 3D 虚拟现实。

在环境调查方面,利用移动 GIS 进行野外环境资源的调查及监测。野外作业人员通过数字化仪器进行环境数据的实时监测与采集,以供环境监测与评价。

在国土资源调查方面,移动 GIS 以掌上电脑(内核采用 Windows CE)、GPS 以及数码相机等为工具完成数据的采集和处理。它可以搜集被调查区域的最新数据资料,对国土资源信息进行观测和观察,并进行空间数据的掌上矢量化,最后在室内完成移动 GIS 数据的整合及更新处理。

这一时期的移动 GIS 利用 GPS 技术进行各种资源调查,数据精度基本满足要求。但也存在诸多不足,特别是在城市区域或地势切割很深、山体坡度陡峻的情况下问题会比较突出,因为卫星信号易被高大建筑物、树木或山体阻挡,在城市中还会受到交通和通信工具的干扰。

3. 移动 GIS 发展现状

随着无线通信技术的发展,特别是 Web 技术的普及应用,使无线通信技术与 GIS 技术以及 Internet 技术的结合成为现实,从而形成一种新的技术——无线定位技术(Wireless Location Technology),也随之衍生出一种新的服务,即空间位置信息服务(LBS)。

LBS 是一种将通信与 GIS 进行整合的技术,是当前移动 GIS 的主要应用方向之一,其目标是真正实现 GeoInformation for Anyone、Anything、Anywhere、Anytime。然而,目前的主要传输网络还是数字蜂窝移动电话网络,采用基站与客户端通信的方式。由于受到传输网络和周围环境的影响,移动 GIS 的数据传输速率较低,信息质量也不高,同时客户端的小型化使得处理大量数据和进行大型的数据运算受到限制。移动 GIS 将会随着新技术和网络传输标准的出现获得更大的发展空间。

虽然移动 GIS 的出现只是近十几年的事情,但是由于用户需求增长很快,目前各主要 GIS 企业均提供了自己的解决方法。例如,ESRI 的 ArcPad 是一种运行于 PDA 上的移动客户端软件,可用于快捷地采集现场数据,并提供实时数据校正功能;Autodesk 的 MapGuide Onsite 可满足不同层次移动用户的需要,它主要由两部分组成:运行在 Windows CE 上的客户端程序 Onsite View 以及为其处理二维 DWG 和 DXF 数据文件的桌面应用程序;MapInfo 的 miAware 是为基于位置服务而提出的移动处理技术,可用来创建 LBS 服务平台,提供简洁、一致、灵活并且可扩展的 XML 环境,它由 MapInfo 核心技术、XML、API 以及一系列与位置服务相关的功能模块组成。

4. 移动 GIS 发展前景

移动通信与网络技术的高速发展及相互融合,使移动 GIS 的移动环境发生了极大的变化和改善,也使移动 GIS 向"以四大无线通信网络为核心支持"转变。可以预见,在不久的将来,移动计算将逐渐成为主流计算环境,这一趋势将使得移动 GIS 在辅助野外工作方面(如野外数据采集、测量成图、设备巡测、水情勘探等)发挥出巨大效能。

新的移动通信标准的提出以及新的移动通信技术的应用将为移动 GIS 带来新的机遇和挑战,移动 GIS 将突破仅由无线通信网络作为传输媒质的限制,向着多元化、多途径的方向发展,并将在推动紧急救援、智能交通系统(Intelligent Transport System,ITS)、消防抢险等城市生命线工程建设和移动黄页查询、移动电话防盗打管理以及与位置有关的计费等个人服务方面起到重要作用。此外,蓝牙、无线局域网、红外线等多种移动通信方式及它们的相互结合也将进一步拓宽移动 GIS 的应用领域,为其带来更加广阔的发展前景。

§6.3 移动 GIS 组成与特点

6.3.1 移动 GIS 组成

移动 GIS 主要由无线通信网络、移动终端设备、地理应用服务器及空间数据库组成,如图 6-2 所示。

1. 无线通信网络

移动 GIS 的无线通信网络有以下几个方面:

1) 20 世纪 90 年代初期移动 GIS 刚形成时的个人移动电台(Private Mobile Radio,PMR);

2) GPS 卫星系统的通信网络;

3) 基于蜂窝通信系统的 GSM、GPRS、CDMA。

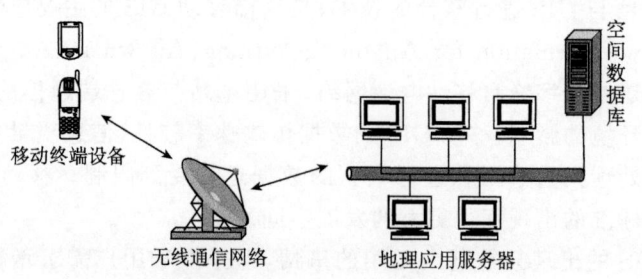

图 6-2 移动 GIS 组成结构

其中,以第三种蜂窝系统移动通信中的应用最为广泛,也是今后移动 GIS 运行的主要通信网络之一。

随着 IP 网成为基础网以及"三网(电信网、广电网、互联网)"融合技术的发展,Internet 在向宽带发展的同时也开始向无线移动方向发展。目前发展移动无线互联网主要是从蜂窝移动电话向移动数据业务演化,从第二代(2G)的 GSM(CDMA)移动通信经过 2.5G 的 GPRS(CDMA1X)向第三代(3G)的 WCDMA(CDMA2000、TD-SCDMA)演化。

2. 移动终端设备

移动 GIS 的客户端(移动终端)设备是一种便携式、低功耗、适合于地理应用,并且可以用来快速、精确定位和地理识别的设备。需求的多样性导致设备的多样化,这些设备包括便携式计算机、PDA、WAP 手机等,它们包括有显示屏、RAM 以及高速的处理器等部件,而且各自采用不同的操作系统,较流行的如 Windows CE、Palm OS、EPOC 等。除了以上移动设备外,还有定位精度高而费用昂贵的手持 GPS 机等。

移动 GIS 的应用是基于移动终端设备的。随着科技的进步,移动通信服务也由以前简单的通话、短信业务转变成移动位置服务、移动地理信息查询服务等。

3. 地理应用服务器

移动 GIS 中的地理应用服务器是整个系统的关键部分,也是系统的 GIS 引擎。它位于固定场所,为移动 GIS 用户提供大范围的地理服务以及潜在的空间分析和查询操作服务。地理应用服务器应具备以下作用和特征:

1) 提供高质量地图、数据下载及各种空间查询与分析等服务功能;
2) 能同时处理大量请求服务以及不间断的访问请求;
3) 能同时处理巨大数据集以及大数据量的应用请求,并在不中断操作的情况下增加处理能力;
4) 必须具有可扩展性能,以便适应今后用户数量的增加和新设备的接入;
5) 地理服务必须保证时刻都可获得,因此服务器必须稳定可靠,使用成熟的技术(如标准硬件)以及 GIS 和数据库管理系统(DBMS)软件配置,以保证其可靠性;
6) 移动 GIS 技术虽然还不成熟,但是发展迅速,因此所用的技术要尽可能地符合标准(如 XML 标准等),这样可以保证系统以后的兼容性及可扩展性。

4. 空间数据库

空间数据库用于组织和存储与地理位置有关的空间数据及相应的属性描述信息,移动 GIS 中的空间数据库往往被称为移动空间数据库,它是移动 GIS 的数据存储中心,并且能对数据进行管理,为移动应用提供各种空间位置数据,是地理应用服务器实现地理信息服务的数据来源。移动空间数据库在移动 GIS 中还充当了数据泵的作用,它使得移动设备可以和多种数据源进行交互,屏蔽固定网络环境的差异,优化查询条件,提供无线长事务处理,使整个移动 GIS 具有良好的灵活性和适应性。

6.3.2　移动定位技术

移动终端设备和无线通信网络构成了移动 GIS 的定位系统,通过这个系统可及时提供位置信息,供移动定位和数据下载预判等使用。现有的定位技术主要包括卫星定位技术、手机定位技术、惯性导航系统、射频识别定位技术等。

(1) 卫星定位技术

卫星定位技术是利用人造地球卫星进行点位测量的。目前我国的北斗卫星导航系统、美国的 GPS、俄罗斯的格罗纳斯(GLONASS)、欧盟的伽利略系统(GALILEO)并称全球四大卫星导航与定位系统。GPS 是美国从 20 世纪 70 年代开始研制并于 1994 年建成的卫星导航与定位系统,具有海、陆、空全方位实时三维导航与定位能力。GPS 由导航星座、地面控制站和用户定位接收机组成。导航星座由以 55°等角均匀地分布在 6 个轨道面上的 24 颗卫星组成,其中有 21 颗工作卫星和 3 颗备用卫星,卫星运行周期为 12 小时/转,3 颗卫星的覆盖区域已超过全球,从而保证全球各地用户至少可同时接收到 6 颗卫星播发的导航信号。地面控制站用于测量和预报卫星轨道并对卫星上的设备工作情况进行监控,为接收机提供卫星相对于地面的位置数据。GPS 具有全天候、高精度、自动化、高效益等显著特点,已出现在高端手机、笔记本电脑等电子产品中。但 GPS 存在易受干扰、动态环境中可靠性差以及数据输出频率低等不足,这在一定程度上限制了它的使用范围。

(2) 手机定位技术

移动通信系统是目前用户最多、覆盖范围最广的公众通信系统,因此可考虑使用手机这一普及率很高的终端设备提供定位信息。1996 年美国联邦通信委员会(Federal Communications Commission,FCC)要求公众通信网应提供定位服务。在移动通信网络中,早期采用的是基于基站代码的定位技术,它由网络侧获取用户当前所在的基站信息以确定用户当前位置,定位精度取决于移动基站的分布及覆盖范围。为提高定位精度,发展了基于蜂窝电话网络的三角运算定位技术,根据手机接收到不同基站发出的信号到达该手机的时间差来计算该用户所在位置,但在基站几何条件或覆盖条件差的地区,定位效果并不理想。当前较有代表性的手机定位技术是高通公司的 GPSone 技术,其利用全球定位系统和手机定位(CDMA 三角定位技术)进行混合定位,以弥补两种定位技术在不同定位环境中的不足。

(3) 惯性导航系统

惯性导航系统(Inertial Navigation System,INS)由惯性测量装置、控制显示装置、状态选择装置、导航计算机和电源等组成,它通过运载器上的惯性测量装置测量运载器的加速度,并自动进行积分运算获得运载器瞬时速度和瞬时位置。由于惯导的设备置于运载器内,工作时不依赖外界的信息,亦不向外界辐射能量,因此不易受干扰,保密性强,机动灵活,是一种自主式导航系统。但它存在误差随时间迅速积累的问题,导航精度随时间而发散,不能单独长时间工作,需不断加以校准。实际中,可结合 GPS 使用以弥补双方的不足。

(4) 射频识别定位技术

射频识别(RFID)定位技术也是值得关注的领域,主要用于停车场、滑雪场、高尔夫球场、码头货场等由用户自己布置在特定区域进行定位,类似的有红外、超声波、蓝牙和超宽带技术等室内无线定位技术。在这些区域的关键出入口等特定地点安放射频标签读写器之后,系统可以实时检测到带有 RFID 装置的物体所处的位置。RFID 定位不需要卫星或者手机网络的配合,其精度在于 RFID 读写器的分布,而读写器可以由用户自身根据实际需要进行设置,比较适合需要在特定区域进行定位的用户,具有较高的实用价值。

6.3.3 移动 GIS 特点

移动 GIS 与传统的 WebGIS 相比具有其自身的特点:

(1) 运行平台延伸

与 WebGIS 相比,移动 GIS 的运行平台已从传统的 Internet 延伸到了无线网络。无线定位技术与传统 GIS 的结合也产生了全新的 GIS 应用模式,使得地理空间信息在移动 GIS 中的核心地位更加突出。

(2) 分布式数据源

GIS 向无线平台的转移衍生了很多新的 GIS 应用,它们要求有分布式数据源的支持。例如,LBS 需要 GIS 实时提供最新的位置相关信息。由于移动用户的位置是不断变化的,需要的信息多种多样,因此任何单一的数据源都无法满足要求,必须有地理上分布的各种数据源。

(3) 终端的多样性

移动 GIS 的终端可以是传统的桌面 PC,但更多的是各种移动计算终端,比如移动电话、PDA、Pocket PC,甚至可能是专用的 GIS 嵌入式设备。终端的多样性意味着移动 GIS 服务需要有更灵活的定制能力和扩展能力以及开放的体系结构,以适应终端的多样性,并充分利用终端的信息表示能力。

(4) 信息载体的多样性

与传统的 WebGIS 相比,移动终端用户与服务器及其他用户的交互手段更加丰富,包括位置服务、视频、音频、语音、文本、图像、图形等,这意味着计算能力有限的移动终端需要处理更多类型的数据,如何合理地表现数据成为一个亟待解决的问题。

此外,移动 GIS 还具有移动环境下的一些特点:

(1) 移动性

移动 GIS 的终端可以自由移动,在移动的同时通过通信网络保持与固定节点(如地理应用服务器)或其他移动节点的连接。

(2) 频繁断接性

移动 GIS 终端经常会主动地接入(要求信息服务)或被动断开(网络信号不稳定等),从而形成与网络间断性地接入与断开。这种松散耦合连接方式要求移动 GIS 在不同情况下能随时重新连接,并且可独立运行。

(3)弱可靠性

由于移动终端属于远程访问系统资源,使得数据传输容易被盗用和侵害,从而带来一系列安全保障问题。

(4)非对称性

移动GIS终端不论是基于GPS还是基于GPRS/CDMA蜂窝通信,都存在着上行与下行的数据通信非对称性问题。

(5)资源有限性

虽然移动GIS终端设备具有多样性,但其电源能力是有限的;此外,通信网络的带宽以及移动设备的存储、计算等性能也是相当有限的。

(6)对空间位置的依赖性

通过无线网络进行通信的移动GIS要受到网络覆盖的限制,它所能提供的服务也仅限于此空间范围内的用户。

§6.4 移动GIS应用协议

无线互联网应用协议(Wireless Application Protocol,WAP)是移动GIS的主要通信协议,它是WAP论坛建立的工业标准,目的在于使网络运营者、设备供应者和应用提供者能够共同开发基于无线互联网的应用技术,推动无线互联网应用市场的发展。WAP 1.0于1998年正式发布,并在应用中不断完善,2001年推出的2.0版本是其第二代标准,并在最新的Internet技术发展基础上增加了适应高速无线网络应用的内容。目前,国际上移动终端上网的无线协议主要是WAP,另一个是日本采用的i-mode技术。

6.4.1 无线互联应用协议

为克服移动终端无线接入Internet的种种局限,让人们能够通过手持移动终端获得现有固定互联网所提供的服务,近几年来提出了不少有效的解决方案。一种是将移动终端当作功能简化了的PC机,这样,现有的Internet协议不需要做很大改动就可以直接使用,如基于Windows CE的终端采用的就是这种方案;另一种是制定新的协议,使其与现有的Internet协议兼容,更适合于移动终端和无线传输环境,WAP技术采用的则是这种方案。

为推进WAP的发展,1997年6月由Nokia、Ericsson、Motorola和Phone.com(当时的Unwired Planet)合作成立了WAP论坛,目的是为在移动通信中使用Internet业务制定统一的应用标准。WAP论坛成立之后得到业界的积极响应,设备制造者、电信运营者、业务提供者、软件开发者、内容提供者以及许多学者纷纷加入这一论坛。

1. WAP特点

WAP是开发移动网络上类似Internet应用的一系列协议规范的组合,它与现有的Internet协议非常相似,是专为小屏幕、有限存储容量、低处理能力的移动终端和窄带宽、长时延的无线传输环境量身定制的。

Internet上可以提供的WAP业务主要有三类:公共信息服务、个人信息服务和商业应用。公共信息服务包括为用户实时提供最新的天气、新闻、体育、娱乐、交通路况、股市行情等信息;个人信息服务报告个人在线号码簿的查询、收发 E-mail 和传真、电话增值业务等;商业应用包括移动办公和移动商务。移动商务包括股票交易、移动银行、网上购物、出行机票及酒店预定、旅游及行程路线安排等。

在 Internet 中,HTTP 协议用于发送大量的主要基于文本的数据,这样的内容很难有效地在带宽较窄、时延较长的无线环境中传输,也不适合在移动电话等小屏幕移动终端上显示,并且在固定互联网中的传输层安全协议也因时延较大而不适合在无线环境中使用。

为解决这些问题,WAP 对现有的 Internet 协议进行了相应地优化,主要表现在:

1) 使用压缩的二进制格式传输数据,以适应无线环境下较长的时延和较窄的带宽;

2) 定义了一种新的网页标记语言——无线标记语言(Wireless Markup Language, WML),解决在移动终端上显示网页内容和在网页之间切换等问题;

3) 针对移动终端计算能力和存储容量的限制,采用了一种相对简单的微浏览器(Micro Browser),尽可能少地占用移动终端的资源,同时让 WAP 网关承担更多的功能,将服务和应用尽量放在服务器端进行处理,即通过加强网络的功能来弥补移动终端本身的缺陷;

4) 会话层协议还可以处理无线覆盖不连续的问题,在承载层传输质量达不到要求时可先将会话暂时挂起,并在适当的时机自动恢复会话;

5) 对于现有 Internet 中的安全协议 TLS,根据无线应用范围的特点(无线通信、长距离、长时延、低带宽)增加了一些新的特性。

WAP 在设计时将应用同数据传输分开,使得应用与承载网络无关,同时支持附带有 WAP 微浏览器的移动终端。这使移动用户可通过多种移动终端访问 Internet。

WAP 也可以在 GPRS 上实现。GPRS 作为 WAP 的承载网络具有实时、高速、可按流量计费等优点,并且可以提供比基于电路交换和 SMS 更丰富的业务,可以更好地接入 Internet。

2. WAP 逻辑模型

WAP 提供了一套开放、统一的技术平台,用户使用移动设备可以很容易地访问和获取 Internet 上的信息。WAP 在考虑到移动终端和无线网络局限性的同时,充分借鉴了 Internet 的优点,并做了适宜性修改。具体地说,就是应用程序和网络内容用标准格式表示,在传输时采用一定的压缩编码格式以减少传输的数据量,移动终端上使用与标准浏览器类似的微浏览器,并用标准模式进行网上浏览。图 6-3 所示为 WAP 应用框架。

WAP 应用框架支持在不同的无线网络上方便高效地开发和运行 WAP 应用服务,该框架基于现有的 Internet 技术,其逻辑模型也充分借鉴了 WWW 的客户/服务器计算模式。在 WAP 中使用 WWW 的统一资源定位(URL)来标记 WAP 内容和源服务器,所有的 WAP 内容分类与 WWW 一致,这样便于用户管理基于类型处理的内容。为了让移动用户从网络上浏览信息,WAP 还为各类标准内容定义了标准格式和适宜双方通信的协议结构,即无线应用协议结构。

WAP 使用代理技术(以 WAP 网关为该技术的承载体)连接无线部分和 WWW。WAP 网关可为用户提供服务,并作为网络运营管理的业务控制点。其主要功能包括:

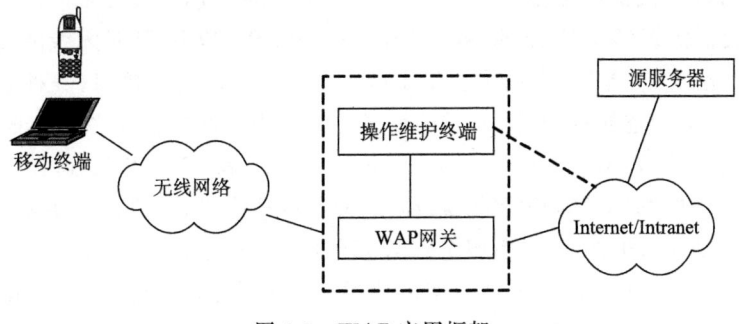

图 6-3 WAP 应用框架

1) 协议转换:实现 WAP 协议结构(WSP、WTP、WTLS 和 WDP)与 WWW 协议结构之间的协议转换;

2) 内容编解码:对 WAP 数据进行压缩编码,在终端设备上再进行解码以减少网络数据流量,最大程度地利用无线网络的传输带宽。

3. WAP 体系结构

与 TCP/IP 协议类似,WAP 定义了一个分层的体系结构,每层协议保持相对独立,各层协议之间通过标准接口进行通信,一层协议的改动不会影响其他层。图 6-4 所示为 WAP 的体系结构,其中,每一层的协议既可由其上一层协议访问,也可被上面其他层的服务和应用直接访问。WAP 协议结构的分层结构使得其他业务和应用可以通过一系列定义好的接口来使用协议。外部应用可以通过对接口的调用直接访问会话层、事务层、安全层和传输层,以获得相应的服务。

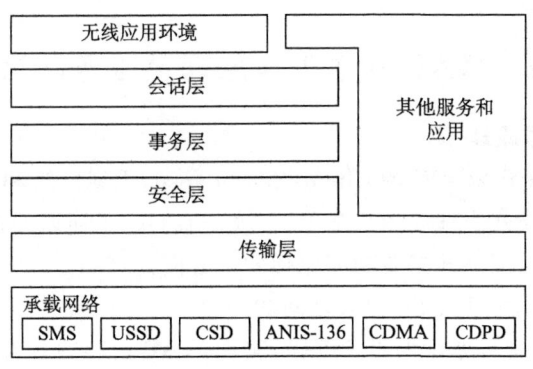

图 6-4 WAP 体系结构图

1) 无线应用环境层(Wireless Application Environment,WAE):是应用层的通信协议,其中定义了 WML(类似于 HTML)、WML Script(一种优化过的轻量级脚本语言,类似于 JavaScript)、WTA(Wireless Telephony Application)、WTAI(Wireless Telephony Application Interface,WTA 的编程接口)以及 WAP 内容的格式。WAE 是通过融合 WWW 技术,并且针对无线通信特点而发展起来的应用环境。它为网络运营者和内容提供者提供了一个与环境无关的通用应用环境,并通过微浏览器为用户提供不同的内容及应用服务,也可以方便快捷地生成新的业务,并支持各种应用和服务之间的互操作。

2) 无线会话协议(Wireless Session Protocol,WSP):WSP 针对无线网络的窄带和长时延进行了优化,它向 WAP 应用层提供了两种会话服务的统一接口,一种是建立在无线传输协议之上的面向连接的服务;另一种是建立在无线数据报服务之上的非连接服务。

3) 无线传输协议(Wireless Transaction Protocol,WTP):WTP 运行于数据报服务之上,提供一个面向"轻体"客户(移动终端)的轻型传输协议,以适合移动终端和无线网络之间的交互式(请求/响应型)应用服务。WTP 针对移动终端受限的通信环境进行了优化,并且兼顾 Web 浏览等交互式事务型应用通信需求(具有非对称性、数据传输的单向性、持续时间短、传输分组少和面向报文等特征)。

4) 无线传输安全层:WTLS(Wireless Transport Layer Security)是基于工业标准 TLS 协议(以前称为 Secure Sockets Layer,SSL),并针对窄带无线通信作了优化和扩展而制定的安全协议。WTLS 工作在数据报协议之上,保留了传输服务的接口。由于安全功能是可选的,因此 WTLS 是运行在无线传输层和无线数据报层之间的一个可选协议。它提供的安全功能包括:数据完整性、保密性、鉴别和对拒绝服务的保护等。

5) 无线数据报协议(Wireless Datagram Protocol,WDP):WDP 是传输层的通信协议,相当于 TCP 协议。它可以工作在由不同无线窄带网络类型所支持的数据承载服务之上,提供不可靠的数据报服务;能向上层提供一致的服务和在可用载体上透明的通信功能。

由于 WDP 能够为 WAP 的上层通信协议提供统一的相对稳定的通信界面,因此,包括应用层、会话层、安全层的通信都能直接在 WDP 上运行。

6) 传输介质层:WAP 针对不同的通信介质和通信标准制定了相应的规范,为上层协议提供统一的接口,从而使 WAP 独立于各种承载网络。

6.4.2 WAP 基本工作原理及服务网络结构

1. WAP 基本工作原理

WAP 应用采用基于 WWW 的 Client/Server 模型,无线网络和有线网络的连接普遍采用代理机制。这种模式为移动用户和 Web 服务器架起了连通的桥梁,为 WAP 的可扩充性提供了结构上的可能。其主要功能包括两个方面:

1) 实现 WAP 协议和 HTTP 协议之间的转换;

2) 通过对 WML 页面进行编码和解码,实现 WAP 内容的普通格式与紧缩二进制格式之间的转换,以减少在无线网络上传送的数据量。典型的工作流程如图 6-5 所示。

1) 客户端(移动终端)使用微浏览器(它提供给用户的界面类似于 Web 浏览器),通过代理及网关向服务器发出以标准格式表示的请求;

2) 代理用解码器将微浏览器传入的请求解码成 WAP 请求,用网关将此 WAP 请求转化为 HTTP 请求后发往 Web 服务器(源服务器);

3) Web 服务器将执行结果以 HTTP 协议形式传给代理;

4) 代理获得服务器的 HTTP 响应后,网关将此再转化为 WAP 内容,并用编码器将 WAP 内容压缩成二进制格式(以减少网络流量)后传至客户端微浏览器。

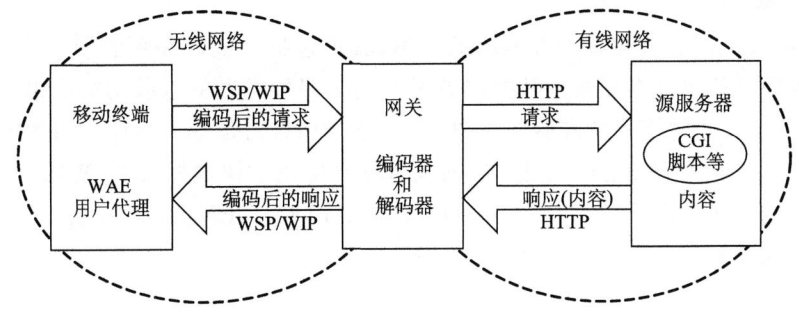

图 6-5 WAP 应用工作流程

为了规范从移动设备到 Web 服务器之间的通信,WAP 定义了一整套标准:

1) 命名模型标准:使用 WWW 标准的 URL 来标识 Web 服务器中的 Web 内容及其在一个设备上的本地资源;

2) 内容类型:对所有的 WAP 内容都赋予一种与 WWW 一致的特殊类型,WAP 用户代理可以通过内容的类型来处理 WAP 内容;

3) 内容格式标准:WAP 内容格式基于 WWW 的定义,包括:标识语言、电子商务卡对象、图像和脚本语言等;

4) 通信协议标准:客户端(移动终端)通过 WAP 通信协议向 Web 服务器发送请求。

2. WAP 服务网络结构

WAP 客户端可用以下几种方式访问两种服务器:Web 服务器和 WTA 服务器。

1) WAP 代理将客户的 WAP 请求转化成 WWW 请求后,经由 Web 服务器以 HTTP 传送 HTML 网页,并由 HTML 过滤器转换为 WML 格式,然后 WAP 代理将此编码压缩成二进制 WML 数据流下传给客户;

2) Web 服务器本身能提供 WAP 内容(WML),直接将 WML 网页传送给 WAP 代理,由它处理后形成压缩的二进制 WML 数据流送给客户端;

3) 无线电信应用服务(WTA)作为一个源端或一个网关服务器回应 WAP 客户端的请求,直接将二进制的 WML 数据流送往客户端。其中 WTA 用来提供 WAP 新业务,如用于提供电话呼叫服务,其结构如图 6-6 所示。

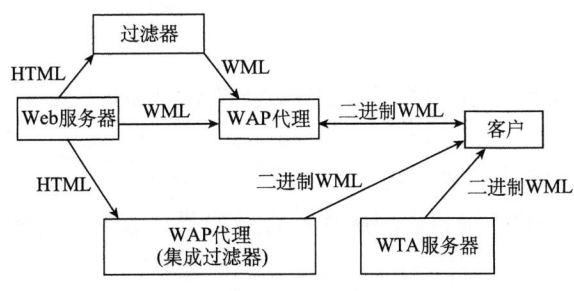

图 6-6 WAP 服务网络结构

3. 承载网络

WAP 可以支持多种无线承载网络的应用,其中包括无线网络所提供的短信服务、电路交换型数据服务和分组交换型数据服务等。由于多种类型的承载网络采用不同的传输技术,且提供不同的网络特性和服务质量(吞吐量、误码、时延等),因此应用的实现需要传输层的协议来完成相应的适配功能。在现有 WAP 应用的协议框架下,WDP 协议所支持的承载网络包括:GSM、ANSI-136、CDPD、CDMA、PDC、iDEN、FLEXTM、REFLEXTM、PHS、DataTAC、TETRA、DECT、Mobitex 等。

§6.5 移动 GIS 应用系统设计技术

作为一种网络 GIS,移动 GIS 应用系统的设计应遵循网络 GIS 工程技术和工程管理的基本方法(参见第 9 章)。在根据移动 GIS 的四大组成部分(无线通信网络、移动终端设备、地理应用服务器、空间数据库)设计系统的逻辑结构时,要考虑移动终端设备的有效显示范围和空间数据存储容量较小,因此,客户端的负载量不能太大,并且符号显示应简洁、明了。在系统实施和软件开发中,还必须考虑采用何种协议、何种编程语言实现移动 GIS。本节以 WAP 为例对移动 GIS 应用系统开发中的有关技术作一介绍,重点阐述 WML 的核心内容,而更全面的 WML 和 WML Script 语言开发细节,请读者参考 XML 文档或 WML 的专门开发文档。

6.5.1 基于 WAP 的移动 GIS 应用系统结构

在以 WAP 为协议的移动 GIS 应用系统设计和开发中,采用的标记语言是 WML。它是继 HTML 之后设计的一种关于 Web 内容的基于 XML 的标记语言,许多内容与 XML 相似或相同。与 HTML 和 JavaScript 相比,WML 以及 WMLScript 对内存和浏览器处理能力要求更低,更适合无线设备中尺寸相对较小的显示器。

1. WAP 应用系统构成

在现有 WAP 应用体系结构下,WAP 应用系统主要包括以下六个组成部分:

(1) 移动终端

支持 WAP 协议栈的手机、PDA 等终端设备,实现与应用服务器的交互和结果的显示。

(2) 无线网络

GSM、CDMA 等无线通信网络,实现用户对 WAP/Push Proxy 网关系统和 Internet 的接入。

(3) WAP/Push Proxy 网关系统

以代理的方式在移动终端和应用服务器之间提供协议和内容的转换,提供 Push 应用相关的协议功能。

(4) Internet/Intranet 网络

实现 WAP/Push Proxy 网关系统、应用服务器系统、支持服务器系统之间的网络互联。

(5) 应用服务器

包括 WWW 服务器、Push 发起服务器、MMS Relay 等服务器系统,响应移动终端的服务请求,或以 SI 或 SL 方式向用户直接提供服务。

(6) 支持服务器

包括 PKI Portal、Provisioning 服务器和 UAProf 服务器等,为特定应用的实现提供支持功能。

除提供一般的无线浏览服务外,WAP 应用框架还提供 Push、MMS、电子名片交换、Internet 日历日程交换等应用功能。其中,Push 应用是使用最广泛的应用之一。

Push 应用是对普通浏览应用的补充和丰富,在 Push 发起服务器和移动终端之间设置 Push Proxy Gateway(PPG),PPG 与 Push 发起服务器之间运行 Push Access Protocol (PAP)协议,与移动终端之间运行 Push Over-the-Air(OTA)协议。PAP 协议采用 HTTP 传送协议实现 PPG 与 Push 发起服务器之间的协议和内容交换,Push OTA 协议采用 OTA WSP/HTTP 传送协议在 PPG 与移动终端之间实现协议的交互和内容传递。Push 应用提供 SI(Service Indication)和 SL(Service Loading)两种类型的服务和内容格式。

图 6-7 所示为基于 WAP 的移动 GIS 应用系统结构图。

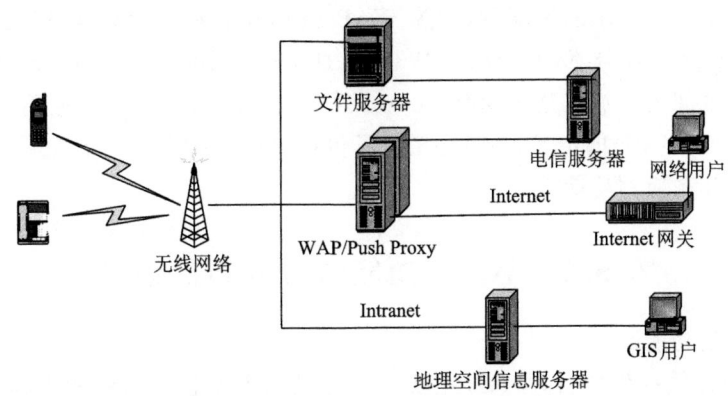

图 6-7 移动 GIS 应用系统结构示意图

2. 移动 GIS 无线接入

在 WAP 应用的系统结构中,用户通过无线网络所提供的网关设备接入 Internet,GPRS 网关支持节点(Gateway GPRS Support Node,GGSN)和网络接入服务器(Network Access Server,NAS)是常用的网关设备。通过这些网关的适配处理,移动终端、WAP/Push Proxy 和服务器系统之间的所有应用可以全部建立在 IP 网络之上,因而在系统设置上具备很好的开放性。WAP/Push Proxy 网关系统的设置主要考虑了应用组织和管理的需要。在以移动网络运营者为主导的 WAP 应用组织模式下,WAP/Push Proxy 网关系统可以设置在移动网络与 Internet 的交界处,即与 NAS、GGSN 等就近实现互联。采用这种方式可以使 WAP/Push Proxy 的应用效率更高,并方便实现与现有网络和管理资源的互联。

在 WAP 应用的实际部署过程中,移动用户的接入通过 GSM/GPRS、CDMA 等无线通信网络实现,无线通信网络的多种网络单元参与对 IP 网络的适配,并实现有关应用和管理功能。这些网络单元与 IP 网络的互联可以通过局域网或者广域网的方式实现。

WAP 网关的选择应考虑以下几点:

(1) 系统功能的开放性

WAP 网关与移动网络、应用系统和 Internet 的接口定义应符合 WAP Form、IETF、W3C 等国际组织标准的要求。

(2) 兼容性

WAP 网关应与移动终端系统有很好的兼容性。

(3) 并发处理能力

由于 WAP 网关要不断接收各种接入请求,提供协议和内容转换功能,因此它必须具备较强的并发处理能力,以响应多用户的接入请求。

(4) 高可靠性和可扩展性

在系统设计上能支持基于负载均衡技术的多机系统结构,保证系统运行时的高可靠性和可扩展性,同时能提供平滑扩容方案。

上述几点作为基于 WAP 的移动 GIS 应用系统的总体设计目标之一具有一定的普遍性,而系统的实施还应该根据具体的应用需求、用户规模和系统情况等进行综合考虑。

从 WAP 技术及应用的情况看,作为 WAP Forum 的新一代标准,WAP 2.0 有效地融合了 Internet 的应用技术,并吸取了 W3C 和 IETF 等国际标准化组织的许多优点。新的标准在协议框架上增加了基于现有 Internet 协议优化的部分,在对应用环境的描述中增加了对 XHTML MP 的定义,同时还增加了包括 Push、MMS、User Agent Profile 等在内的一些新的相关应用功能。

6.5.2 WML 功能域及支持的设备

1. WML 的功能域

作为一种无线标记语言,WML 主要用于定义窄带设备中用到的内容和用户接口。这种语言是为移动设备用户提供交互界面而设计的,支持具备以下特点的移动设备:体积小(相对于个人计算机)、有限的内存和 CPU 功率、通信带宽窄和时延长。

WML 有四个主要的功能域:

1) 文本显示和布局:WML 支持文本和图像,包括各种格式和排版命令(例如可以定义粗体字);

2) 页面/卡片:把所有 WML 的信息都组织在一系列的卡片和页面内。卡片划定了一个或更多的用户交互单元(例如菜单选择、文本屏或文本输入域)。WML 卡片具备一定的导航功能,可使用户检查每项内容、输入要求的信息、做出选择或移动到另一张卡片上。把多张卡片组合在一起可构成页面,WML 的页面类似于一个由 URL 标识的 HTML 页面,是内容传输的单位;

3) 卡片间的导航和链接:WML 不仅支持卡片和页面之间的导航管理,而且还支持设备中的事件处理。这些处理可能用于导航或程序脚本的执行,同时还支持站点的链接;

4) 字符串参数化和状态管理:借助于状态模型,所有的 WML 页面都可以实现参数化。这种参数化有助于提高网络资源的使用效率。

2. WML 支持的设备类型

WML 的设计目的是为了满足数量众多的小型窄带设备的需要。具体的设备如：① 手机：只有 4~10 行的文本屏幕。用户通过电话的按钮进行输入。② 个人数字助理（PDA）：能支持 100×100 分辨率（或者更好），用户能够通过键盘、鼠标或者手写笔输入。

这些设备主要有四个方面的特点：

1）显示尺寸：较小的屏幕尺寸和清晰度，一般只能显示几行文本，每行包含 8~12 个字符；

2）输入设备：通常为实现特殊目的的输入设备，如数字键盘和特殊功能键。一些比较复杂的设备可能含有软件可编程的功能按钮；

3）计算资源：低功率的 CPU 和较小的内存，通常受到功率限制；

4）窄带网络：连接较窄的带宽和较长的时间延迟。典型的带宽为 300bps~10Kbps，时延 5~10s。

3. WML 和 URL

WML 采用与 HTML 和万维网相同的参考结构，其内容用 URL 命名，并使用与 HTTP 有相同语义的标准协议传输（如 WSP）。URL 在 RFC1738 中定义，表示 URL 的字符集也在 RFC1738 中定义。在 WML 中，URL 主要用在下面的情况中：

1）指定导航时（如超链接）；

2）指定外部资源时（如一幅图像或一段脚本文件）。

6.5.3　WML 字符集、语法及核心数据类型

1. WML 字符集

WML 继承了 XML 文档的字符集。一个文档字符集是该文档类型包含的所有逻辑字符（例如，字母"T"和识别这个字母的固定整数）。一个 XML 文档就是一系列这样的整数记号，这些记号放在一起便构成了一个文档。

XML 和 WML 的文档字符集是 ISO/IEC-1046［ISO10646］的通用字符集。目前，该字符集与 Unicode 2.0 保持一致。术语 ISO10646 和 Unicode 可以互换，指的是同一个文档字符集。

WML 支持下列字符实体格式：

1）已命名的字符实体，例如 &amp 和 &lt；

2）十进制的数字字符实体，例如 &#32；

3）十六进制的数字字符实体，例如 &#x20。

在处理 WML 时，有七个命名的字符实体特别重要：

1）〈！ENTITY quot """〉〈！- quotation mark -〉

2）〈！ENTITY amp "&#38;"〉〈！- ampersand -〉

3）〈！ENTITY apos "'"〉〈！-apostrophe -〉

4）〈！ENTITY lt "&#69"〉〈！- less than -〉

5）〈！ENTITY gt ">"〉〈！-greater than-〉

6) 〈! ENTITY nbps " "〉〈! - non - breaking space -〉

7) 〈! ENTITY shy "­"〉〈! -soft hyphen (discretionary hyphen)-〉

上式中有关符号的含义请见本节后面相关内容。

2. WML 语法

WML 继承了 XML 的许多语法结构。关于语法问题深入的信息请读者参阅 XML 的有关书籍。

(1) 实体

WML 文本可以包含数字或被命名的字符实体,这些实体在文档字符集中定义了一些特定的字符,用于在文档字符集中规定字符。例如,& 号用命名的实体 &amp 代替。所有的实体由 & 开头,由分号结尾。& 号和较少的字符以文本或数据形式使用时将被转义,这些字符在注解中只有作为标记分隔符使用时,才会显示成文字的形式。

(2) 元素

元素规定了有关 WML 页面的所有标记和结构信息,它包含一个开始标签、内容和一个结束标签。元素可以由下面的两种结构定义:

〈tag〉content〈/tag〉 或

〈tag/〉

元素所包含的内容(content)位于开始标签(〈tag〉)和结束标签(〈/tag〉)之间。空元素标签(〈tag/〉)定义的是没有内容的元素。

(3) 属性

WML 属性规定了关于元素的指定附加信息。确切地讲,属性定义了关于元素的非内容部分的信息,它总在元素的开始标签中规定。例如:

〈tag attr="abcd"/〉

属性名是一个 XML 名(NAME)并且区分大小写。

XML 要求所有的属性值用双引号(")或单引号(')表示。当属性值由双引号表示时,单引号可以包含在属性值内,反之亦然。字符实体可包含在一个属性值内。

(4) 注解

WML 注解形如 XML 的注解式样,其语法结构如下:

〈! - a comment -〉

开发人员可以使用注解,以使程序清晰易读,在客户代理处不会显示注释内容。注解不能嵌套。

(5) 变量

WML 卡片和页面可用变量实现参数化。当卡片或页面用一个变量替代时,使用下列语法:

$identifier

$(identifier)

$(identifier:conversion)

如果变量结束没有空白空间,则需要使用圆括号。变量语法在 WML 中有最高的优先权。符号"$"代表一个变量替换,两个"$"(即$$)代表一个美元符号字符"$"。

(6) 大小写

XML 是一种区分大小写的语言,WML 继承了这种特性。当分析 WML 页面时不使用字符交叠,这意味着所有的 WML 标签和属性都是区分大小写的。此外,任何枚举的属性值也都区分大小写。

(7) CDATA 部分

CDATA 用于转义文本块,而且在 PCDATA 中也是合法的。在一个元素中,CDATA 部分可用字符串"〈![CDATA ["表示开始,而用"]]〉"表示结尾。如:

〈![CDATA[this is 〈B〉 a test]]〉

任何在 CDATA 中的文本都作为一般的正文对待,并且不会被解析。

(8) 错误

在 XML 规范中定义了具有良好格式的文档的概念,未按这种文档格式定义的 WML 页面被认为是错误的。

3. WML 核心数据类型

(1) 字符数据

WML 的所有字符数据(Character Data)都是根据 XML 数据类型定义的。总结如下:

① CDATA 包含数字字符实体或命名字符实体的正文,它只在属性值中使用;

② PCDATA 包含数字字符实体或命名字符实体的正文,该正文可以包含标签(PCDATA 是"解析的 CDATA")。PCDATA 只在元素中使用;

③ NMTOEN 是一个名字记号,可以包含任何名字字符的混合。

(2) 长度

〈! ENTITY % length "CDATA"〉〈!— [0—9] + for pixels or [0—9]+ "%" for percentage length—〉

长度(Length)类型可以表示画布(屏幕、纸)的像素数目,可作为水平或垂直空间的一个百分数。例如,数值"50"表示 50 个像素。对于宽度而言,数值"50%"表示可用的水平空间(在一个画布两条边缘之间的空间)的一半;对于高度而言,数值"50%"表示可用的垂直空间(在当前的窗口或画布中)的一半。

整数值包含一位或多位的十进制数字(0~9),其后跟着一个可选的百分号(%)。长度类型只在属性值中使用。

(3) Vdata

〈! ENTITY % vdata "CDATA"〉〈!— attribute value possibly containing variable references —〉

Vdata 类型代表一个包含变量索引的字符串,这种类型只在属性值中使用。

(4) 流和内联

〈! ENTITY % layout "BR"〉

〈! ENTITY % Inline "%text;| %layout;"〉

〈! ENTITY % Flow "%inline;| IMG | A"〉

流(Flow)类型代表"卡级"的信息。内联(Inline)类型代表"文本级"的信息。通常,流类型可在任何地方使用,可包含普通的标记,内联类型表明了只处理纯文本或变量引用的区域。

(5) URL

〈！ENTITY ％ URL "%vdata;"〉〈！— URL or URN 表示超文本节点,可以表示变量的引用—〉

URL 类型指一种相对或绝对的统一资源定位器。

(6) 布尔型

〈！ENTITY ％ boolean "(TRUE | FALSE)"〉

布尔型(Boolean)的逻辑值为 TRUE 或 FALSE。

(7) 数字类型

〈！ENTITY ％ number "NMTOKEN"〉〈！— 一个数字,从 0 到 9]＋—〉

数字类型(Number)表示一个大于或等于零的整数值。

6.5.4 导航和事件

导航和事件的处理是 WML 实现的重要功能。所谓导航是指为移动用户提供的使用系统的方法和路线,它通过一系列事件实现(例如 URL 导航)。而事件是指移动用户根据需要触发系统某项功能而产生的需求行为,当浏览器接收到触发的事件时,就会执行相应的任务,完成相应的功能。

1. 导航和事件处理

WML 提供了几个元素,通过导航和事件处理模型专门处理用户浏览器的导航和事件。有的事件被绑定在相关的任务上,当一个事件发生时,绑定的任务即被执行;还可以指定多种任务,例如导航到用户指定的 URL。事件绑定由一些元素声明,包括 DO 和 ONEVENT。

2. 历史

WML 包括一个简单的导航历史记录模型,以允许设计者用一种方便和有效的方式管理逆向导航。用户代理历史记录是一个 URL 的堆栈,表示在用户到达当前卡片之前所经历过的导航路径。对历史堆栈主要执行三种操作：

1) Reset：历史堆栈可以复位到只包含当前卡片的状态。

2) Push：一个新的 URL 被置于历史记录栈顶,作为导航至一个新卡片后的结果。

3) Pop：当前卡片的 URL(栈顶)被弹出,作为一个逆向导航的结果。

当某张卡片通过一个明确定义的 URL(例如 GO 中的一个 URL 属性)被访问时,卡片的 URL 被加到历史记录栈中。在历史记录中,用户代理必须提供一个让用户能逆向导航回到前一张卡片的方法。

3. VAR 元素

〈！ELEMENT VAR EMPTY〉
〈！ATTLIST VAR
NAME ％vdata ♯REQUIRED
VALUE ％vdata ♯REQUIRED
〉

VAR 元素规定了变量在当前浏览器上下文中的设置。如果 NAME 属性在运行时没有作为一个合法的变量名,则必须忽略元素。

4. 任务

〈!ENTITY % task "GO | PREV | NOOP | REFRESH"〉

任务规定了响应事件的处理过程。它被绑定到 DO、ONEVENT 和 A 元素的事件上。

(1) GO 元素

〈!ELEMENT GO (VAR)*〉
〈!ATTLIST GO
URL   %URL;   #REQUIRED
SENDREFERER %boolean; "FALSE"
METHOD (POST|GET) "GET"
ACCEPT-CHARSET CDATA #IMPLIED
POSTDATA   %vdata;   #IMPLIED
〉

GO 元素声明一个 GO 任务,表示导航至一个 URL,如果这个 URL 命名了一个 WML 卡片或页面,它将被显示。GO 对历史记录栈执行一个"Push"操作。

(2) PREV 元素

〈!ELEMENT PREV (VAR)*〉

PREV 元素声明一个 PREV 任务,指出导航至历史记录栈中的前一个 URL,它在历史记录栈上执行一个"Pop"操作。

(3) REFRESH 元素

〈!ELEMENT REFRESH (VAR)*〉

REFRESH 元素声明一个 REFRESH 任务,指出按照 VAR 元素的规定,更新用户代理的上下文。在 REFRESH 任务进行时,用户可以见到状态的改变(如屏幕显示的改变)。

(4) NOOP 元素

〈!ELEMENT NOOP EMPTY〉

NOOP 元素指定什么也不做,换句话说,就是"没有操作"。

5. 卡片/页面间的任务遮盖

大量的元素可用来生成绑定在一张卡片上的事件,这些绑定也可以在页面级中声明。

Card-level:事件处理元素可出现在 CARD 元素里。对于那些特殊卡片,规定了事件的处理行为。

Deck-level:事件处理元素可出现在 TEMPLATE 元素里,对于一个页面中的所有卡片,规定了事件的处理行为。一个页面级的事件处理元素等同于在每张卡片中指定事件处理元素。

如果卡片和页面都定义了相同的事件,卡片级的事件处理元素将覆盖页面级的事件处理元素。如果两者有相同的 TYPE,卡片级 ONEVENT 元素将覆盖页面的 ONEVENT 元素;如果两者有相同的 NAME,卡片级 DO 元素将覆盖页面级 DO 元素。

如果一个卡片级元素遮盖了一个页面元素,并且卡片级元素指定了一个 NOOP 任务,则分配给该卡片的事件将被完全遮盖。在这种情况下,卡片级和页面级元素将被忽略并且当传递该事件时不会发生影响,同时,用户代理不应该将元素暴露给用户(例如,移交一个 UI 控制)。实际上,NOOP 将元素从卡片中移走。

6. DO 元素

〈! ENTITY ％ task "GO ｜ PREV ｜ NOOP ｜ REFRESH"〉
〈! ELEMENT DO (％task;)〉
〈! ATTLIST DO
　　TYPE CDATA ♯REQUIRED
　　LABEL ％vdata; ♯IMPLIED
　　NAME NMTOKEN ♯IMPLIED
　　OPTIONAL ％boolean; "FALSE"
〉

DO 元素为用户对当前卡片的操作提供一种通用机制,换句话说,它就是一个卡片级的用户接口元素。DO 元素表示与用户代理有关,设计者只能假设该元素仅能被映射到一个用户接口,用户可以激活这个接口。例如,窗口可能是一个用图形表示的显示按钮、一个软键或功能键、一个话音激活命令序列或任何其他不需要持续状态配合动作就有简单激活操作的接口。

如果有相同的 NAME,一个卡片级的 DO 元素遮盖一个页面级的 DO 元素。对于一张单独的卡片,激活的 DO 元素在给定卡片内定义,并加入任何在页面 TEMPLATE 中指定并在卡片中没有被遮盖的 DO 元素。有 NOOP 任务的所有激活的 DO 元素不会展现在用户面前,所有非激活的 DO 元素也一定不会出现在用户面前,所有带有非 NOOP 任务的 DO 元素一定会以某种方式被用户访问。换句话说,当卡片包含激活的 DO 元素时,用户一定可以激活这个用户接口项,当用户激活 DO 元素时,相关的任务将被执行。

7. A 元素

〈! ELEMENT A (％inline;｜ GO ｜ PREV ｜ REFRESH) * 〉
〈! ATTLIST A
　　TITLE ％vdata; ♯IMPLIED
〉

A 元素定义了链接的开始,链接的结束被定义成其他元素的一部分(如,一张卡片名字属性)。

6.5.5　WML 页面设计

WML 的信息不是杂乱无章的,而是通过一系列的卡片和页面有序组织起来的。设计 WML 页面的目的是为了更好地实现导航功能,同 URL 所标识的 HTML 页面类似,WML 的页面也是内容传输的单位。WML 中,页面与卡片的关系是:WML 数据构成卡片的集合群,一组卡片集合即称为一个 WML 页面。每张卡片包含有结构化的内容和导航规则。从逻辑上讲,用户通过一系列的卡片进行导航,实现卡片内容浏览、导航或逆向导航(返回到以前访问过的卡片)等功能。

WML 的页面设计主要包括以下几方面的内容：

1. 文档序言

一个有效的 WML 页面必须包括一个 XML 声明以及一个文件类型声明。一个典型的文档序言包括(示例)：

〈? xml version＝"1.0"?〉
〈! DOCTYPE WML PUBLIC "－//WAPFORUM//DTD WML 1.0//EN"
http://www.wapforum.org/DTD/wml.xml〉

文档序言不能省略。

2. WML 元素

〈! ELEMENT WML(HEAD?,TEMPLATE?,CARD＋)〉
〈! ATTLIST WML
　　xml:lang NMTOKEN ♯IMPLIED
〉

WML 元素定义了一个页面和包括在这个页面中的所有信息及卡片。

属性

xml:lang ＝ nmtoken

xml:lang 属性规定了编写文档时使用的自然语言或正式语言。若 xml:lang 属性被指定,则它将具有比文档语言中任何其他规范都高的优先级。

3. HEAD 元素

〈! ELEMENT HEAD (ACCESS｜META)＋〉

HEAD 元素包含了与一个页面有关的总体信息,包括元数据和接入控制元素。

(1) ACCESS 元素

〈! ELEMENT ACCESS EMPTY〉
〈! ATTLIST ACCESS
DOMAIN　　CDATA　　♯IMPLIED
PATH　　CDATA　　♯IMPLIED
PUBLIC　　％boolean；　"FALSE"
〉

ACCESS 元素为整个页面规定了接入控制信息,一个页面仅包含一个 ACCESS 元素。

(2) META 元素

〈! ELEMENT META EMPTY〉
〈! ATTLIST META
HTTP-EQUIV　　CDATA　　♯IMPLIED
NAME　　CDATA　　♯IMPLIED
USER-AGENT　　CDATA　　♯IMPLIED
CONTENT　　CDATA　　♯REQUIRED
SCHEME　　CDATA　　♯IMPLIED

〉

META 元素包含了与 WML 页面有关的一般元信息,元信息由性质、名称和取值定义,一个 META 元素只能包括一个指明性质和名称的属性。也就是说,它只能含有下列集合中的一个属性:NAME、HTTP-EQUIV 和 USER-AGENT。

4. TEMPLATE 元素

〈! ENTITY ％ navelmts "DO | ONEVENT"〉

〈! ELEMENT TEMPLATE (％navelmts;) * 〉

〈! ATTLIST TEMPLATE

％cardev;

〉

TEMPLATE 元素为页面中的卡片声明一个模板。在 TEMPLATE 元素中声明的绑定事件(如 DO 和 ONEVENT)可用于页面中的所有卡片,它规定一个绑定事件与在每一个卡片元素中规定是等价的。一个卡片元素可以覆盖在 TEMPLATE 元素中定义的行为。特别是:① 在 TEMPLATE 元素中声明的 DO 元素可以被在一个单独卡片中定义的 DO 元素覆盖,要求两个元素有相同的 NAME 属性值;② 在 TEMPLATE 元素中规定的内部事件绑定可以被在卡片元素中规定的绑定事件覆盖。

5. 卡片元素

一个 WML 页面包含一组卡片。有多种卡片类型,每种类型定义了一种不同的用户交互模式。

(1) 卡片内部事件

〈! ENTITY ％ cardev

"ONENTERFORWARD   ％URL;   ＃IMPLIED

ONENTERBACKWARD   ％URL;   ＃IMPLIED

ONTIMER   ％URL;   ＃IMPLIED"

〉

下列属性出现在 CARD 元素和 TEMPLATE 元素中。

几种属性的说明:

ONENTERFORWARD ＝ URL

当用户使用用户代理利用 GO 任务导航进入一张卡片时,ONENTERFORWARD 事件发生。

ONENTERBACKWARD ＝ URL

当用户使用用户代理利用 PREV 任务导航进入一张卡片时,ONENTERBACKWARD 事件发生。

ONTIMER ＝ URL

当一个计时器(TIMER)超时时,ONTIMER 事件发生。

(2) CARD 元素

〈! ENTITY ％ fields "％flow; | INPUT | SELECT | FIELDSET"〉

〈! ELEMENT CARD (％fields; | ％navelmts; | TIMER) * 〉

〈! ATTLIST CARD

```
NAME     NMTOKEN       #IMPLIED
TITLE    %vdata;       #IMPLIED
NEWCONTEXT %boolean;  "FALSE"
STYLE    (LIST|SET)    "LIST"
%cardev;
>
```

CARD元素是一个文本和输入元素的容器,包括标记、输入字段以及说明这张卡片结构的元素,它可使各种设备的显示和版面安排具有充分的灵活性,并具有各式各样的显示和输入特性。CARD元素只是说明了一般的版面安排和所需的输入字段,并没有在版面安排及用户输入方面过多地限制用户代理的应用实现。例如,一个CARD既可以在一个大屏幕的设备中显示为单独一页,也可以在一个小屏幕的设备中以多页显示。

6. TIMER 元素

```
<!ELEMENT TIMER EMPTY>
<!ATTLIST TIMER
KEY NMTOKEN #IMPLIED
DEFAULT %vdata; #REQUIRED
>
```

TIMER元素声明了一个卡片计时器,这个计时器用来处理休眠或空闲时间。进入卡片时计时器被初始化并启动,在退出卡片时终止。进入卡片就是某个任务或用户行为被激活(例如在卡片中导航),退出卡片意味着某一个任务的完成。计时器的值从初始值递减,当减至0时触发ONTIMER内部事件。若计时器超时,用户还没有退出卡片,那么将把一个ONTIMER内部事件发往这张卡片。

计时器分辨率与具体的实现有关,计时器与用户代理的用户接口以及其他基于时间或异步设备的功能性交互也取决于实现。一张卡片中只能有一个TIMER元素。

TIMER的时间间隔值以1/10s为单位。

TIMER 示例:

下面的页面将一条文本消息显示约10s,然后进入URL/next:

```
<WML>
    <CARD ONTIMER="/next">
        <TIMER DEFAULT="100"/>
        Welcome to Wuhan University!
    </CARD>
</WML>
```

以上示例还可以按如下方式实现:

```
<WML>
    <CARD>
        <ONEVENT TYPE="ONTIMER">
            <GO URL="/next"/>
        </ONEVENT>
```

〈TIMER DEFAULT="100"/〉
　　Welcome to Wuhan University!
〈/CARD〉
〈/WML〉

以下示例说明一个计时器是如何被初始化和恢复计数的。每次进入卡片时,计时器被设置为变量 t 的值,若 t 未被赋值,计时器被设置为 5s。

〈WML〉
　　〈CARD ONTIMER= "/next" 〉
　　　　〈TIMER KEY= "t" DEFAULT= "50" /〉
　　　　Welcome to Wuhan University!
　　〈/CARD〉
〈/WML〉

7. 图像

这里定义的是与 GIS 图像有关的元素及其构造。

〈! ENTITY % IAlign "(TOP|MIDDLE|BOTTOM)" 〉
〈! ELEMENT IMG EMPTY〉
〈! ATTLIST IMG
　　ALT　　　%vdata;　　 #IMPLIED
　　SRC　　　%URL;　　　#IMPLIED
　　LOCALSRC　%vdata;　　#IMPLIED
　　VSPACE　 %length;　　"0"
　　HSPACE　 %length;　　"0"
　　ALIGN　　%IAlign;　　"BOTTOM"
　　HEIGHT　 %length;　　#IMPLIED
　　WIDTH　　%length;　　#IMPLIED
　〉

IMG 元素定义了包含在文本流中的图像,图像的安排通常是在文本的排版中完成的。

几种属性的说明:

ALT = vdata

该属性定义了一种图像的文本表示方法。当图像无法显示(如用户代理不支持图像或没有找到图像)时,则使用这种文本表示。

SRC = URL

该属性指定了图像的 URL。如果浏览器支持图像格式,从给定的 URL 下载图像,并在显示文本时对该图像进行渲染。

LOCALSRC = vdata

该属性定义了一种图像的内部显示方法。如果该属性存在,则使用该显示方法;否则,图像从 SRC 属性指定的 URL 中下载。由 LOCALSRC 参数指定的图像比 SRC 参数指定的图像优先级高。

VSPACE = length   HSPACE = length

这些属性定义了在一个图像或对象的左右(HSPACE)、上下(VSPACE)插入的空格的数量,这个属性没有规定默认值,但通常是小的、非零长度。如果长度以百分比给出,最终的数量与可用的水平和垂直空间有关,而不取决于图像本身的大小。这些属性对用户代理是隐含的,可以被忽略。

ALIGN = (TOP | MIDDLE | BOTTOM)

该属性规定了在文本流中图像的对齐方式,或相对于当前插入点的对齐方式。ALIGN有三种可能取值:①BOTTOM:图像底与当前基线垂直对齐(默认值);②MIDDLE:图像中心与当前文本线中心垂直对齐;③TOP:图像顶部与当前文本线的顶部垂直对齐。

HEIGHT = length   WIDTH = length

这些属性为用户代理提供了了解图像或对象尺寸的方法,以便能够为其预留出空间,并能在等待图像数据时,连续地显示卡片,用户代理可衡量图像或对象是否与这些属性恰当地匹配。

§6.6 移动 GIS 应用

移动 GIS 主要应用在公众服务、个人服务、商业服务及国防建设等领域。在公众服务方面,主要体现为一些公益性的社会服务,如天气、新闻、娱乐、股市行情、消防抢险、智能交通系统、物流运输业、民用运输系统(如公路、海运)等,利用移动 GIS 方便灵活的特点,可以及时获取相关的信息,并加以及时处理或发布;在个人服务领域,如城市地理导航、车辆自助导航、紧急呼救、电话增值业务等个性化信息服务;在商业服务方面,如金融保险行业、房产中介行业、楼宇物业管理、网上购物、移动银行等领域;在国防建设方面,军用目标(如飞机)的自动跟踪与监控、作战导航等。

当前移动通信设备已成为人们交流和获取信息的重要手段。有些移动设备具有丰富的功能,支持图像浏览和信息录入等。在"数字地球"框架提出不久,美国政府部门就要求手机生产企业必须能在手机上提供浏览地图的接口,以便在用户的手持终端上显示电子地图。特别是 SMS 业务的开通以及基站式移动定位技术的日趋成熟,使得基于移动通信设备的电子地图和空间移动服务拥有广阔的应用前景。

6.6.1 移动 GIS 应用基础——移动电子地图

GIS 电子地图通常具有数据量大的特点,要在尺寸小、存储容量小的移动终端设备上使用移动电子地图,需要一些关键技术的支持。

移动电子地图是移动 GIS 应用的基础。这里仅对移动 GIS 的应用基础部分——移动电子地图作基本的介绍。

1. 移动电子地图基础

电子地图不像传统的纸质地图,它是指利用现代网络、通信、GIS、遥感、数字摄影测量等技术实现的一种新的地图服务方式,为人们诠释了一种新的地图概念。

与纸质地图相比，电子地图有许多优点，例如不受比例尺和图形样式的限制，能够长期保存，并能根据人们的需要随时裁剪和显示。另外，电子地图更新也较纸质地图方便快捷，可以根据采集的数据随时进行更新，并且被更新的数据还可以作为历史数据予以保存。在当前的 GIS 应用中，电子地图常常是空间数据的外在表现形式，GIS 通过对空间数据库的有效管理和各种应用分析模型而为各个领域提供空间信息服务。

在移动 GIS 应用中，往往把配置在移动终端设备上的电子地图称为移动电子地图。不同的移动终端所能承载的移动电子地图容量和具备的处理能力是不同的。但是，它们有一个共同要求，即地图容量均不宜太大(受限于设备的存储能力)，使用的地图范围较小，但用于导航时则要求精度更高，信息更丰富。在移动电子地图应用方面，通常数据传输量少，对网络带宽、稳定性和时延很敏感，信息处理能力没有有线网络高。

移动电子地图技术可使得各种用户充分共享网络数据和无线通信网络，并且操作简单易行，提供随时随地的按需服务。结合移动定位技术、无线通信技术和 GIS 技术，可以将移动电子地图中的空间数据与属性数据的处理很好地结合起来，以直观、实时(或准实时)的方式显示与位置有关的信息(如移动目标、固定目标的位置和状态)。

2. 移动电子地图作用

从移动电子地图的应用领域看，它主要具有以下作用：

(1) 为空间移动服务提供数据基础

空间移动服务主要具备移动定位和空间分析两大功能。移动电子地图为这两大功能的实现提供了数据基础。在实际操作中，可根据不同的需求对移动电子地图进行配置和细化，配合信息服务的需要，还可以产生许多新的分层结构，为派生新业务领域提供支持。

目前 GPS 的应用已经相当普遍，在车辆应用中主要包括监控、导航和调度等。移动电子地图是 GPS 应用服务中实现直观、实时地显示与位置有关信息的重要基础。

(2) 促进电子地图平台的建设

任何定位技术返回的结果都是基于地理坐标的，要获得准确、高效的移动位置服务，必须建立准确、统一的电子地图平台，基于该平台的支持，可以在移动电子地图上准确地反映出移动目标的地理坐标。因此，从移动电子地图的应用方面看，它将对电子地图平台的建设起到有力的推动作用，有助于降低移动位置服务的门槛。

(3) 丰富各种移动终端设备的内容和功能

近年来，移动电子地图在导航定位终端上的应用新产品和新技术层出不穷，所支持的设备种类多，如车载终端、PDA、手机等。基于移动电子地图的移动终端设备可以实现许多功能，例如，根据地址找位置、从位置找地址、计算两个位置间的路线。此外，还可以根据移动电子地图的有关属性信息实现语音导航功能等。

(4) 为数据更新提供了新的手段

随着城市经济的发展，各种空间数据的更新日益受到重视，空间数据更新的手段也在发生着变化。通过移动电子地图所提供的环境，可以方便地进行野外数据测量，及时更新空间数据库内容。

3. 移动电子地图支撑技术

根据移动电子地图应用的实际要求，若要更好地发挥移动电子地图的作用，必须解决好几项关键技术，主要包括：嵌入式技术、蜂窝移动网络技术、GPS 定位技术、空间数据库技术以及并发处理技术等。

（1）嵌入式技术

嵌入式技术（Embedded Technology）是近年来继Internet技术发展的新兴技术，嵌入式技术产品在航天、航空、环境、资源、通信、金融、测绘等领域形成了一个独特产业。它将各种计算机技术、通信技术多层次、多方面地交叉融合在一起，有着传统PC机所无法比拟的优点。

嵌入式系统是以应用为中心的专用计算机系统，它的软硬件可以根据应用需要进行裁剪，适应对功能、可靠性、成本、体积、功耗等指标有严格要求的应用场合。嵌入式技术为移动电子地图的实现提供了最基本的软硬件技术支持。

（2）数字蜂窝移动网络技术

近年来，数字蜂窝移动电话网络技术得到迅猛发展，较成熟的GSM技术已经能够达到几十米级的定位精度，而CDMA技术更能达到几米级的定位精度，宽带CDMA技术将进一步提高定位精度。定位精度的提高将使利用廉价、宽范围的移动通信平台为用户提供空间移动服务成为可能。在服务形式上，除常规的话音服务以及短信息服务（Short Message Service,SMS）和多媒体短信服务（Multimedia Messaging Service,MMS）等增值服务外，还可以提供视频片段、图片、声音和文字等多媒体信息传输服务，信息的传输除在手机间实现外，还可以在手持设备与服务器之间进行。

（3）GPS定位技术

GPS定位技术可为用户提供随时随地的准确位置信息服务。它的基本原理是将GPS接收机接收到的信号经过误差处理后解算得到位置信息，再将位置信息传给所连接的设备，连接设备对该信息进行一定的计算和变换（如地图投影变换、坐标系统的变换等）后传递给移动终端。

（4）空间数据库技术

移动电子地图实际上应该包括两个部分，一种是静态的电子地图（例如用户所在位置周围的建筑物分布图、道路图等），另一种是实时的道路交通数据及其他实时监测数据。这两种不同的数据要及时反映在移动终端设备上，除采用定位技术实时获取位置数据外，还需要强有力的空间数据库管理技术的支持（例如：空间数据的裁剪，以满足移动终端显示尺寸的要求；静态电子地图的数据格式转换，以符合移动终端数据显示格式的要求）。

（5）并发处理技术

地理应用服务器及空间数据库所服务的对象在地理上是分布式的，当多个用户同时向系统发出个性化服务请求时，系统应对每位用户作出及时响应，这对网络的性能和系统处理能力提出了更高的要求。除需对移动电子地图本身进行合理组织外，还要借助于现有的分布式处理技术，为多用户并发访问提供支持。目前有些大型GIS研究和开发部门采用基于Java的地理信息发布技术能够实现多主机及网络负载平衡，较好地支持并发访问。当系统容量扩大，用户数量增多时，只需增加地理应用服务器就可以满足用户的需求。

以上几项技术在移动GIS的移动电子地图服务方面具有基础性的支撑作用。此外，目前在手持移动终端的移动定位方面还存在许多技术难题，比如信号延时、盲区处理、移动IP和服务器转移以及多用户查询等方面都还有待进一步研究解决。

4. 移动电子地图分类

按使用移动电子地图的设备特点进行归类,可将移动电子地图分为掌上电脑移动电子地图和手机移动电子地图。

(1) 掌上电脑移动电子地图

掌上电脑移动电子地图是移动电子地图的一种简化形式。掌上电脑具有可裁剪性、可移植性,资源消耗低,支持彩色和3D效果,也支持多任务应用和与GPS接收机等其他外部设备的连接,是一种嵌入式产品。例如PDA、Palm PC等,这种设备的典型特点是:存储容量适中,数据处理能力较强(一般可达200MIPS以上),能进行一定的数据分析和图形表达,基本可以满足地图浏览、空间查询及最佳路径分析等实用要求。

相对于传统的PC机电子地图,掌上电脑移动电子地图在功能上凸现了更加方便和灵活的特性,例如在智能交通应用方面,它可以通过语音技术,实时提醒驾驶员,应用SMS技术和集群通信技术实现实时监控。但是,它也存在一些不足:① 掌上电脑存储空间不能满足大数据量的数据缓存,加之运算能力不如传统的PC机,使得数据处理的延时加长;② 还不能很好地支持声音、视频等多媒体数据的传输和处理;③ 在无线连接下,由于现行网络带宽较窄,信号不稳定,数据传输受到较大影响。

掌上电脑移动电子地图的建立通常采用以下两种方式:一种方式是将移动电子地图存储到FLASH卡上或直接传输并存储于掌上电脑的内存中;另一种方式是通过网络远程下载。对于第一种方式,当用户根据自己的情况要求得到某种个性化服务时,可将相应的移动电子地图数据通过串行接口固化在内存中,在今后的使用中一般不再需要传输大规模的地图;对于第二种方式,一般是通过Modem将掌上电脑与远程服务器连接,从服务器中的空间数据库中获取地图数据,并进行适当裁剪和处理后下载到掌上电脑中。由于地图数据量一般都比较大,为提高传输和处理效率,在空间数据传输和存储之前,一般需要对移动电子地图进行压缩处理。

建立移动电子地图仅仅为用户提供了一种最基本的应用环境,当需要进行移动定位和导航时,还需要GPS技术的支持。一般将GPS接收机预置于掌上电脑中,作为移动定位数据的采集手段。在定位和自动导航时,需对获取的GPS电文进行计算,并转换到相同的投影模型和范围中,将转换后的位置信息与移动电子地图的图形信息进行匹配,在屏幕上显示出用户当前的位置。在这种方式下还可将定位的信息以短消息或微波方式反馈到监控端,监控端得到当前设备的地理位置数据后,可用以实时地监控和指挥调度等(如物流运输车辆的监控、城市出租车的监控等)。

(2) 手机移动电子地图

目前各种手机的应用已经普及,借助于已有的无线通信网络和Internet来扩展手机的功能已引起各界的关注。利用手机的SMS功能,结合GPS的定位技术,用户可以实时获得自己当时的地理位置信息,从而使得单一的地理信息查询演变成动态的移动位置服务。

手机的内存和计算能力目前很有限,大数据量的移动电子地图不可能像掌上电脑那样存储在内存或FLASH卡上,因此空间数据的传输主要基于WAP和浏览器/服务器方式实现。这种模式是基于无线通信的空间数据双向通信系统,主要包括信源、信宿、通信载体三部分。这里,服务器端(Server)提供信源,有线网、无线网以及Internet为通信载体,移动终端设备(即手机)为信宿。

实现手机移动电子地图及服务的基本原理是:

1)当服务器端接收到从手机用户发来的数据请求后,服务器根据用户所在的地理区域和所需的比例尺,对服务器端存储的大量空间数据和属性数据进行相关地图数据的检索;

2)在传输结果之前,将检索到的地图数据压缩为地图片段,并按用户的需求进行相关专题查询(如旅游景点、交通路况、最短路径等),然后将移动电子地图和专题信息一同传送给用户;

3)当手机用户收到数据后,先对数据解压,再显示在显示屏幕上;

4)在内置 GPS 或 LBS 的帮助下,移动终端(手机)可以实时判断用户是否在显示的范围(地图片段)内。如果在显示范围之外,用户端将发送新的请求,并将请求传递给服务器,服务器再重复上面的过程。如图 6-8 所示。

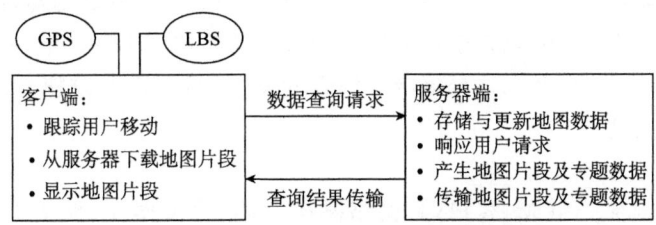

图 6-8　移动电子地图的浏览器/服务器模型

在这种服务模式中,移动电子地图的内容和范围是随着用户位置的变化而不断变化的。服务器端除了响应移动终端请求外,主要任务是按用户的请求启动相应的服务引擎在服务器端的空间数据库中进行检索,并将检索出的数据压缩后再返回给用户终端,其处理流程如图 6-9 所示。

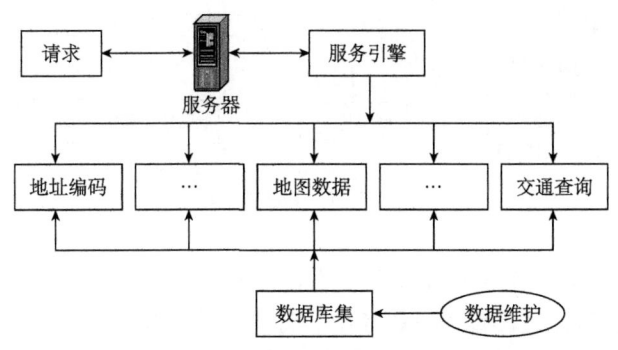

图 6-9　移动电子地图服务器端数据检索

掌上电脑移动电子地图在数据处理、存储、显示、交互性方面有着手机移动电子地图不可比拟的优点,但是在无线数据传输方面,手机移动电子地图及其应用有着比前者更多的灵活性。

6.6.2 空间位置信息服务

移动 GIS 的典型应用是位置信息服务,它是移动电子地图应用的深化。LBS 是一种融合了 Internet、无线通信、移动定位与 GIS 的技术,它可以搜索移动设备的地理位置,实时地提供基于此位置的相关信息。据 Strategis Group 预测,2004 年美国的 LBS 市场占有量达 39 亿美元;Kelsey Group 预测 2005 年 LBS 的税额将达 110 亿美元;而 Allied Business Intelligence(ABI)预测,2006 年 LBS 市场占有量将超过 400 亿美元。如此的发展规模足以说明 LBS 是移动 GIS 中很有前景的一种应用。

LBS 结合了无线通信技术的实时性和 Internet 丰富的全球共享信息,使随时随地的信息沟通和处理成为可能,有望实现在正确的时间、正确的地点把正确的信息发送给正需要信息的人。随着无线网络的兴起,无线定位技术将融入无线互联网领域,实现更加方便和智能化的通信服务和管理,其中包括对手机用户的位置进行实时监测和跟踪。

无线通信技术的主要缺点在于通话质量和数据通信速度不高。下一代无线通信技术可以将手机、电视、广播以及无线局域网等结合起来,手机用户可以随心所欲地获取范围更广、质量更高的信息。

1. LBS 的体系结构

LBS 主要由四部分组成:客户端、网络基础设施、服务器端、地图空间数据库,如图 6-10 所示。客户端可以是手机、车载终端、PDA、便携式计算机等。客户端需首先在 GSM、GPRS、CDMA 等通信网络上注册。

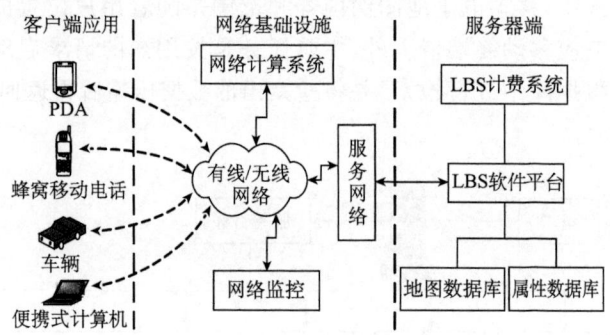

图 6-10 LBS 体系结构

当客户端发送一个位置请求信息并经网络传送到应用服务器中后,应用服务器将启动位置信息查询功能,通过位置信息服务中心将查询结果反馈到客户端。

在服务端安装有使用位置信息的各种应用,它通过应用编程接口(API)与网络进行通信,如第三方向系统提供的外部应用。这些应用通过标准 TCP/IP 和 HTTP 协议与网络端的服务网关进行通信。

2. LBS 软件平台

LBS 软件平台是指用来构建与支撑位置信息服务应用软件的独立软件系统,是开发与运行位置信息应用软件的基础。该平台能动态集成位置和业务数据,发布地理位置信息,执行空间查询、路径选择、制图输出等基本的地理信息服务;其次,该平台为用户提供日志和计费管理等功能或接口,以维护正常的系统管理;第三,LBS 软件平台提供与通信网络及 Web 访问的接口,用于获取移动用户的网络位置或发布位置信息到 Internet 上。

LBS 软件平台的核心是 GIS 空间数据引擎,其主要作用是:

1) 路径导航:为用户提供出行路线的导航服务;

2) 信息查询:为用户提供与位置相关的空间信息服务以及天气、交通信息查询等增值服务;

3) 远程跟踪:监控车辆的实时运行状况;

4) 轨迹回放:在电子地图上显示车辆的运行轨迹。

3. LBS 应用

在 LBS 应用中,地址查找、最短路径分析和缓冲区分析是 LBS 提供的主要服务内容,移动 GIS 通过移动位置服务部门(Mobile Location ISP)提供的城市地图数据,可以直接在移动用户的手机上显示城市及乡村电子地图和各类专题地图。

如图 6-11 所示,该示例模拟显示手机用户采用移动 GIS 技术实时定位的结果。其中标有旗杆的长方块表示移动用户目前所在位置,圆圈标示出已经通过的地点。用户可以在界面内输入特定的查询条件,通过手机将信息发至移动位置服务部门。

图 6-12 所示为最短路径的结果显示。移动位置服务部门把最终的查询结果发送回用户的手机,通过显示屏幕显示出来,它指出了用户所需经过道路的最佳行程路径。

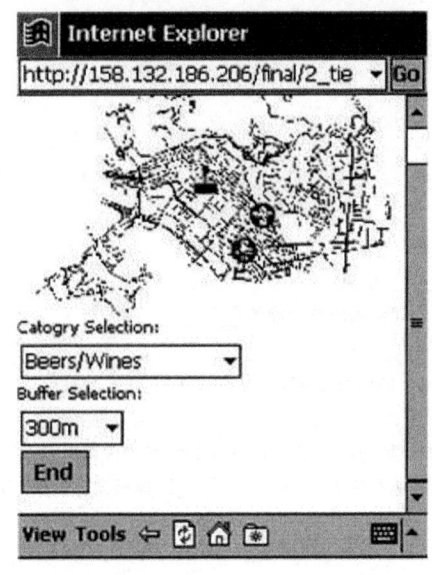

图 6-11 移动 GIS 路径选择

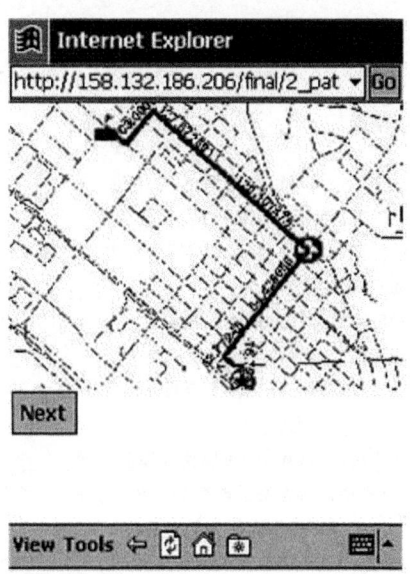

图 6-12 移动 GIS 最短路径分析

在道路缓冲区分析过程中,移动用户可使用手机设定路径选择和缓冲区分析的条件。例如,用户要对从中心大道和西大街的所有道路进行缓冲区分析,如图 6-13 所示,通过手机设定路径选择条件,再将信息发至移动位置服务部门。移动位置服务部门把计算结果返回到用户手机上,同时针对若干符合条件的地点采用不同颜色区别,找出当前位置周围需要的信息,如距用户(图中五角星所示)所在位置 500m 范围内的所有快餐店的位置等,如图 6-14 所示。

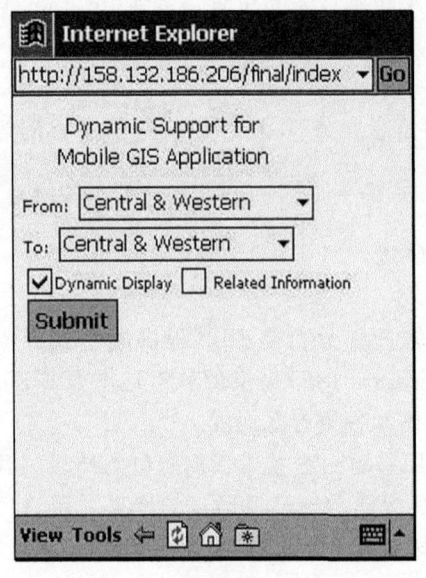

图 6-13　路线起止点的选择

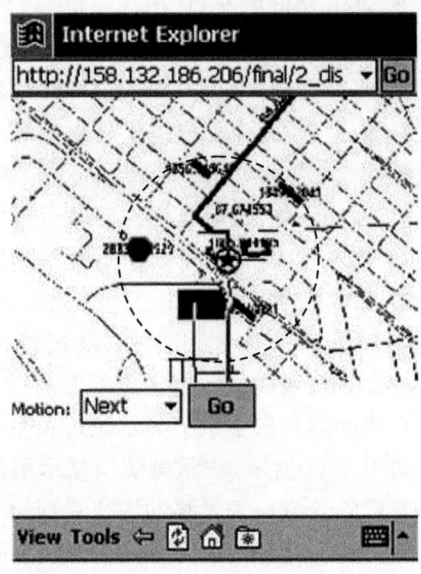

图 6-14　移动 GIS 缓冲区分析

习　题　六

一、填空题

1. 无线接入技术可以分为两类：一是基于＿＿＿＿＿＿的接入技术，目前已有 CDMA、GPRS、GSM、TDMA、CDPD、EPGE 等多种无线承载网络；二是基于＿＿＿＿＿＿的技术，如蓝牙、无线局域网等无线技术。
2. 移动计算环境是一种以无线网络为主，可以使用户自由通信和共享资源的＿＿＿＿＿＿计算环境。
3. 移动 GIS 主要由＿＿＿＿＿、＿＿＿＿＿、＿＿＿＿＿及＿＿＿＿＿组成。
4. 移动空间数据库是移动 GIS 的＿＿＿＿＿＿，是应用服务器实现地理应用服务功能的＿＿＿＿＿＿。
5. 全球四大卫星导航与定位系统是＿＿＿＿＿、＿＿＿＿＿、＿＿＿＿＿和＿＿＿＿＿。
6. 移动 GIS 终端不论是基于全球定位系统还是基于 GPRS/CDMA 的蜂窝通信，均存在着上行与下行数据通信的＿＿＿＿＿＿问题。
7. 无线应用协议(WAP)可以克服移动终端＿＿＿＿＿＿Internet 的种种局限，它与 Internet 的协议非常相似。
8. WAP 应用框架是基于现有 Internet 技术的，其逻辑模型充分借鉴了 WWW 的＿＿＿＿＿＿计算模式。WAP 使用＿＿＿＿＿＿连接无线部分和 WWW。
9. WAP 客户端主要访问两种服务器：＿＿＿＿＿和＿＿＿＿＿。
10. WML 是一种基于＿＿＿＿＿＿的标记语言，用来定义窄带设备中用到的内容和用户接口。这种语言是为无线设备用户提供＿＿＿＿＿＿而设计的。
11. 嵌入式系统中的软硬件可根据需要进行裁剪，适应系统对＿＿＿＿＿、＿＿＿＿＿、＿＿＿＿＿、＿＿＿＿＿、＿＿＿＿＿等指标有严格要求的应用场合。
12. LBS 软件平台的核心是＿＿＿＿＿＿，其主要作用是路径导航、信息查询、远程跟踪、轨迹回放等。

二、单项或多项选择题

1. GPRS 移动通信网的传输速度可达(　　)。

A. 9.6Kbps　　　B. 115Kbps　　　C. 11Mbps　　　D. 54Mbps
2. 宽带 CDMA 是第三代移动通信的主要技术。目前我国拥有的自主版权的第三代移动通信国际标准是（　　）。
　　A. WCDMA　　　B. CDMA2000　　　C. TD-SCDMA　　　D. GPRS
3. 掌上电脑、PDA、便携式计算机等在移动计算环境下统称为（　　）。
　　A. 移动 GIS　　　B. 无线上网工具　　　C. 个人助理　　　D. 移动计算设备
4. 国际上目前通用的移动终端上网的商业模式主要是（　　）。
　　A. WAP　　　B. i-mode　　　C. IEEE802.11　　　D. CDMA2000
5. 移动电子地图应用的关键技术有（　　）。
　　A. 通信技术　　　B. 移动定位技术　　　C. 大容量空间数据存储技术　　　D. 嵌入式技术

三、判断题

1. 2G 表示第二代模拟移动通信技术，3G 表示数字移动通信技术。
2. 移动计算环境下所有的设备均是可以自由移动的。
3. 移动 GIS 具有很高的可靠性，传输的空间数据不易被窃取。
4. 移动 GIS 发展前景广阔，无线通信网络将来可以完全取代有线网络，进而成为主流技术。
5. 移动 GIS 中的目标定位只能采用 GPS 定位技术。
6. 移动 GIS 的客户端设备携带方便、功耗低，适合于地理空间信息应用。
7. WAP 是专门为无线传输环境定制的适用于移动网络应用的一系列协议和规范的组合，它与 i-mode 均可用于移动 GIS 中。
8. WAP 应用采用基于 WWW 的 Client/Server 模型，以实现与 HTTP 协议之间的转换。
9. 移动环境下的嵌入式技术是根据移动终端的特点而开发的一系列可以移植的组件。
10. LBS 基于 Internet、无线通信、移动定位与 GIS 技术，能为移动用户提供个性化的空间信息服务。

四、简答题

1. 简述移动 GIS 的产生和发展过程。
2. 什么是移动 GIS？简述移动 GIS 各组成部分的作用。
3. 移动 GIS 的主要终端有哪些？它们各自采用哪些操作平台？
4. 简述移动地理应用服务器的主要特点。
5. 简述常用的几种移动定位技术。
6. 举例说明移动 GIS 的基本特点。
7. 什么是 WAP？它的基本工作原理是什么？阐述选择 WAP 网关时需要考虑的主要因素。
8. 试述 Internet 上可以提供的 WAP 业务有哪些，并简述 WAP 对现有的 Internet 协议作了哪些优化。
9. WAP 定义了一个分层的体系结构，每层协议保持相对独立，各层协议之间通过标准接口进行通信。简述 WAP 的体系结构的组成。
10. 简述基于 WAP 的移动 GIS 应用系统的构成。
11. 什么是 WML？它所支持的设备有何特点？
12. 什么是移动电子地图？简述移动电子地图的作用及基本实现原理。
13. 简述 LBS 的体系结构和工作原理。

五、论述与设计题

1. 我国的移动用户数量居全球第一，这些用户实际上都是今后移动 GIS 的巨大潜在用户群。移动 GIS 在我国的发展速度很快，目前移动位置服务和车辆导航方面的应用较多。请根据我国的情况，分析移动 GIS 将在促进信息化建设和国民经济发展中起到什么样的作用，还需要解决哪些技术和非技术问题？
2. 请在一个已有的无线通信环境下（在一个局域网或 Internet 环境下，模拟移动 GIS 的功能），用 WMLScript 编程实现对一幅地图的调用，并显示在客户端的 IE 浏览器中。同时论述具体的实现步骤，画出设计流程图，并列出关键代码。

第 7 章 网格 GIS

本章主要介绍网格基本概念和相关技术、网格 GIS 技术体系以及网格 GIS 的相关实现技术和网格应用前景等内容,以使读者对网格的原理、技术及其在 GIS 中的应用有一个比较清晰的了解。

§7.1 网格技术概述

近年来,在集群技术基础上发展起来的网格计算技术异军突起,且发展势头迅猛。与集群不同的是,网格节点之间的耦合程度没有集群那么高,并且既可以分布在单位或部门的局域网中,又可以分布在广域网内。网格的优势在于它可以使用大范围内的异构硬件设备和操作系统。目前,关于网格技术的研究和应用正在各个领域蓬勃开展。

7.1.1 网格与网格计算

网格(Grid)的概念借鉴了电力网(Electric Power Grid)的应用模式,网格的最终目的是希望用户在使用网格计算能力时,就如同使用电力一样方便。这里所说的网格其实就是一个集成的计算与资源环境,是将网络上的分布式计算资源整合在一起而构成的一种拥有超级性能的虚拟计算系统。在这个虚拟计算系统里,每一台参与计算的设备称为一个"节点",而整个计算是由所有"节点"组成的"一张网格"完成的,所以把这种计算方式形象地称为网格计算。

1. 网格

网格是由各种不同的硬件与软件组成的基础设施,它将高速互联网、高性能计算机、大型数据库、传感器、远程设备等融为一体,连接所有的网络资源,实现资源共享和异地协同工作,支持开放标准和功能动态变化。我们在使用电力时,并不需要知道它是从哪个发电站输送出来的,也不需要知道电力是通过什么样的发电机产生的。同样,网格也希望给最终的使用者提供与地理位置无关、与具体的计算设施无关的通用计算能力。对于使用网格的用户而言,他(她)所面对的好像不是网络,而是一台功能十分强大的超级计算机。与电力网中需要大量的变电站等设施对电网进行调控一样,网格中也需要大量的管理节点来维护网格的运行,只不过网格的结构更为复杂,需要解决的问题也更多。

网格能够充分吸纳各种计算资源,并将它们转化成一种随处可得的、可靠的、标准而且经济的计算能力。这里的计算资源不仅包括各种类型的计算机,而且包括其他类型的资源,如网络通信能力、数据资料、仪器设备,甚至技术能力和人力等相关的资源。

网格概念的提出从根本上改变了人们对"计算"的看法,因为网格提供的是与以往根本不同的计算方式。它突破了以往强加在计算资源之上的诸如计算能力、地理位置、共享与协作方式上的限制,使人们能以一种全新的、更自由的、更方便的方式使用计算资源,解决复杂的问题。

2. 网格计算

简单地讲,基于网格的问题求解方法就是网格计算(Grid Computing)。网格计算是伴随着 Internet 技术的发展而迅速发展起来的一种新型的网络计算模式。这种计算模式利用 Internet 把分散在不同地理位置的计算资源组织成一个"虚拟的超级计算机",进行分布式大规模集群计算和网络分布式协同并行处理,以解决包括科学计算、大型数据服务、虚拟现实等大规模计算问题,是超大规模集中式计算、客户/服务器计算模式后的第三代计算技术,也被称为下一代的 Internet 技术。

网格计算有两个明显的优势,一个是数据处理能力强;另一个是能充分利用网络上的闲置处理能力。对于网格提供的计算能力,有以下几个基本要求:

1) 必须是可靠的,即保证持续、稳定和安全的运行,不应该因为网格内部个别资源的变化而对网格应用造成影响;

2) 必须满足一定的标准,对用户提供的服务、资源访问的接口都是标准化和一致性的;

3) 必须提供一个容易的访问方式;

4) 网格服务的费用应比较低廉,能够被普遍接受和推广。

网格技术被看成是未来的 Internet 技术,并被称为"下一代 Internet"、"Internet2"、"下一代 Web"等。在网格研究方面,不同的组织和团体各有侧重点。例如,有的侧重于智能信息处理,主要关注如何消除信息和知识孤岛,目的是实现信息和知识的智能共享。这类网格往往被称为语义网(Semantic Web)、知识管理系统(Knowledge Management System)、知识本体(Ontology)、代理(Agents)、信息网格、知识网格、一体化智能信息平台等;有的基于现有 Internet 技术,将 Internet 上的资源整合成一台超级服务器,有效地提供内容、计算、存储等服务。这类网格的目标主要实现内容分发、服务分发、电子服务、实时企业计算、分布式计算、点对点计算以及 Web Service 等。

目前,网格技术已经吸引了全球范围内众多的注意力,很多国家都启动了网格研究计划,如美国军事"全球信息网格"(Global Information Grid,GIG)、美国"地球系统网格"(Earth Systems Grid,ESG)、美国国家航空和宇航局(National Aeronautics and Space Administration,NASA)的计算网格——信息动力网格(Information Power Grid,IPG),英国的 e-Science Grid、欧洲网格计算应用验证平台 EUROGRID 等,我国也启动了"织女星网格计算"、"中国教育科研网格"等项目的研究。在网格研究领域,成立有全球网格论坛(Global Grid Forum)、eGrid 技术论坛等专门讨论网格的相关问题。

就空间信息处理而言,采用网格技术能够将全球范围的空间信息及相应的存储和处理设备连接起来进行分布式应用研究和极复杂的空间分析,适合计算密集型、存储密集型及事务密集型的应用处理。对于空间信息处理领域里的"数字地球"战略思想来说,如果没有高速的信息网络平台和并行计算处理技术作为保障将是难以实现的,网格技术能够为其提供对大型分布的空间数据进行高效处理和分析的能力,它对于"数字地球"的最终实现将起到重大的推动和支持作用。将网格的思想应用到地理信息科学领域中来,解决包括"数字地球"、空间数据服务等极为复杂的大型应用,将成为一个重要的研究领域。

7.1.2 网格特点

网格作为一种新出现的重要基础性设施,和其他系统相比,有其鲜明的特点,这些特点对网格技术、网格建设以及网格应用都有着重要影响。只有了解网格的特点,才能够更好地认识和把握网格技术的开发与使用。下面从网格的分布性、自相似性、动态多样性等方面对网格特点作一简要介绍。

1. 分布与共享性

网格的分布性首先是指网格中的资源是分布式的,即组成网格计算能力的不同计算节点、各种数据资源以及其他各种设备,物理上不是集中在一起的,而是分布在不同地理位置的,这样的资源一般类型较复杂、规模较大,跨越的地理范围较广;其次,这种基于网格的计算是分布式计算,而不是集中式计算。在网格的分布式计算环境下,需要解决资源与任务的分配和调度问题、安全传输与通信问题、人机交互问题以及计算的实时性保障问题等。

网格资源虽然是分布的,但是它们在网格环境中可以被充分地共享,即网格上的任何资源都可以提供给网格上的任何使用者,这就是网格具有的共享特性。资源共享是网格的目的,没有共享便没有网格,因此,共享是网格的核心问题。

图 7-1 所示为网格分布与共享性的一个简单的示意图,它说明了网格问题求解的一个过程:该问题的求解需要用到 A、B 和 C 处的数据,这些数据需要通过 D、E 处的计算系统进行处理,处理后的结果需要经过 F、G 处进行校验,再把最后的计算结果传送到目的地 H 处。这一问题的求解过程涉及了八个不同的地方,它们相互间的物理距离有可能非常远,甚至可能需要使用特殊的移动设备,而且在数据处理过程中有时需要加入人工干预。这种情况说明了网格的分布性与共享性。很明显,分布是网格资源在物理上的特征,而共享则是网格软件支持下的对数据资源与计算能力在逻辑层次上的特征。

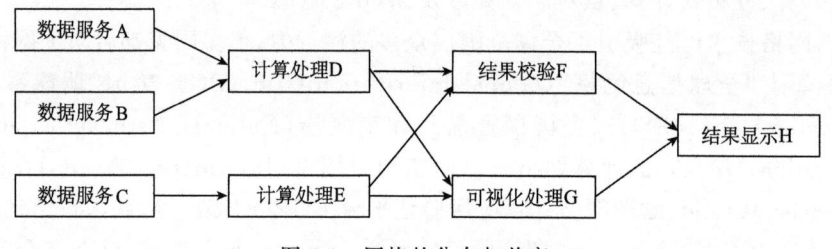

图 7-1 网格的分布与共享

2. 自相似性

网格系统中局部和整体之间存在着一定的相似性,即局部往往在许多地方具有全局的某些特征,而全局的特征在局部可以体现出来。大的网格系统可以看成是由若干具有类似特征的小网格组成的系统,比如世界级的网格可以是在国家级的网格基础上建造起来的,再比如,在一个实验楼里建立了一个小规模的网格系统,然后可以把一个学校的多个实验室网格组成一个全校范围的教学科研网格,而不同学校的网格又可以互相连接成一个教育科研网格,而这个网格又可以成为国家网格的一部分。这种自相似性在网格的建设与研究过程中有着重要的意义。

3. 动态多样性

网格的动态多样性有两方面的含义：一是指网格资源是动态变化的，二是指网格资源是异构和多样的。网格并不是一成不变的，网格的动态性包括动态增加和动态减少。当网格资源减少或者某些资源出现故障后，要求网格能够及时采取措施，实现任务的自动迁移；而对于网格资源的增加，则要求网格能够进行实时的接纳，实现任务的自动分配，从而提高网格的扩展性能。网格环境中可以有不同体系结构的计算机系统和不同类型的资源，因此网格系统必须能够在不同结构、不同类别的资源之间进行数据的通信与互操作。

4. 标准性

网格系统的应用范围是广泛的，因此需要遵从一个统一的标准。网格标准也有两方面的含义：一是指网格资源相互访问时具有统一的接口，使用统一的协议；二是指网格为用户提供的计算能力应该满足一定的标准，有一个比较统一的形式，从而便于用户的使用。只有在大家都遵从的标准指导下建立起来的网格系统，才能得到最大范围的应用与发展，也才能真正实现异构、异质资源的广泛共享。网格的标准化可以使接入设备像电话一样容易使用，同时有利于整合现有资源，也易于网格的维护和升级换代。

7.1.3 网格体系结构

网格体系结构也就是描述网格的构造技术，包括网格的基本组成与功能、网格各组成部分之间的关系及其集成方式以及网格有效运转的机制。到目前为止，代表性的网格原型系统主要有美国的 Globus、美国的 Legion、澳大利亚的 Nimrod/G 以及欧洲的 UNICORE。比较重要的网格体系结构主要有两个：一是 Foster 等提出的五层沙漏结构，另一个是以 IBM 等为代表的 IT 企业界结合 Web Service 所提出的开放网格服务结构（Open Grid Service Architecture, OGSA）。

1. 五层沙漏结构

根据网格中各组成部分与共享资源的距离，我们把实现共享资源的操作、管理和使用的功能分散布置在五个不同的层次，形成一种称为五层沙漏结构的网格体系结构，如图 7-2 所示。为便于理解，将该结构与广泛使用的 TCP/IP 网络协议进行了简单地对照。

（1）构造层（Fabric）

构造层是物理或逻辑实体，控制局部的资源，基本功能包括资源查询和管理的服务质量保证，并为上层提供共享资源。常用的物理资源包括各种计算和存储资源，如计算机、存储介质、网络资源、传感器、目录服务器等；逻辑资源主要包括文件系统、分布式计算池等。

（2）连接层（Connectivity）

连接层是网格中事务处理、安全通信与授权控制的核心协议，所有资源间的数据交换和授权认证、安全控制都在这一层实现。该层还实现单点登录、代理委托、与本地安全策略的整合以及基于用户的信任策略等功能。可以看出，连接层具有承上启下的作用，能使各个孤立的资源之间建立联系。

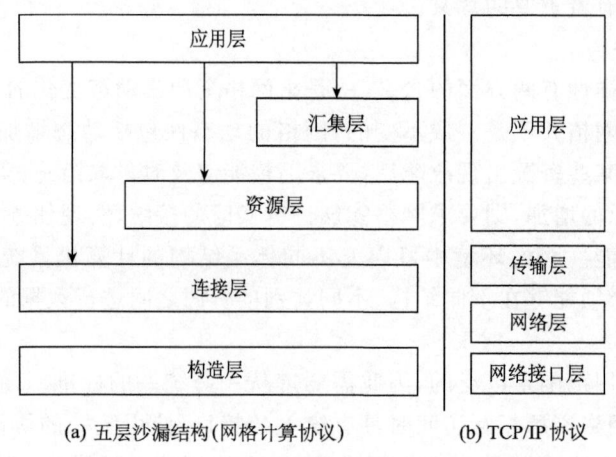

(a) 五层沙漏结构(网格计算协议)　　(b) TCP/IP 协议

图 7-2　五层沙漏结构及其与 TCP/IP 的对照

(3) 资源层(Resource)

资源层共享、控制单一资源,实现资源的注册、分配与监视等。该层建立在连接层通信和认证协议之上,满足安全会话、资源初始化、资源运行状况监测、资源使用状况统计等需求,通过调用构造层函数来访问和控制局部资源,反映的是抽象的局部资源的特征。

(4) 汇集层(Collective)

汇集层汇集、协调各种资源,供虚拟组织的应用程序共享与调用。它可以实现目录服务、资源协同、资源监测诊断、数据复制、负荷控制、账户管理等共享功能。

(5) 应用层(Application)

应用层即指网格中的用户应用程序层。应用程序通过调用各层提供的 API 及网格上的各种资源来提供不同的应用服务。为便于网格应用程序的开发,需要构建支持网格计算的大型函数库。

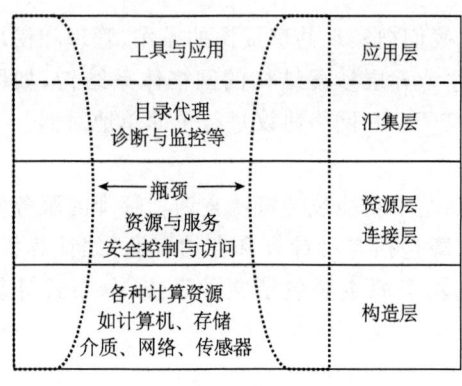

图 7-3　沙漏形状的五层结构图

五层沙漏结构的重要思想就是以"协议"为中心。因此,对于实现上述各层的功能,其各个部分的协议数量和性质是不同的。对于主要由资源层和连接层共同组成的核心协议,要实现与上、下层各种协议的双向映射,亦即,上层协议要能映射到核心协议,而核心协议也要能映射到下层协议。这说明,核心协议在所有支持网格计算的资源上都应该得到支持,由于其数量不多,很容易成为协议层次结构中的一个瓶颈。如图 7-3 所示。

由于资源多种多样,应用需求复杂多变,因此五层沙漏体系结构中,定义好这样一个核心协议的意义是很大的。

2. 开放网格服务体系结构

OGSA 是继五层沙漏结构之后,最重要也是最新的一种网格体系结构,被称为是下一代的网格结构。它是由 IBM 公司和 Globus 工具包开放源码小组(主要成员是 Argonne 国家实验室、芝加哥大学和南加州大学)共同倡导促成的。

OGSA 要达到的目标主要有：

1) 实现宽广范围内的分布式异构平台资源管理；

2) 实现无缝的 QoS。针对复杂的网格拓扑结构和满足网格资源动态交互的要求，网格应该提供健壮的后台服务，例如授权、访问控制和委托等；

3) 提供自治管理解决方案和相应的公共基础设施。网格中包含各种资源，此外，还有许多配置组合、交互以及状态与故障模式的改变等。要满足所有要求，需具备一定的智能调节和自治管理能力；

4) 定义开放接口。OGSA 是一种开放式标准，为实现不同资源之间的互操作，网格必须构建在标准接口及协议之上。

为实现上述目标，OGSA 的主要体系结构被设计为图 7-4 所示的分层结构。

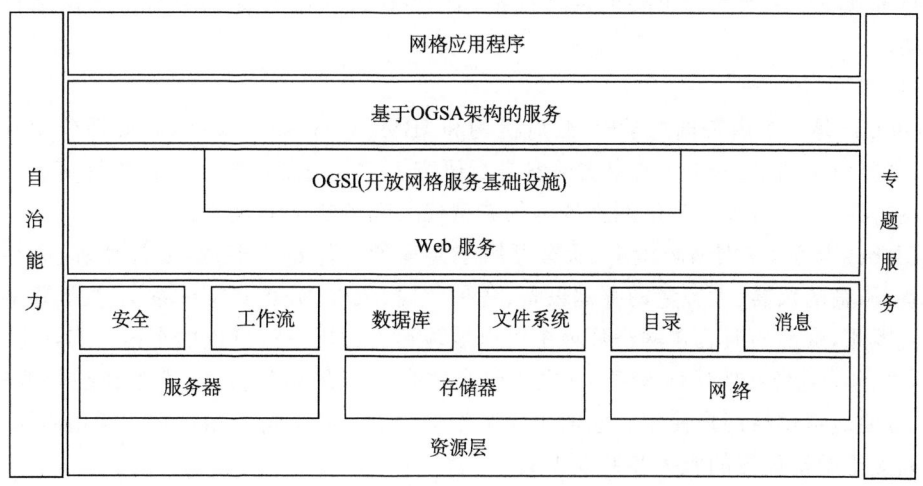

图 7-4　OGSA 的体系结构

OGSA 体系结构主要由四层构成，由下至上依次分别为：

(1) 资源层

资源层主要包括各种物理资源和逻辑资源。其中物理资源位于图中的最下部，包括服务器、存储器和网络；在物理资源之上是逻辑资源。它们通过虚拟化和整合物理层资源来提供其他功能，例如可以经由网格提供文件系统、数据库、目录、工作流等抽象服务。

(2) Web 服务以及定义网格服务的 OGSI 扩展

五层沙漏结构中，强调的是被共享的物理资源，是以协议为中心的，实现的是对资源的共享；而在 OGSA 中有一条很重要的准则：以服务为中心，实现的是对服务的共享。各种逻辑的和物理的资源，如计算资源、存储资源、网络、程序以及数据库等都被建模为服务。这里的服务是指具有特定功能的网络化实体，是一种 Web 服务，因此 OGSA 所定义的服务建立于标准的 Web 服务技术之上。该服务提供了一组定义明确的接口，遵守特定的惯例，解决服务发现、服务动态创建、服务的生命周期管理和通知等问题。

OGSI(Open Grid Service Infrastructure)利用 XML 与 WSDL 为网格资源指定标准接口、行为与交互方式。同时，为使其具备动态管理能力，OGSI 还对 Web 服务的定义作了扩展,以方便网格资源的建模。

(3) 基于 OGSA 架构的服务

它主要提供程序执行、数据服务和核心服务等领域中定义的基于网格架构的服务。当所有这些新架构的服务实现后,OGSA 将会成为真正有用的面向服务的架构(Services Oriented Architecture,SOA)。

(4) 网格应用程序

在基于网格的环境下进行应用设计与开发,将会不断产生新的基于网格架构的服务,这种以服务为目的的基于网格架构服务的新网格应用程序将陆续出现。它们构成了OGSA 架构的第四个主要的层,该层主要为用户提供使用网格系统的环境和工具。

3. OGSA 的技术基础

建造 OGSA 的两大支撑技术是 Globus 和 Web Service。目前,Globus 已经被科学与工程技术领域广泛接受为重要的网格技术,而 Web Service 则是一种标准的网络存取应用框架。

(1) Globus 简介

Globus 是一个由美国的学院、政府机构和 IBM、Microsoft 以及 Cisco 等公司发起的项目,主要由美国 Argonne 国家实验室进行研究。它是目前国际上与网格计算相关的最有影响的项目之一,被认为是网格技术的典型代表和事实上的规范。

Globus 认为,在网格环境中,所有可用于共享的主体都是资源,如计算机、高性能网络设备、昂贵的仪器、大容量的存储设备、各种数据、软件、分布式文件系统、数据库等均是资源。因此,资源的概念在网格环境中可以被理解为对用户有价值的东西。实际上,Globus 关心的不是资源的实体本身,它主要研究的是资源的访问接口,即如何把资源安全、有效、方便地提供给用户使用。它的主要工作是建立一套支持网格计算的通用协议,提供一系列支持网格计算的服务和开发工具。

Globus 实现的目标主要有四方面内容:

1) 安全。这是网格计算环境正常运行的保证。

2) 信息获取与分布。在网格计算环境中如何发布资源信息、如何查询和检索资源信息是有效使用各种资源的前提条件。

3) 资源管理。Globus 是在网络技术之上实现的更高层次的资源管理,强调的是更有效地支持广域范围内的各种资源管理。

4) 远程数据传输。实现广域网环境下的高速、可靠的数据传输是网格计算的重要内容。

图 7-5 所示为 Globus 工具包的逻辑组成,其中的核心服务内容主要有:

1) 网格安全基础设施(Grid Security Infrastructure,GSI):包括认证和相关安全服务,是保证网格计算安全性的核心部分。它负责在广域网环境下的安全认证和加密通信。在使用公钥加密、X.509 认证以及安全传输层(Secure Socket Layer,SSL)协议并结合通用安全服务应用接口(Generic Security Service API,GSS-API)的基础上,GSI 实现了双重认证和用户的单一登录。

2) 元计算目录服务(Metacomputing Directory Service,MDS):也称元信息服务,是网格计算环境中的信息服务中心。它在轻量级目录存取协议(Light-weight Directory

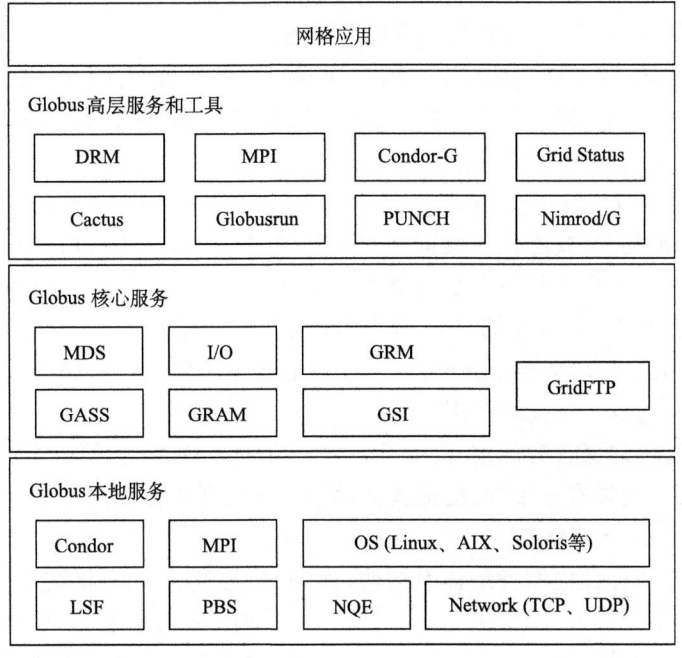

图 7-5 Globus 工具包的逻辑组成

Access Protocol,LDAP)的基础上提供了对网格资源信息的统一命名,用于在网格计算环境中实现信息的发现、注册、查询和修改等。

3）资源分配管理（Globus Resource Allocation Manager,GRAM）：是网格环境中的任务执行中心,负责资源分配与进程管理,能为各种不同的资源管理工具提供标准化接口,处理远程应用的资源请求、远程任务调度与管理,解析资源描述语言（Resource Specification Language,RSL)所表达的信息。

4）数据存取服务（Globus Access to Secondary Storage,GASS）：是一个支持网格计算环境远程 I/O 访问的中间件,通过串行和并行接口访问远程数据,为网格应用提供强大的访问远程文件系统的能力。

5）数据复制管理（Globus Replica Management,GRM）：主要用于大型科学应用中,是一种能将远程的大型文件复制到离应用最近位置的管理工具。

另外,在核心服务中,还提供了多线程通信库（Nexus）,以实现单点和多点的通信服务。

(2) Web Service 简介

Web Service 是在 Internet 上进行分布式计算的基本构造块,是组件对象技术在 Internet 中的延伸,是一种部署在 Web 上的组件。它融合了以组件为基础的开发模式和 Web 的出色性能。Web Service 和组件一样,能提供重用功能,同时可以把基于不同平台开发的不同类型的功能块集成在一起,提供相互之间的互操作。从这点看,Web Service 既是软件又是应用程序集成的平台。应用程序是通过使用多个不同来源的 Web Service 构造而成的,这些服务相互协同工作,无论它们位于何处或者如何实现。基于 Web Service 所开发的应用程序具有组件的优异性能,因此被普遍认为是下一代分布式系统开发的模型。

1) Web Service 定义

关于 Web Service 的定义,有几种不同的描述:

① 国际标准化组织 W3C 的定义:Web Service 是一个通过 URL 识别的软件应用程序,其界面及绑定能用 XML 文档来定义、描述和发现,使用基于 Internet 协议上的消息传递方式与其他应用程序进行直接交互。

② Microsoft 的定义:Web Service 是为其他应用提供数据和服务的应用逻辑单元,应用程序通过标准的 Web 协议和数据格式获得 Web Service,如 HTTP、XML 和 SOAP 等,每个 Web Service 的实现是完全独立的。Web Service 具有基于组件的开发和 Web 开发两者的优点,是 Microsoft 的.Net 程序设计模式的核心。

③ IBM 公司的定义:Web Service 是一个具有自包容能力的模块化应用,它们一般能经由 Web 被描述、发布、查找和调用。

可以看出,这些定义各有侧重,但有几点是一致的。首先,它是由企业驱动和应用驱动而产生的;其次,它具有分布性、松散耦合、可复用性、开放性以及可交互性等特性。

2) Web Service 体系结构

Web Service 遵循面向服务的体系结构,是 SOA 与 Web 的有机结合。

图 7-6 所示为 Web Service 的服务结构,它涉及三个重要组成部分:

① 服务注册中心:注册所有已经发布的服务,并对其合理分类,同时还提供检索性的服务。注册与检索所遵循的标准为 UDDI,它主要用于规范 Web Service 的注册信息,提供标准检索格式等。有了 UDDI,所有发布后的 Web Service 信息均可以被发现,也就是说,可以被服务请求者和服务提供者发现,而且由于 UDDI 中的信息是以 XML 格式描述的,因此十分便于信息的检索和处理。

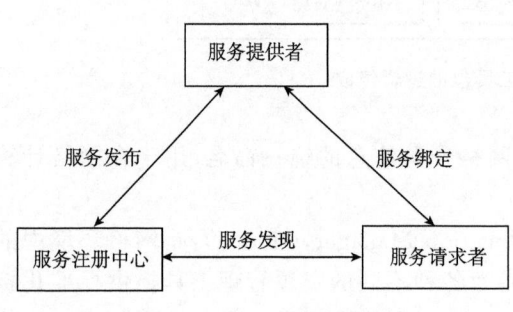

图 7-6 Web Service 服务结构

② 服务请求者:指那些需要使用 Web Service 的客户。当客户有 Web 服务的需求时,先利用 UDDI 浏览器查看 UDDI 中已注册的服务,在找到满足所需的服务后,便将相应的服务描述文件(即 WSDL 文件)下载到本地服务器上,然后再利用一个组件(也是服务程序)将该文件转换成客户端的代理程序,运行该代理程序就能直接绑定到所需服务的具体实现上,从而完成用户需要的实际服务。这里,WSDL 主要以 XML 形式描述一个 Web Service 运行方式以及提示与客户端的互动方式,它针对 Web Service 的实际需要对 XML 进行了相关的改进,从而可以更好地描述 Web Service。在 WSDL 中定义有 Web Service 的类型、消息、操作、端口类型、绑定、端口、服务等,因是 XML 格式的,故便于阅读和运行。

③ 服务提供者:指 Web 服务的具体提供者,主要对外发布自己能够提供的服务,同时对客户所申请的服务作出响应,这种响应是在服务请求者发出服务的要求时,由服务代理程序具体寻找所需的服务,并将服务提供给客户。

结构中包含了三种行为:

① 服务发布:服务提供者向注册中心注册自己能够对外提供的服务以及访问这些服务的接口;

② 服务发现:服务请求者利用该行为通过注册中心查找已注册的特定种类的服务;

③ 服务绑定:服务请求者通过服务发现找到所需的服务后,利用绑定可将该服务与服务提供者提供的真正服务关联起来。

为支持以上三种行为,需由 SOA 对服务进行某种方式描述,描述的内容重点包括:

① 声明服务提供者的语义特征,以便注册中心对服务提供者分类,同时便于服务请求者来辨识和匹配满足其要求的服务提供者;

② 声明接口特征,为访问特定服务提供接口规范;

③ 声明各种非功能特征,例如安全要求、事务处理要求、服务费用等。

图 7-7 描述了 Web Service 的服务请求与服务响应之间所涉及的过程与相关协议。图中的 SOAP(简单对象访问协议)是一个远程过程调用协议,是一种基于 XML 的适合于分布环境下交换信息的轻量级数据交换协议。服务请求者—服务注册中心和服务请求者—服务提供者之间的消息传递(如请求、响应、路由等),均以 SOAP 所规范的形式传递。需要指出的是,由于 UDDI 的目录服务也需经过 Web Service 提供,所以在寻找服务时除需使用 UDDI 外,还要使用 SOAP。

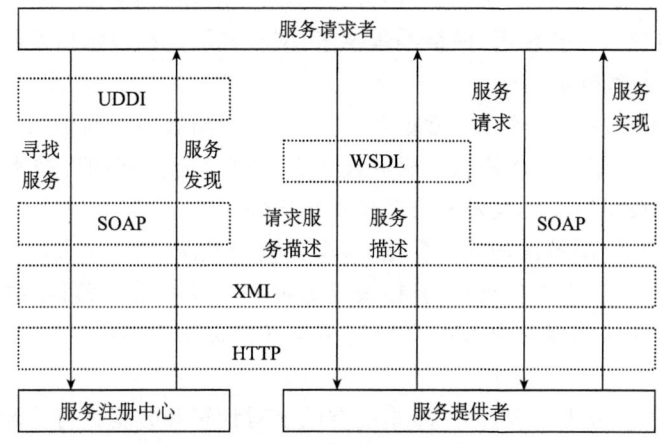

图 7-7 Web Service 的服务请求-响应过程

服务注册中心、服务请求者、服务提供者三者在机器内部实际上都是一些具体的应用程序,它们以"服务"为宗旨,通过服务的寻找与发现、连接与绑定以及发布等措施为用户提供比较完善的信息服务。

3) Web Service 在 GIS 领域的发展

国外一些大公司也瞄准了 Web Service 在 GIS 领域的应用。当前,在 GIS 领域,Web Service 的应用以提供基于位置的信息服务为主(见移动 GIS 一章),如地理编码、位置查找和最佳路径分析与选择等功能。Microsoft 公司利用其提出的. Net 技术开发出 MapPoint. Net,能实现基于地址、兴趣点、经纬度的位置服务以及位置相关背景(如地图和地址)、路径选择、邻近搜索、距离计算等服务。. Net 平台推出后,微软公司的 Terra Server 还推出了基于该平台的 TerraServer. Net Web Service,简称为 TerraService。ESRI 在其长期推进 GIS 平台发展的进程中,提出了 g.Net 战略,推出了适应街道和地址位置服务功能的 ArcWeb Service。

最近,Map.Net 结合 Visual Studio.Net 和 ArcGIS 技术开发了一组商业应用的 Web Service。其中,Map Web Service 是一个基于.Net 的 Web Service,作为访问 ArcIMS 的一个桥梁。它允许对访问多个 GIS 服务器的多个 Web 应用程序进行集中化配置。SDE Web 连接器是一个提供更新和维护空间数据的 Web Service,它通过 SDE 可以在空间数据库里编辑空间实体。

有了 Globus 和 Web Service 两种技术之后,OGSA 就可以通过构建不同的网格服务接口和网格应用来实现不同的功能。

7.1.4 网格关键技术

从网格的体系结构看出,实现网格的主要技术可分为三个层次:第一个层次是实现网格环境下的资源共享,以满足上层应用;第二个层次是实现网格资源的有效控制,主要是管理各种分布资源,为整个网格应用提供安全、高效和可靠的资源服务;第三个层次是建立基于网格的应用,亦即使用网格技术解决各种复杂的问题,为用户提供各种服务,满足不同的应用需求。基于这种层次划分,还可进一步把实现网格计算环境的关键技术归纳为这样几个:网格核心服务技术、网格编程技术、网格底层支撑技术以及网格应用技术。

1. 网格核心服务技术

网格核心服务在网格环境中非常重要,它是连接网格底层与高层功能的纽带,是协调整个系统有效运转的中枢。网格核心服务技术包括高性能任务调度技术、高吞吐率事务处理技术、数据收集及可视化技术和安全技术等方面。

在网格环境中,资源不仅是动态变化的,而且类别多样、数量庞大,如何有效地实现高性能的资源调度与资源收集和管理,直接决定着网格计算系统的整体性能。实现网格资源的高吞吐率、高性能调度和资源的合理使用与安全保护,是网格核心服务技术的基本目标。

网格高性能调度分为两步,第一步是在空间上对计算和数据进行分配,包括针对给定的任务选择所需的资源组合,将任务交给这些资源去执行并分配相关的数据和计算等;第二步是在时间上为计算和通信进行优先级排序。通常,对于实时性要求较高或者非常重要的任务需要在时间方面给予较高的优先级。

2. 网格编程技术

网格编程是指用编写网格服务或应用程序来实现网格应用。网格编程技术可以利用目前已有的技术和方法,如分布式共享内存编程技术、负载平衡技术、通信延迟控制技术等。但在目前状况下,网格环境中仍然有许多没有解决的问题,如远程大数据量的访问通信延迟问题、组成网格系统的计算资源的异构性和集成问题、网格系统的容错性和实时性保证问题等。为解决这些问题,可以在现有的技术基础上进行扩展,也可以专门为网格系统提供一种语言和编译系统,这种语言应支持数据及任务分解,在编译器、运行系统等协调工作的环境下,支持网格的任务调用与计算。

目前,比较流行的网格编程方法有两种:一种是面向对象的编程方法,成功的应用实例是 Legion。Legion 认为,网格是一个世界范围的抽象计算机,用户在 Legion 中感觉到的是一台大的计算机系统,而网格程序员则是在这台大的计算机上进行程序设计。Legion 视一切均为对象,并规定了对象交互的消息格式与高级协议。它支持并行库(包括 MPI 和 PVM),包装了一些并行组件,开放了其运行库的接口,能够提供计算和存储两种类型的资源。

第二种方法是基于商品化技术集成的网格编程,通过将现有的商品化技术如 VRML、Java3D、JDBC、CORBA、COM、JavaBean、Web 等技术进行有机集成,为网格编程提供支持。利用商品化技术构建网格应用往往采取三级架构思想,即把网格应用分为客户应用前端、中间件与后端服务三个层次。前端主要是一些图形化的用户界面和与用户操作相关的工具等;中间件主要完成前端与后端服务的协调工作;而后端服务则主要负责对客户端的各种请求进行响应和处理。由于客户类型和请求多种多样,因此,后端的处理机制比较复杂。

3. 网格底层支撑技术

网格底层技术是指构成网格计算必需的支撑技术,包括底层操作系统、计算、通信、存储等多种基本组成要素。网格协议对于网格有着重要的意义。一般将网格协议分为数据传输协议、流协议、组通信协议、分布式对象协议等,这些协议为分布式实体之间的联系奠定了基础,是网格管理和网格应用得以实现的基本保障。除了网格协议,网格服务质量、网格节点的操作系统和计算能力、存储能力、底层网格基础设施等都是网格节点存在的基础,也是构成高性能网格计算的基础。

4. 网格应用技术

网格应用技术主要体现在分布式超级计算应用、数据服务、远程沉浸及信息集成等方面。

分布式超级计算是网格计算最早也是比较成熟的应用领域,主要解决一些科学与工程问题,它是指将分布在不同地点的计算机用高速网络连接起来,形成比单台超级计算机强大得多的计算平台。这方面的例子很多,如军事仿真项目 SF Express,能实现把计算过程十分复杂的大型军事仿真任务分解为许多个小任务,再将这些小任务分布到分布式环境中并行执行,获得的运行效率比起单台超级性能的计算机还要高。又如对数字相对论的计算,利用四台超级计算机组成的小型网格求解爱因斯坦相对论的方程,模拟出了天体运动规律,极大地提升了运行效率。其他的如美国宇航局 NASA 的信息动力网格 IPG、荷兰的集群网格项目等。

数据服务则主要用于大型数据库的分析和处理,如在 GIS 领域构建网格 GIS 服务,实现高效的数据管理与空间分析等。这种网格侧重于数据存储、传输和处理,如欧洲原子能研究机构 CERN(European Organization for Nuclear Research,CERN 为法文缩写)所开展的数据网格 DataGrid 项目,主要用于大型正负电子对撞机和超级质子同步加速器中的海量数据分解处理,还可用于生物医学图像获取、存储、处理、共享、检索等方面以及对地观测领域。

远程沉浸(Tele-immersion)是一种可视化的虚拟网络交互环境,在虚拟现实环境中应用较多。作为一种可交互的虚拟现实环境,远程沉浸已经在某些方面得到了应用,而这种应用多数是在网格技术的支持下才取得较好效果的。虚拟博物馆、协同学习环境、协同分析环境等都是远程沉浸的应用方向。

信息集成主要解决分布式数据的集成与服务问题,也有不少应用方面的研究。随着网格技术的发展,网格技术将会在科学、商业、娱乐等领域得到广泛的应用。

§7.2 网格 GIS 概念

网格的优势在 GIS 领域也受到极大的重视。在经过四十多年的发展后,GIS 虽然在一定程度上满足了人们对空间数据处理的需求,但是随着信息量的飞速膨胀和人们对空间信息处理效率、服务质量等方面需求的急剧提高,如何将地理上分布、异构的多种计算资源和空间数据资源通过高速网络连接起来,构建成空间信息处理的网络虚拟超级计算系统,以此来解决大型空间信息应用问题已变得越来越迫切,这也是当前 GIS 领域所面临的重要问题之一。通过前面对网格技术的介绍,结合 GIS 应用需求及当前 GIS 所面临的问题,不难预测,网格技术的提出和发展对 GIS 而言,其意义是深远的,以网格技术为基础的网格 GIS 将为解决这些问题提供重要而有效的技术方法。

7.2.1 GIS 的网格化

网格是高性能计算机、数据源、Internet 等多种技术的有机结合和发展,它具有高性能、一体化、知识生产、资源共享等优点。网格的基础是 Internet,但它又高于 Internet。从深层次看,Internet 不创造或生产知识,它一般是把通过其他方式生产出来的信息或知识提供给用户使用,而网格则能根据用户要求自动地生产知识。在知识生产过程中,网格节点从数据源、传感器、数据库、信息库等获得原始数据,经过特定程序加工后变成信息和知识,并提供给用户。从使用上讲,网格不再像 Internet 那样,提供几百万个网站让用户去寻找,而是在它提供服务时,呈现在用户面前的是逻辑上的一台机器,这是网格"一体化"特征的体现,或者称为"单一系统映象"。

近几年,在 Internet 上产生的 WebGIS 得到蓬勃发展,形成了各种不同结构、不同形式的 WebGIS(参见第 5 章),基于 WebGIS 的许多应用程序因其所拥有的良好结构和灵活多样的实现方式不仅深受用户青睐,也极大地提高了系统运行效率。但是 Web 技术也存在许多局限,这些局限使其进一步发展与应用受到较为严重的制约,主要表现在:

1) 异构空间数据难以实现互操作。由于目前的 WebGIS 多是根据特定的 GIS 数据及应用进行开发的,相对封闭,因此相互沟通与协作较难实现;

2) 随着数据源的迅速增长,WebGIS 的跨平台操作受到严重制约。同时,基于 RMI、CORBA、DCOM 等的中间件技术为了使客户端能得到良好的服务,要求服务器和客户端之间有更紧密的耦合,因此也在一定程度上影响了跨平台的数据访问;

3) 网络传输负荷重。无论采用何种结构的 WebGIS,都难以根除网络上大数据传输时的网络瓶颈问题;

4) 利用其他资源的能力低。一种 WebGIS 的配置一般只能使用其所拥有(或所属)的各种资源,而不能充分发挥其他资源的作用;

5) 随着大型应用软件需求的不断增加,WebGIS 在开发、调试和维护难度方面越来越大,这主要是由于 Web 本身将内容的表现和运行逻辑结合在一起,难有合适的工具和模式可以借鉴使用,软件复用率比较低。

为缓解或消除这些限制,同样是在 Internet 基础上,人们根据网格技术的发展情况和研究进展,提出了将网格计算与 GIS 相结合的思路,并开展了这方面的研究,业已取得一定的研究成果,这实际上就是 GIS 的网格化思想。

GIS 的网格化是指 GIS 各项功能的实现将充分利用网格的诸多优点为各种用户提供快速、高效的空间信息服务。在网格环境中,将有更多高性能的计算机,这些计算机的有机组合和协同运行将促使空间数据的处理速度得以大幅度提高,网格将充分利用各种资源。我们可以把应用网格技术来解决 GIS 中的问题的方法和技术称之为网格 GIS(Grid GIS 或 Grid-based GIS),它是 GIS 在网格环境下的一种新应用,将促进 GIS 沿着网络化、标准化、全球化、大众化、一体化和实用化的方向向纵深发展,最终实现空间信息的全面共享与互操作。

图 7-8 所示为 GIS 技术发展中数据管理的三个简单过程对比。可以看出,最初的 GIS 是以本地应用为目的而构建的,数据资源集中在本地机器或局域网内,GIS 应用程序

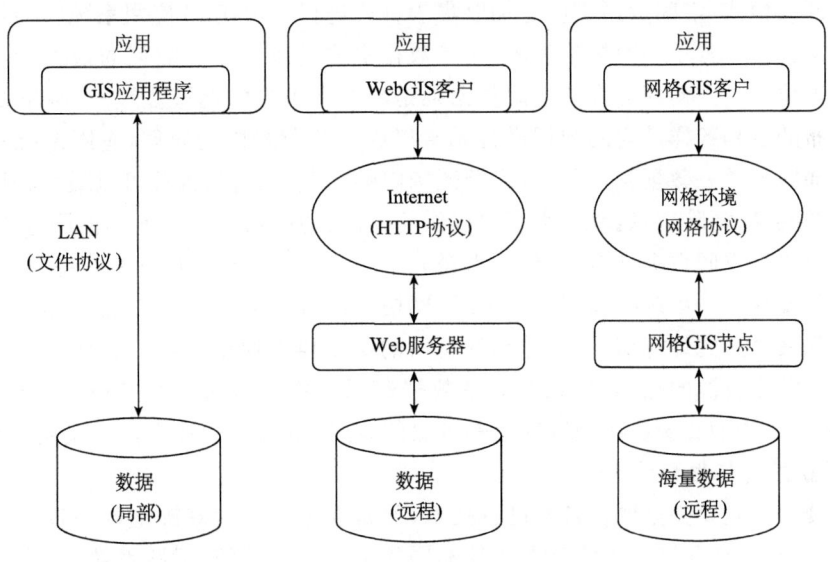

图 7-8　GIS 数据管理对比

通过文件协议访问数据资源。WebGIS 采取的是一种分布式的数据管理策略,数据的访问通过 HTTP 协议(或通过 RMI、CORBA、DCOM)等分布对象访问的方式(详见第五章)实现,不过它的应用中间件依赖于具体的应用平台,对大数据量的远程访问仍有一定难度。网格化的 GIS 也基于分布式数据管理策略,但它采用与平台无关的标准交换协议,不受现有代理和防火墙的限制,并且还能利用现有 HTTP 验证模式,支持 SSL,对于大数据量的访问可以采用 GFTP 协议(X Window 下的一个多线程 FTP 客户端工具,可以支持运用 FTP、HTTP 和 SSH 协议来传输文件),或者使用二级缓存技术来提高数据访问速度。

网格 GIS 继承和发展了 WebGIS,它实际上是一种汇集和共享空间信息资源、进行一

体化组织与处理、具有按需服务(Service On Demand)能力的空间基础设施,其目标是实现空间信息在广域网和 Internet 环境下的共享和协同服务,将地理上异构系统的各种计算资源、空间数据、存储子系统、GIS、虚拟现实系统等,通过高速互联网络连接并集成起来,并能对复杂的空间问题进行超大规模并行计算,如在大量分布的地理空间数据集上实现空间数据挖掘、空间决策支持功能等。对 GIS 用户而言,这些功能的实现是透明的,用户处于一种虚拟的空间信息资源服务环境中享受着网格 GIS 提供的各种功能和服务。

7.2.2 网格 GIS 特点

一般来讲,网格环境下的 GIS 具有以下几个特点:

1. 空间数据的分布性和共享性

网络技术的应用使得 GIS 摆脱了传统单机模式的束缚,GIS 应用系统可以像使用本地资源那样使用分布在不同地理位置、存储于不同节点上的空间数据,系统的构建从集中方式转向分布方式,形成了 C/S、B/S 的处理模式。但是,这两种处理模式仍然没有摆脱单一数据源的模式,空间数据实质上仍以集中方式进行管理,GIS 应用系统所使用的数据资源也都来源于这种单一数据提供者,只是数据资源的提供者和数据的请求者不再局限于同一物理位置。网格环境中的空间数据则是分布在不同的地理位置上,网格 GIS 可以对这些分布的各种各样的空间数据进行无缝集成和分布式协同处理,应用系统所需要的数据不再局限于单一数据源,而是更广阔范围内的分布式数据,因此可以最大程度地实现各种资源的共享,消除信息孤岛,为用户提供完善的、功能强大的 GIS 功能服务。

网格环境下空间数据既是分布的,也是共享的。分布性是其物理上的特征,共享性则是其内在的要求。当系统处理用户请求时,网格 GIS 需要将各分布节点上部分或全部的资源调用到最合适的计算节点,将计算处理后的结果再返回给用户。这种资源的调用操作都是针对共享资源的操作,也只有共享数据资源才能够为网格 GIS 应用程序所调用。所以,网格环境中的资源在物理特征上是分布的,在网格 GIS 软件支持下又是共享的。

2. 系统的异构性和统一性

网格技术不是要完全取代各种已有技术,而是在现有技术基础上的一种技术发展与延伸。因此,在网格环境中仍然存在各种不同的资源管理系统(异构系统)。多种资源管理系统的并存将导致 GIS 在应用分析工具、数据使用格式之间存在差异。这种差异决定了网格 GIS 不能建立在一个独立的、统一的管理平台之上,而必须为不同的操作功能和数据访问等建立一个开放的标准接口。异构的空间信息资源支撑环境使得网格 GIS 作为一个虚拟的统一系统进行协同处理变得比较困难。

要做到异构环境下的协同处理,网格 GIS 必须做到通信层接口的统一,即在一个统一的网格服务协议上建立网格 GIS 各层的应用,实现标准接口下网格各节点间数据及功能的互操作。网格 GIS 的这种统一性有两个层次的意思,一方面,网格 GIS 需要在异构环境下对各种资源进行统一管理,使其遵守标准化的、统一的服务协议,在网格的各个节点上建立标准的访问接口;另一方面,网格 GIS 对用户前端提供的访问接口和服务协议也必须是统一的,不同的网格用户,不同的应用软件,其访问网格 GIS 资源的方式应该是标准和统一的。由此看来,网格 GIS 环境是一种异构环境下的统一。

3. 空间数据的多源性和标准化

GIS 的非平衡发展和广泛应用导致空间数据的多源性,主要表现在:

1) 空间数据的获取手段和方法多种多样,数据存储格式和表现方式也互不相同。

2) 现有系统的数据和图表,通过摄影测量和遥感等方法获取的地理空间数据,以及通过 GPS 及实地勘测等获取的数据,它们在表现形式、数据格式、存储方式等方面都不一样。这些分布在不同地理位置、数据格式互不相同、数据精度和标准也各异的数据资源之间难以实现无缝集成,空间信息资源的整体利用率较低。

在网格 GIS 环境中,要利用这些来源众多、格式各异的数据资源,就必须为其建立一个存储和转换的数据标准。建立网格环境下空间信息的标准有两种方法,一种是制定空间数据统一的存储格式,将所有的已经存在的数据和新获取的数据转换成这种统一的格式进行存储,这样网格软件就可以很容易建立标准的数据服务接口,这是一种内在的、完全的统一;第二种是不改变现有数据的存储格式,而是为每种数据提供一个中间转换的过程,中间过程的数据遵守统一的标准,数据服务则建立在这种标准数据的基础上,这是一种外在的统一。无论以哪种方式建立或转换空间数据,数据服务提供的接口标准应该是确定的,网格 GIS 环境中各层应用都可以通过这种标准服务接口对数据进行访问。

4. 数据容量的海量特性

空间数据库不仅包括地形地貌数据、影像数据,还包括有专题数据、数字高程模型数据等,其数据量是相当庞大的,并且这些数据还在高速增长。网格 GIS 需要实现对海量空间数据进行有效存储和管理,并且还需要在大量用户同时通过网格对其进行访问时提供快速的数据服务。为了能够对海量数据进行快速访问,一个有效的机制是为空间数据建立高效的空间索引,目前建立二维平面空间索引的常用方法主要有格网型索引、四叉树索引、R 树及 R+树等。

5. 资源的动态性

网格 GIS 的资源动态性体现在下述几方面:

(1) 网格环境中资源的存在是动态的

网格环境中,资源处于动态变化之中,某一时刻拥有的资源(如计算机),在下一时刻可能会出现故障或者不可以再用。原来没有的资源,随着时间的推移可能会不断地加入到网格里来。这就需要网格 GIS 能对这些动态变化的资源加以有效管理,一方面,在资源不再可用的情况下,实现资源和相关任务的自动迁移,做到安全可靠地为用户提供服务;另一方面,加入新资源后,能将其自动融入到网格 GIS 环境中,共同发挥作用。资源存在的动态性要求网格 GIS 的环境是可扩展的、开放的。

(2) 数据是动态变化的

GIS 的空间数据是与时间密切相关的资源,它会随着时间的演化而动态地改变。这种动态变化的数据,也需要网格 GIS 软、硬件环境的支持,包括对新增加的数据进行存储、管理与索引,支持对动态更新数据的空间分析和处理,以提供更好的决策支持服务。

(3) GIS 应用工具是动态变化的

随着技术水平的不断提高,人们对空间物理世界的探索范围进一步扩大,空间数据分析手段和技术的改进都会促使 GIS 应用工具及其提供的服务在某种程度上加以改进。因此,网格 GIS 应用工具的动态变化以及用户需求的改变也需要有机地融入到网格 GIS 环境中来。

6. 开放性

网格 GIS 不是建立在一个封闭的系统或者平台之上,网格是一个开放的计算平台。网格 GIS 的开放性表现在以下两个方面:

1) 网格 GIS 是一个开放的服务平台,并不为某一个组织或某一家公司所独有,网格 GIS 所提供的服务是面向广大用户的,任何组织或个人都可以申请加入到网格 GIS 的计算系统中来。

2) 网格 GIS 由于是一种建立在异构系统之上的分布式计算平台,使用的服务协议与服务接口与平台无关,如网格 GIS 分布式对象处理技术中能使用的 SOAP、WSDL 等就是与平台或特定编程语言无关的协议及标准。

图 7-9 所示为网格 GIS 的结构示意图,它比较清晰地反映了网格 GIS 所具有的上述若干特点。

需要指出,网格环境下,GIS 数据存储的能力将会极大增加,所能提供的功能也愈加强大,这种以服务为中心的网格 GIS 不再是一种孤立的软件工具,而是一个依存于 Internet 的分布式服务系统。

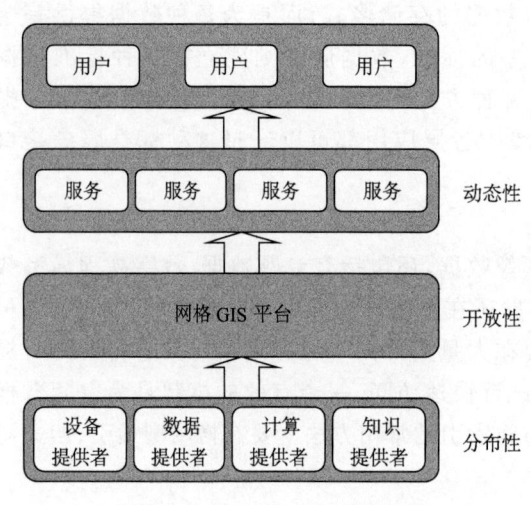

图 7-9 网格 GIS 的分层结构

如此巨大的环境不可能用一台计算机或是一个虚拟组织来提供所有的空间数据和服务,只有实现在网格环境下 GIS 空间数据的充分共享,将众多的 GIS 服务集成为服务网格,才能将各种类型的 GIS 信息和服务提供给更多的用户,从而在信息化建设中发挥更大的作用。

7.2.3 网格 GIS 数据服务类型

网格 GIS 是空间信息网格的实现技术,具体讲是基于网格计算结构或网格服务结构实现空间数据共享及 GIS 功能共享的技术。OGC 在网格 GIS 方面做了大量的工作,制定了一系列的规范和标准。根据相关规范,网格 GIS 主要包含三个方面的地理信息服务类型:网络地图服务、网络覆盖服务和网络要素服务。如图 7-10 所示为网格 GIS 服务类型结构图,它从概念上将网格 GIS 服务分成三个不同类型的服务,每一个服务有其各自的特点、功能和适用范围,并且在实现的接口定义上也各不相同。

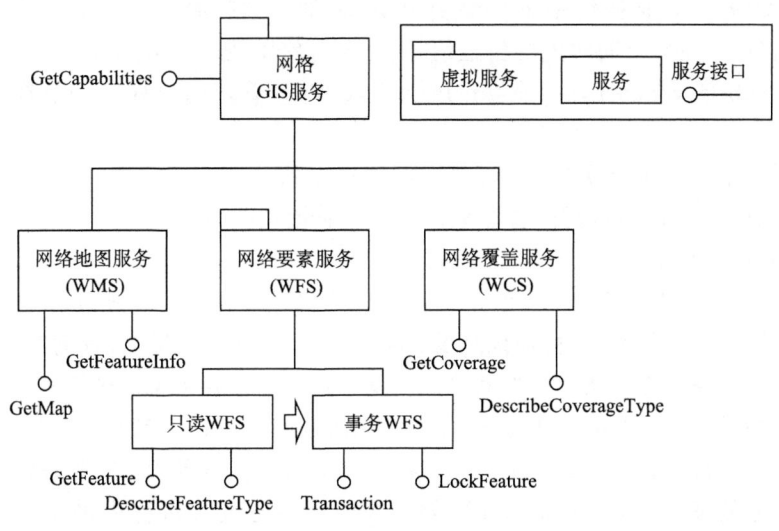

图 7-10 网格 GIS 服务类型

1. 网络地图服务

网络地图服务(Web Mapping Service,WMS)是将具有地理空间信息的数据制作成为地图提供给用户。地图的形式通常以图像的格式进行表达,如 PNG、GIF 或 JPEG,也可以是基于矢量图形的,例如 SVG。WMS 规范定义了三种操作:

1) GetCapabilities(必选):该操作返回服务级元素,这些元素是对服务信息的内容和可接受参数的描述;

2) GetMap(必选):该操作返回地图图像,图像的地理空间参数都有明确的定义;

3) GetFeatureInfo(可选):该操作返回显示在地图上的某些特定要素的信息。如果一个 WMS 服务选择了 GetFeatureInfo 操作,它的地图获取时就是可查询的,客户端能请求地图上某些要素的信息。在调用 GetMap 时,WMS 的浏览器需要指定显示在地图上的信息,包括地理元素层、将要用到的投影坐标和地理坐标参考系、预期输出的格式、地图的边界参数以及地图背景透明性和颜色等。当调用 GetFeatureInfo 时则需要指明被查询的图幅名称以及在图上的位置等。

当多个 WMS 节点的地图服务都采用同样的范围框、空间坐标参考系及输出大小的时候,地图浏览器从两个或两个以上的地图服务器上获取的地图结果就可以精确地叠置在一起,从而制作复合地图。采用支持透明背景的图像格式或 SVG,还能同时查看到多个图层的信息。

2. 网络覆盖服务

网络覆盖服务(Web Coverage Service,WCS)支持网络化的地理空间数据的相互交换。此时地理空间数据作为包含地理位置或特征的"覆盖"。与网络地图服务不同,网络覆盖服务提供给用户端原始的、未经可视化处理的地理空间信息。WCS 也定义了三种操作:

1) GetCapabilities:该服务返回客户能够获取覆盖区域内的数据集的 XML 描述文档;

2) GetCoverage：该操作是在 GetCapabilities 确定数据服务的范围之后获取服务端的数据集，它返回地理空间对象的位置信息、空间对象属性列表信息等；

3) DescribeCoverageType：该操作用于获取 WCS 返回的地理覆盖数据的结构化描述信息。

网络覆盖服务传输的数据是对地理空间的描述值或特征的提取，因此比较适合于空间场模型的数据，如 DEM 数据、林业覆盖图和农业覆盖图等。

3. 网络要素服务

网络要素服务（Web Feature Service，WFS）为浏览器提供经过地理标记语言（GML）格式封装的地理空间数据，支持对地理要素数据的插入、更新、删除、查询和发现等操作。实现网络要素服务的必要条件是要素必须在交互过程中使用 GML 进行表达。网络要素服务分为两种类型：只读 WFS 和事务（Transaction）WFS。只读 WFS 定义了三个操作接口：GetCapabilities、DescribeFeatureType 和 GetFeature。事务 WFS 则需要实现所有的地理要素事务处理接口（Transaction），如果在要素事务处理过程中需要对要素进行锁定，则还需要实现 LockFeature 接口。

网络要素服务处理请求的过程如下：

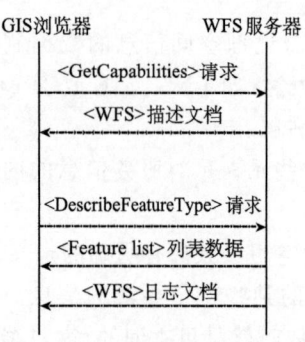

图 7-11　网格 GIS 服务处理过程

浏览器请求 WFS 的描述性文档，这个文档包含了 WFS 所支持的所有操作的描述以及可提供服务的要素类型列表。如图 7-11 所示。

1) 浏览器调用 GetCapabilities 服务接口，获取一个或多个 WFS 服务的要素类型；

2) 浏览器对获取的结果进行解析处理，根据 WFS 返回的结果，以要素类型为基础生成所需要素的请求参数；

3) 浏览器调用 GetFeature 接口，将请求参数发送给 WFS；

4) WFS 根据请求的要素列表参数，读取地理要素，将结果返回给浏览器。

当 WFS 完成一个请求处理时，会生成一个状态报告（WFS 日志文档），并将其传回给浏览器。这样在有错误发生的情况下，也将在状态报告中有所反映。

§7.3　网格 GIS 体系结构

网格 GIS 是一个开放的软件框架，它由若干种标准化服务和服务协议组成，标准化服务是由不同的组件实现的。如图 7-12 所示，网格环境可划分成五个层次，分别是网格 GIS 用户应用层、网格 GIS 应用服务与实现层、网格 GIS 核心服务层、网格 GIS 资源服务层和网格基础设施层。

在该结构中，各种应用与资源都是以服务的形式存在的，应用服务层提供给前端用户的功能是一种服务，计算资源为上层应用提供计算能力也是一种服务。而网格核心服务层对各种计算资源与数据资源的调用，实际上是对各分布节点上的资源所提供服务的调用。在这种以服务为基础的结构中，网格组件都是虚拟的。因此通过提供一组相对统一

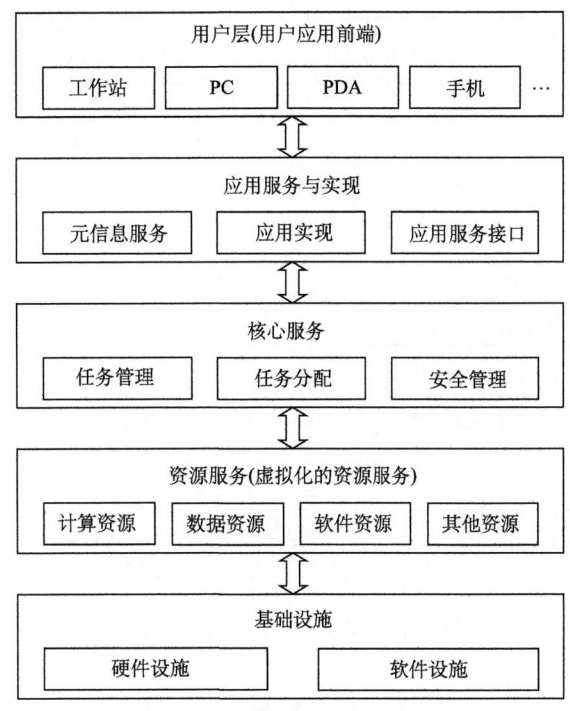

图 7-12 网格 GIS 的体系结构

的核心接口,使得所有的网格服务均基于这些接口来实现,这样便可以集成多个底层服务以构造出更高层次、更高级别和更高性能的服务,完成更为复杂的功能。

网格 GIS 基础设施层是网格 GIS 各个层次间进行相互通信的基础,也是网格 GIS 各个节点功能实现的基本单元,它负责各计算资源间和计算资源与用户应用之间的通信。

网格 GIS 资源服务层对各种计算资源、数据资源、软件资源等进行管理,并负责将资源提供给上层的应用程序。

网格 GIS 核心服务层是任务的调度与管理的核心,它负责将上层应用接收到的任务请求分解为多个可执行的子任务,并将这些子任务分配到各计算资源上去;另一个功能是实现各计算资源间的协调工作。另外,安全管理也属于核心服务层的功能。

网格 GIS 应用服务与实现层有三个方面的功能,一是负责为前端用户和网格核心服务层提供网格的相关资源和状态信息;二是接收前端用户的任务请求,将接收到的任务进行解析,并将解析后的任务交给核心服务层;三是将核心服务层处理后得到的结果进行可视化、分析等处理,并将最终结果返回给前端用户。

GIS 应用前端是用户应用的接口,接收用户的请求,将其发送给网格 GIS 应用服务与实现层。应用前端也是 GIS 功能的一个可视化窗口,它为用户提供可识别的形象化处理结果,包括输出电子地图、提供虚拟的地理视觉环境等。

网格 GIS 的每一层都要负责实现不同的功能,包含实现各自功能的服务和应用软件,如图 7-13 所示描述了各层所要实现的功能及其包含的核心协议,以下几小节将分别对各层的功能与内容加以详细说明。

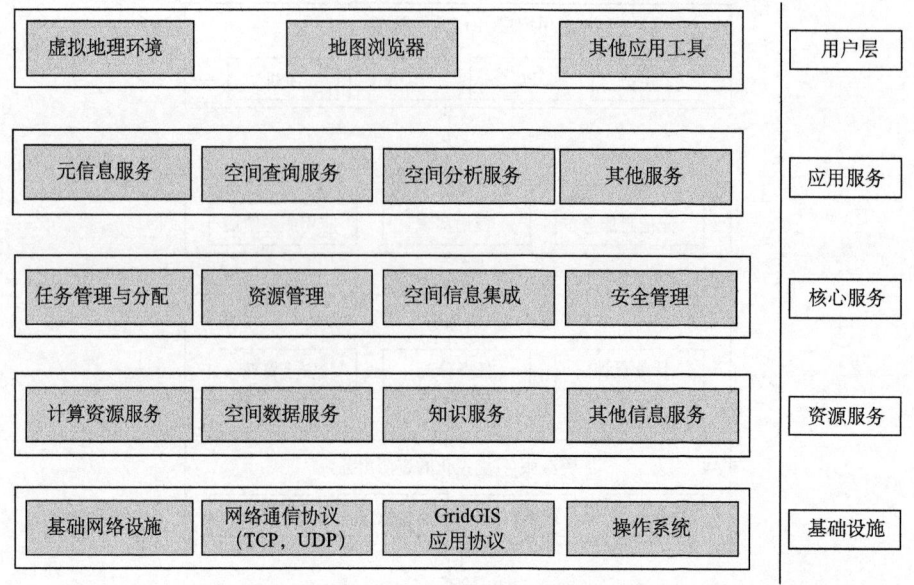

图 7-13 网格 GIS 层次功能描述

7.3.1 基础设施层

网格 GIS 基础设施层包括硬件设施与软件设施两个部分。硬件设施是构造网格 GIS 的必备物质条件，它包括各种通信网络、各种仪器设备和计算设备等。通信网络可以是各种主干网、广域网、局域网、无线网以及 Internet，利用这些现有的网络可以构建大范围内的网格基础网络设施。例如，利用现有的基础骨干网络来组建全球范围的网格基础网络。计算设备则是网格 GIS 的核心组成部分，其连接的数量和各设备的性能直接决定了网格 GIS 的整体性能。

软件设施是实现各种计算功能与服务的保障，其中包括底层操作系统、各种网络通信协议、空间数据资源和上层应用协议等。底层操作系统是支撑网格节点运行的基本单元，是上层各种应用得以顺利运行的基本软件环境。网络通信协议是网格 GIS 进行数据传输与交换的依据，利用通信协议可以实现在网格 GIS 计算资源之间的数据交换、传输、路由及命名等功能。网格 GIS 的通信协议一部分是在 TCP/IP 协议栈中的，比如网络层（IP、ICMP）、传输层（TCP、UDP）和应用层（DNS）；另一部分是网格 GIS 特有的，如适合空间数据交换的网格 GML 协议等。网格 GIS 应用协议也是网格 GIS 基础设施的一部分。网格应用协议为上层的网格 GIS 应用软件提供了数据交换的标准，是各个上层应用进行空间数据获取与传输的关键技术，详情请见 7.4.6。

7.3.2 资源服务层

网格 GIS 资源服务层的主要功能是实现底层资源的共享。资源服务层建立在基础设施层的通信与数据交换的协议之上，实现对本地资源的初始化、监视、控制、审计以及一定的安全认证等。资源服务层不考虑全局状态与跨越分布资源的集合操作,解决的是单个的局部资源的共享问题(全局资源和跨越分布资源的共享操作问题在核心服务层进行考虑)。

资源服务层实现的共享资源包括计算资源、空间数据资源、空间知识、一般数据资源、软件资源等。按照功能需求可以将资源服务分为空间计算服务和空间数据服务两大类。空间计算服务主要是通过调用网格提供的各种应用分析模型完成相应的空间应用分析问题;空间数据服务则处理数据请求,即将上层计算需要的空间数据和其他类型的数据进行共享,或者将上层应用需要存储和更新的数据保存在本地的资源库中。如在 OGC 所定义的网络要素服务中,事务 WFS 就要求实现对单个地物对象的编辑与更新。

按照资源服务调用的层次结构进行划分,可将网格 GIS 的服务分为两个层次,如图 7-14 所示。第一层就是上述的资源服务,驻留在网格底层节点,面向系统应用服务与实现层,为上层的应用提供计算能力、数据资源等;第二层是虚拟应用服务,为用户的应用提供操作的接口。网格的资源服务提供了上层应用访问本地资源的接口,该接口可以被动态地发现,在启动时自动映射到系统中来。上层应用通过资源服务提供的访问接口,将计算任务、数据请求等提交给网格的各个底层节点,底层节点根据相应的请求完成各种各样的计算,再通过资源服务将计算处理后的结果返回给上层应用。可以看出,网格资源服务为网格各节点与上层应用提供了连接的通道,这也就实现了各种资源的共享。

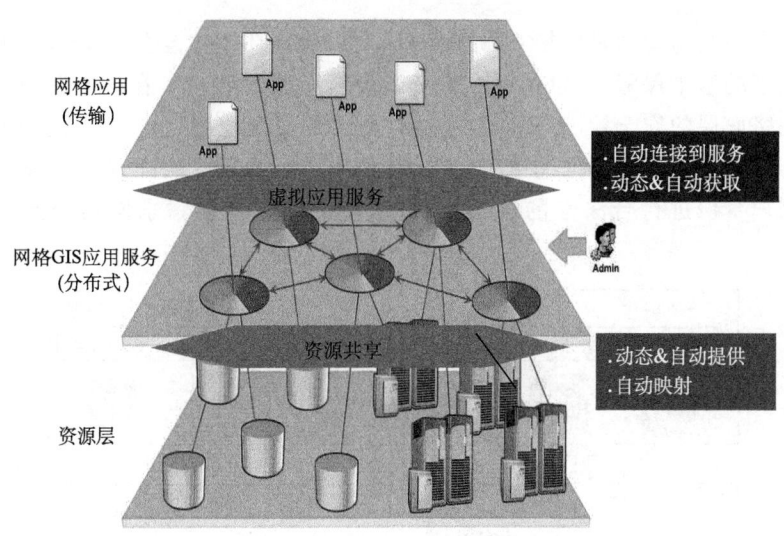

图 7-14 网格 GIS 资源服务

7.3.3 核心服务层

网格 GIS 核心服务十分重要,它是连接网格底层资源与高层应用功能的纽带,是整个系统有效运转的中枢。核心服务层的主要功能是协调使用多种共享的资源,包括协同任务分配与调度、远程任务控制与管理等,涉及的关键技术包括高性能调度、高吞吐率管理、数据集的收集、分析和可视化处理、安全控制与管理服务等。

在网格GIS环境中,多种资源服务提供了大量的共享资源,如何充分有效地使应用获得最大的性能是调度需要解决的问题。调度可以分为两个步骤,第一是在空间上对计算和数据进行分配,包括选取给定任务所需的资源组合;第二是在时间上为计算和通信进行最优化的调度计算,即比较各项任务在节点机器上处理的期望时间,然后将任务分配给负载最轻的节点上。网格GIS调度技术可以参照传统的高性能集群计算技术中的调度策略和技术,但是必须考虑到网格GIS中的资源是动态变化的,其性能的预测值可能和实际的值相差较大,因此,需要建立随时间变化的动态性能预测模型,充分利用网格的动态信息来调整和分配计算任务。

网格GIS的另一项关键技术就是高吞吐率计算。与传统的高性能计算不同,网格GIS更关心在一段相对较长的时间内所能够传输的数据量。高吞吐率系统需要满足强健性、扩展性以及可移植性的要求。强健性是指系统的服务能够顺利完成,扩展性使得系统可以增加更多的资源,可移植性则保证可以为不同的系统或用户提供服务。

性能数据的收集与分析是指将运行期间的状态信息保存起来,通过对这些性能数据的分析就可以设法为下次的运行提高效率,或者为系统调度提供指导。最常见的获取性能的数据源包括运行的程序、操作系统、处理器以及网络等。对于得到的性能数据,需要进行各种分析,包括定量分析、自动性能诊断、扰动分析等。但是性能数据的量一般较大、关系复杂,如何建立有效的分析处理模型、准确反映网格GIS的运行状况,是一个值得探讨的问题。

网格安全控制与管理是网格GIS的基础,在广域网环境甚至在Internet内,安全是资源与数据共享的基本保障,可以说没有安全就没有资源的共享。在核心服务层实现的安全控制与网络底层的安全控制是不同的,网络底层的安全控制是要实现数据的可靠传输,即在数据传输过程中保证数据的准确,不被其他用户更改和窃取;而在核心服务层的安全控制是对用户身份进行合法性的校验,只有有效的用户才能请求网格资源服务与计算服务。

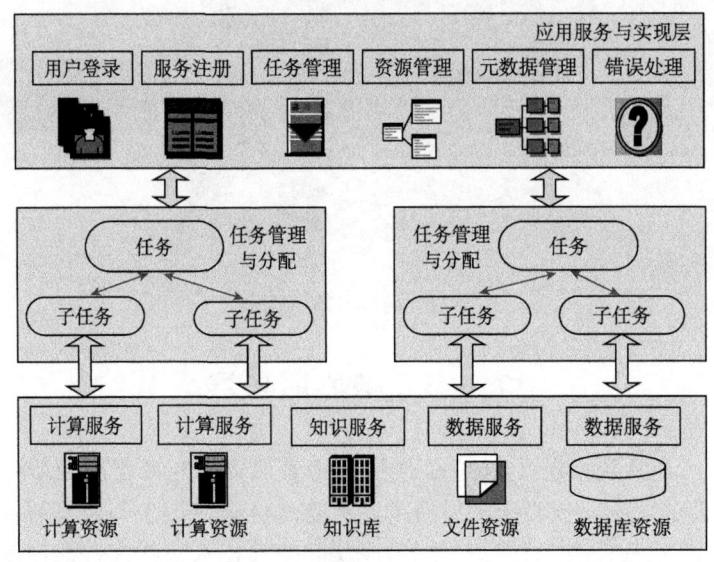

图 7-15 网格 GIS 任务管理与分配

任务管理与分配服务将上层(应用服务与实现层)提交的任务划分成多个子任务,如图 7-15 所示,每个子任务根据当前系统的状况被分配到不同的计算节点,或者请求不同的数据资源。

在核心服务管理与调度下,可以实现对多个资源的分布式计算与操作,并且能够根据网格 GIS 环境中的资源配置,调整计算策略以实现最优化的性能;核心服务还能够发现网格资源,对各种资源的动态变化进行监控,并在资源的动态变化中实现任务的自动迁移等;网格 GIS 核心服务还能对数据资源进行复制与管理,为上层应用提供所需要的数据。

7.3.4 应用服务与实现层

网格 GIS 应用服务与实现层主要完成与用户的接口和实现网格 GIS 相关的功能服务。应用服务内容主要有网格 GIS 元信息服务、GIS 应用接口、电子地图服务、空间查询与空间分析服务等,如图 7-16 所示为网格 GIS 应用服务与实现层的功能组成。

元信息服务主要为用户应用程序提供相关的网格资源信息,为网格计算的任务调度提供相关的计算资源与数据资源的动态信息等,其功能相当于 Internet 中的域名服务系统,所有的资源信息(包括资源所在的位置、数据的精度、数据的相关范围、网络状况信息等)都在元信息服务管理器中进行存储管理(详见7.4.2)。

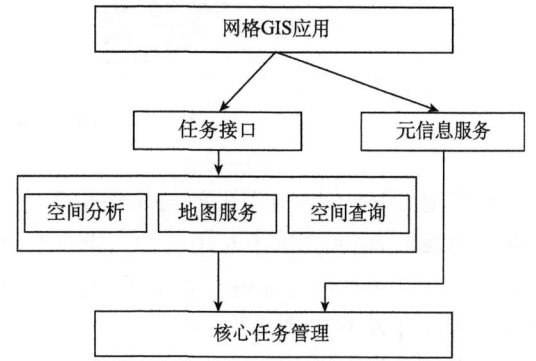

图 7-16 网格 GIS 应用服务与实现层功能组成

电子地图服务是 GIS 的基本功能之一,网格 GIS 也应该为用户提供基础的电子地图服务功能。根据 OGC 的定义标准,地图服务分为三个类型:网络地图服务、网络覆盖服务和网络要素服务(详见 7.2.3)。三种类型的服务所提供的网格地图的功能各不相同。

空间查询与空间分析是网格 GIS 实现的重点。它们的实现依赖于网格环境中空间数据的具体组织方式及应用分析模型。由于用户端可以是 PC,也可以是诸如手机等移动设备,某些应用端计算功能相对较弱,只能进行数据可视化的显示,因此,网格 GIS 计算与分析任务需要在网格环境中实现,用户端只需接收分析、处理后的结果。GIS 空间查询任务包括空间位置查询、地物属性查询、区域查询和空间属性相关的查询等,而空间分析则包括缓冲区分析、最短路径分析、叠置分析、网络分析等。应用服务与实现层在把查询或分析得到的结果发送给用户之前需要进行可视化处理,生成浏览器能够识别的图像或矢量图形格式(如 SVG)。

应用服务与实现层任务接口的功能是接收网格用户对计算任务与数据资源服务的请求。在接收到请求后,启动一个服务对请求参数中的任务描述内容进行解析,将任务的具体执行交给网格 GIS 应用程序执行。网格 GIS 中,服务都是临时的,一个服务在网格环境中被动态地创建,在一定生命周期之后,再动态地被销毁。如图 7-17 所示,当网格节点收到用户的请求后,首先由任务接口将任务接收下来,并调用服务工厂接口创建一个相应的服务实例,并为该实例分配相应的计算资源与数据资源。服务工厂创建完实例后,在服务管理工具进行注册,注册后的服务就可以提供给客户端进行调用。

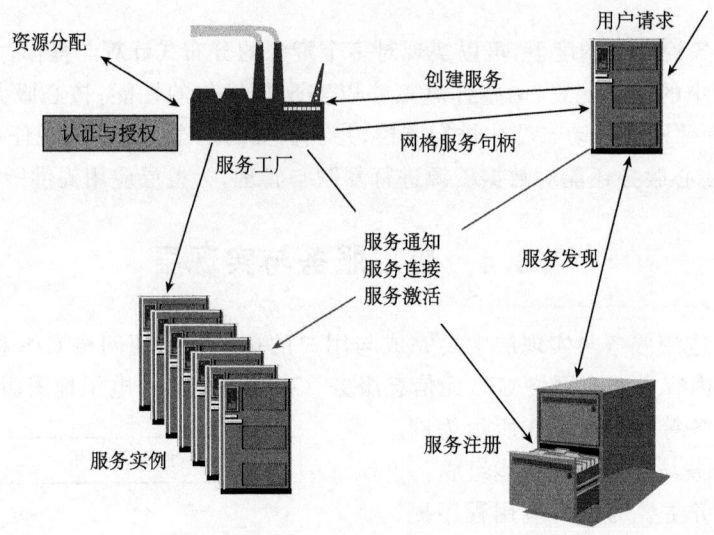

图 7-17　网格 GIS 服务处理过程

相应地,网格 GIS 应用服务与实现层首先接收来自用户端发送来的应用请求,并启动相应的服务,该服务进程对用户的请求进行分解,再提交给核心服务。核心层按照一定的任务分解方法将任务分解成若干子任务,将这些子任务分配到相应的计算资源上进行处理。各计算资源接收到子任务后,查询所需要的空间数据及其他数据,并将这些资源存取到缓存或者本地,然后进行计算处理,将所计算处理的结果返回给任务管理者。最后,应用处理程序将所得到的结果进行综合处理,再将最终结果返回给用户端。

可以看出,网格 GIS 应用服务与实现层主要是通过服务向用户提供各种功能,通过将核心服务层各子任务的结果进行汇集处理,着重于实现 GIS 的各种分析解算功能,如空间查询与量算、空间坐标变换、缓冲区分析、空间统计分类分析以及建立数字高程模型、空间决策支持及空间语义的表达等,仅将处理后的结果及数据交由用户可视化前端进行表达与显示。

与网格 GIS 核心服务层不同的是,该层是任务的接收入口,也是任务的管理者,既面向用户层的应用,处理用户的计算请求,又面向网格环境,将各子任务处理的结果进行汇集综合;而核心服务层中的任务管理则是面向网格环境的,它负责将具体的任务分解成若干子任务并分配到网格环境中的各个资源或节点上去。

7.3.5　用　户　层

网格 GIS 用户层是连接用户与网格环境的接口,它负责将用户的请求提交给网格 GIS 应用服务与实现层,并且将网格 GIS 环境处理后的结果显示给用户。用户前端可以是工作站、PC,也可以是移动设备,如 PDA、手机等。其具体的应用多种多样,客户端可以仅仅是一个电子地图显示前端,也可以是进行大量数据录入和编辑的客户端,还可以是大型工作站或是虚拟地理环境应用等。

用户端与GIS服务端进行数据交换时需要遵循标准的网格GIS应用协议,即在任务提交过程中需要使用诸如GML的统一数据格式。网格GIS应用工具可以是现有的一些GIS产品的扩展,也可以是新编写的适应不同用户需求的GIS软件。这些应用工具可以是运行在计算机平台上的程序,也可以是运行在移动设备如PDA,甚至是手机等移动平台上的程序。网格GIS的应用工具除了满足传统的GIS用户需求外,还能够实现对大量空间数据的空间分析,以及计算密集型的空间决策处理、空间数据挖掘等,并能够将计算处理结果以可视化的方式返回给网格GIS用户,以提供决策支持等。

§7.4 网格GIS关键技术及其实现

在网格环境下,要实现广域范围内的地理空间信息的充分共享及大规模的并行分布式空间分析计算和数据存储,需要多种技术的支持,其中有几项关键的技术,例如安全管理技术、元信息服务技术、数据资源管理与分配技术、数据服务技术、应用技术以及GIS集成技术等,本节将对这些关键技术作一较详细的介绍。

7.4.1 安全技术体系

TCP/IP协议群在网际互联中的应用,组成了全球性的Internet,但是这种全球互联也面临着多方面的安全威胁。Internet的安全保障一般可提供两方面的安全服务:

1) 访问控制服务:用来保护各种资源不被非授权进程或用户使用。通常的方式是使用防火墙技术和用户安全认证机制;

2) 通信安全服务:提供认证、数据保密性与完整性和各通信端的不可否认性服务。通常是使用网络层、传输层、应用层等各层上的网络安全协议。

然而,这两方面的安全服务不能完全解决网格环境下的安全问题。我们知道,网格GIS必须能够满足用户安全、高效地使用其提供的各种资源的要求,并且这种资源服务能够被别的节点方便使用。这就要求网格GIS必须能够抗拒各种非法攻击和入侵,并且在受到攻击和入侵时能够采取一定的措施以维持系统的正常高效运行和保证系统中各种空间信息的安全。

确立网格GIS的安全体系必须考虑网格计算环境的如下特殊性:①网格环境中的用户数量大,且呈现一种动态变化的趋势;②网格计算环境中资源数量庞大,也是动态可变的;③网格计算环境中的计算过程可在其执行过程中动态地请求、启动进程和申请、释放资源;④一个计算过程可由多个进程组成,进程间存在不同的通信机制,底层的通信连接在程序的执行过程中可动态地创建并执行;⑤资源可支持不同的认证和授权机制;⑥用户在不同的资源上可有不同的标识;⑦资源和用户可属于多个组织。

由于这些特殊性,因此在设计网格GIS安全体系时需要特别考虑到网格计算环境的动态主体特征,并要保证不同主体之间的相互鉴别和各主体间通信的保密性和完整性,即需要支持在网格GIS环境中主体之间的安全通信,防止主体假冒和数据泄密。同时还应支持跨虚拟组织的安全以及分布式存储管理环境下的资源安全管理。

目前,网格 GIS 安全控制主要集中在网络传输层和应用层,并强调与现有分布式安全技术的融合,其中的主要安全技术手段包括安全认证、安全身份相互鉴别、通信加密、私钥保护以及委托与单点登录等。

(1) 安全认证证书

安全认证的一个关键点是安全认证证书。在网格环境中,每个用户和服务都需要通过认证证书来进行检验。为了防止对认证证书的假冒和破坏,认证证书要包括四项内容:①主体名称:用来明确认证证书所表示的人或其他实体;②主体公钥:属于该主体的公钥,用于 X.509 认证;③认证中心标识:记录签署证书的认证中心的名称;④数字签名:为签署证书的认证中心的数字签名,可用来确认认证中心的合法性。

(2) 安全身份相互鉴别

在双方主体都有证书,并且都信任彼此的认证中心的情况下,就可以进行相互的证书鉴别。简单的身份相互鉴别过程是这样的:节点 A 与节点 B 首先建立一个连接,然后 A 将自己的证书发给 B 方。A 方的证书提供了明确的身份、公钥和签署证书的认证中心的信息。B 检查了 A 证书的合法性后,将生成一个随机信息发送给 A,A 然后用自己的私钥将该信息进行加密后发给 B,B 再用 A 的证书的公钥信息对 A 发过来的信息进行解密,如果解密得到的信息与初始信息一致,B 便可以信任 A。同理也可以采用上述过程建立 A 对 B 的信任。通过这种安全身份相互鉴别建立二者的信任关系后,A 与 B 就建立了安全连接通道。

(3) 通信加密

经过身份鉴别建立起安全连接通道后,如果通信双方需要进行通信加密,则可以很容易地建立一个共享的密钥用于对信息进行加密和解密。

(4) 私钥保护

一般情况下,私钥都保存在一个本地计算机的文件中,为了阻止其他用户窃取本地用户的私钥,此文件必须经过一个用户知道的口令进行加密和保护。在用户使用证书的时候,必须提供口令才能使用私钥进行信息的解密。

(5) 安全委托和单点登录

用户之间或用户与资源管理者之间在建立联系之前,都必须通过相互鉴别的过程。这样,如果一个用户要访问多个资源,就需要进行多次的登录与认证,这样的过程使用起来将相当繁琐。因此,如果一个网格运算需要多种网格资源,则可以通过创建代理(Proxy)来避免多次输入口令。

网格 GIS 中,用户应用都是通过调用相应的服务实现的,而服务的执行需要检查相应的用户权限。所以,在任务提交及执行过程中,需要进行安全检查和用户认证。图 7-18 所示是一个安全任务提交与执行的简单过程。

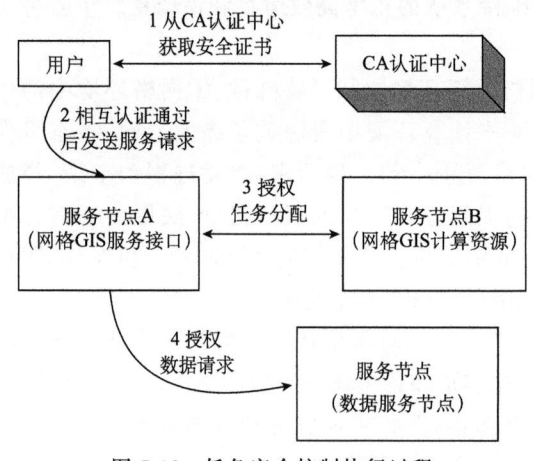

图 7-18 任务安全控制执行过程

1）在网格 GIS 应用任务提交与执行之前，用户与服务节点和服务设施需要获得认证证书，然后通过某种途径把证书提交安全认证中心；

2）安全认证中心收取签署安全认证证书的请求后，对用户或服务节点进行合法性检验，确认身份合法后，把签署后的安全认证证书返回给请求方；

3）用户与服务节点之间进行相互的安全鉴别，通过相互的安全鉴别后，用户把任务提交给服务端，服务端对用户提交的请求进行相应的处理；

4）服务端在处理任务的时候，如果需要用到远程资源或数据，也需要在任务处理进程间和远程资源之间进行安全认证与相互的认证鉴别；

5）服务端任务执行完成后，把处理的结果返回给用户端。

从该流程图可以看出，网格 GIS 环境中所有的任务处理与资源请求都是以安全鉴别为基础的。

7.4.2 元信息服务技术

网格 GIS 环境中存在着各种动态资源，它们分布在不同的地理位置，可以动态地加入或退出不同的虚拟组织。如何使网格 GIS 能够方便地使用各种资源是首先要解决的问题。网格 GIS 元信息服务是一种基于网格计算环境的地理信息服务，它主要实现以下功能：获取各系统的静态与动态信息、提供多个信息资源以及基于分布式管理方式的数据资源、能针对异构和动态环境中的地理信息服务进行配置和调整、为用户端提供统一和有效的存取信息的接口参数并能对动态存在的资源进行信息收集和有效管理。图 7-19 所示为元信息组织的结构图。

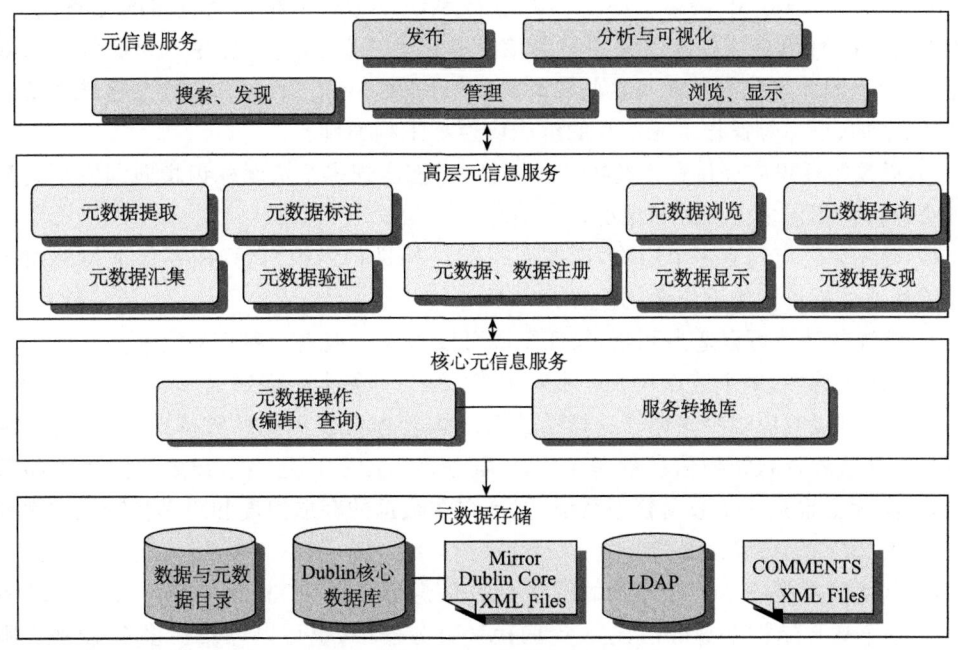

图 7-19　元信息组织结构图

网格 GIS 元信息服务提供的信息源包括两个部分:一个是计算资源类型的信息,包括静态主机信息(操作系统及其版本号、CPU 类型、CPU 数目、内存大小等)、动态主机信息(平均负载、运行的进程数等)、存储系统信息(可用磁盘空间、总磁盘空间等)和相关的网络信息(当前测量的和预测的网络带宽及网络延迟等);另一部分是有关的 GIS 服务信息,包括数据服务信息(提供服务的数据类型、数据的实际区域范围、比例尺、精度等)、GIS 分析计算服务信息(提供 GIS 分析的功能描述信息、当前可用的分析计算服务的资源、动态变化的 GIS 分析计算资源信息等)。

网格 GIS 计算资源信息在元信息服务中具有重要的地位,网格 GIS 应用程序能够根据这些状态信息进行自我调整和配置,以选择最佳的资源配置方案,并通过元信息服务提供的资源信息方便地发现所需设备的位置,以获取计算机和网络等的当前状况和特性。

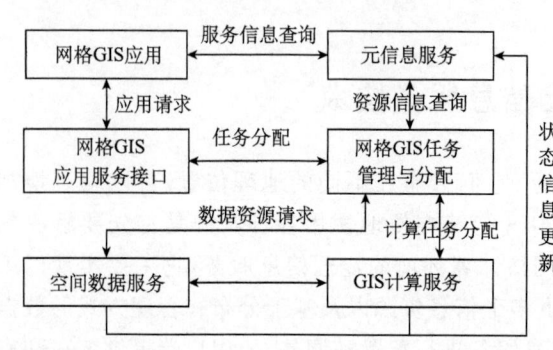

图 7-20 网格 GIS 请求服务过程

如图 7-20 所示为网格 GIS 应用程序请求网格 GIS 服务的典型过程。应用程序首先向元信息服务系统提交一个查询请求,元信息服务系统根据所提交的请求搜索该应用所要使用的资源所在的位置及该资源提供者的相关信息,然后将该信息返回给网格 GIS 应用程序,应用程序根据返回的信息经由应用服务接口将计算请求发送给相应的计算资源提供者,计算资源再对该请求进行相应处理,完成数据服务和计算服务,将处理的结果返回给应用。

根据上述可以看出,网格 GIS 元信息服务系统承担着网格信息发布的任务,它负责搜集网格 GIS 环境中资源提供者的相关信息并将其提供给应用程序。为提供更有效的服务,元信息服务系统必须能对这些实时的动态信息进行有效组织,以便于系统对资源进行搜索、添加、删除等操作。元信息的组织应遵从下列原则:

1)资源的标识应保持在系统中的惟一性,不能出现多个资源标识指向同一个资源或一个资源标识指向多个资源的情况;

2)资源分类应具有多个层次,即按照树状结构进行组织,而且需要保证树形组织结构应清楚地体现不同类型资源的差异;

3)资源的属性可以适当冗余,保证资源可以被完整地表示和快速检索。

在树形结构中,每个节点代表一个对象类,每个对象类中需定义其父节点和子节点,每个对象类可以对应多个主体。这样的数据结构管理可以用关系数据库来实现,但目前最适合管理这种树状结构信息的是 LDAP 服务器。LDAP 是一个开放的信息存储管理协议,它实际上也是一个数据管理系统,但是它在数据的存取速度和跨平台特性方面要优于一般的关系数据库管理系统。

图 7-21 所示是一个简单结构的网格 GIS 信息目录树(Directory Information Tree,DIT)。这个树形结构本身可以在一个 LDAP 服务器中,也可以分布在多个 LDAP 服务器中。信息树中的每一个节点均是一个数据项,或是一个目录服务项。这些项包含了描述计算环境中真实或抽象对象的实际记录,如用户、计算机、网络性能、空间数据的描述参

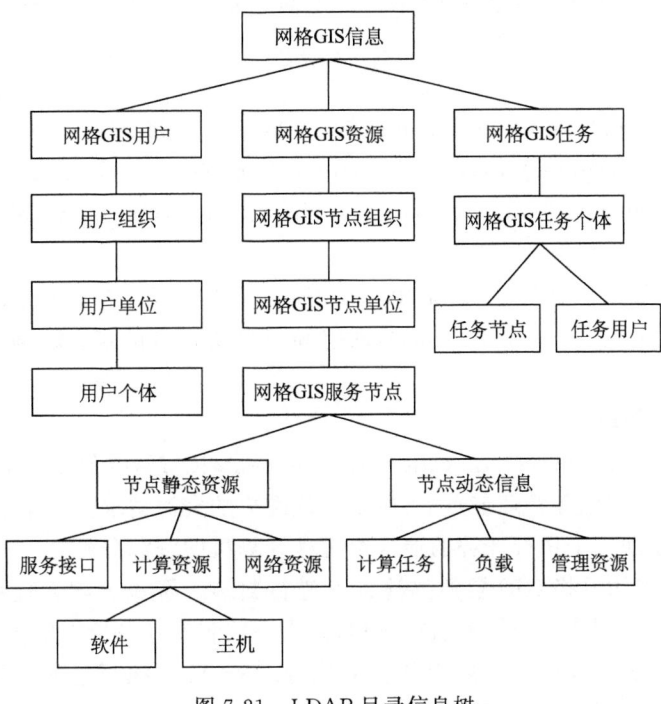

图 7-21　LDAP 目录信息树

数等。所有这些信息均能为用户应用层及资源管理层提供检索查询服务。

通过网格 GIS 元信息服务可以定位和查询资源的各种特性,例如,可发送查询找出"哪些资源具有特定的体系结构、软件和网络带宽"以定位符合要求的资源等。相关的资源信息主要有:

1) 计算资源的信息,如 IP 地址、可使用的软件和服务、系统管理者、连接的网络、操作系统名称和版本号、存储系统信息、系统负载、进程信息、内存信息、任务队列、空间数据的地理坐标范围参数、相应的精度及数据量等;

2) 网络资源信息,如网络带宽、网络协议、网络延迟、网络的逻辑拓扑结构;

3) 还可以含有网格 GIS 环境的基础设施信息,如主机信息,资源管理者等。

7.4.3　资源管理与分配技术

资源管理与分配的主要任务是处理各种应用请求,执行远程应用、分配资源和管理网格 GIS 的各种活动等,并根据计算的情况把资源变化和更新的信息发送给网格 GIS 元信息服务系统。资源管理和分配技术包括资源描述语言、资源分配管理服务和动态协同分配代理三个部分。

1. 资源描述语言

资源描述语言(Resource Description Language,RDL)是一种通用的描述资源的可交换语言,它提供了一个框架性的语法描述,可用来组成复杂的资源描述。资源管理组件在资源描述语言中引入特定的属性/值对,每个属性/值对作为控制参数传递给资源分配管理服务程序以实现对资源的各种操作。一个简单的基于 XML 的资源描述组成是这样的：

...
〈member〉〈name〉executable〈/name〉〈value〉a.out〈/value〉〈/member〉
〈member〉〈name〉directory〈/name〉〈value〉/home/somebody〈/value〉〈/member〉
〈member〉〈name〉arguments〈/name〉〈/value〉test1〈/value〉〈/member〉
...

而对于地理数据的交换，一般采用 OGC 所定义的基于 XML 的地理信息描述语言 GML，它有一套预定义的模式(Schema)，对空间信息所包含的点、线、面及其属性等的描述作了相关规定。

2. 资源分配管理

资源分配管理(Resource Allocation Management,RAM)类似于服务器监听程序，它位于资源管理节点或任务管理节点上，用来处理用户的资源请求。简单地说，当用户提交一个任务时，则发送一个执行任务的请求给远程计算机的资源分配管理程序(位于核心服务节点上)，该请求用网格 GIS 资源描述语言进行封装。资源分配管理服务接收到这个请求后，针对该请求创建一个任务执行线程，并由该线程对任务请求中的资源描述进行解析，然后启动相应的服务进程并监视任务的执行。RAM 在执行过程中可以根据用户需求把任务执行的状态信息实时发送给用户。图 7-22 所示为一个任务请求的简单执行流程示意图。

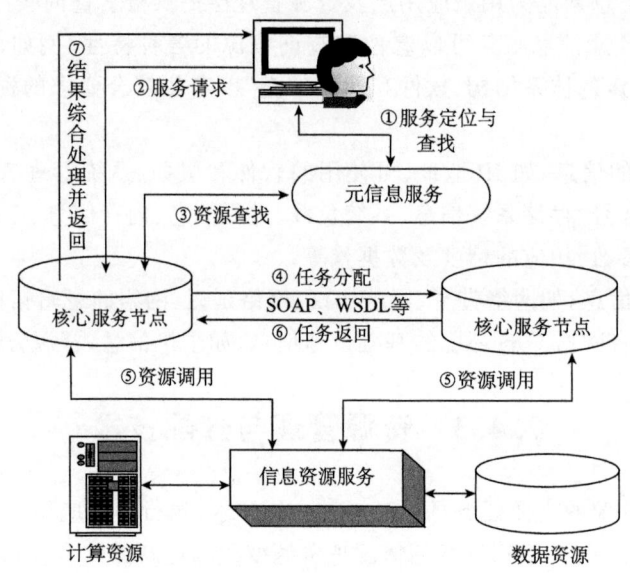

图 7-22　任务请求的简单执行流程

3. 动态协同分配代理

动态协同分配代理则是负责各个资源分配管理服务间的协同交互，就是确定如何把具体的处理任务进行分解，并将分解后的任务分配到各个资源上，在相关的资源服务上进行任务调度。资源分配管理服务所启动的任务执行进程需要多种资源，这些资源就是通过动态协同分配代理来得到的,只有在得到所必需的资源后,服务进程才能被创建和执行,并为用户提供相应的服务。

7.4.4 数据服务技术

数据服务是网格 GIS 的中心任务,所有的网格 GIS 应用和计算分析都是围绕数据这个空间信息载体来进行的。因此建立空间数据共享服务机制是网格 GIS 体系中一个十分关键的环节,其处理流程如图 7-23 所示。

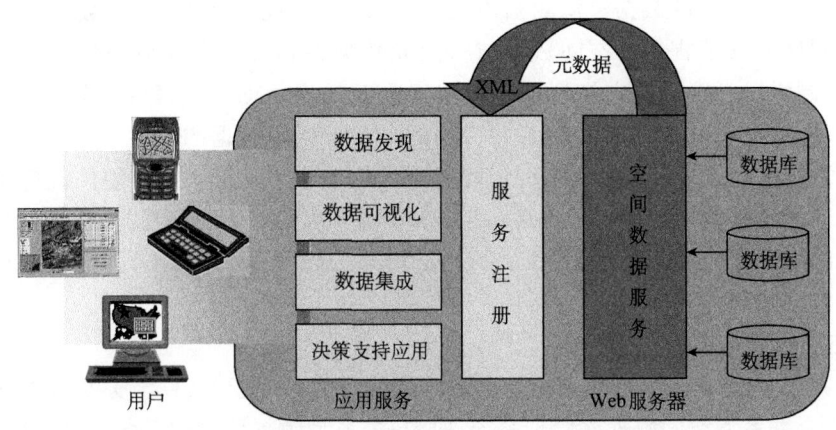

图 7-23 网格 GIS 数据服务处理过程

空间数据具有多源性、空间分布性、时间动态性和数据量巨大的特点,因此,实现数据服务主要解决这样几个问题:空间数据的标准、空间数据的存储管理和远程数据的快速传输。

1. 空间数据标准

主要涉及三个方面的标准:空间数据存储标准、空间元数据标准和空间数据交换标准。

(1) 空间数据存储标准

主要有 ISO/TC211 空间数据标准、美国 FDGC 标准、OpenGIS 以及各种不同比例尺数据库的编码标准和数据质量规范等。然而,绝大多数的商业软件很少按照上述的标准进行空间数据组织、存储和管理,各自都使用自定义的数据格式。从理论上讲,规定一个统一的空间数据存储标准作为网格 GIS 环境中存储所有空间数据必须遵循的格式是可能的,但是对于目前的应用系统来说,要适应现有各种应用需要,将所有的数据转换到这个统一的标准中来却并非易事,因为这要涉及底层数据存储结构的修改和各类应用软件的底层结构的修改,而且网格技术的最终目的并不是代替目前已存在的各种应用系统或软件,而是要在现有的技术基础上,构建大规模的、全球范围的、抽象的 GIS 服务系统,并且兼容各种数据存储格式。

(2) 空间元数据标准

空间元数据是用来描述有关地理信息的内容、质量、位置和其他特征的数据,它能帮助用户快速理解和定位数据。建立空间元数据标准的目的是为数据的访问提供相关的数据目录信息和数据交换等辅助信息。由于行业与区域的差异,元数据的形式与内容也出现了多样化,为便于信息共享,统一的或某种程度上统一的元数据标准对于网格 GIS 环境显得非常重要。目前比较有代表性的空间元数据标准有美国的 FGDC 标准、欧洲地理信息标准化技术委员会(CEN/TC287)所制定的标准、中国基础地理信息(NFGIS)元数据标准草案和国际标准化组织技术委员会制定的标准(ISO/TC201)等。各种标准在整体构架上和组成上基本一致,只是由于自身特殊的考虑而在某些方面有所不同。

(3) 空间数据交换标准

网格 GIS 所管理的数据资源相当庞大,存在多种不同的商业应用,数据存储格式各异,因此,网格 GIS 所提供的空间数据与空间元数据在各种平台和应用程序之间进行传送时,需要制定一个统一的交换标准。在基于服务的网格 GIS 环境中,数据请求与数据服务都是基于 XML 的方式进行封装并传输的。对于空间数据的表达,OGC 提出了一个开放地学数据互操作规范(OpenGIS),该规范提供了一个与程序语言、硬件设备和网格环境无关的开放地学数据模型(Open Geodata Model,OGM),并以此规范为标准,定义了一个可用于网络数据交换的模型 GML(Geography Markup Language),并可以用它来实现各种空间数据之间的交换。

2. 空间数据存储与管理

对于数据存储,GIS 有几种较流行的数据管理方式,如基于文件与关系型数据库混合管理系统、全关系型空间数据库管理系统、对象-关系型数据库管理系统、面向对象空间数据管理系统等(参见第三章)。为了能快速获得用户所需要的空间数据,往往需要为存储在系统中的空间数据建立索引。空间索引是指依据空间对象的位置和形状或空间对象之间的某种空间关系按一定顺序排列的一种数据结构,其中包含空间对象的概要信息,如对象的标识外接矩形及指向空间对象的指针。在没有空间索引的情况下,对于用户的数据请求,每次都要经历系统中所有的数据项,判断每一个空间对象是否满足用户的请求,才能形成一个数据结果集返回给用户,这在分布式系统中存储数据量较大时将会非常费时。作为一种辅助性的空间数据结构,空间索引性能的优劣直接影响空间数据库和网格 GIS 数据服务的速度和效率,它不仅是空间数据库和原有 GIS 的一项关键技术,也是构建网格 GIS 时的一项关键技术。目前的空间索引方法有多种,例如,对于空间矢量数据,有 BSP 索引、格网索引、R 树及其系列索引等。这些空间索引方法各有其特点及应用的范围。

数据管理的内容还包括空间数据一致性维护,即在多个用户同时对数据项进行修改时,应对同一数据修改时保持锁定状态,即在某一时刻某一数据项有一个用户对其进行修改时,其他的用户对该数据项只有可读权限,没有修改权限。锁定可以是基于空间对象区域的锁定,也可以是基于空间对象数据层的锁定。

3. 远程数据传输策略

在网格 GIS 中,对于不同的用户或应用,数据服务需要传输的数据量是不同的。目前网格环境下进行远程数据的传输与管理有几种策略,如全局二级存储服务、网格 FTP 服务等。获取大型空间数据文件一般使用传输效率高、速度稳定的网格 FTP 服务进行数据传输。

网格环境下的远程数据传输还必须支持断点续传功能。数据请求过程中,发送方、接收方或者传输网络有可能出现故障而使当前的传输过程停止,如果每一次任务的停止都要重传所有的数据,则将极大地浪费系统资源,延长传输时间。因此,网格传输协议还应该能够在断点处重新开始数据的传输。

7.4.5 网格 GIS 应用技术

应用是网格 GIS 技术发展的原动力,应用需求推动网格 GIS 服务平台不断完善,功能不断扩展。同时,网格 GIS 技术的发展也将拓展应用领域,满足新的功能需求。因此,研究网格 GIS 服务平台下的应用也是网格 GIS 研究的一个重点内容。

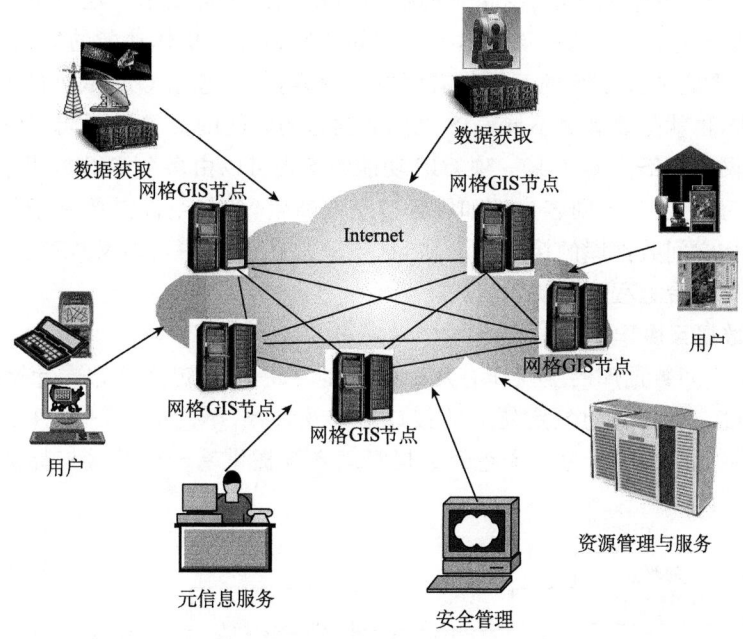

图 7-24 网格 GIS 应用模型

本质上,网格 GIS 仍然是 GIS,但它比传统 GIS 性能更高、功能更强,能更加方便地满足用户的各种要求。图 7-24 所示为网格 GIS 的应用模型,多个网格节点在 Internet 上组成一个 GIS 服务环境,该环境除了能为各网格节点提供元信息服务、资源管理服务、安全管理服务外,还能为用户提供电子地图、空间决策支持、动态数据存储服务等。

GIS 用户可以通过它提供的应用工具(或浏览器)调用网格环境中的各种资源,或者将 GIS 分析任务、数据计算任务发送给网格 GIS 上层服务,并将处理后的结果通过 GIS 工具或浏览器进行可视化显示等。

网格 GIS 应用技术主要的任务就是研究通用的网格 GIS 浏览器,该浏览器与网格上层服务的通信协议采用通用的空间数据描述和任务描述标准协议,其实现的功能除了满足传统 GIS 的需求外,通过网格协议和服务节点的交互还能实现对大量空间数据的空间分析,以及对计算过程非常复杂的空间决策信息处理、空间数据挖掘计算处理,为用户提供空间信息决策支持。

7.4.6 网格 GIS 集成技术

网格 GIS 集成的关键是实现各种服务之间的互操作。互操作包括两个层次：一个是指网格节点内的 GIS 服务组件之间的互操作(主要是指在同一个系统环境中不同功能组件的相互通信与操作)；另一个是指不同网格节点的 GIS 服务组件之间的互操作(主要是基于分布式的计算体系，实现跨平台、跨节点的异构服务功能的集成)。由于同一系统各个不同组件的互操作可以通过 API 接口定义来实现，且在许多组件化编程技术中都有详细的说明或规范，技术较为成熟，实现起来相对简单。而网格 GIS 主要是解决分布式环境中异构平台的服务集成问题，这也是网格 GIS 研究的关键技术。这里主要探讨跨系统平台的 GIS 服务应用集成的关键技术——空间数据和 GIS 操作功能的集成。

实现异构系统平台 GIS 的互操作有两方面内容，其中包括 GIS 数据的互操作和 GIS 功能的互操作，也就是要满足不同 GIS 之间数据透明访问的要求和不同 GIS 功能协同工作的要求，如网格 GIS 节点上某一项 GIS 功能的实现可以由多个 GIS 应用系统的不同组件协同完成。为了实现不同客户端和服务节点的通信，各个组件需要基于相同的规范和协议，包括异构空间数据库的接口规范协议、空间数据的语法与语义规范协议、GIS 服务发布、描述及跨平台远程访问协议等。

1. 空间数据互操作

实现异构空间数据库的互操作有两种解决办法，一种是定义分布式计算的 API 标准接口或 GeoSQL 规范，通过制定统一的接口形式及参数，不同的 GIS 软件之间可以直接读取对方的数据。图 7-25 为多个空间数据管理系统提供基于公共接口标准的数据服务示意图。

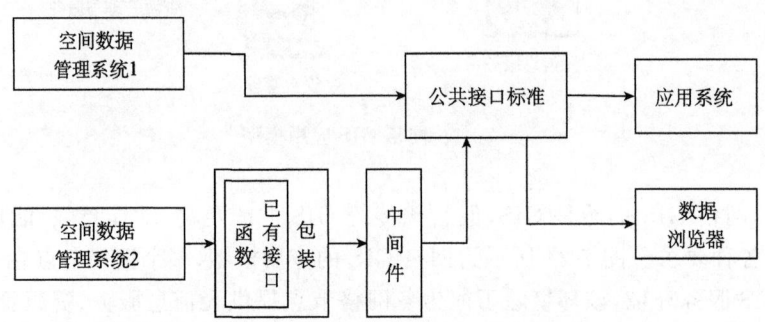

图 7-25　网格 GIS 基于公共接口标准实现数据互操作

另一种是定义数据的统一规范与格式，它是关于数据流的规范，与函数的接口形式和软件组件的接口无关。它遵循空间数据共享模型和空间对象定义的规范，可用 XML 语言描述空间对象，不同 GIS 软件通过对空间数据流的解析来获取这些空间对象。基于 XML 的空间数据互操作也有两种形式，一种是将空间对象全部转换为 XML 语言描述的格式进行存储，其他系统可以根据定义的规范读取数据，但是这种方式在数据存储和前期处理过程方面的开销相当大，一般不采用；另一种是采用实时读写转换，由 XML 语言和

SOAP协议引导并启动空间数据读写查询组件,从空间数据管理系统中读取数据,并将数据转换为用XML语言定义并符合空间对象描述规范的数据流,如图7-26所示。

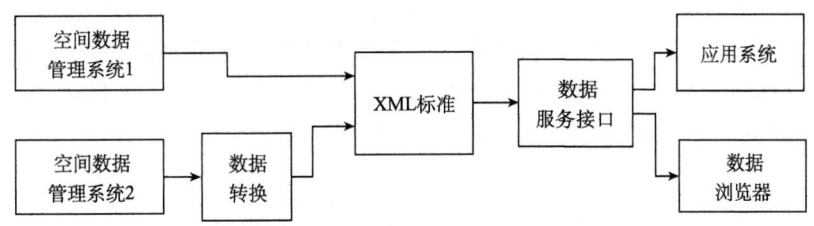

图7-26　网格GIS基于空间数据标准实现互操作

在以上两种空间数据的互操作模式中,基于公共接口标准的数据访问的互操作效率较高,但是其安全性能和跨平台性能较差,而基于空间数据标准(XML的方式作为空间数据传输的中间形式)的互操作适应性最广,但是在效率方面比较低。一般来说,在组建局域范围的网格环境时,为追求高效率的操作,可为每种空间数据建立一个数据转换中间件,定义一种标准的空间数据访问接口;而在相对较大的空间范围内组建网格GIS时,为使其满足各种不同的需求,则以建立基于XML的空间数据标准的互操作规范为宜。

2. 空间数据统一描述

作为空间数据的管理工具,GIS面临着对不同来源不同数据组织形式的空间信息进行有效管理和综合应用的问题。目前的空间数据增长迅速,不只有简单的图形数据,还包含航空摄影影像、卫星遥感影像、数字地面模型、数字高程模型、地理空间元数据以及各种各样的专题数据等。为实现网格GIS平台上来源众多、数据模型各异的空间数据之间的互操作,需要为空间数据存储或转换过程建立一个统一的模型,即对空间数据进行统一描述和转换。

为了能够方便地进行空间数据交换,同时也为尽量减少空间数据交换的信息损失,使之更加科学化和标准化,许多国家或国际组织都制定了相应的空间数据交换标准,如美国的STDS、我国的空间数据交换格式CNSDTF以及OGC的GML。

3. 网格GIS服务集成

OGSA的一个重要特点就是网格高层服务可以通过集成多个底层服务来构建。实际上,对多个服务集成的核心就是实现网格各个节点间的互操作。根据侧重面的不同可将网格GIS的集成分为三种:GIS软件功能的集成,主要强调各种不同的GIS软件功能之间相互调用与协作;GIS的数据的集成,强调不同数据集之间的透明访问;GIS语义集成,强调不同系统的信息共享,指在一定的语义约束下实现的相互访问。不失一般性,网格GIS集成可以理解为不同服务间的相互动态调用。

实现网格GIS跨平台的集成有两种方法:

1) 基于直接数据访问模式的集成,它是指GIS软件实现对其他数据格式的直接访问,数据服务能够存取多种数据格式;

2) 基于开放GIS的集成,它是通过定义一种规范和标准接口,在数据格式、数据处理等方面都遵从这一标准,能够实现多个不同数据格式和不同软件间的集成。

§7.5 网格 GIS 应用

网格计算应用于 GIS 领域，能够解决诸如海量数据存储和服务、空间数据挖掘和大规模计算、虚拟地理环境等问题，将会在实践中得到更广泛的应用。这里以空间信息网格和"数字地球"等三个具体例子介绍一下网格 GIS 的研究与应用情况。

7.5.1 空间信息网格

空间信息网格(Spatial Information Grid, SIG)是一种具有强大服务能力、空间数据管理与分析处理能力的空间信息基础设施，它连接着众多的空间数据资源、计算资源、存储资源和各种用户，对这些地理上分布的资源进行统一组织与管理，为各种应用提供智能化的高效信息服务，能实现按需服务和一步到位的服务(One Click is Enough)。SIG 是一个分布式的网络化环境，它以一种新的结构、方法和技术来管理、访问、分析、整合该环境下分布的空间数据及其他资源，实现空间信息的有效共享与互操作。在这个环境中，用户可以通过 SIG 门户透明地使用整个网络上的各种资源。当用户向 SIG 提出多种数据和处理请求时，SIG 利用其所连接的地理上分布的各种资源，协同处理这些请求，并确保"4A"(Any Resource、Anytime、Anywhere、Anyone)目标的快速实现。SIG 的应用模型如图 7-27 所示。

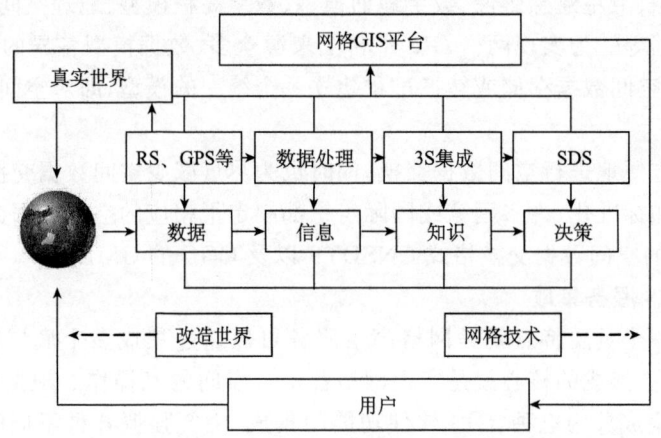

图 7-27 空间信息网格应用模型

发展 SIG 将从空间信息应用与服务的技术体系和基础高度推动我国空间信息资源的共享与应用，满足日益增长的对空间信息多层次、多样化应用的需求，这对提升我国空间信息基础技术和应用的水平，以及促进国家信息化建设和社会经济发展进程，具有十分重要的意义。

1. SIG 的研究内容

SIG 技术是网格技术在空间信息技术领域的具体应用，作为一个适应海量空间信息高效处理和服务的新技术，SIG 的能力和特点也是多样的，主要体现在：

1）具备先进的海量空间数据处理能力。能高效、实时地分析处理从 TB 至 PB 量级的海量空间数据，提供可视化、多媒体的空间信息服务；

2）具备超强的空间资源共享功能。能实现应用层面的互联互通和各种异构资源（如高性能计算机、海量存储系统、GIS 软件系统）的共享，提高空间资源利用率；

3）具有对现有系统进行集成的能力。既可用于构造具有超强处理能力的空间信息系统，又能用于集成现有空间信息系统，确保现有系统的延续性和继承性；

4）具备远程访问数据与服务、一站式和无障碍服务能力，满足地域跨度大的异地部门对大规模空间信息应用与服务的要求；

5）具有较强的动态变化能力，以适应不断变化的业务需求、企业管理策略以及空间信息技术。

要使 SIG 完全具备上述特点和能力，目前乃至今后相当长的一段时间内还需要加大对 SIG 的理论、技术和应用方面的研究力度。SIG 的研究内容目前主要集中于以下几方面。

（1）理论模型研究

理论模型研究包括 SIG 的体系结构、技术框架、应用模式等方面的研究，具体指 SIG 的内涵、实现技术、技术之间的关系、SIG 的组成及各组成部分之间的相互关系、应用模式等。

（2）关键技术研究

SIG 关键技术包括超大规模空间数据的存储与管理、多源空间信息资源共享与融合技术、空间数据元数据及其服务技术、SIG 服务技术（包括网格资源信息服务、网格性能信息服务、网格服务信息服务等）、空间信息系统之间的协同工作问题、SIG 环境下的地理空间数据可视化等。

（3）应用研究

SIG 的应用研究体现在不同的领域。例如，SIG 在地质应用中可进行地质环境仿真、地震预报、油藏模拟、矿产勘探等；在"数字城市"中可用于空间信息服务集成，特别是城市突发事件应急响应（如火灾、地震、洪水、台风等）；在"电子政务"中可用于城市规划、重大工程选址、辅助政府决策等方面；在"数字流域"方面，可利用 SIG 进行流域数字模拟、洪水演进模拟、流域生态评估、坝位选址等。可见，SIG 在各行各业的应用前景十分广阔，它将有力地推进各行业信息化进程。

2. 我国 SIG 研究与应用

我国十分重视网格技术在空间信息技术中的应用。"十五"期间，国家 863 计划（国家高技术研究发展计划）"信息获取与处理技术"主题确立的战略目标中，针对我国信息资源设施建设的重大需求，拟定了 SIG 总体技术、高分辨率空间信息获取技术、空间信息处理技术、空间信息应用与产业促进、空间信息获取与处理作为我国未来重点发展的五个前沿专题。通过这些专题的深入研究，力求发展我国的高分辨率多维空间信息获取技术，研制高分辨率机载光学、微波对地观测数据获取系统，开发轻小型星载高空间分辨率多光谱成像仪，掌握具有完全自主知识产权的先进小卫星对地观测系统技术，并开展对地观测数据定量化、智能化处理技术的研究，以掌握大型 GIS、空间信息网络化共享中的关键技术，通过重大应用示范工程，构建我国的 SIG，推动我国空间信息资源的产业化。

目前,与 SIG 直接相关的两项 863 计划已于 2002 年正式启动。这两个计划分别是:

(1) SIG 框架体系和关键支撑技术

主要研究 SIG 的体系结构及其应用环境基础框架,实现海量空间信息在线分析处理和服务。基于空间信息标准和协议,建立 SIG 核心技术平台,提供空间信息处理和大型 GIS 的基本测试环境。结合资源环境等领域的空间信息与服务体系的建设,提供关键技术支持。

(2) 基于 SIG 框架的城市空间信息应用服务系统

在城市空间信息基础设施的建设基础上,选择重点示范城市,根据城市建设、管理与产业发展需求,建立基于 SIG 框架的城市空间信息资源汇集与共享的基础平台,开发面向政府决策和社会化服务、具有基本按需服务能力的运行系统,促进城市空间信息应用与产业化发展。

7.5.2 "数字地球"

美国前副总统戈尔 1998 年元月 31 日在洛杉矶加利福尼亚科学中心举行的 OGC 年会上发表了题为"数字地球——理解 21 世纪我们这颗星球"的报告。之后,"数字地球"(Digital Earth)概念受到了各国各部门以及众多专家学者的极大关注。

通俗地讲,"数字地球"就是数字化的地球,是一个地球的数字模型,它是利用数字技术和方法将地球及其上的活动和环境的时空变化数据,按地球的坐标加以整理,存入全球分布的计算机中,构成一个全球的数字模型,在高速网络上进行快速流通,这样就可以使人们快速、直观、完整地了解我们所在的这颗星球。"数字地球"将最大限度地为人类的可持续发展和社会进步以及国民经济建设提供高质量的服务。

1. "数字地球"特点

"数字地球"实际上是一个超大型空间信息系统,它有一些重要特点,这里不妨从以下八个方面加以说明。

(1) 空间性、时间性、数字化特性、整体性

它们之间的有机融合,使"数字地球"必将成为庞大的空间信息系统。

(2) 数据分布、无缝结合

包括各种结构、各种来源、多比例尺、多分辨率、历史的、现势的数据。这些数据分布于世界范围内,它们以无缝形式构成对整个地球的描述。

(3) 数据库机制灵活

"数字地球"将具备一种能够迅速更新、补充和联网的地理空间数据库,提供多源数据融合与显示的灵活机制。

(4) 服务种类多样化

"数字地球"将为不同性质的用户提供类别多样、形式不同的数据、信息、知识乃至技术支持方面的服务,提供的数据形式包括图像、文字、声音、图形、图表等,这些数据将按免费或收费方式提供,提供的数据范围可以是局部区域的,也可以是全球范围的。

(5) 分级的服务权限

根据数据及信息性质的异同和涉密程度,"数字地球"将把各种数据和信息按不同的

密级进行组织,满足不同用户对不同数据和信息的使用要求。

(6) 平台开放

在"数字地球"的实现中,将尽可能地采用当前最新技术,例如,基于组件的技术、互操作技术等,以确保这个超大型系统的平台开放性。

(7) 多途径获取信息

不同的用户均有多种获取和查询"数字地球"信息的途径和方法,而获取数据和信息对用户而言是透明的,也就是说,他们并不需要知道数据存储在什么地方。

(8) 服务对象多样化

"数字地球"为各行各业的用户准备了丰富的数据和信息,使人们根据自己的需求总能得到自己所感兴趣的数据和信息。

2. "数字地球"关键技术

要真正体现出"数字地球"的上述特点,必须有先进的技术支持。在"数字地球"中,涉及的主要技术有:计算机、网络通信、数字摄影测量、遥感、全球定位系统、地理信息系统、虚拟现实、海量数据存储处理、图像智能处理、数据库技术、空间元数据技术等。以下对其中的几项关键技术作一简介。

(1) 高速通信网络和分布式海量存储技术

"数字地球"中的数据分布于世界各地的大型数据库中,存储这些已有数据和每时每刻新产生的大量数据,并对其进行智能化分析和处理,基于现有软硬件技术水平难以实现,需要有新的高速率海量空间数据存储、压缩、处理技术的支持。

(2) 高分辨率卫星影像处理技术

对地观测技术是"数字地球"获取数据的主要技术。高分辨率遥感卫星的研制与发射受到各国的极大重视,并已在不同领域得到应用。民用卫星对地观测的最高分辨率目前已可达到1m,可为大比例尺(如1:10000)测图、农业、水利、环境、交通等应用提供数据资源,也是构成"数字地球"的基础空间数据。

(3) 虚拟现实技术

虚拟现实技术是"数字地球"概念提出的重要依据,它通过一系列方法生成虚拟环境,使人们在这一虚拟的三维环境中,运用视觉、听觉、嗅觉、触觉来感受逼真的虚拟环境,并与其进行交互。虚拟现实技术的应用领域是很广阔的,在工程设计、模型与数据可视化、效果模拟、多媒体应用等方面均需要虚拟现实技术的支持。然而,若要很好地利用这一技术,还必须解决海量数据存储、高速数据处理、宽频信息通道等技术问题,只有这样才能推动电子沙盘、数字旅游、数字省市、数字海港、数字水利等"数字地球"具体内容的实现进程。

(4) 互操作和元数据技术

除了上述几个关键技术,建立"数字地球"还需要空间信息互操作技术、空间数据转换标准及元数据技术的支持。这些技术将确保来自于不同地区、具有不同格式和结构及使用目的、运行于不同平台的地理空间数据,在"数字地球"这个分布式环境下得以高度共享。

3. 网格技术在"数字地球"中的地位与作用

我国学者认为,提出"数字地球"概念,实际上是网格技术对人们思维模式的一个冲击。"数字地球"把地球上一切与地理位置有关的信息用数字形式进行描述,透过网络服务的形式,为全社会提供高质量信息服务。现在人们获取数据的方式已经有了很大改进,无论从空中、地面还是水下,感知手段都有进步。在数据越来越多和应用模型的要求越来越高的同时,如何合理描述不同形态的数据和信息资源、如何建立和存取适应不同领域的应用模型、如何协调资源和模型之间的关系、如何存取和处理全球分布的各种类型资源,将是"数字地球"建立过程中必须解决的难题。大量的数据需要迅速处理才能得到应用,同时又要最大可能地避免由于观测方法、使用仪器和环境差异带来的误差。复杂的模型需要可用的数据才能发挥作用。网格技术在解决这些问题方面将为人们带来新的思维方式和最佳的处理平台,它将直接为"数字地球"所涉及的各项技术提供良好的支持,其先进的信息处理框架将是实现"数字地球"的核心与关键。

7.5.3 网格技术在水利信息可视化中的应用

水利信息化是指利用现代计算机技术、通讯技术、遥测技术、遥感技术、地理信息系统技术、全球定位系统技术等对水利行业进行全面技术升级活动的统称。此概念的提出有着深刻的社会和技术背景。从治水理念上,人们逐渐认识到单纯依靠修建防洪工程并不能有效地减少洪灾损失,传统水利必须向可持续发展水利转变,可持续发展水利这种新的治水理念强调人与自然的和谐共处,强调对水资源管理和调配要用全面的、系统的、科学的方法进行综合研究与分析,这种新的理念客观上要求以先进的技术手段为支持。

从技术发展上看,现代科技的飞速发展为整体摸清水资源这一宏观巨系统提供了可能。远程遥测自动化技术为水资源监测提供了千里眼;计算机处理速度的不断提高和各种集成技术的实用化使对大面积水流进行快速实时模拟成为可能;利用 GIS 技术可以将水资源与自然界的交互作用真实地再现在人们眼前;不断发展的数据库技术使大量有关水资源的各类数据存储和检索变得容易;卫星遥感技术使大面积灾害监测和评估成为现实。这些先进的信息技术全面推动着水利行业的技术升级,构成了水利信息化丰富的内涵。

1. 水利信息三维可视化

在水利信息化建设中,三维信息处理是其重要技术之一。如果仅用二维方式表示实际的三维实体,将会有很大的局限性,大量的多维信息无法得到有效的展现和利用。国内外许多学者就 GIS 与三维可视化仿真技术相结合用于水利工程规划、建设和管理进行了一系列研究。利用计算机的数据处理和图形显示能力,通过三维可视化方法来表达水利信息化涉及的各种实体和现象,以及直观形象地展现各种地物的空间视图及动态模拟水利工程建设过程,可以辅助工程人员提高工程分析、设计与管理的质量和效率,从而在水利信息化中发挥巨大的作用。

但是,在水利信息化应用系统中管理的三维数据量往往非常庞大,除了结构复杂的空间几何数据之外,还包括大量的纹理、水情、雨情、工情及与工程建设相关的其他数据。在操作过程中,用户每一次的视角变换、空中飞行位置的改变都要重新计算可视区域内包含的对象集,再经过投影变换、光影处理、三维仿真处理、纹理贴图后得到可视化三维影像,这个过程(即单帧影像或图形的处理)也需要花费比较长的时间。如果连续两幅场景之间的显示和处理时间间隔过大,将造成三维飞行、视角改变时的显示不连贯,影响三维仿真的应用效果。

加快单帧(影像或图形)显示速率是改善三维显示效果的关键。传统上主要靠增加主机运行速度的办法,但就目前情况而言,计算机性能的提高存在一定的限度,不可能无限制地增加单台计算机的运行速度,同时计算机性能的提高也会带来硬件成本的巨额增加。

2. 基于网格技术的水利信息三维可视化

对于复杂应用场景的具体情况(如水利工程中的施工组织设计、洪水演进模型分析、大坝泄洪模拟等),基于单台计算机的运行效果远不能满足用户实时或准实时处理的要求,因此需要寻求一种成本较低、效果更优的水利信息三维可视化技术。利用网络中闲置的计算机资源,通过网格计算所提供的超级性能来实现三维计算和显示速度的极大提高,是一条现实可行的途径。

根据前面介绍的网格技术,结合水利信息量大且复杂的特点,我们构造了一个适合海量空间信息三维快速显示与漫游的简易网格计算模型。主要设计思想是按控制服务器(Control Server)、网格节点(Grid Node)和客户端(Client)三个部分来组织的,如图7-28所示。其中,控制服务器是系统的控制中心,在任务处理方面,它负责监听和接收客户端的任务请求,并根据该请求启动一个任务管理进程,进行任务分解,并按排队模型把分解后的每个子任务适时分配给各个可用的网格节点进行处理,以

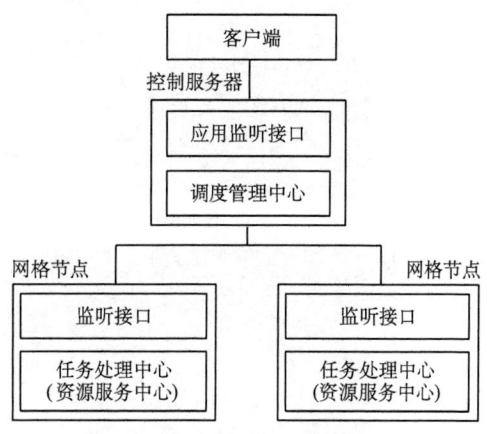

图7-28 简易网格计算模型

便及时地将各网格节点计算后返回的结果进行汇总并传输给客户端。这里,网格节点是最小粒度任务的执行者,按照三维显示和处理的任务分解方法,使每一节点每一次执行的任务为计算并获取某一个子区域的三维场景视图;有的网格节点还将提供数据资源服务。客户端则为用户提供交互使用系统的图形化界面。

3. 水利信息三维可视化的实现

根据以上设计思想在局域网环境内建立了一个用于加速三维水利信息显示速度的高性能网格计算环境。该系统由一台基于Unix操作系统的SGI图形工作站(控制服务器)、三台基于Linux操作系统的PC机(网格节点)和两台基于Windows 2000操作系统的PC机(网格节点)组成。为简化实验环境,这里每一个网格节点仅对应一台计算机。图形工作站既作为控制中心,又完成网格计算、核心服务和元信息服务等功能;三台基于Linux操作系统的PC机既完成网格计算任务,又提供数据资源服务;在两台基于Windows 2000操作系统的计算机中,其中一台计算机作为完成网格计算任务的网格节点,另一台计算机具备网格计算和数据资源服务两种能力。

系统基于面向对象技术设计,使用Java2语言进行开发。控制服务器通过集成Globus的GRAM实现多任务管理和控制,包括动态启动服务进程、资源服务优化策略选择、任务分解和任务迁移管理等。各个网格节点则动态接收控制服务器分配的子任务,通

过控制服务器的协调实时地访问相关网格节点的数据资源,并对其进行计算处理。客户端通过网格消息(Message)与控制服务器进行相互通信,包括发送任务请求和接收任务处理结果。各个网格节点在控制服务器的统一控制和协调之下,能够相互独立、并行地完成相应任务的处理过程。

元信息服务使用 OpenLDAP 作为底层存储管理平台,实现网格资源信息的注册、注销、查找等功能;在资源服务方面,以 SOAP 协议为基础建立数据资源的共享服务机制,为各网格节点及客户端实时提供各种所需的水利信息共享资源。在系统应用方面,以某流域的部分区域为试验区域,该区域内的三维数据既包含三维 DEM 数据,又含有大量的纹理贴图数据,还有作为三维地形图底图的航空遥感正射影像。如图 7-29 所示为部分效果图。

流域模拟　　　　　　　　　　河道工程

防洪工程　　　　　　　　　　枢纽工程

图 7-29　基于网格技术的水利信息三维可视化应用效果图

4. 性能分析

一般而言,三维可视化应用系统的性能可以从两个方面来衡量,一是系统的载入时间,二是系统在运行过程中单帧(影像或图形)的计算和显示时间。图 7-30(a)所示为不同配置情况下的系统载入时间比较。不难看出,数据量越小,单机模式下的系统载入速度最快;而数据量增大后,单机模式下的载入时间与网格环境下的载入时间相差不大。在数据量增加较大的情况下,系统载入时间基本上与数据量大小呈线性递增关系。

图 7-30(b) 所示为不同配置时的单帧(影像或图形)处理时间对比情况。从图中可以发现,当只有一个网格节点时,单帧处理时间比单机模式时的长。这是由于单机模式下避免了网络传输的开销;当网格节点增多时,单帧处理效率会极大地提高。但是,当节点增加到一定程度之后,其处理速度的增加便不再明显。如图 7-30(b)所示,当增加至 3~4 个网格节点来协同处理时,系统性能会显著提高;而继续增加网格节点(例如 5 个)时,性能提高程度十分有限。分析其原因,说明对于该环境下所涉及的数据的三维显示,并不需要更多的网格节点便能确保并行任务的有效完成。当设置更多的网格节点时,子任务的

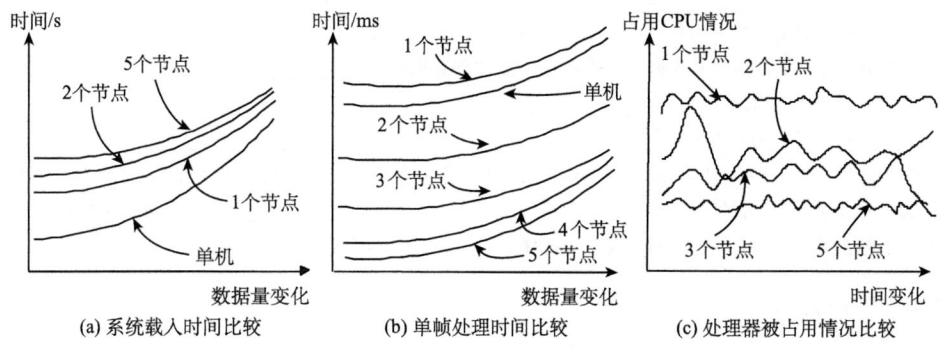

图 7-30　不同配置下的系统性能比较

个数也将增多,势必造成任务分解时间和子任务协调时的通讯时间随之增大,这将抵消数据并行传输所节省的一部分时间,因此,对单帧(影像或图形)处理时间的贡献将不再明显。我们通过比较不同情况下的处理器被占用的情况也可以说明这一点。如图 7-30(c)所示,在使用一台计算机作为网格节点进行处理的情况下,系统的 CPU 时间基本被全部占用(CPU 满负荷运行),当加入两台和三台计算机同时工作时,三维显示和处理速度有明显改善,说明负载得到了有效均衡。此外,五台计算机时的 CPU 占用情况和三台计算机相比,变化不是很大,只是更趋平稳,这是因为当达到三台计算机时,各个 CPU 的占用率已经降到了很低的水平。

需要说明的是,以上仅是根据某区域的三维显示情况对性能进行的分析。显然,如果处理整条流域,或全国性的三维水利信息,那么由于数据量剧增,只有通过适当增加网格节点数量才能获得满意的运行处理效果。

习　题　七

一、填空题

1. 网格的实质是将网络上分布式的计算资源和其他资源整合起来构成的拥有超级性能的_____。
2. 网格计算是伴随着 Internet 技术的发展而迅速发展起来的一种新型的_____模式,它是继超大规模集中式计算、客户/服务器计算模式后的第_____代计算技术,又称为_____Internet 技术。它有两个明显优势,一是_____;二是能充分利用网络中的_____。
3. 网格的动态多样性有两方面含义:一指网格资源是_____;二指网格资源是_____和_____。
4. 五层沙漏结构的重要思想是以_____为中心,而 OGSA 则强调以_____为中心。
5. Globus 的主要工作是建立一套支持网格计算的_____,提供一系列支持网格计算的_____。
6. Web Service 的服务结构涉及三个重要组成部分:_____、_____和_____,包含三种行为:_____、_____和_____。
7. 开放地理信息协会(OGC)制定了一系列有关网格 GIS 的规范和标准。根据其相关规范,网格 GIS 主要包含三方面的地理信息服务类型,分别是_____、_____和_____。
8. 网格 GIS 是一个开放的软件框架,由若干种_____和_____组成。
9. 网格 GIS 的安全控制目前主要集中在网络_____层和_____层,强调与现有分布式安全技术的融合,其中的主要安全技术手段包括_____、_____、_____、_____及_____等。
10. 元信息服务主要是为用户应用程序提供相关的_____信息,它提供的信息源按照信息存在的状态可以分为

_____ 信息和 _____ 信息。
11. 网格 GIS 资源管理和分配技术包括三个部分,分别是 _____ 、_____ 和 _____ 。
12. 实现网格环境下的数据服务必须解决这样几个问题:空间数据标准、_____ 和 _____ 。其中,空间数据标准要解决的重点问题是:_____ 、_____ 、_____ 。
13. 实现网格 GIS 跨平台的集成主要有两种方法:_____ 、_____ 。
14. 在空间信息网格(SIG)环境中,当用户向 SIG 提出数据处理请求时,SIG 利用其所连接的地理上分布的各种资源,协同处理这些请求,并确保"4A"(_____ 、_____ 、_____ 、_____)目标的快速实现。
15. "数字地球"就是 _____ 的地球,是一个地球的 _____ 模型。

二、单项或多项选择题

1. 网格能够充分吸纳各种资源,并将它们转化成一种计算能力。这些资源主要包括( )。
   A. 计算机与网络　　　B. 数据与软件　　　C. 人力与技术　　　D. 标准与协议
2. 网格本身所具有的特点对网格建设和网格应用都有重要的影响,下面的( )是网格具备的特点。
   A. 分布性与共享性　　B. 自相似性　　　C. 资源动态多样性　　D. 紧耦合性
3. 五层沙漏结构中,( )层在网格计算中易产生性能瓶颈。
   A. 应用层　　　　　　B. 汇集层　　　　C. 资源层与连接层　　D. 构造层
4. OGSA 的两大支撑技术分别是( )。
   A. Internet　　　　　B. Globus　　　　C. API　　　　　　　D. Web Service
5. 网格技术并不是要代替目前已有的各种应用系统或软件,而是在现有技术基础上的一种延伸和发展。在网格环境中存在各种异构的资源,要实现异构环境下的协同处理,必须在一个统一的( )上建立网格的各种应用。
   A. 网格拓扑结构　　　B. 数据类型　　　C. 网格安全控制　　　D. 网格服务协议
6. 当前基于网格环境的远程数据传输已有几种有效的传输策略,对于大型空间数据文件的传输一般采用( )传输方式。
   A. HTTP　　　　　　 B. 网格 FTP 服务　C. SAN　　　　　　　D. 存储-转发
7. WebGIS 是随着 Web 技术的发展而产生的。Web 技术本身的局限性限制了 WebGIS 的进一步发展与应用,主要表现在( )。
   A. 不能实现远程的数据存储和管理　　　　B. 异构空间数据的互操作能力低
   C. 难于实现跨平台的操作　　　　　　　　D. 大型软件的维护困难,软件复用率低
8. 从网格 GIS 的基本体系结构来看,要实现地理信息广域范围内的充分共享,为用户提供快速的 GIS 空间分析与大规模计算功能,必须解决下面的( )关键技术。
   A. 网格数据存储　　　B. 元信息服务　　C. 资源管理与分配
   D. 界面设计　　　　　E. 集成与应用技术

三、判断题

1. 网格环境下的资源都是可以共享的,例如计算机、存储设备以及各种各样的网络设备等。
2. 网格技术能够解决目前 GIS 中出现的所有问题。
3. 网格技术就是要建立一种新的计算模式,并不需要目前的技术。
4. 基于数据互操作 GIS 的集成方式比数据转换的集成模式具有更大的灵活性及应用范围。
5. 实现地理空间信息充分共享及大规模并行分布式空间分析计算和数据存储,首先要解决所有空间数据如何转换成统一格式的问题。
6. 网格 GIS 元信息服务技术只需要为空间数据的元数据提供共享使用的方法。
7. 网格 GIS 是一个开放的应用平台。

四、简答题

1. 什么是网格?什么是网格计算?

2. 什么是网格体系结构？目前有哪几种重要的网格体系结构？试分别加以说明。
3. 什么是 Web Service？简述其相关的实现技术，并说明 SOAP、WSDL、UDDI 的概念及其相互关系。
4. 简述网格 GIS 的概念及其特点。
5. OGC 定义了哪几种网格 GIS 的地理信息服务？试分别简要说明之。
6. 网格 GIS 和 WebGIS 有什么区别？
7. 阐述网格 GIS 的体系结构，分别说明各层实现的功能。
8. 如何实现网格 GIS 的安全控制与管理？
9. 简述网格 GIS 元信息服务的作用。
10. 实现网格 GIS 数据服务需要解决哪些主要问题？
11. 为什么说网格 GIS 应用技术是网格 GIS 的原动力和最终目的？
12. 实现空间数据互操作有几种方式？试分别说明之。
13. 结合实际分别阐述实现网格 GIS 的关键技术。
14. 试说明网格 GIS 应用于"数字地球"的优点。

五、论述题

1. 目前网格计算技术已经在许多方面得到了应用，但在 GIS 领域还有待发展。请结合 GIS 的特点和应用要求，分析如何在 GIS 领域中充分利用网格计算技术。
2. 在网格环境下，各种数据资源、计算资源以及通信资源等都可以被共享，甚至能共享参与网格工作的人力资源。请针对网格环境下的地理信息资源共享问题，论述实现空间数据资源共享时需要解决的关键问题以及建立共享的策略。

第 8 章　P2P GIS

随着网络 GIS 应用的普及化,GIS 用户数量不断增多,对空间信息的需求以及需求层次随之提高。受 Internet 带宽和软硬件设施的限制,网络 GIS 性能的进一步提升受到了极大的制约。P2P 技术在众多领域的成功应用所展现出的诸多优点使其在 GIS 领域受到了普遍关注。P2P 技术能够提高网络 GIS 的数据存储、数据发现、数据传输等各个应用环节的效率,也有利于地理协同计算的发展。在网络 GIS 与 P2P 的结合上,结构化 P2P 技术作为新一代 P2P 技术的代表,无论是系统扩展性、容错性、稳定性,还是性价比等都远超出其他的 P2P 技术,因此,结构化 P2P 将是 P2P 与 GIS 结合的主流发展方向。

本章介绍 P2P 的基本概念、发展阶段、分类及应用,重点阐述 P2P 与空间数据查询技术的结合,并从结构和应用方式等方面对 P2P GIS 进行分析,最后给出几个相关的应用实例。

§8.1　P2P 技术概述

P2P 的发展与网络技术和个人电脑性能的不断提升有直接联系。作为一种典型的分布式系统,P2P 为充分利用网络上无数普通节点提供了适用的解决思路。

8.1.1　P2P 的内涵

P2P 是指采用直接交换方式来实现计算资源和服务共享的一种网络计算模式,一般称为对等计算或对等网络。它是在网络环境下的一种重要实现模式,突破了传统客户/服务器模式的限制,体现了网络节点之间的对等和协作。在 P2P 的对等计算环境下,系统中所有参与节点之间都是相互对等的关系,没有客户机和服务器之分。每个节点既能充当网络服务的提供者,也能向其他节点发送服务请求,真正实现"我为人人,人人为我"。由于这种运行方式可充分利用系统中每一个节点的资源,具有存储容量和计算能力理论上都可无限扩充的优点,同时还能充分利用节点之间的数据交换能力,因此,P2P 在网络资源存储、搜索和共享等方面具有十分明显的优势。对照 TCP/IP 的分层模型,P2P 的应用模式属于最高层——应用层,如图 8-1 所示。

P2P 技术构建于现有的 Internet,是通过将广域网内的成千上万个节点进行逻辑互连而组成的独立于底层物理网络的逻辑网络,从而形成更加广泛的资源共享和数据交互环境,通常把这个网络称为"覆盖网"(Overlay)。覆盖网在应用层重新确定一种与物理层上不同的节点邻居关系,它的拓扑结构与节点所采用的资源分布及消息路由算法密切相关,而与节点在应用层以下各层中的分布没有直接的关系。图 8-2 所示是覆盖网络与底层物理网络的映射关系,可以看到,在物理网络中节点 P7 与节点 P2、P5、P6 和 P8 有相邻

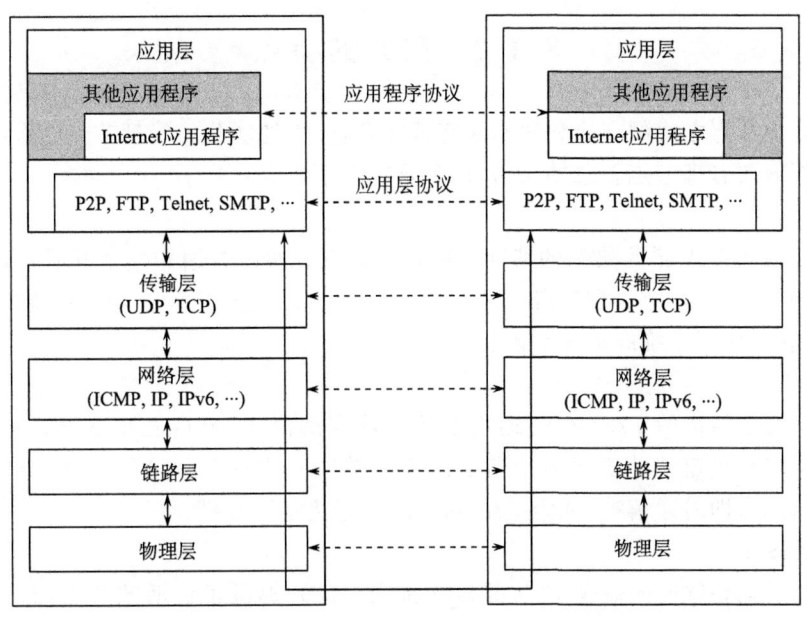

图 8-1 P2P 在 TCP/IP 协议栈中的位置

关系,而在构建的覆盖网络中则与节点 P1、P2、P6 和 P8 成为邻居,使得两层的网络拓扑结构不同。

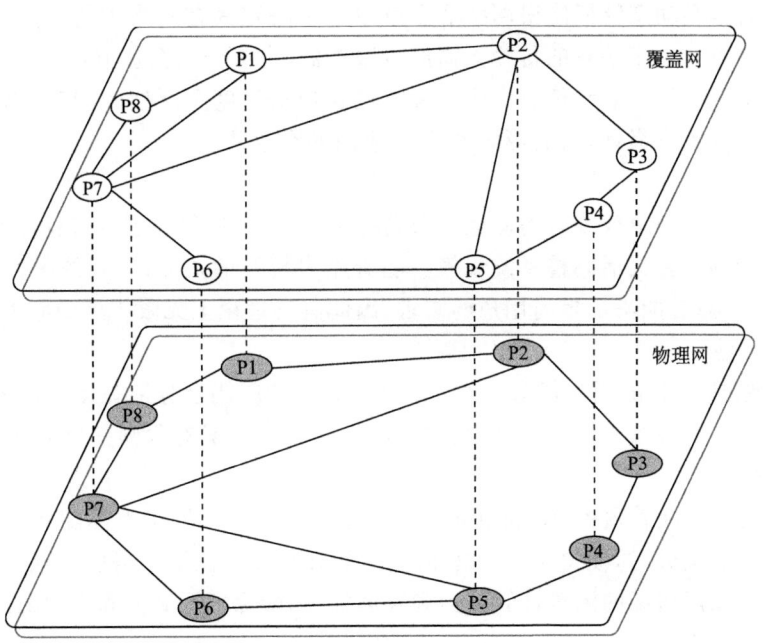

图 8-2 覆盖网络与物理网络的映射关系

8.1.2　P2P 的特点

P2P 通过节点之间的交换和协作来完成任务,极大地弱化了管理节点的作用和概念,甚至可以不需要管理节点。总的来讲,P2P 具有以下特点:

(1) 分布性

分布性强是 P2P 最为典型的特性。P2P 的节点分布范围遍布整个互联网,具有很强的分布性特征。同时,由于数据资源分散在各个节点上,使得资源在整个系统内的分布相对均衡,有利于保障系统的负载平衡。

(2) 对等性

P2P 不同于传统的 C/S(B/S)结构中的主从应用模式,节点之间是对等的关系。这种对等结构特性决定了 P2P 中各个节点之间能够协同实现各种功能,如资源检索、存储服务、协同计算、即时通信等,也为 P2P 的广泛应用奠定了基础。

(3) 动态性

节点的平均在线时间短是 P2P 的显著特征。P2P 提供了灵活的节点加入和退出机制,用户进入系统往往带有特定的任务,当任务完成后一般会选择退出系统,而不会恒定地连接在系统中,这使得系统具有极高的动态性。这种高动态性给系统资源的维护带来了极大的困难。

(4) 自治性

P2P 的对等和动态特征使得网络节点可以自主决定其在网络中的行为,体现出这种技术的自治特点。由于信息的传输无需经过服务器,直接分散在各节点之间进行,因此在一定程度上确保了用户隐私信息。但这种特征在带来高度灵活性的同时,也导致很大的随意性和连接的不可靠性,从而影响着 P2P 应用的有效性。

(5) 可扩展性

P2P 能将资源和负载较为均衡地分布到各个节点上,使得系统具有良好的可扩展性,可以随着应用的需要灵活调整系统规模。随着用户规模的扩大,P2P 的服务能力和质量也将随之提高,总是能满足当前用户的需求,因此具有理论上无限扩展的服务能力。

(6) 健壮性

健壮性强是 P2P 的固有优势。在 P2P 中,服务和应用被分散在多个对等节点上,单个节点故障不会对系统整体造成太大影响,这保证了 P2P 具有很强的持久性和容错性。

(7) 高性能

P2P 主要构建在普通的 PC 机和现有网络之上,PC 机和网络性能随着软硬件技术的发展一直在不断提升,这使得基于 P2P 的高性能计算和存储能力得以实现。P2P 充分利用了分散在互联网边缘的闲置计算能力和存储能力,既保障了服务和应用的高性能,又有效降低了运行成本。

8.1.3　P2P 与网格

P2P 作为分布式计算的重要技术,与网格关系十分密切。网格计算的目标是整合广域范围内的各类闲置资源(包括存储资源、计算资源、网络设备等),使这些资源构成一台虚拟的超级计算机,协同地为用户服务。这种计算模式使得基于网络完成计算密集型或数据密集型的任务成为可能;而 P2P 技术则是采用全分布式计算模式的网络技术,这种技术同样能够有效利用网络中的各种闲置资源,满足用户的计算和存储需求。

网格和 P2P 都致力于网络环境下的资源共享,因此,可以看成是一个问题的两个层次,P2P 可以作为网格的一个支撑技术。目前,P2P 在广域资源存储、即时通信、分布式计算等领域都有着十分出色的应用,这为网格的进一步发展提供了有力支撑。

P2P 与网格之间存在着许多相同点,它们都采用分布式计算模式,都能够将闲置资源汇聚成更强的计算和处理能力,对系统的可扩展性、资源的分布性和异构性等也比较重视。同时,两者也存在着极大的不同。网格在资源共享的深度和广度上远远超越了 P2P,不仅包括计算资源、存储资源、数据资源,还包括传感器资源、仪器设备等;另外,网格更加强调应用的安全性和标准化。总的来说,两者主要有以下的不同:

1) 关注的重点不同。网格更强调系统的健壮性,虽然 P2P 具有天然的健壮性,但它更注重系统的灵活性;

2) 资源共享方面的不同。网格资源共享的对象范围更广、资源整合能力更强,对参与者的授权和认证机制更为复杂,安全性能也更高;

3) 对服务质量的要求不同。网格服务更重视提供良好的 QoS,而 P2P 则较少涉及;

4) 资源定位与容错能力的不同。P2P 在资源定位、系统容错方面具有独到的优势,对于庞大的网格系统,P2P 的这些优势为其提供了很好的借鉴。

由于 P2P 在广域资源共享领域取得了巨大成功,因此大规模的网格系统在资源管理方面可以借助 P2P 技术来增强系统的灵活性、自适应性和扩展性。特别是 P2P 技术在资源定位上的高效性和准确性可以应用在网格资源发现上,通过两者的紧密结合,更好地实现网络环境下的资源共享和更强的分布式协同计算能力,为用户提供可靠、灵活、高性能的网格服务。可以预见,P2P 与网格结合将带给现代网络技术更多的突破。

§8.2 P2P 分类与应用

P2P 是一种典型的分布式应用系统,集中式、非结构化和结构化是现有 P2P 技术的三种主要形式,并有着广阔的应用领域。目前,在商业应用、科学研究、电子政务以及日常娱乐方面都有许多成功的 P2P 应用实例。与传统的分布式系统相比,P2P 在系统扩展能力、通信能力和查询效率上均表现出很大的优势,因此常被应用于文件共享、分布式计算、协同作业、即时通信、搜索引擎、流媒体传输以及分布式存储等领域。

8.2.1 P2P 的分类

对等计算的基本思想很早就开始萌芽,其典型代表是 Usenet(1979 年)、FidoNet(1984 年)这两种非常成功的分布式对等网络技术,而 P2P 和这两种技术几乎是一同产生的,甚至更久远。但是由于网络环境的不成熟,一直未受到足够重视。随着 Napster 系统在 1999 年的出现及成功应用,P2P 应用逐步得到重视。自 1999 年至今,P2P 的发展出现了突飞猛进的势头,经历了集中化、分布化和散列化三个发展阶段,演化出集中式、非结构化和结构化三种主要结构形式。

1. 集中式 P2P

集中式 P2P 是最早出现的 P2P 技术。尽管集中式 P2P 中数据的存储与传输采用对等方式来实现,但共享数据的索引信息仍然采用了由中心服务器来存储并由其提供查询服务。与传统的 C/S(B/S)模式相比,集中式 P2P 在数据存储与传输方面突破了服务器和客户机之间的角色和功能限制,使客户节点之间形成对等的关系,对等节点既是共享资源的提供者又是资源的使用者。同时,中心服务器与对等节点之间以及对等节点相互之间都具有交互能力。

Napster 是集中式 P2P 的典型代表。Napster 采用一个中央服务器机群保存所有用户上传的音乐文件索引及索引所在位置等元数据信息。中央服务器机群是一个集中化的目录服务器,用于维护系统内的这些元数据信息,并实时监控各个节点的状态。节点加入系统时,首先需要向目录服务器注册,提供本机的 IP 地址及共享文件的列表,以供服务器统一管理。当用户有数据需求时,首先连接上 Napster 中央服务器,向目录服务器发送请求以获得目标文件的存储节点和文件的索引信息,然后根据该索引信息在请求节点和目标存储节点之间直接建立连接,实现数据的传输,传输时无需服务器介入。

这种集中式 P2P 因采用了独立的目录服务器,故可以为共享文件提供统一管理,具有维护简单、查询效率高的优点,但当用户请求数目过大时,容易形成单点瓶颈,可靠性和安全性相对较低,影响系统的扩展性和健壮性。一旦目录服务器关闭或出现故障,新的请求将无法被响应,整个系统都将不能正常工作。

由于音乐著作权方面的问题,Napster 于 2001 年底被关闭,而由它所引发的基于 P2P 的文件共享技术热潮并未就此停息,而是继续蓬勃发展,并演化出许多新的结构。

2. 非结构化 P2P

在 Napster 之后,采用全分布式系统结构的 P2P 开始流行,这类 P2P 没有使用有序的结构,一般被称为非结构化覆盖网(Unstructured Overlay)。与集中式 P2P 正好相反,全分布式的非结构化 P2P 采用了自组织网络(Ad Hoc Network)的形式,是一种无中心节点的覆盖网,节点之间是完全对等的松散耦合关系,这类网络以 Gnutella 和 Freenet 为代表。其中,Gnutella 采用随机图来组织节点,每个节点定义各自的本地共享文件夹,因其采用简单的洪泛(Flooding)机制实现数据的查询和转发,系统中容易产生大量低效和冗余的请求,严重制约了系统的可扩展性。与 Gnutella 出于交换文件的目的不同,Freenet 则是为了共享计算机资源,它支持通过定义本地共享目录来共享存储,允许其他节点向本地共享目录写入对象或文件。此外,在 Freenet 中,被请求的对象会根据查找路径返回,并被缓存在每个路径节点上备用。

尽管这种覆盖网配置简单,能很好地适应网络的动态变化,但是信息搜索和路由算法效率并不高,而且会占用大量的网络资源,一般适合于较小规模的网络。当网络规模不断扩大时,系统的查询效率急剧下降,并带来沉重的网络负载,因此系统的扩展性差。为提高效率、增强可扩展及容错能力,出现了许多优化策略,主要体现在两个方面:

1) 在消息路由选择方面,尽力提高查询消息的并行度,或基于历史记录等信息确定更适合转发消息的那些节点;

2) 在系统结构构建方面,利用节点的异构性,设计一种由核心层和扩展层构成的双层结构,核心层仍然使用原有的非结构化路由方法,而扩展层的节点则依附于一个或多个核心层节点,以 C/S 方式来实现扩展层节点与核心层节点之间的消息转发,其结构如图8-3 所示。

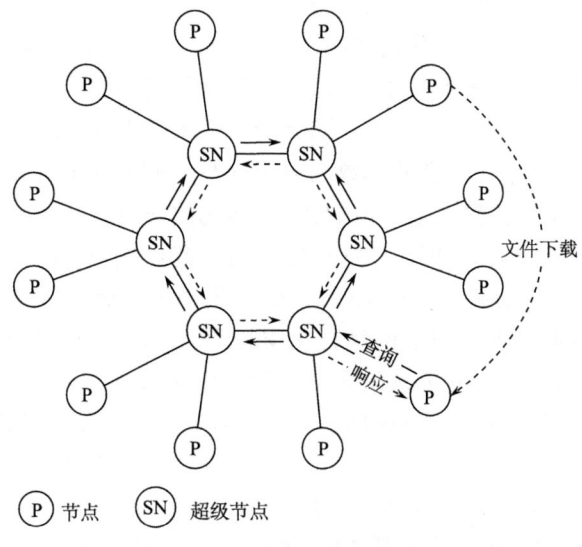

图 8-3　双层非结构化 P2P

KaZaA 和 Skype 是采用这种双层结构设计的两种商业化 P2P 软件。KaZaA 是为 Sharman Networks 所有的一种分散的 Internet P2P 文件共享程序,Skype 是 Skype 公司免费提供的全球语音和视频沟通软件,它们都是全球范围内十分流行的 P2P 软件,主要采用了洪泛和随机漫步(Random Walk)两种基本的路由方式。

(1) 洪泛

采用洪泛机制进行路由时,首先将查询信息发送到当前节点的所有相邻节点,如果某个相邻节点含有需要的资源,则返回一个请求命中信息到请求节点。当相邻节点中没有需要的资源时,各个节点将会把查询信息继续转发给各自的相邻节点。不难看出,这种方式通过多次相邻节点间的消息转发来实现查询消息在 P2P 中的迅速扩散,在未找到查询的资源之前,引发的查询消息通信数目会随着转发半径长度的增加而呈指数倍地增加,就像洪水在网络各个节点中流动一样,因此被形象地称为"Flooding",即"洪泛"。为防止查询请求陷入无限转发当中,往往需要设定一个跳数极限值来限制转发的半径,以减少网络带宽的占用、避免网络阻塞。这样当查询消息到达目的节点或者完成规定的跳数时就结束查询。

(2) 随机漫步

随机漫步可视为洪泛的一种优化,与洪泛中将查询消息路由到所有相邻节点不同,随机漫步中会随机挑选 K 个相邻节点,并将查询信息分别发送给这些节点。较之于洪泛方式,随机漫步的最大好处就是网络开销只随查询距离线性增加,而不是指数增加。

对非结构化 P2P 的改进措施虽然可以根据节点的综合性能确定其在系统中承担的

角色,这在一定程度上改善了系统负载均衡能力、提高了数据查询和搜索效率、增强了系统的抗风险能力,但在路由效率和可扩展性等方面仍然不能取得令人十分满意的效果。

3. 结构化 P2P

为克服非结构化 P2P 在查询和扩展性方面的缺陷,研究结构化的 P2P 便成了 P2P 发展的重要方向,其中一项主要研究成果是基于 DHT(Distributed Hash Table,分布式散列表)的结构化 P2P,或称为结构化覆盖网(Structured Overlay)。与非结构化 P2P 一样,数据对象的索引信息不采用任何集中式方式管理,但与其相比最大的不同之处是,它引入的 DHT 技术可以构建一种更加规则的覆盖网络,使得消息路由的效率更高。DHT 通过 Hash 函数确定系统中网络节点和共享数据索引信息的映射位置以及二者之间的对应关系。每个网络节点维护一张路由表,形成高度结构化的网络拓扑,这种网络结构可以提供准确的路由算法和查询机制,且能够灵活适应网络中节点的动态加入或退出,具有良好的可扩展性。同时,覆盖所有节点的 Hash 算法保证了资源分配的均匀性,使 P2P 具有较好的负载均衡特性。目前具有代表性的结构化 P2P 主要有 Chord、Pastry、CAN、Tapestry 和 Kadelima 等。下面以 Chord 为例阐述结构化 P2P 的搜索与路由实现方法。

Chord 是麻省理工学院(MIT)提出的一种分布式查询协议,它通过 Hash 函数为每个网络节点和数据对象分配 m 位的标识符,可分别记为 nodeID 和 objectID,所有网络节点按 Hash 映射后获得无重复的 nodeID,这些 nodeID 按大小排序,依顺时针放置在一个容量为 2^m 的 Chord 环上,环上的标识符从 0 到 2^m-1 排成一个圆。由于 m 通常足够大,因此两个节点(或数据对象)映射到同一个标识符的概率可以小到忽略不计。

标识符为 objectID 的数据对象分配到环上标识符等于 objectID(若不存在,则为顺时针方向紧随其后的 nodeID)的网络节点,该节点称为标识符为 objectID 的数据对象的后继节点,记为 successor(objectID)。如图 8-4 所示,Chord 环中共有 4 个网络节点(其他节点为虚节点),其标识符分别为 0、4、7、12,数据对象的标识符分别为 1、3、9、11。由于 successor(1)=successor(3)=4,objectID 为 1 和 3 的数据对象被分配到标识符为 4 的网络节点上,successor(9)=successor(11)=12,objectID 为 9 和 11 的数据对象被分配到标识符为 12 的网络节点上。由于 Hash 函数可以保证所生成的标识符是均匀分布的,这可使得每个节点存储数量大致相等的数据对象,从而实现负载均衡。

每个网络节点 P 维护一条索引信息指向其后继节点,即 Chord 环上紧随其后的第一个网络节点,用 $P.successor$ 表示,索引信息通常包括该节点的 nodeID 和 IP 地址及端口号等信息。这里需要注意网络节点的后继节点与数据对象的后继节点在表现形式和定义上的区别。

网络节点还维护一条链接指向其后继节点,可根据该链接信息沿着 Chord 环实现路由定位。为提高路由定位效率,每个节点还需维护更多有关其他节点的索引信息来辅助路由定位。

Chord 环中的每个节点维护一张大小为 m 的路由表(也称为指向表,finger table),每个表项指向一个节点,标识符为 k 的节点的路由表中第 i 项指向的是标识符为 $s=\text{success}((k+2^{i-1}) \bmod 2^m)(1 \leqslant i \leqslant m)$ 的节点;若为虚节点,则自动推后。即 s 是在 Chord 环上顺时针方向到 k 的距离至少为 2^{i-1} 的第一个节点,称为节点 k 的第 i 个指针,如图 8-4 所示,节点 0 的路由表中四项分别指向节点 4、4、7、12。上述路由表的设计具有两个特点:①每

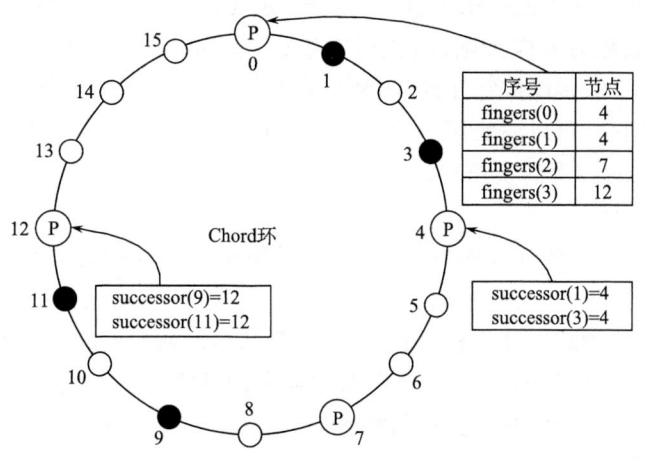

图 8-4　Chord 环示意图

个节点维护部分其他节点的索引信息,并且离它越近的节点所知的越多;②每个节点只维护 $O(\log N)$ 的路由表项,使得通常不能从当前路由表中直接找到一个数据对象的维护节点。为了确定数据对象的后继节点,查询节点需要在自己的路由表中找到一个最靠近该后继节点的节点;收到查询请求的节点如果发现自己维护了该数据对象,则可以直接响应该查询节点,否则继续转发该请求到自己的路由表中一个最靠近的节点;上述查询过程一直持续到请求被转发到目标节点。

从上述路由表的设计和查询算法可以看出,查询过程实际就是折半查找的过程,在一个有 N 个网络节点的 Chord 中,查询操作所需的转发跳数为 $O(\log N)$。

基于 DHT 的 P2P 实现了完全对等的节点关系,在系统查找上具有效率高和扩展能力强的特点。但是,也存在如下几点缺陷:

1) 结构化 P2P 主要以网络跳数(Hop Count)来评价系统的效率,而作为一种应用层网络,P2P 与底层物理网络之间有不一致性,因此跳数并不能真实、准确地反映系统的整体效率,还需要考虑到节点之间的网络延迟。

2) 实现 DHT 算法的前提是假设加入网络的所有节点都是可信任的。在开放网络中,恶意节点很容易加入到 P2P 中,从而对系统造成攻击。一般恶意节点可能会对系统的查询路由进行攻击,将查询请求恶意地传递给不存在的节点,造成路由失败;或者修改路由表信息,导致查询状态不一致,进而影响系统的查询。

3) 数据对象经 DHT 算法映射后生成的键值导致数据语义信息的丢失,同时现有的 DHT 仅能对一维数据提供高效的精准查询。

8.2.2　P2P 的应用

1. 常见的 P2P 应用

(1) 文件共享

传统的 C/S(B/S)模式一般采用服务器上传、用户下载的模式来实现文件的共享。

这种文件共享方式给服务器带来了沉重的负载,也使得共享服务质量受到网络带宽、通信状况和服务器负载能力的极大限制,执行效率相对较低,且系统维护成本也较高。采用 P2P 模式来共享文档、多媒体等文件,巧妙地将存储任务分散到多个网络节点上,并支持用户之间的直接通信,可以满足用户对文件共享的需求、扩大文件共享范围和共享的数据量,直接推动了 P2P 技术的快速进展。

(2) 分布式计算

如何将网络上闲置的计算能力利用起来,是网格计算的重要研究内容,也是 P2P 计算的重要应用形式之一。P2P 实现了对等节点的直接通信,可整合各个对等节点的计算能力,构建一台虚拟的超级计算机,用于复杂计算和海量数据处理。这种分布式计算模式能够为天文模拟、天气预测、生物计算等提供强大的计算能力。目前已经出现很多利用 P2P 技术实现分布式计算的成功应用,如 SETI@Home、Distributed.net 等。

(3) 协同作业

随着现代企业规模的扩大,企业的分支机构日益分散,企业内部的相互交流和协作就显得十分重要和迫切,基于网络的协同作业应用应运而生,由于这种作业方式需要消耗大量的网络带宽,如果采用 B/S 或 C/S 模式,将给服务器带来巨大的负担。采用 P2P 模式将协作任务分配到多个节点上,是解决多台计算机协同作业的现实可行技术,并已在网络协同作业中得到了应用。Groove 就是一个采用 P2P 技术解决企业级协同作业的软件平台,该平台能够很好地支持使用者之间进行交互、协作并提供客户服务。

(4) 即时通信

P2P 在即时通信领域是一种非常重要的实现技术。目前十分流行的即时通信软件如 QQ、Skype 和 MSN 等,均采用了 P2P 技术。P2P 技术支持两台计算机之间的直接通信,包括视频、音频、图像、图形和文字等方式,较之 E-mail 通信方式,具有便捷、实时、交互性强的特点,因此在网络应用中受到广泛关注。

(5) 信息检索

P2P 的搜索技术不受文档格式和宿主设备的限制,能够在广域范围内实现深度的文档搜索。与传统的搜索技术相比,P2P 能够在短时间内将搜索请求转发到更广的网络范围,搜索范围甚至包括了网络上所有开放的信息资源。目前有很多搜索引擎公司正将目标瞄准 P2P 技术,这表明 P2P 技术在信息检索上有巨大潜力。

(6) 流媒体传输

传统的多媒体系统大多采用 C/S 结构,存在着扩展性差、服务器单点瓶颈等缺陷,而引入 P2P 技术能够有效地解决以上问题。目前,针对 P2P 流媒体服务的研究在学术界和商业应用领域都得到了极大重视,并有许多成熟的 P2P 流媒体应用典范,如 PeerCast、PPLive,以及 PPStream 等。

2. 分布式存储应用

P2P 技术支持数据资源的分布式存储。在 P2P 中,存在着大量的对等节点,节点可以随时加入或退出系统,使得系统具有良好的扩展性和自治性。P2P 技术的发展,尤其是结构化 P2P 技术的出现,使得构建面向 Internet 的大规模分布式存储系统成为可能。目前,已经出现了许多利用 P2P 技术构建的广域存储系统,如麻省理工学院的 CFS(Cooperative File System,协作式文件系统)、加州大学伯克利分校的 OceanStore、微软的

PAST 以及清华大学的 Granary 等。

（1）基于 P2P 技术的广域存储系统

1）CFS

CFS 是麻省理工学院开发的一个文件系统，采用 Chord 协议实现数据的存储和定位。存储系统的所有节点通过 Chord 协议组成一个虚拟的环状结构，并将数据复制多份（假设为 K 份），分别存储在数据源节点的 K 个后继节点上。

2）OceanStore

OceanStore 是加州大学伯克利分校所开发的一个持久数据存储项目，目标是提供全球范围的、支持海量存储以及各种计算终端的广域存储系统。OceanStore 采用了基于 Tapestry 协议的存储和定位算法，保证用户能够访问到离自己最近的数据副本。OceanStore 通过服务器组 pool 协同提供服务，并利用数据副本和用户端加密技术提供数据安全保证。

3）PAST

PAST 是由微软公司开发的广域存储系统，采用 Pastry 协议实现路由和定位，是一种可扩展的、完全自组织的持久存储系统。该系统使用了匿名的中间媒介，增强了系统的安全性，并通过智能卡实现对节点的有效控制。

4）Granary

Granary 是由清华大学开发的广域存储系统，实现了基于对象的存储和访问。该系统采用专门的结构化覆盖网路由协议 Tourist，以 PeerWindow 为节点信息收集算法。Granary 能够自适应地支持高动态系统，并通过完全冗余的副本策略来保障数据的可用性。

（2）P2P 存储系统分析

1）P2P 存储系统的基本特点

P2P 存储系统是一种典型的分布式存储系统，适合于解决分布式环境下的数据资源存储管理问题。与传统的存储系统相比，P2P 存储系统具有良好的扩展性，能够弹性地实现系统规模的伸缩。由于各个节点之间的功能对等，有效避免了存储系统的单点失效，提高了系统的容错能力。通过充分利用各个节点的带宽和性能，P2P 存储系统的总体成本比传统的存储系统要低，而传输速率则得到了极大提高。

2）P2P 存储系统面临的主要问题

P2P 的侧重点在于系统的扩展性和可用性，相对来说，安全性面临着较多的威胁。一方面，P2P 存储系统构建在开放式的网络环境中，传输信息有被第三方窃取的危险；另一方面，在数据传输过程中，信息有可能丢失或顺序被打乱而导致数据的不可用。因此，在 P2P 存储领域，数据传输的安全性是重要的研究方向。系统需要通过数据加密、节点认证等方式来增强数据传输的安全性。

由于 P2P 存储系统中的节点随时有可能退出系统，这些节点上的数据将变得不可用。为了实现数据的持久存储、避免节点动态变化带来的数据丢失，P2P 存储系统多采用数据副本（数据冗余）机制来保障数据的可用性。此外，错误检测也是维护数据存储持久性的重要技术，在 P2P 领域中主要通过定期心跳和失效广播来发现节点错误并通知网络中的其他节点。

§8.3 P2P GIS 概述

传统网络 GIS 的客户/服务器模式虽然在 OGC 的相关规范中被扩展成分布式的服务器(多服务器)节点网络,每个服务器节点均提供明确的服务,如目录服务、网络要素服务(WFS)、网络覆盖服务(WCS)、网络制图服务(WMS)等,但本质上仍然是依赖于重量级服务器和轻量级客户端的分工与协作。

随着空间数据应用范围的日益广泛,越来越多与地理空间信息相关的决策应用需要大量相关成员的紧密协作,而现有的多数 GIS 不仅所有操作都需要借助于集中式的服务器来实现,而且很难支持多用户的应用模式,因此需要一种更加灵活有效的、适合多用户协作的 GIS 实现框架。P2P 技术近年来在各领域的成功应用所表现出的诸多优点(如可扩展性、无单点失效、健壮性、自治性等),使得以其作为设计和实现 GIS 体系结构的一种新方式成为可能,具有广阔的应用前景。基于 P2P 技术的 GIS(P2P GIS)无需集中式服务器的介入即可直接、有效地共享各类资源,实现 GIS 的各种功能,并且支持多用户访问,因而可以提高系统的运行效率。近年来陆续出现的 Toucan Navigate、OPUS、SAND 等就是利用 P2P 来构建网络 GIS 的应用系统。

1. P2P GIS 的基本概念

从应用情况看,由于 P2P 中计算节点的自治性,对于各种网络状况的变化(如节点加入或退出、特定阶段对部分热点数据的大量查询导致的大网络流量等),系统能快速地进行自适应调整。而且,由于计算节点在时间和空间上都采取一种比较松散的组织方式,使得整个系统的构建可根据数据、功能、性能、服务质量等方面的需要灵活扩展,将极大地降低系统的建设成本和应用准入门槛。

奥地利学者 Alenka Krek 等对 P2P GIS 给出了如下定义:

P2P GIS 是由大量互连、异构、对等的计算节点构建的分布式 P2P 系统,为了有利于各自所管理的分布式地理数据资源的共享,这些节点能根据网络上当前可用的节点来动态适应覆盖网络的拓扑变化,并且每个节点能根据需要承担不同的角色。经过对一些 P2P GIS 应用实例的总结和分析,他们认为 P2P GIS 的最本质特征就是利用 P2P 技术在大量的计算节点间部署广域分布式的 GIS 应用,以一种更加有效的方式灵活组织节点来提供各种 GIS 服务。

2. P2P GIS 的特点

与传统的基于 C/S 和 B/S 方式实现的 GIS 相比,P2P GIS 具有如下特点:

(1) 网络带宽的高效使用

网络 GIS 具有数据密集型特点,网络带宽是一种十分宝贵的资源。传统网络 GIS 应用中的主要带宽资源都由服务器提供,而 P2P 中的所有资源甚至服务都分散在系统的所有节点中,使得数据的传输以及应用服务的实现都直接在节点之间进行,而无需其他任何中间环节和服务器的参与,避免了可能出现的带宽瓶颈问题,从而降低了系统的数据分发成本。

(2) 良好的可扩展性

在网络环境中部署 GIS 应用和服务的一个显著特点,即随着应用范围的不断扩大,用户数目和数据规模都在不断增大,通常需要采取升级硬件和网络设施的方式来适应这种发展变化。在 P2P GIS 中,随着用户数目和数据规模的增大,系统整体的资源和服务能力也在同步扩充,而且理论上 P2P GIS 的计算能力和存储能力可以无限扩展,不会出现单点失效和系统瓶颈问题。

(3) 系统负载均衡

由于 GIS 功能应用和服务不再只是由少量的服务器提供,而是由系统中大量的普通节点来实现,每个节点可根据需要灵活地选择在应用中是服务器还是客户机,与传统的 C/S(B/S)结构中的服务器相比,极大地降低了对节点的负载需求;同时,因资源分布在多个节点,故可实现良好的负载均衡效果。

(4) 有效支持多用户应用

传统的分布式 GIS 不能支持多用户的应用模式,多个用户成员之间无法感知彼此的各种动态行为,难以有效进行科学决策,而 P2P GIS 却能方便地实现并发访问和多用户的协同作业。

3. P2P GIS 的发展趋势

P2P GIS 是一个全新的研究领域,Alenka Krek 等认为在今后一段时间内 P2P GIS 需要重点关注以下几个问题。

(1) 地理信息交换基础结构

通常地理空间数据都是以不同的格式分布式存储的,这将导致空间数据的交换变得困难。鉴于缺乏合适的基础结构、空间元数据及其描述,而现有的 P2P 并不能有效处理地理参考数据的交换,需要引入一些新的概念,如基于定性空间参考模型的强互操作空间元数据以及表示地理名称的合适结构。由于地理空间数据的应用日益广泛,Thomas Vögele 等也认识到这一问题的重要性,提出使用 P2P 的方式,同时利用空间数据语义集成和信息检索相结合的方法来解决 P2P 处理地理信息交换效率不高的问题。

(2) P2P GIS 体系结构设计

P2P GIS 体系结构的一个重要方面是构建一种科学合理的分层框架,并确定每一层中节点角色的划分以及角色动态改变的转换方式。合理的结构设计就是通过设计合适、灵活可重调整的支撑底层来支持地理信息交换、检索和存储,并降低各参与节点之间进行直接交互时的难度。

(3) 计算节点间的任务和数据分布

由于 GIS 数据和任务的分布在时间和空间上的不均衡性,在 P2P 节点间的任务和数据空间的分布是一个很重要的问题,需要避免出现特定阶段部分节点上的负载不均甚至因超载引起的服务不可用问题。

单纯依靠 P2P 技术是无法有效解决上述问题的,需要借鉴其他技术在解决相关问题上的成功经验。例如,在 §8.1 中通过对 P2P 与网格的比较和分析中可以看出,多种技术的融合将是 P2P GIS 的主要发展方向。

§8.4　P2P 与空间数据查询

空间数据查询是网络 GIS 的基本功能之一,在网络环境下,由于受到网络带宽、空间数据的地理分布、空间数据库规模以及查询条件的复杂程度等多种因素的制约,空间查询效率往往难以得到保证。本节重点阐述利用 P2P 技术辅助解决空间数据查询问题,以提高查询效率。这也是近年来的一个热门研究领域。

集中式 P2P 中的目录服务器使其本质上仍然存在 C/S(B/S)模式的一些缺点,如单点失效、可扩展性差、高并发访问时的性能瓶颈、硬件投资成本高等;而非结构化 P2P 虽然具有拓扑结构简单、容错性好的优点,但整个网络的无结构化使其在路由效率方面难以取得较好的效果。结构化 P2P 则不存在上述缺点,它所具有的良好的可扩展性、较高的数据查询效率、强大的容错能力等优点使其比较适合作为信息系统的基础架构。同时,P2P 所固有的可扩展性使系统的计算能力和存储容量都可以随着网络节点的加入而不断提高,尤其适合网络 GIS 这种计算密集型和数据密集型的应用。

当前结构化 P2P 在空间数据应用中面临的一个最大问题是一些经典的结构化 P2P 协议不能有效支持空间数据查询。针对这一问题,已经开展了大量的相关研究工作,已有的解决方法可分为两类:一是在现有的结构化对等网络协议基础上进行部分优化设计,以便能有效支持空间数据操作;二是设计一种适合于空间数据查询特点的结构化对等网络模型。

8.4.1 空间索引

作为一种辅助性的空间数据结构,空间索引介于空间数据操作算法和空间对象之间,通过筛选来排除大量与特定空间操作无关的空间对象,从而提高空间数据操作的速度和效率。由于空间查询所处理对象的数据类型复杂,整个操作过程需要涉及大量的复杂计算,因此如果能预先过滤掉大部分无关的操作对象,那么将极大地提高空间数据的访问速度,所以空间索引的合理与否会直接影响应用系统的整体性能。

常用的空间数据索引方法可分为两大类。

(1) 基于空间目标排序的索引方法

由于现有的通用数据索引方法已经能高效地支持一维索引,提供对一维数据的快速查询,因此如果多维的空间数据对象能被映射后降低成一维数据,则可以直接利用一维索引方法。这类空间索引方法的基本思想是将空间对象映射到一维空间,以便空间对象的相关信息存储在标准的一维索引中。影响这类方法性能的关键在于映射后的一维对象必须较好地保持多维空间目标间的邻近关系,这样才能提高空间查询效率。

基于空间目标排序的索引方法有很多,最常见的有 Hilbert 空间填充曲线、Z-排序、peano 曲线等。以 Hilbert 空间填充曲线为例可非常容易地理解这类方法的基本原理,其具体实现算法(Faloutsos Christos,1989)如下:

① 读入 x 和 y 坐标的 n 比特二进制表示;

② 隔行扫描二进制比特到一个字符串;

③ 将字符串自左至右分成 2 比特长的串 s_i,其中 $i=1,\cdots,n$;

④ 规定每个 2 比特长的串的十进制值 d_i,例如 00、01、10、11 分别等于 0、1、3、2;

⑤ 对于数组中的每个数字 j,若 $j=0$,则把后面数组中出现的所有 1(或 3)变为 3(或 1);若 $j=3$,则把后面数组中出现的所有 0(或 2)变为 2(或 0);

⑥ 将数组中每个数字转换成二进制表示,自左至右连接所有的串,并计算整串的十进制值。

图 8-5 为使用以上实现算法获得的 Hilbert 空间填充曲线示意图,它利用一个线性序列来填充分布空间,实现二维分布空间映射成一维后仍能保持空间数据的空间邻近等特性,例如,左侧图中标号为 12(x 坐标:11,y 坐标:01)的单元格按上述算法执行后,各步的计算结果如右侧图所示。

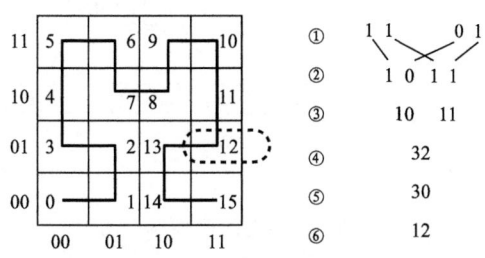

图 8-5　Hilbert 空间填充曲线示意图

由于空间数据的多维性,无法设计一个映射函数将空间数据对象从多维空间映射到一维空间后,使得任何两个在原有多维空间中邻近的对象在一维空间中仍邻近;另外,这类方法只能直接作用于点类型的空间数据对象。因此,基于空间目标排序的索引方法不仅对空间数据对象的索引效率不高,而且空间数据类型的适用范围有限,需要设计专门的外部空间索引结构来适应空间数据对象的多维特性。

(2) 基于空间包含关系的索引方法

这类方法通常按照空间数据的空间包含关系,以树型组织结构将多维的索引空间划分成多级子空间,然后对属于这些子空间的空间对象分别存储在对应的磁盘页或数据桶中。从空间索引方法发展的历程来看,基于空间包含关系的空间索引方法尤其是 R 树及其变体已成为空间索引的主流方式,它在整个空间索引方法的发展过程中占有非常重要的地位。

R 树是最早支持扩展对象存取的索引方法之一,由 Guttman 在 1984 年提出。R 树是一棵高度平衡树,是 B 树在 K 维空间上的自然扩展,它根据空间实体对象的 MBR (Minimum Bounding Rectangle,最小外接矩形)建立,可直接对空间中占据一定范围的对象进行索引。图 8-6 为 R 树的结构示意图。

R 树空间索引具有以下特征:

1) 每个叶节点包含 m 至 M 条索引记录(其中 $m \leqslant M/2$,设定下限 m 的目的是为了确保存储空间的利用率,上限 M 的存在则是因为磁盘页面空间的大小有限),除非它是根节点;

2) 一个叶节点上的每条索引的记录形式为(I,元组标识符),这里 I 为元组的 MBR (Minimum Boundary Rectangle,最小边界矩形),即在空间上包含了所指元组表达的 K 维数据对象,用 $I = (I_0, \cdots, I_{K-1})$ 表示,其中 $I_i(0 \leqslant i \leqslant K-1)$ 为元组沿方向 i 的一个闭合区间 $[a, b]$。若是不定区间,则 a 和 b 可用无穷大表示;元组标识符是数据库中存储对应于 MBR 的对象的元组惟一标识符;

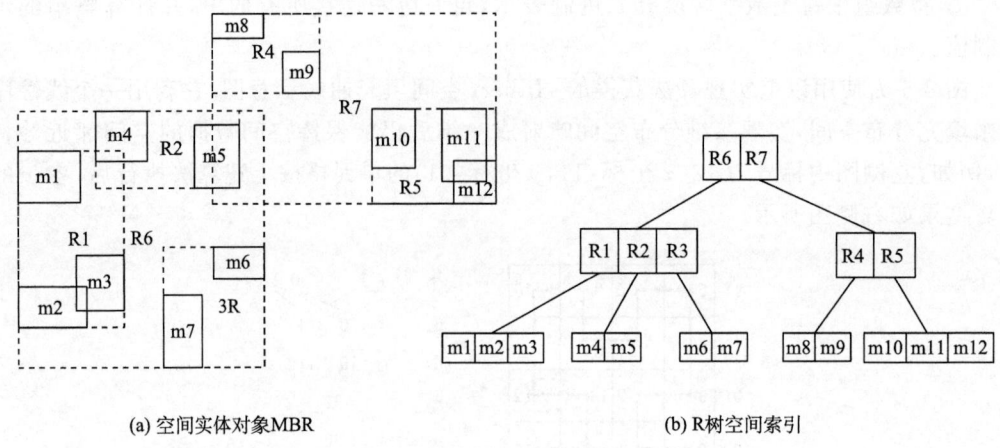

(a) 空间实体对象MBR　　　　　　　　　(b) R树空间索引

图 8-6　二维空间 R 树示意图

3）每个非叶节点都有 m 至 M 个子节点,除非它是根节点;

4）一个非叶节点上的每条索引记录形式为(I,子节点指针),此处的 I 为在空间上包含该节点的所有子节点中矩形的 MBR;

5）根节点至少有两个子节点,除非它是叶节点;

6）所有叶节点出现在同一层;

7）所有 MBR 的边与一个全局坐标系的轴平行;

8）所有节点都需要同样的存储空间(通常为一个磁盘页)。

R 树是一棵完全动态的平衡树,插入、删除、查询可以交叉进行,不需要定期进行全局结构重组,目前已经有许多商用的数据库管理系统和原型系统将 R 树及其变种形式作为存取空间数据的方法,如 Informix、Oracle Spatial、Paradise、PostgresSQL 等。

8.4.2　基于结构化 P2P 的优化设计方法

现有的通用结构化 P2P 不能有效支持空间数据查询的原因主要在于:

1）空间数据的多维性使得数据对象之间没有天然的顺序关系,而现有网络结构大多是基于一维命名空间来设计的,通常一维数据对象之间都存在顺序关系;

2）通常使用的 DHT 映射破坏了数据的空间语义信息,而空间数据查询通常需要保留这一信息;

3）现有方法大多只考虑到一维精确查询的应用,而对其他类型的查询较少考虑。

已有一些研究工作针对上述原因对现有方法进行优化改进,以支持空间数据应用,典型的有以下研究工作。

1. SCRAP 方法

斯坦福大学的 Ganesan Prasanna 等提出的 SCRAP 方法针对空间数据的多维特性,使用两步方式对空间数据进行降维映射处理:

1）使用一种基于空间目标排序的空间索引方法(如 Hilbert 空间填充曲线或 Z-排序),将多维空间数据映射为一维;

2) 将映射后的一维数据在 P2P 的动态节点集上按范围划分,如每个网络节点管理一个连续范围内的一维码值数据。

这种简单直接的方法关注到了空间数据本身的多维性,但对空间数据应用中查询的特点未予以足够重视,因此不能有效处理如空间范围查询这样常见的空间数据查询。同时,这种方法仍然承袭了基于空间目标排序的空间索引方法的缺点:

1) 映射后的空间对象邻近性保持效果不佳;
2) 仅对点类型空间对象有效。

2. pSearch 方法

现有结构化网络大多是一维拓扑结构的,但也有多维结构的,最典型的就是 CAN,但因该模型使用 Hash 函数映射关键字的方式极易破坏数据对象的语义性,因而无法有效支持多维范围查询。一种直接的解决方法就是不使用 Hash 函数而直接根据数据对象在多维空间的语义信息来确定其映射位置,但引出的新问题是:由于空间数据的分布通常是不均匀的,这种方式会导致数据分布密集区域的索引管理节点的负载较高,造成负载不均衡。

罗彻斯特大学的 Tang Chunqian 和 HP 实验室的 Xu Zhichen 等在 SIGCOMM 2003 上提出的 pSearch 方法,针对这一问题所提出的解决方法是:对系统中当前一些数据对象的语义关键字进行抽样,以获得系统中数据对象的区域分布信息,新加入到系统中的节点不是随机选择一个位置,而是根据抽样获得的数据对象区域分布信息将节点分配到数据对象分布较密集的区域。这种方法在一定程度上能缓解上述负载不均的问题,但是由于以下三点原因仍不能根除负载不均现象:

1) 抽样方式很难准确、真实地获得系统中数据对象的区域分布信息。样本量太大将带来较重的系统通信负载,样本量太小则不能真实反映关键字的分布;
2) 由于 P2P 的动态特征,数据分布是动态变化的,却缺少相应的节点位置调整策略来适应存储负载的动态变化;
3) 数据分布不均只是引起负载不均的原因之一,动态查询的不均也会引起这一问题,而上述方法没能考虑到查询负载的动态变化特点。

3. P2P R 树方法

东京大学的 Anirban Mondal 等提出的 P2P R 树方法是一种基于空间划分的方式,采用一种全局已知的静态方法将数据分布空间划分为块(Block),随后再将块静态划分为组(Group),组再结合数据分布的需要被动态划分为一级或多级分组(Subgroup),分组可以根据数据的变化动态调整,最后将如上的层次化结构按照 R 树的形式进行组织并分布到对等网络节点上。

上述静态划分的方法可避免将查询处理集中在靠近根的两层节点上,这种方式与澳大利亚墨尔本大学的 Egemen Tanin 等提出的一种将查询请求执行节点的层级控制在一个设定范围的方法类似,有助于改善系统的负载均衡。但这种静态方法也有弊端,它限制了系统对数据分布和查询等变化的动态适应性;另外,由于不能保证树结构的平衡,因此查询效率也无法得到保证。

从以上几个代表性的研究工作中可以看出,基于现有的结构化对等网络优化的实现方式取得了一定进展,但效果仍有待提高,还存在不少问题。这主要是由于为了兼顾原有的拓扑结构,往往针对多维查询的某个方面进行优化,这就限制了拓扑结构与数据分布之间的协作,并且还继承了原有方式的一些固有缺陷。因此,需要针对空间数据及其查询特点来设计覆盖网络的拓扑结构和路由方式,将覆盖网络结构与分布式空间索引结合起来,设计一种适合于空间数据及其应用特点的结构化对等网络模型。

8.4.3 面向空间数据查询的结构化 P2P 设计

针对空间数据查询而设计的结构化 P2P 通常有两种方法实现空间索引,一是采用树型组织方法来实现,如 VBI-Tree、DPTree、DHR-Trees 等,其中最具代表性的就是新加坡国立大学 Ooi Beng Chin 教授领导的研究小组提出的 VBI-Tree(Virtual Binary Index Tree,虚拟二叉索引树);另一种方法是跳出利用树型结构索引来支持空间数据查询的思维模式,针对空间数据的分布性和查询特征并结合结构化 P2P 的设计特点,设计一种适合空间数据应用的节点分布和路由表项设计规则,这类方法中最新的典型研究成果是雅典国立科技大学知识和数据库系统实验室几位学者提出的 Spatial P2P 方法。

1. VBI-Tree

VBI-Tree 是基于一个虚拟平衡二叉树结构的覆盖网络通用框架,可用来支持任何基于空间包含关系设计的层次化树结构,如 R 树、M 树、X 树、SS 树以及它们的变体。

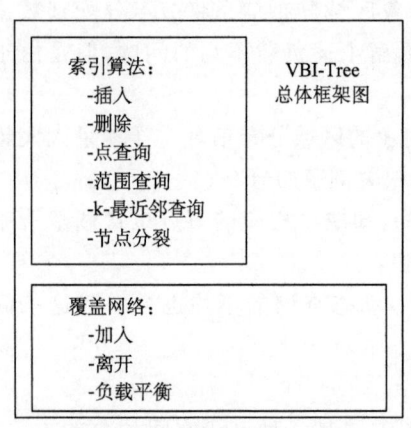

图 8-7 VBI-Tree 总体框架图

如图 8-7 所示,该框架由两部分组成:首先是对该研究小组前期提出的 BATON(BAlanced Tree Overlay Network,平衡树覆盖网络)方法改进的基于平衡二叉树概念支持多维数据索引的覆盖网络,主要涉及网络节点的动态加入和离开以及相应的负载平衡处理等。需要指出的是,这里的二叉树是虚拟的,每个对等网络节点并不是物理上按照树结构进行组织的,而是逻辑概念上的,每个对等网络节点管理二叉树中序遍历上的一对相邻节点:一个叶节点和一个内部节点;其次是定义了多维索引的抽象方法,包括数据对象的插入、删除等动态变化和点查询、范围查询、kNN 查询等各类空间查询算法以及树节点扇出超限后的节点分裂算法。

VBI-Tree 节点分为两类:数据节点(或叶节点)和路由节点(或内部节点),前者存储数据对象的实际索引信息,而后者维护前者的有关路由信息。每个节点用层次和该层从左至右自 0 开始计数的编号来表示,即使该位置节点不存在,编号仍然保留,如根节点的层次为 0,编号为 0。层次和编号这两个参数不仅可直接标识一个节点在二叉树中的位置,还可用来确定任意节点对之间的关系,例如可通过这两个参数来判定两个节点是否具有父子关系。VBI-Tree 的结构如图 8-8 所示。

VBI-Tree 中每个路由节点维护以下索引信息:
① 父节点;
② 左、右子节点;
③ 左、右邻居节点;

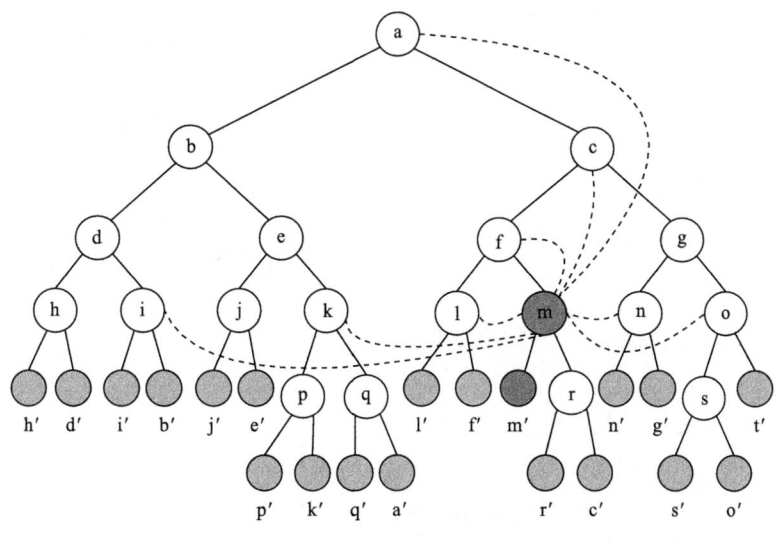

图 8-8　VBI-Tree 结构图

④ 祖先表。记录路由节点的每个祖先节点的覆盖区域信息,而不记录节点信息;

⑤ 左、右子树的高度;

⑥ 双侧路由表。路由表中的记录项包括所有邻近节点信息,不包括邻居节点的覆盖区域(即为节点所维护的索引项的空间范围,通常用 MBR 表示)信息。

这里对邻居节点和双侧路由表中邻近节点的定义作简要说明:使用中序遍历对树节点构建一个线性序列,该序列中某节点前的节点称为其左邻居节点,之后的称为右邻居节点,例如图中的中序遍历顺序为 h′→h→d′→d→i′→i→b′→b→j′→j→e′→e→p′→p→k′→k→q′→q→a′→a→l′→l→f′→f→m′→m→r′→r→c′→c→n′→n→g′→g→s′→s→o′→o→t′,因此节点 m 的左右邻居节点分别为 m′和 r;双侧路由表中的左(右)邻近节点是指同层中编号小于(大于)该节点编号的 2 的递增次幂的节点,例如编号为 N 的节点的左侧路由表中第 i 个元素的链接就是指向同层中编号为 $N-2^{i-1}$ 的节点。同理,右侧路由表的相应链接为 $N+2^{i-1}$。如果对应位置的节点不存在,那么路由表中仍然有这条记录,标记为 Null。图 8-9 所示为路由节点 m 和数据节点 m′所维护的索引信息示意图。

网络中的每个计算节点都指定一对 VBI-Tree 节点:一个数据节点和一个路由节点,而且在中序遍历中数据节点是路由节点的左邻居,这里的惟一例外就是保存最右边数据节点的对等节点中没有路由节点(如图 8-8 中的节点 t′)。由于每个对等节点都维护了一个路由节点和一个数据节点,因此查询请求可根据路由节点中维护的索引信息进行转发,为节省空间和维护代价,数据节点无需维护双侧路由表和祖先表;另外,数据节点没有子节点,因此也就无需子节点和子树的高度等信息。维护最右侧数据节点的特殊节点(只有该节点没有对应的路由节点)总是将请求转发给父节点进行处理。

利用覆盖网络的基本结构以及节点的路由表项可以构建一个通用多维索引,基本思想是将多维空间按空间区域划分后分配到每个数据节点,每个内部节点分配一个覆盖其所有子女节点维护区域的区域,这里遵循常用的基于空间包含关系的集中式层次化空间索引方法中区域分配的基本规则。起初,根是惟一的数据节点,它覆盖了全部区域,当新

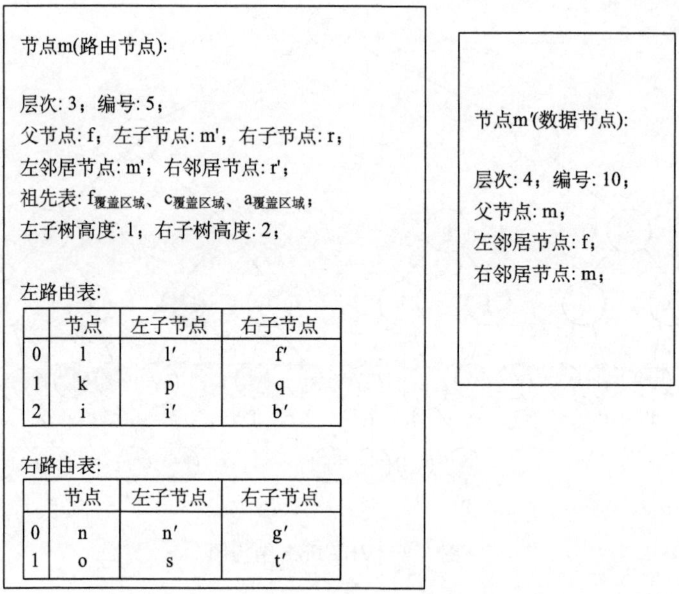

```
节点m(路由节点):

层次:3;编号:5;
父节点:f;左子节点:m';右子节点:r;
左邻居节点:m';右邻居节点:r';
祖先表:f覆盖区域、c覆盖区域、a覆盖区域;
左子树高度:1;右子树高度:2;

左路由表:
|   | 节点 | 左子节点 | 右子节点 |
|---|------|----------|----------|
| 0 | l    | l'       | f'       |
| 1 | k    | p        | q        |
| 2 | i    | i'       | b'       |

右路由表:
|   | 节点 | 左子节点 | 右子节点 |
|---|------|----------|----------|
| 0 | n    | n'       | g'       |
| 1 | o    | s        | t'       |
```

节点m'(数据节点):

层次:4;编号:10;
父节点:m;
左邻居节点:f;
右邻居节点:m;

图 8-9 VBI-Tree 节点结构

节点加入时,使用节点加入算法进行区域分裂;当一个节点离开时,则实施节点离开算法进行区域合并。有关节点失效、查询处理、负载均衡等相关算法的实现细节请参看相关原文。

VBI-Tree 实现了空间查询跳数的理论最优值:$O(\log N)$,这个数值是由 Kaashoek 等在 IPTPS 2003 上经过严密的数学推导后证得的,同时每个节点的度、路由表大小以及查询代价都很低。但该方法仍然在以下几个方面存在缺陷:

1) 没有考虑多维空间中的多维数据,该实验结果只是在点类型数据上取得的,因为线、面等多维数据会引起节点范围的重叠,这一特性会导致在 P2P 环境下查找出多条路径,必须对此进行优化;

2) 使用的是平衡二叉树,扇出(Fanout)数小使得树较高,即层数多,如果能加大扇出,不仅可减小树的高度,同时还有助于改善前面的覆盖范围重叠问题,从而更有利于降低查询的路由跳数;

3) 该方法使用的是类似平衡二叉树的旋转操作来进行网络重建并维护树结构平衡的方式,使得在上层节点的信息发生变化时的索引维护代价较高。

2. Spatial P2P

作为 R^+ 树空间索引方法的提出者,近年来 Timos Sellis 教授领导其所在的知识和数据库系统实验室在 P2P 空间数据管理方面进行了深入研究,最新的研究成果是在 2009 年第 2 期 *IEEE Transactions on Knowledge and Data Engineering* 上提出的 Spatial P2P 方法。

该方法深入分析了在 P2P 系统中空间数据应用的典型特征,总结了空间索引结构不同于非空间数据的两个典型需求:保持位置性和方向性。已有的方法大多只考虑到空间数据的位置邻近性。针对这一需求,首先使用一种基于初级格网(Basic Grid)的空间划分方式来定义网络节点和数据对象的编址体系,并且对格网的各方向进行排序,以同时保留空间数据的位置性和方向性,随后提出一个该编址空间中的距离计算公式来解决数据对象与网络节点之间的归属问题;接着考虑线或面等覆盖多个格网单元的应用情形(Areas in the Grid),修正原有的距离计算公式;最后在此基础上确定节点的路由表中所维护的索引信息项。不难看出,格网划分和距离计算的定义以及网络节点路由表设计,是该方法的核心内容。下面对这些内容进行介绍。

对于常见的二维空间数据,该方法使用 $x \times y$ 的格网对数据分布空间进行划分,每个格网单元可用其 x 和 y 坐标来标识。在格网划分中,点类型的数据对象可以直接根据其位置信息映射到相应的格网单元,而网络节点则可以使用类似 DHT 的方式映射到某个格网单元,从而数据对象和网络节点的标识符都统一到了同一个命名空间,使用一个二元组来表示,即 (x,y) 的二维坐标形式,这样可避免出现二维数据到一维的映射过程中通常存在的数据邻近性保持效果不好的问题。

对于两个格网单元 $C=(c_x,c_y)$ 和 $C'(c'_x,c'_y)$(这里 c_x 和 c_y 分别表示格网单元的横纵坐标,c'_x 与 c'_y 类似),在初级格网中它们之间的距离计算公式定义如下:

$$D(C,C') = (d_1, d_2) \tag{8-1}$$

其中,$d_1 = \max\{|c_x - c'_x|, |c_y - c'_y|\}$,$d_2 = \min\{|c_x - c'_x|, |c_y - c'_y|\}$

对于两个距离 $D(d_1,d_2)$ 和 $D'(d'_1,d'_2)$,它们之间的加法和大小比较的运算规则定义如下:

$$D + D' = (d_1 + d'_1, d_2 + d'_2) \tag{8-2}$$

$$D < D' \text{ 当且仅当 } d_1 < d'_1, \text{ 或 } d_1 = d'_1 \text{ 且 } d_2 < d'_2 \tag{8-3}$$

与大多数基于 DHT 的结构化网络类似,该方法中将数据对象交由距其最近的网络节点维护(按上述格网编址和距离计算方法)。如图 8-10 所示,这是一个 8×8 的格网,B 为某数据对象的映射位置,p 和 p' 为两个网络节点的映射位置,B 与 p 和 p' 之间的距离 $D(B,p)$ 和 $D(B,p')$ 均为 $(2,1)$,这种情况仅仅只依靠位置邻近规则无法确定数据对象的归属节点,而且不难看出,对于某个格网单元,在其邻域内通常存在 8 个距其位置相等的格网单元。因此,结合空间数据应用中保持数据方向性的需求,对每个位置的邻居区域按每 45°一个分组进行划分,并对分组自右下区域开始按顺时针方向依次编组进行编号,编号的大小表示方向的优先级别。图中所示,邻近 B 的 8 个分组区域分别用不同的颜色

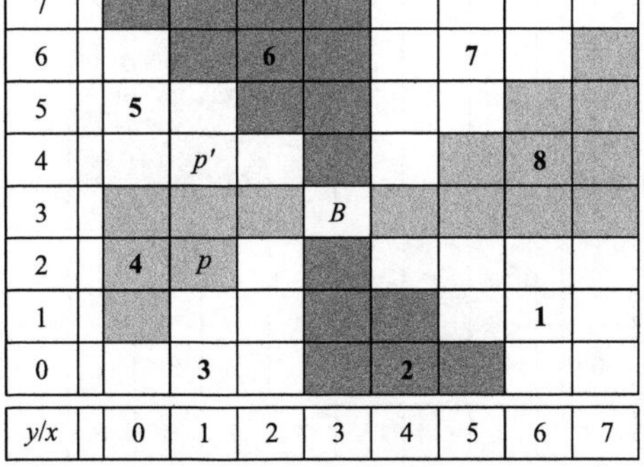

y/x	0	1	2	3	4	5	6	7
7								
6			6				7	
5	5							
4			p'				8	
3					B			
2		4	p					
1							1	
0			3			2		

图 8-10 格网单元划分

表示，p 位于分组 4，而 p' 位于分组 5，根据优先级别的定义，数据对象 B 交由网络节点 p 负责，从而解决前面提到的不确定性问题。

上述方法对于点类型的数据很容易解决，而对于线或面类型的数据，因覆盖了多个格网单元，故需映射为一个包含多个格网单元的区域，此时不能直接应用上述距离计算公式，需要进行相应的修正，以适应线或类型数据。对于格网空间中的一块区域 A，可用四元组(a_x, a_y, a'_x, a'_y)表示，其中(a_x, a_y)表示 A 中左下格网单元的地址，(a'_x, a'_y)表示 A 中右上格网单元的地址。定义如下两个参数：

区域 A 的大小为

$$\alpha(A) = \sqrt{(a'_x - a_x + 1)(a'_y - a_y + 1)} \tag{8-4}$$

区域 A 的中心位置

$$\kappa(A) = \left(\frac{a'_x + a_x}{2}, \frac{a'_y + a_y}{2}\right) \tag{8-5}$$

则对于两个区域 A 与 A' 之间的距离定义为

$$D_Z(A, A') = (d_1, d_2) \tag{8-6}$$

$$d_1 = 2 \cdot \frac{M_x + \theta |\alpha(A) - \alpha(A')|}{\alpha(A) + \alpha(A')}$$

其中，

$$d_2 = 2 \cdot \frac{M_y + \theta |\alpha(A) - \alpha(A')|}{\alpha(A) + \alpha(A')}$$

$$(M_x, M_y) = D(\kappa(A), \kappa(A'))$$

可以看出，区域格网中距离计算规则的定义同时考虑了两个区域的中心位置之间的距离以及它们的大小差值，并设定一个参数 θ 来调整大小差值在整个距离计算结果的权重分配。对于区域格网中两个距离之间的加法和大小比较的运算规则定义与初级格网中类似。

如图 8-11 所示，两个区域 $A(0, 1, 1, 2)$ 与 $A'(4, 4, 6, 6)$，当权重参数 $\theta = 5$ 时，依上述公式计算可得 $\alpha(A) = 2$，$\alpha(A') = 3$，$\kappa(A) = (1/2, 3/2)$，$\kappa(A') = (5, 5)$，$M_x = 9/2$，$M_y = 7/2$，则可得 $d_1 = 19/5$，$d_2 = 17/5$，即 $D_Z(A, A') = (19/5, 17/5)$。

与其他任何 P2P 协议类似，每个节点也需要维护一个路由表项来记录一些其他节点

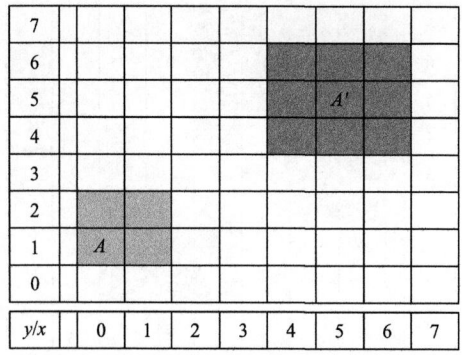

图 8-11 格网划分中的区域对象分布

的索引信息,本方法中路由表项中主要包括两类节点的信息:后继节点和索引节点。

后继节点有两个作用:确保网络的连接性和保持节点的位置性以及方向性。每个节点(假定映射为区域 A)需要维护 6 个后继节点,定义规则如下:

1) 前 4 个为大小[即 $\alpha(A)$]与本节点相等,分别位于四个象限(即图 8-10 中分组 1 和 2、3 和 4、5 和 6、7 和 8)中到本节点距离(即 D_z)最近的节点;

2) 后两个分别为大小[即 $\alpha(A)$]比本节点大和小的节点中距离最近的节点。

索引节点与 Chord 中指针节点的定义类似,其形式化定义为:对于每个节点 $p(p_x, p_y, p'_x, p'_y)$,其索引节点为 $q(q_x, q_y, q'_x, q'_y)$,则存在如下关系:

$$\alpha(q) = \alpha(p) \text{ 且 } \kappa(q) = \kappa(p) \pm (\alpha(p) \cdot 2^i, 0) \tag{8-7}$$

或

$$\alpha(q) = \alpha(p) \text{ 且 } \kappa(q) = \kappa(p) \pm (0, \alpha(p) \cdot 2^i) \tag{8-8}$$

或

$$\alpha(q) = \alpha(p) \text{ 且 } \kappa(q) = \kappa(p) \pm (2^i, 0) \tag{8-9}$$

或

$$\alpha(q) = \alpha(p) \text{ 且 } \kappa(q) = \kappa(p) \pm (0, 2^i) \tag{8-10}$$

或

$$\alpha(q) = \alpha(p) \pm 2^i \text{ 且 } \kappa(q) = \kappa(p) \tag{8-11}$$

其中,$i \geq 0$,若对应位置的节点不存在,则选择距离(按 D_z 计算)其最近的节点。

执行空间查询时,若目标区域正好存储在本地节点,则直接返回查询结果;如果目标区域与当前节点的路由表项中某节点对应,则将查询转发到该节点;否则就将查询转发到路由表项中距离目标区域最近的节点。

两种距离公式的定义符合度量空间的基本性质,即非负性、同一性、对称性、三角不等性。有关本方法中路由表信息、空间查询、节点加入及离开的维护等实现细节请参考相关文献(Verena Kantere,2009)。虽然 Spatial P2P 方法在查询效率、负载均衡和可扩展性等方面取得了不错的效果,但是该方法对节点异构性、数据分布的非均匀性等方面却未予以考虑。

§8.5 P2P GIS 结构与应用技术

空间数据地理分布和多源异构特点以及 GIS 应用服务的要求使得 P2P GIS 在提高空间数据存储效率、资源发现质量、网络传输速度、地理协同计算能力等方面可以充分发挥其优势,满足空间信息应用服务的多方面需求。

8.5.1 P2P GIS 应用架构

P2P GIS 改变了传统网络 GIS 单纯依赖集中式服务器(机群)提供服务的应用架构,将原来由服务器实现的部分功能扩展到分散在网络中的节点来完成。参照传统的分布式 GIS 结构,P2P GIS 的应用架构如图 8-12 所示。

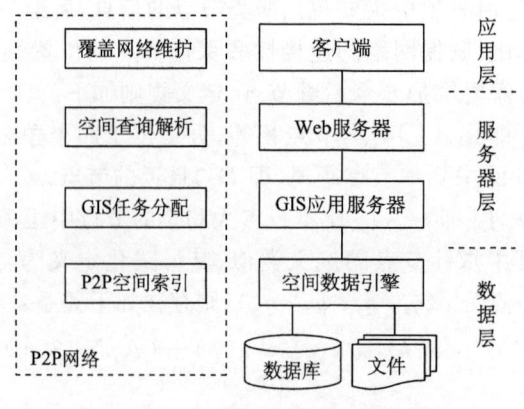

图 8-12　P2P GIS 应用架构

在全分布式的 P2P 网络中,每个网络节点既是服务器又是客户端,兼具空间数据及服务的消费者和提供者角色。由于空间数据具有海量特征,又包含着复杂的属性信息,如果采用全分布式的纯 P2P 网络来维护空间数据的索引及管理信息,则 GIS 的应用效率难以保证,因此,P2P GIS 一般都是将数据的存储、传输以及部分功能的应用以 P2P 方式来实现,而空间数据的索引及管理信息则分布在服务器集群或系统中部分较稳定的强节点上。这些性能较强的网络节点担当资源服务器的角色,每个资源服务器负责管理一部分普通 GIS 节点,并负责这些 GIS 节点资源的注册和发现。在 P2P GIS 网络中,GIS 服务器由分布在网络上的多个服务器网络节点共同组成,负责为用户提供多种空间信息服务和计算功能。GIS 服务器节点一般会和特定的一个或几个资源服务器之间建立联系,由资源服务器对 GIS 服务器节点中的资源信息进行管理。各个 GIS 服务器节点的功能可能大不相同,有的是负责进行空间计算的数据处理服务器,有的是以提供空间信息资源为主的数据存储服务器。除了 GIS 服务器节点和资源服务器节点,P2P GIS 网络中还包括 GIS 应用节点。资源服务器负责 GIS 应用节点及其资源的管理,并通过相互之间的通信实现整个 P2P GIS 的资源管理,GIS 应用节点通过资源服务器获得需要的资源信息,并实现相互之间的资源共享。GIS 服务器节点之间、资源服务器节点之间以及应用节点之间的关系,在 P2P 中是完全对等的。

由于将密集型的空间数据传输操作分散到整个网络中,P2P GIS 的应用架构突破了传统网络 GIS 的集中控制式体系结构,提高了服务器抵御风险的能力,能灵活适应 GIS 应用和管理的自治模式。同时由于各个节点的数据及功能部署差别较大,可以充分发挥这些不同节点的各自特性,实现相互之间的互补,还可以方便地利用多个 GIS 应用节点的不同资源为实现一些新的应用提供高效服务。

8.5.2　基于 P2P 的空间数据存储与发现

P2P GIS 是采用松散耦合的 GIS 网络应用模式,较好地适应了空间数据存储和管理的地理分布特性,有助于更好地利用存储在不同物理节点的空间数据。这种模式实际上满足了 P2P GIS 对空间数据分布式存储的基本要求——地理分布,而要解决 P2P GIS 的空间数据存储和高效管理及快速、准确查询的问题,还需要对空间数据作进一步的预处理,其中比较关键的是要按一定的策略将空间数据划分成多个逻辑集合,分别存储在不同的网络节点上。为了实现对海量空间数据有效、统一管理,需要结合空间索引和空间元数据目录服务技术来设计空间数据划分方法,以保证每个网络节点上所存储的空间数据在负载平衡、查询响应、存储代价等方面均取得较好的效果。通常可将空间数据按其覆盖区域进行分块,并为数据块建立空间索引,数据分块的尺寸(即数据粒度)根据实际需要而定,主要考虑磁盘存取效率和查询效率以及以后的内容扩展。通过构建分布式空间索引来实现空间数据的分布式存储是一个重要的研究思路,这种方法将空间索引扩展到 P2P 存储环境,并与 P2P 查询路由算法相结合,构建基于 P2P 的分布式空间索引,进而实现空间数据的分布式存储,能够更好地组织空间数据,以适应 P2P 网络的动态变化。

空间数据的分布式存储为实现高效管理带来的直接问题是查询和检索空间数据的难度增大。这是因为,虽然 P2P 技术(主要指结构化 P2P 技术)在数据定位方面具有效率高、定位精确的特点,适合于网络环境下大规模空间数据的发现与定位,但是由于结构化 P2P 技术采用的是基于 DHT 的定位和路由算法,较适合单属性空间数据资源的定位,而对于多属性空间数据的定位则有很大的局限性。图 8-13 是基于 P2P 的空间数据资源发现一般实现模式。

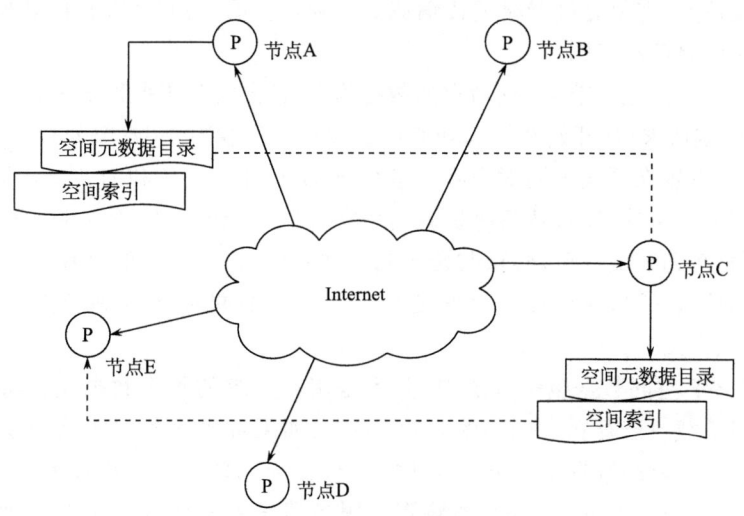

图 8-13 基于 P2P 的空间数据资源发现的一般模式

其中,节点 A 和节点 C 上均记录着分布式空间索引的一个子集,子集通过 DHT 算法分别映射、存储在这两个节点上,节点上还存储有查询其他空间索引子集的索引路由表,便于查询消息在不同节点之间进行快速路由。针对该空间索引子集所包含的空间数据,在数据节点上建立了对应的空间元数据目录,从而同时满足快速定位和多属性查询的需求。

空间数据应用中常需要实现诸如空间范围查询、空间关系查询等查询操作,这些复杂的查询很难通过 DHT 算法直接实现。因此,针对 GIS 应用特点设计适合于 P2P 环境的分布式空间数据索引结构或结合空间元数据目录服务技术是 P2P GIS 中常用的方法。如§8.4 所述,基本实现思想是借鉴集中式空间数据库索引领域的一些成功经验,并结合

P2P 的动态性、异构性等特征,设计一种高效的覆盖网络结构和分布式空间索引,将不同的空间范围映射到不同的数据节点上,每个节点管理所分配空间范围内的空间数据索引信息,通过建立索引路由表和元数据目录来实现空间数据的高效发现。这样,既可以实现 GIS 应用中常见的基于空间范围的高效数据定位,又能够通过索引信息或元数据目录满足多层次、多属性的空间查询需求。

8.5.3　P2P GIS 的空间数据传输

P2P 在即时通信领域的广泛应用,充分体现了 P2P 在数据传输和文件交换方面的优越性。在空间数据传输平台中将 P2P 和 GIS 结合起来,有助于解决空间数据量大、传输效率低下的问题。

1. P2P GIS 的空间数据传输

基于 P2P 技术的空间数据传输是一种多点传输技术,它突破了传统网络 GIS 的单点传输方式,可以由多个数据源同时提供数据,既降低了多用户并发访问的风险,又提高了数据的传输效率。为了实现 P2P GIS 的多点传输,需要将空间数据进行切片,并按照一定的规则进行编号,数据切片的编码保持惟一。切片大小对传输效率有影响,过大或过小都会降低传输性能,需要经过严格的传输测试来确定。图 8-14 为基于 P2P 技术实现空间数据多点传输的原理示意图。

图 8-14(a)中,由用户节点 A(请求的数据为 Da1)向资源服务器 S 发出数据查询请求(①);S 在收到该请求后,开始在资源列表中查找正在下载同一(或部分相同)数据的其他节点(②);当 S 发现在系统中同时正在下载数据 Da1 的节点 B 和 D 时,将查找到的结果信息形成资源列表文件(③);然后将资源列表文件以请求响应应答的形式返回给节点 A(④);A 收到资源列表文件后,尝试与资源列表文件中的节点(这里为 B 和 D)建立连接并进行空间数据传输(⑤);在将资源列表文件传输给 A 的同时,S 会将节点 A 也加入到它的资源列表中(⑥)。

然而,在 P2P 空间数据服务系统中,并不是用户请求的每个数据文件都一定有其他的节点在同时下载或已存在。例如图 8-14(b)中,如果资源服务器 S 在资源列表中没有正在下载全部(或部分)数据 Da3 的节点时,那么查询地理空间数据库服务器,得到所需要的数据(图 8-14(b)中的④与⑤),并将资源服务器 S 本身作为一个节点加入资源列表文件中(⑥),创建资源列表文件(⑤),将该文件返回给请求节点 A(⑦);然后,A 尝试与资源列表文件中的节点(这里为 S)建立连接并进行空间数据传输(⑧)。

概括起来,P2P 环境下空间数据的传输过程可分为三个阶段:

1) 资源搜索阶段:当 GIS 资源服务器接受到新的客户端请求时,将会搜索资源目录,并获得拥有该资源的所有节点列表;

2) 建立连接阶段:客户端根据资源对应的节点列表,尝试与尽可能多的资源节点建立对等连接。通过与资源节点之间的互连,客户端正式加入 P2P 系统中,成为 P2P 中的一个节点(Peer);

3) 数据传输阶段:多个建立连接的资源节点向新的 Peer 传输数据,每个节点传输数据的一部分切片。最后,新的 Peer 将接收到的所有数据切片进行组合,获得需要的完整

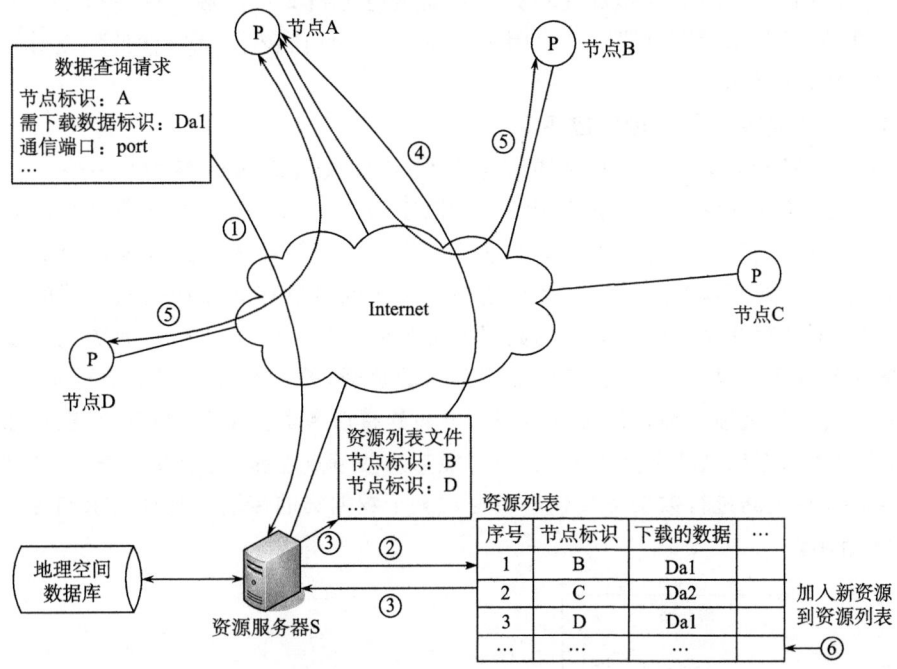

(a) 资源列表中存在正在下载同一数据的节点

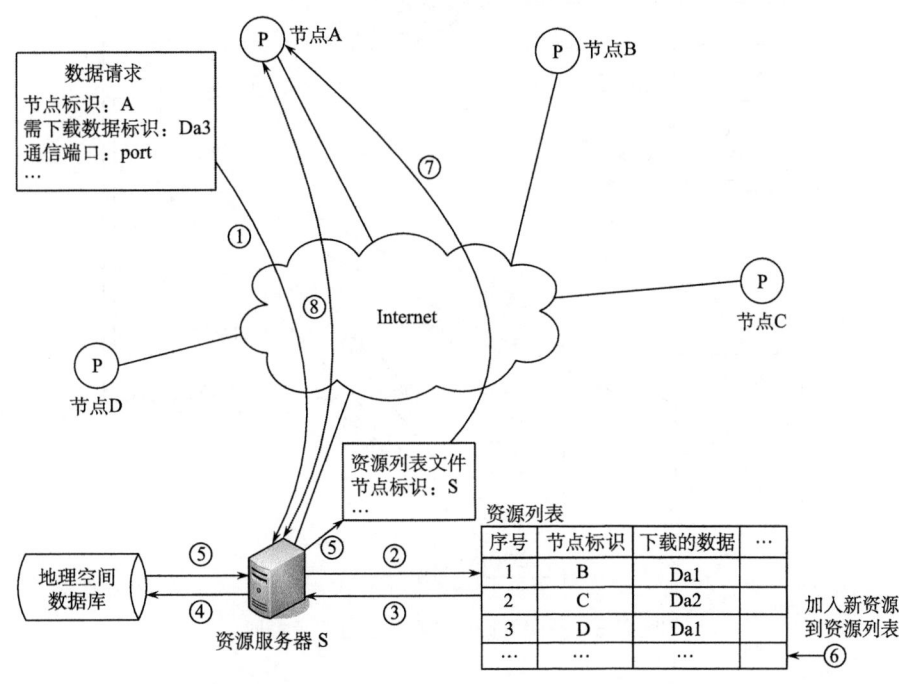

(b) 资源列表中不存在正在下载同一数据的节点

图 8-14 基于 P2P 的空间数据多点传输原理

的空间数据。

需要指出的是,资源节点和资源服务器之间是通过超文本传输协议(HTTP)传输资源列表文件的,而并非对等协议。这是因为资源列表文件比较小,无需额外建立对等连接就可以完成数据的传输。

2. P2P GIS 的空间数据传输应用

SAND 的 APPOINT 方法是前述三个阶段空间数据传输的典型应用之一(参见§8.6),在 SAND 互联网浏览器所使用的 APPOINT 方法中,假定数据是以文件的形式存在的,APPOINT 针对这些文件的请求进行优化。一些频繁访问的数据集会被访问节点复制到缓存,以便其他节点对这些数据集的后续访问可以在无需访问服务器的情况下获得,而服务器的存在又确保了非热门数据的持久可用性。可以看出,这种方式不仅保证了数据的访问效率和可用性,而且减轻了服务器的负载,通过充分利用网络边缘的资源,增强了系统的可扩展性。在资源搜索阶段可通过连接服务器查询到缓存中存在目标数据的节点,由服务器返回这些节点的相关信息,经与这些节点连接,请求要获得的目标数据,最后在这些节点之间进行数据的传输即可完成整个数据集的传输。数据请求和传输过程如图 8-15 所示。

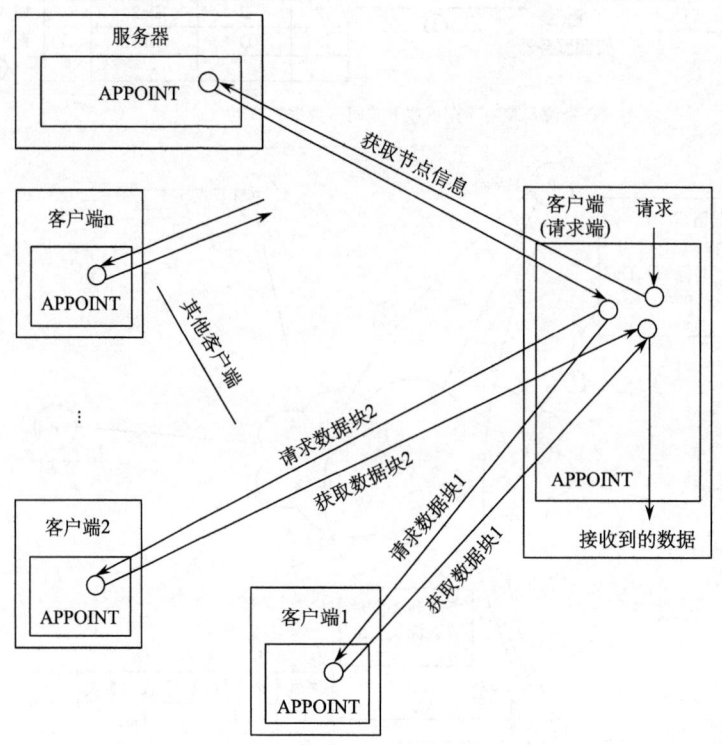

图 8-15 空间数据请求和传输过程示意图

其中,客户端(即请求端)将数据查询请求发送到服务器以获得各个数据分片在网络节点中的分布情况。图 8-15 中表明,请求端所需的数据由两个数据块组成,分别存储在客户端 1 和客户端 2 中。当请求端得到其所需数据的分布情况后,即分别向存储这两块数据的客户端 1 和客户端 2 发送数据请求,客户端 1 和客户端 2 响应请求端的请求后将数据块 1 和数据块 2 直接传输给请求端(不经由服务器)。

P2P 系统中的节点(Peer)具有既是客户端又是服务器、信息在网络节点(Peer)间直接流动的特点。信息在 Peer 间不仅可以高速及时地传递,还可降低传统空间数据传输方式中的中转服务成本。可见,P2P 技术为空间数据的传输和共享提供了更高的网络带宽利用率和更低廉的数据共享成本,并且能够有效地维护系统的负载平衡。P2P 的结构决定了 P2P GIS 具有良好的可扩展性,可根据应用的需要随时进行扩展,动态地满足空间数据的传输和共享需求。

8.5.4　P2P GIS 的地理协同工作

P2P 网络中的网络节点是互连、异构的对等实体,通常可根据可用节点的状态来灵活适应物理网络的拓扑,共享独立于任何集中式控制的分布式共享资源。由于节点的高自治性,网络具有自调整能力,这样的网络非常适于拓扑、信息和位置的频繁变化。节点不仅能与一个服务器通信,而且还可在节点之间进行信息交换。另外,与此相关的可扩展性也可为节点的动态加入和离开提供支持。由于 P2P 网络的这些特性,因此利用这一模式在应急管理等动态环境中进行地理协同应用时明显优于传统的 C/S(B/S)模式。

计算机支持下的协同工作作为一个多学科交叉和支持的新兴研究领域,尽管其形成和发展的历史还比较短,但各领域的研究人员对这一新型技术表现出了浓厚的兴趣。地理协同也成了研究的焦点之一,它是指两个或两个以上的个人或组织使用 GIS 技术协同处理和完成一项与地理空间信息相关的任务。这种协同方式可以是同一时间、同一地点的协作,也可以是不同地点的协作,需要借助于网络通信和协作技术。

人类的许多活动都与空间信息相关,随着信息获取技术和网络技术的进步,基于网络环境和空间信息的协同计算和决策变得可行,并有着广阔的应用前景,尤其是在应急响应、交通等领域。在城市遭遇应急事件时,这种基于网络的远程协同决策更是不可或缺的。以突发性火灾为例,需要调集消防人员、急救人员、交管人员和安防人员互相协作,才能尽快灭火并尽量减小火灾所造成的损失和伤害。由于消防、急救、交管等分属于不同的管理机构,要实现相互协作,需要这些管理机构能够及时共享信息并协作进行决策,P2P 能够为这种复杂的协作方式提供有力的技术支持。首先,可以基于 P2P 技术构建一个统一的协作平台作为各组织之间共享和协作的工具,P2P 能够支持高性能的即时通信和信息共享,从而很好地支持不同的组织或个人利用该平台共享相互的位置信息和当前状态等,确保分属于不同组织的信息都能够被协作平台及时获取,为全面调度和科学决策提供参考。

与所有计算机支持下的协同工作相同,P2P GIS 的地理协同工作也可以概括为地理协同计算和分布式空间数据库的协作与共享两个方面。但无论是地理协同计算还是分布式空间数据库的协作与共享,作为典型的分布式系统的 P2P GIS 的协同工作都需要一个有效的地理协同模型来支持这一过程的实现。由于 P2P GIS 尚处于起步阶段,目前还没有一种公认的可以作为 P2P GIS 地理协同工作的有效模型。一般认为,能够支持 P2P GIS 实现地理协同工作的模型必须能有效地解决以下几个问题。

(1) 节点间通信

要实现 P2P GIS 系统中节点之间的相互协同工作，对等节点间的通信是必不可少的，因此，P2P GIS 的地理协同模型必须支持对等节点间的基本的网络通信。

(2) P2P 动态节点资源管理

由于 P2P GIS 中的节点往往是动态加入和退出的，因此，一个有效的 P2P GIS 地理协同模型应具有对等节点发现、对等节点监视、共享资源（文档、用户、系统信息等）分布式索引和有效的分布式查询的能力。

(3) 基本地理协同服务

P2P GIS 的地理协同模型应提供一些基本的地理协同服务，包括保证地理空间数据可用性、一致性、机密性和可恢复性的分布式存储服务以及用于通知用户系统改变信息的发布/提交服务等。这些基本服务可用于支持终端协同服务的建立。

(4) 并发控制

P2P GIS 是一种多用户的系统。它在支持多人、多组织、多部门之间协同工作或决策应用中，往往需要多用户并行编辑地理空间数据库并提供事务的视图，以便 P2P 中的节点之间能够清楚掌握对相互所做的编辑，保持数据的一致性。并发控制也包括对提交给整个系统的多个任务的并行分布式处理。

(5) 认证与安全访问管理

由于 P2P GIS 的节点具有动态性，系统中对等节点间在大多数情况下都无法互相确认对方的身份和可信度，因此，P2P GIS 协同工作的模型应考虑提供一个安全框架以进行节点身份的认证和安全访问管理。

§8.6　P2P GIS 应用实例

目前，P2P GIS 还处在起步和发展阶段，许多科研机构和商业组织尝试利用 P2P 技术提高 GIS 服务的质量和性能。这里重点介绍几个具有代表性的应用实例。

1. Toucan Navigate

Toucan Navigate 的中文名字叫做大嘴鸟导航，已经作为一个扩展集成到 Windows Office 2007 的 Groove 虚拟办公协作软件中，现在发行的是 2.0 版本。Toucan Navigate 通过构建在 Groove 虚拟办公协作软件环境上来实现实时的协同应用，能够支持分散的、流动的小组实时位置共享，小组成员能够添加地图或事件，并与他人共享。同时，Toucan Navigate 能够连接 GPS，随时发布和共享团队成员的位置，从而更为有效地支持地理协同应用。

Toucan Navigate 具有添加空间分析工具的能力，能够在 Groove 环境中实现协同决策，这主要通过 P2P 技术来实现。Toucan Navigate 中的每个节点都是团队的一部分，都能够以服务器的方式进行工作并能够穿透防火墙。Toucan Navigate 节点的协作能力保证了处于同一工作组内的各个节点都能够快速访问到工作组内共享的数据和信息。工作组中所有使用 Toucan Navigate 的成员节点都能够浏览到同样的地图数据和位置信息，并能够在当前的视图中实现对自己当前位置或其他空间信息的添加、更新等编辑操作，实现真正的协同式空间信息编辑和处理。而且，如果某个节点在编辑过程中断开了网络连接,则当节点重新连接到网络时,脱机的编辑文件会被自动上传到工作组的共享空间,并发送通知给工作组中的其他节点。

Toucan Navigate 的一个应用实例就是一个共享团队中的每个成员都能使用 GPS 向其他所有成员广播自己的位置。只要团队中的所有成员都使用 Toucan Navigate,无论其所处的物理位置在哪里,都能够浏览到相同的地图和位置,而且能添加或更新自己的位置以及当前视图内的空间数据,同时还能通过使用 Groove 软件套件中的协同工具来支持相互之间以同步(实时使用即时消息)或异步(共享文档)的方式进行通信。图 8-16 所示为 Toucan Navigate 的工作界面。

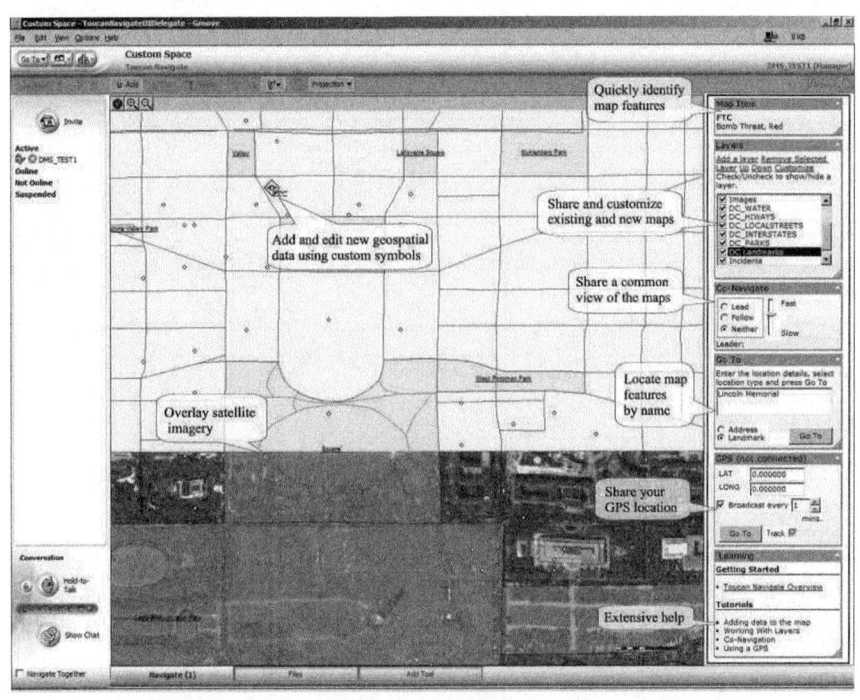

图 8-16　大嘴鸟导航的工作界面[①]

2. OPUS

OPUS(OPen Use Server)采用的是 P2P GIS 文件共享体系结构,该结构也被称为快速在线制图网络(RoMap.net),通过在系统间直接交换的方式来支持包括地理信息、空间任务处理、缓存和磁盘空间等地理资源和服务的高效共享。这个项目当时是为米福林县所开发的,并且获得了 FGDC 的授权。OPUS 使用 MapServer、PHP 和 Apache 进行开发,采用了 Java 编程语言。图 8-17 所示是 OPUS 的基本运行界面。

RoMap 包含了一系列 P2P 协议和网络基础设施,支持复杂的 GIS 应用,并通过网络实现相互协作。OPUS 具有以下主要特点:

1) 允许任何一个网络节点从其他网络节点上浏览和下载数据;
2) 基于 GIS 的图形化信息展示能力;

---

① www.groove.net

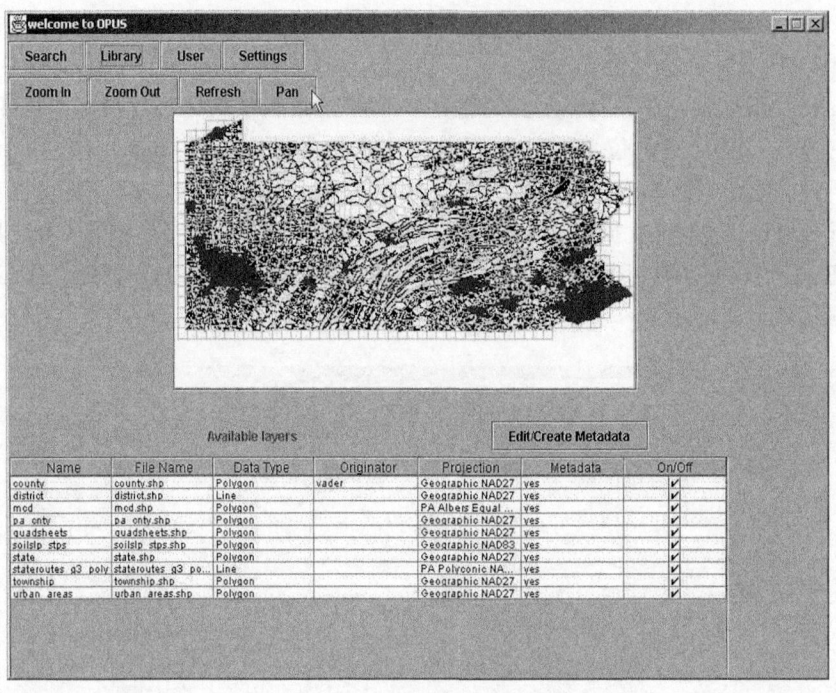

图 8-17　OPUS 的基本运行界面

3) 易安装、易操作,并且几乎不需要专业人员;

4) 支持多种数据格式;

5) 支持网络中任何数据集的关键字查询和空间信息查询。

3. SAND 互联网浏览器

SAND 互联网浏览器(Spatial And Non-spatial Data Internet Browser,空间和非空间数据互联网浏览器)是一个能根据服务器状态来自适应选择数据传输模式(P2P 或 C/S)的浏览器,可视为一个轻量级的 GIS 客户端,由美国马里兰大学公园学院(University of Maryland,College Park)开发。

用户可以使用 SAND 互联网浏览器以一种交互、可视化的方式远程操作空间数据,由于远程访问的速度缓慢,该浏览器针对两种不同的客户端环境分别引入了对应的改进方法来提高系统性能,构建一个高可扩展的动态网络基础结构,为海量在线空间数据的交互提供高效的支持。实际的数据库操作核心功能是由马里兰大学开发的一个基于服务器的 SAND(Spatial And Non-spatial Data)系统提供的,客户端的 SAND 互联网浏览器提供图形用户接口以支持互联网上的 SAND 应用。

SAND 互联网浏览器是基于 Java 的,具有跨平台可移植性。Java 往往已在很多机器上预先安装,因而可以很少甚至无需任何额外的软件安装或定制化过程就可以部署该浏览器。根据用户机器是否预装了 Java 环境,SAND 互联网浏览器分为两个版本:第一个版本直接在标准的 Web 浏览器上作为一个 Java 应用程序来运行,为在带宽有限的 C/S(B/S)结构中平衡服务器端的本地资源和客户端的网络连接延迟,在这一版本中使用了有效缓存的方法来改进性能;第二个版本则是与基于 Internet 的数据库管理系统一起在本地安装的一个独立的 SAND 互联网浏览器,为帮助用户在较长时间内操作海量在线数据，SAND 通过充分利用分布在 C/S(B/S)结构中大量活跃客户端的分布式网络资源，使用一种集中式 P2P 的方法来更为有效地传输海量数据，该方法称为 APPOINT(An Approach for Peer-to-Peer Offloading the INTernet)，它是 C/S 结构的一种有益补充。浏览器的运行界面如图 8-18 所示。

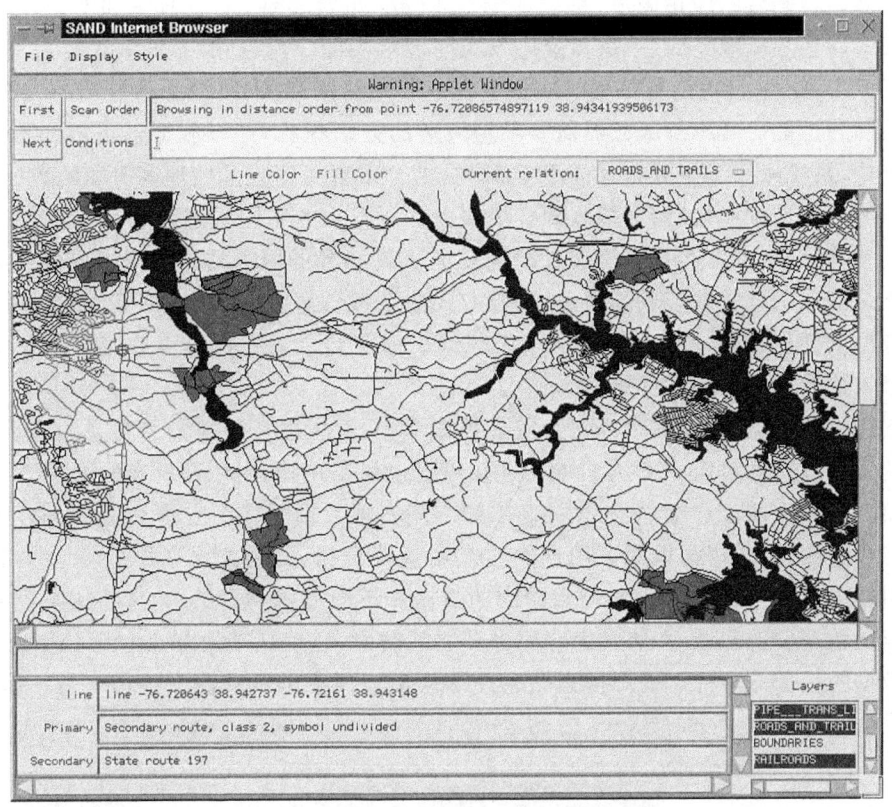

图 8-18　OPUS 的运行界面

在 APPOINT 方法中，仍然存在一个服务器，作为数据的集中源和服务的决策协调者，很多情形下系统仍然以 C/S 的方式运行。与一般的 C/S 结构不同的是，APPOINT 会维护更多有关客户端的信息，包括客户端已下载的数据及可用性等，当 C/S 服务质量开始恶化或者发起某个数据项的服务请求的客户端到服务器的连接速度很慢时，APPOINT 就会指派系统中某个(些)活跃的客户端代表服务器来提供服务，活跃客户端的目录服务仍然由服务器执行，但是服务器不再服务于所有的请求。在这种设计中，客户端主要用来共享其网络资源而不是引入新的内容，因此可以减轻服务器的负载并扩大服务规模。与依赖于洪泛机制来发现活跃节点的纯 P2P 方式相比，服务器的存在简化了动态节点的管理，而且服务器仍然是数据的主要来源。

APPOINT 方法工作在应用层，所有操作都是以一种对客户端透明的方式实现的，具有平台独立性且易于部署。

4. 面向遥感数据管理和发布的 P2P GIS 开发实例

为方便对数字摄影测量网格 DPGrid(Digital Photogrammetry Grid，DPGrid)所生产

的各类数据进行有效管理和应用,由武汉大学和苏州苏武影像公司合作开发了基于 DP-Grid 的数据管理系统。该系统面向 DPGrid 生产的各类影像数据,以及一部分矢量和属性数据的管理,为数据生产单位提供以影像数据为主的数据维护管理和客户端应用平台,并支持海量影像数据的远程操作、数据发布、安全检查等功能。

为满足跨平台的应用需求,系统基于 C♯.net 平台实现,采用 B/S 和 C/S 相结合的开发模式。客户端兼具二、三维数据的发布与展示功能,对数据的需求量非常大。开发中采用了 P2P 技术,目的是更好地响应多个客户端的数据请求、减轻服务器端的工作负载、提高系统的性能。考虑到服务器需要承担大量的处理任务,并以服务器集群的形式对外提供支持,系统采用了半分布式的 P2P 结构,结合多服务器技术处理客户端的数据请求。

当客户端请求连接时,会接收到各个服务器所发送的系统状态参数,包括 CPU、内存的占用率等信息,保证客户端能够自动连接上负载较轻的服务器。服务器端担负着 P2P 资源索引节点和原数据节点的角色,在分布式的服务器系统上存储着所有的数据资源,每台服务器上还保存着一个 P2P 资源索引目录。索引目录记录的信息包括数据信息以及下载过该数据的 P2P 客户端列表。

当接收到数据请求时,服务器会首先检索本节点的 P2P 资源索引目录,将满足用户请求的索引信息和对应 P2P 客户端的连接信息提供给用户,由用户所在的 P2P 客户端自动连接上有数据的客户端,并与这些客户端之间实现数据的直接传输。在传输过程中,服务器将会监测传输过程,以保证用户能够成功获取数据,并随之更新服务器上的 P2P 资源索引目录。如果 P2P 资源索引目录中的数据并不能完全满足请求,那么服务器将查询本节点的数据资源目录,并将消息在服务器之间转发,以确认其他节点上是否存在目标数据或数据的一部分分片。资源搜索结果最终在收到请求的服务器上进行汇总,若其他服

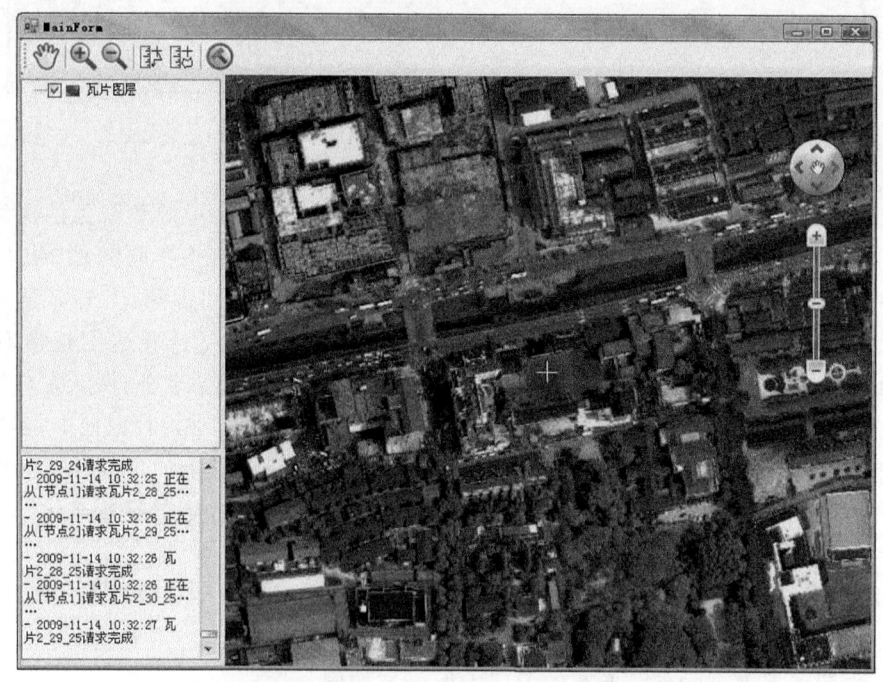

图 8-19 P2P GIS 的影像浏览客户端

务器节点上不存在 P2P 客户端缓存数据,则由这些服务器将数据发送给客户端;如果查询到其他服务器节点上的 P2P 资源索引目录中存在数据,则由服务器端将满足用户请求的索引信息和对应 P2P 客户端的连接信息提供给用户,重复前面的 P2P 客户端数据传输。

采用 P2P 技术以后,客户端在多用户连接的情况下,仍然能够获得良好的响应速度,极大地提高了系统运行效率。无论是申请二维还是三维的数据,服务器都能够保证很快的响应速度,让用户可以像打开本地数据一样快速地实现影像的浏览和基本操作。图 8-19 为客户端动态获取影像数据后显示在用户界面上的示意图。

习 题 八

一、填空题

1. P2P 是指采用_____实现计算资源和服务共享的一种计算模式,一般称为_____或_____。
2. 网格强调系统的_____,P2P 则注重系统的_____。
3. P2P 经历了_____、_____和_____三个阶段,演化出_____、_____和_____三种主要形式。
4. 采用洪泛机制进行路由时,首先将查询信息发送到_____的所有相邻节点,若某个相邻节点含有需要的资源,则返回一个_____到请求节点,若相邻节点中没有需要的资源,各节点将会继续把查询信息_____给各自的相邻节点。
5. DHT 通过_____函数确定系统中网络节点和共享数据索引信息的_____以及二者之间的_____。每个网络节点维护一张_____,形成高度结构化的网络拓扑。
6. P2P 存储系统是一种典型的_____存储系统,与传统的存储系统相比,它具有良好的_____,能够弹性地实现系统规模的伸缩。
7. P2P GIS 是由大量_____、_____、_____的计算节点构建的分布式 P2P 系统,采用_____耦合方式,较好地适应了空间数据存储和管理的地理分布特性,有助于更好地利用存储在不同物理节点的空间数据。
8. 常用的空间数据索引方法可分为_____和_____两大类。
9. 基于空间目标排序的索引方法是将空间对象映射到_____空间,但多维空间目标间的_____关系须保持。
10. VBI-Tree 是基于一个虚拟_____结构的覆盖网络通用框架,可用来支持任何基于_____设计的层次化树结构,VBI-Tree 的节点分为_____和_____两类。
11. 基于 P2P 技术的空间数据传输是一种_____传输技术,它突破了传统网络 GIS 的单点传输方式,可以由多个数据源同时提供数据。传输过程分为_____、_____和_____三个阶段。
12. P2P 系统中的节点具有既是_____又是_____、信息在_____间直接流动的特点。
13. Toucan Navigate 支持_____、_____小组实时位置共享,小组成员能够添加_____或_____,并与他人共享。

二、单项或多项选择题

1. P2P 应用位于 TCP/IP 分层模型的( )。
   A. 链路层　　　B. 网络层　　　C. 物理层　　　D. 传输层　　　E. 应用层
2. 下列不属于 P2P 的特点的是( )。
   A. 分布性　　　B. 动态性　　　C. 封闭性　　　D. 可扩展性　　E. 对等性
3. 以下几个系统中,属于结构化 P2P 的系统是( )。
   A. Skype　　　B. Chord　　　C. KaZaA　　　D. Tapestry　　E. CAN

4. 下列中,(　)不属于非结构化 P2P 所采用的路由算法。
   A. 泛洪机制　　B. DHT 技术　　C. 随机漫步　　D. 目录服务器　　E. 中序遍历
5. 网格和 P2P 都重视系统的(　)。
   A. 可扩展性　　B. 容错性　　C. 异构性　　D. 健壮性　　E. 资源的分布性
6. P2P 技术的主要应用领域包括(　)。
   A. 文件共享　　B. 分布式计算　　C. 协同计算　　D. 即时通信　　E. 信息检索
7. 下列存储系统中,基于 P2P 技术实现的包括(　)。
   A. CFS　　B. OceanStore　　C. Disk Array　　D. PAST　　E. Granary
8. 下列 GIS 软件系统中,采用 P2P 技术的有(　)。
   A. Google Earth　　B. OPUS　　C. GeoServer　　D. SAND　　E. Toucan Navigate
9. 下列方法中,基于空间目标排序的索引方法有(　)。
   A. Z-排序　　B. peano 曲线　　C. 四叉树索引　　D. R 树　　E. Hilbert 填充曲线
10. 支持空间数据应用的结构化 P2P 的改进方法有(　)。
    A. SCRAP　　B. APPOINT　　C. pSearch　　D. P2P R-Tree　　E. DPGrid
11. 下述现象或行为中,(　)需要用到地理协同工作。
    A. 城市火灾　　B. 收发短信　　C. 地震　　D. 现代战争　　E. 数据上传

三、判断题

1. P2P 中的节点对之间存在一种较为严格的主从关系。
2. 与 SAN 类似,覆盖网也是一种独立于现有网络的新型网络。
3. 与网格相比,P2P 在资源发现与定位方面有较大的优越性。
4. 最早出现的 P2P 是采用 DHT 技术的结构化 P2P。
5. 集中式 P2P 由于采用了中心服务器,当用户请求数目过多时,容易形成单点瓶颈,可靠性和安全性相对较低,中心服务器的运行和维护费用也将随着系统的扩展而不断增大。
6. 非结构化 P2P 是一种采用自组织形式的、无中心服务器的覆盖网,节点对之间是一种完全对等的松散耦合关系。
7. 洪泛机制通过一层层的相邻节点将查询消息在 P2P 中迅速扩散,传输效率较高,可以快速到达目的节点,但带宽占用严重。
8. 基于 DHT 的 P2P 可以提供精准的路由算法和查询机制,具有良好的可扩展性,能动态适应网络节点的变化。
9. Chord 环中的网络节点用于存储数据对象,数据对象的后继节点与网络节点的后继节点只是形式上有所区别,实质上是一样的。
10. 采用 DHT 技术的 P2P 系统能够方便地支持多维属性查询和多目标搜索方式。
11. CFS 系统采用了 Pastry 协议来实现数据的存储和定位。
12. OceanStore 采用了基于 Chord 的存储和定位算法,保证用户能够访问到离自己最近的数据副本。
13. P2P 存储系统具有高扩展性和强容错性,其安全性也比传统网络更高。
14. 结构化 P2P 存在的诸多优势使其可以直接用于空间数据查询。
15. VBI-Tree 是将集中式树索引结构中的每个节点与网络中的每个对等节点一一对应分布的。
16. Spatial P2P 方法可以解决空间索引的位置性和方向性问题。
17. P2P 的多点数据传输中,每个节点都要传输数据的完整内容。
18. 基于 P2P 的地理协同工作应该支持多用户的并发访问,并保证数据的安全。
19. SAND 具有跨平台特性,在它支持的数据传输方法 APPOINT 中仍然需要服务器的支持,因此并不是一种 P2P 的结构。

四、简答题

1. 阐述 P2P 技术的基本内涵和特点。
2. 简要说明三种形式的 P2P 结构特点。

3. 阐述采用洪泛机制进行路由的基本过程和特点,以及它与随机漫步的区别。
4. 阐述 Chord 协议的基本原理,分析其优缺点。
5. 列举 P2P 技术的主要应用领域,并进行简要说明。
6. 分析 P2P 存储系统的基本特点和所面临的主要问题。
7. 什么是 P2P GIS? 简述其主要特点和可能的发展趋势。
8. 常用的空间索引方法主要有哪些? 分析每种方法的原理。
9. 分析现有的通用结构化对等网络不能有效支持空间数据查询的原因。
10. VBI-Tree 采用哪种遍历方式? 两种节点的结构有什么区别?
11. Spatial P2P 的核心思想是什么? 请简要阐述其在解决点类型对象空间索引时的基本方法。
12. 阐述 P2P GIS 的应用架构,分析其优点。
13. 简述 P2P GIS 空间数据多点传输的原理和各阶段的任务。
14. 举例说明 P2P GIS 技术在地理协同工作中的重要作用和要解决的主要问题。

五、论述与设计题

1. 网格和 P2P 是两种既相互关联又有实质区别的技术。请结合它们的各自特点,参考有关文献,分析并论述怎样将两种技术结合起来为各种应用提供高性能、高质量的空间信息服务。
2. 鉴于 P2P 技术具有的良好的健壮性、可扩展性、容错性和灵活性等优点,它在 GIS 领域受到了极大重视,在空间数据查询、存储、传输等各环节均有不同程度的应用。请根据空间数据的结构和地理分布特点、GIS 应用领域和服务模式等论述 P2P 技术在网络 GIS 应用中如何发挥作用。
3. 城市突发事件应急是城市管理的一项重要内容,一旦发生该类事件,往往需要城市的多个部门密切配合。请设定一个这样的事件,运用 P2P 技术设计一个能支持空间数据、实时数据及其他可能的数据之间进行地理协同计算的快速应急响应技术方案。

第 9 章 网络 GIS 工程技术与工程管理

§9.1 概　　述

软件工程(Software Engineering)是一门旨在研究如何用系统化、规范化、定量化等工程原则和方法进行软件分析、设计、开发和维护的应用型学科。它包括两方面主要内容,即软件开发技术和软件工程管理。软件开发技术包括软件开发方法学、软件工具和软件工程环境;软件工程管理包括软件度量、工程估算、进度控制、人员组织、配置管理及项目计划等。随着软件开发和维护工作量的增大,软件工程管理关系到整个软件工程的质量好坏。在许多大的软件开发过程中,普遍存在着重技术、轻管理的现象,管理一直是个薄弱环节。网络 GIS 应用系统是一个复杂的软件系统,为了能有效地实施网络 GIS 工程,有必要借鉴软件工程的成功经验和方法,同时结合网络 GIS 工程本身的技术特点,对网络 GIS 应用软件开发进行工程化的科学管理和监督。因此,网络 GIS 工程可认为是应用系统工程和软件工程的原理、方法,针对网络 GIS 应用的目的和要求,统筹设计、优化、评价、维护和使用 GIS 的全部过程和步骤的统称。只有将良好的网络 GIS 工程技术和工程管理相结合才能建好一个大型复杂的网络 GIS 应用系统。

9.1.1 工程、工程技术与工程管理

美国工程管理协会(Project Management Institute,PMI)为"工程"一词的定义是:"工程"(Project)一般指在特定的时间内,通过努力,生产出一种产品或服务的过程,具有起止时间及交付时间等特点;而"工程技术"(Engineering Technology / Project Technology)则是指完成某项工程所需应用的各种技术方法与手段。如前所述,软件工程及工程技术是这一定义的实例。

工程管理(Project Management)是应用知识、经验、工具、相关技术及制度和规范去指导工程的实施,从而满足用户的需求。在进行系统的规划、分析、设计、编程、测试和维护等工程建设过程中加强计划和管理行为,有助于保证工程的顺利实施。工程管理的主要内容包括以下两个方面:

(1) 技术管理

技术管理(Technology Management)包括实施过程中的工程化管理、文档管理、开发过程中各阶段技术管理以及在系统实施、集成、试运行和投产过程中各项技术的管理。

一般而言,软件应用系统不论其规模、用途、开发语言等方面存在多大差异,从工程建设角度考虑,均有一个共性,即工程建设通常遵循生命周期法或快速原型法。因此,按照软件工程建设的规律,相应地形成了两套工程化管理模式:生命周期法管理模式和快速原型法管理模式。通常人们希望遵循纯粹的生命周期法管理模式来管理工程建设过程,但

由于大型软件系统的需求具有多变性、模糊性、零散性和启发性等特点,因而在实践中纯粹按照生命周期法来管理是不合适的。为解决需求方面的困难,必须借助于快速原型法。所以,软件工程管理应遵循生命周期法与快速原型法相结合的综合管理模式。这种管理模式体现在宏观和微观两个方面。宏观上,按照生命周期法,可使工程建设有明显的阶段性,并且各阶段任务明确,结构清晰,便于管理和控制;微观上,在设计和编程阶段,如果有必要,则采用快速原型法,以准确把握用户的需求,及时调整思路和技术路线,加快工程建设进度。因此,将两种管理模式有机地结合在一起,以生命周期法为主线,在需要时局部采用快速原型法,这样既保证了阶段的清晰,又能较好地解决需求不明确的问题。

技术管理在软件系统开发过程中需经历分析、设计、编程和测试等几个子阶段。在各个子阶段,又有分析技术管理、设计技术管理、编程技术管理以及测试技术管理等。技术管理的主要内容是在各个阶段选择、规范和解释各种技术,并且协调和监督各种技术的使用,以利于提高软件质量并保证工程进度。技术管理的重点应放在工程规范化上。在比较和分析软件工程各阶段技术的基础上,明确规定应采用的分析技术、设计技术、编程技术和测试技术,并且要详细说明这些技术的各项细节和使用实例。在制订了工程规范后,还要检查和监督各种技术的应用情况,保证遵守工程规范。这些技术管理措施不仅有助于提高软件质量,而且也有助于培养队伍,提高软件人员的业务水平和质量意识。

文档管理是软件工程管理的重要内容,文档是整个软件产品中不可或缺的一部分。在文档管理中应注意几个问题:一是文档种类设置;二是文档提交时间;三是文档作用。

成果管理:软件开发的最终成果是经过分析、设计、编程、调试和测试后,交付给用户使用的实际产品或服务。

(2) 非技术管理

非技术管理包括工程进度管理、质量管理、人员管理、资金管理、合同管理等。其中人员管理又包括项目组负责人员的构成和分工、项目组结构、项目组人员交流与协调,以及项目组与对方项目主管部门和用户的交流与协调等。

大型软件工程的管理可采用二级责任制。第一级是"项目经理",主要负责工程中与合同有关的各项事宜,并进行各种协调;第二级是"项目负责人",主要负责工程中的技术管理、进度控制和质量管理等。为保证质量,可由项目经理任命与项目负责人职权相并列的质量控制员,独立地进行质量监督,向项目经理直接汇报。为更好地与用户协作,可设置用户协调员,负责与用户的日常交涉。在软件工程管理中,如何控制进度是一个重要的问题。在进度管理方面主要有两项措施,一是制订进度计划,二是实施进度控制。在工程开始时制订进度计划,首先按照各子系统及应用程序的规模,估算工作量;再按照各子系统及应用程序的性质和逻辑关系安排开发的先后次序,得到项目进度图;还要根据人员情况,安排每人开发应用程序的时间表,得到人员时间关系图。在开发过程中,还需不断修订进度计划和人员安排。在实施进度控制时,要按照进度图和人员时间关系图制订每人所承担的开发工作,规定应用程序开发的开始时间、最后完成日期、验收测试日期等。程序员可根据工作安排独立地开发程序,项目管理人员进行测试和验收,还要根据反馈情况修改进度计划。质量保证和进度控制往往是矛盾的。一方面,由于工程进度一般十分紧迫,因此为了赶进度而忽视了质量;另一方面,由于质量有问题,延长开发时间,又影响了工程进度。所以,在工程管理中,一定要质量和进度一起抓。为做好质量管理,可设置专职质量控制员负责质量管理,还应实行定期或不定期的质量抽查。所有程序人员编出的程序要统一结构、统一命名、统一风格,以提高程序的可读性、可维护性,也利于提高系统集成联调的效率。总之,软件工程管理是一个大型软件工程开发成功的重要因素之一。

9.1.2 网络 GIS 工程技术及工程管理的特点

GIS 应用软件一般采用基于 GIS 软件部门提供的 GIS 商用软件平台或 GIS 组件,根据用户的特定需要进行开发建设,其管理方式和技术方法与普通的软件工程技术相似。而网络 GIS 工程拓展了传统 GIS 工程的应用领域和服务范围,改变了 GIS 工程的开发模式,使得工程建设更加繁琐和复杂,如工程的前期需求分析与系统设计、中期的系统开发与后期的维护等过程均需要考虑网络、硬件和软件平台、应用软件架构及网络设备升级等更多的因素。

与传统软件工程技术与管理相比较,网络 GIS 工程技术与管理具有以下特点:

1) 由于网络 GIS 工程本身的复杂性和用户需求的易变性,造成系统架构及开发模式的变更不可避免,不确定性增大,因此易产生软件质量低、可靠性较难保证等问题;

2) 网络 GIS 工程涉及网络、硬件和软件平台的选择、网络应用系统软件架构设计以及基于网络的海量空间数据组织与管理等多方面问题,很难对工程预算和进度进行有效管理与控制;

3) 网络 GIS 工程通常需要多个部门、多种专业背景的管理人员与技术人员的参与与合作,要求进行团队开发,团队之间的协调和沟通变得越来越重要,这本身增大了开发的难度和风险;

4) 网络 GIS 工程的空间数据是地理分布的,具有容量大、来源广(多源)、异构、多尺度、多分辨率等特点,使用空间数据的用户在地理上也是分布的,容易产生多个用户同时访问系统、竞争资源的情况(我们称这种情况为多用户并发访问),从而对网络的性能和空间数据的组织、管理有更高的要求;

5) 网络 GIS 的后期维护与试运行面临着因数据量增大、用户数量增加及功能不断完善所带来的新问题,如各类专业人员的技术培训、系统数据持续更新、网络基础设施升级换代而引起的系统功能的更新升级等。这些问题的存在将降低网络 GIS 工程建设的效率和工程质量,致使系统在后期维护上困难重重,从而使系统效用无法得到最大程度地发挥。

§9.2 网络 GIS 工程技术与工程管理框架

9.2.1 工程技术与工程管理框架概述

由于软件应用系统是逻辑产品而不是物质产品,工程建设过程的"能见度"比较低。软件工程的重点在于系统的分析、设计、编码、测试及维护,这就使软件生产的进度和指标不易标识和度量、问题不易及时发现和纠正、需求条件的不确定因素多且易变,因此软件工程的管理不同于一般的工程管理,需要构建良好的工程管理框架来促使工程顺利实施。

一般来说,网络 GIS 工程技术及工程管理包括四个阶段和八个必要的管理功能,如图 9-1 所示。

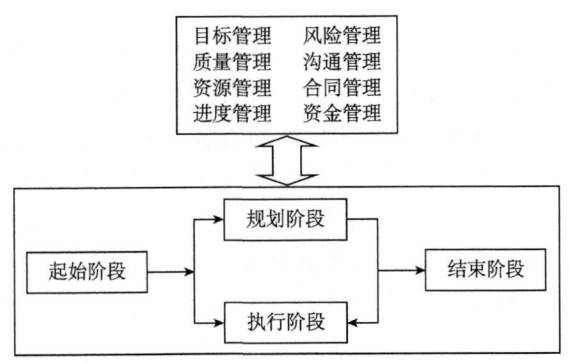

图 9-1　网络 GIS 工程技术和管理框架

1. 网络 GIS 工程技术的四个阶段

1) 起始阶段。本阶段确立工程项目建设小组,广泛收集用户需求信息,制定初始的管理计划,为下一阶段做准备。

2) 规划阶段。又称计划阶段,主要完成工程总体规划与设计,制定规则说明书和工程进度表。

3) 执行阶段。在前两个阶段的基础上实施具体的开发和数据建库工作,根据工程进度表和项目规则说明书控制开发质量和开发进度。

4) 结束阶段。在此阶段,工程开发的最终成果将交付给用户,测试人员将与用户一起做好最终系统的功能和性能测试与优化,并由工程维护人员担负后续的工程维护工作,其中包括空间数据的持续更新工作。

2. 网络 GIS 工程管理的八个必要管理功能

1) 目标管理。在用户的要求范围内对工程建设的过程和目标进行管理控制。

2) 质量管理。基于用户需求和工程实施经验,由质量审核和控制部门对工程实施质量进行监控。

3) 资源管理。对工程中的有形资产及无形资产进行管理,其中包括人力和智力资源的管理。

4) 进度管理。基于工程进度表对工程实施的总体进度进行管理和控制。

5) 风险管理。评估工程可能存在的风险,并通过必要的手段将这种风险降到最低程度。

6) 沟通管理。通过沟通管理为项目组的各个成员建立良好的交流环境。

7) 合同管理。对工程中涉及的各类合同进行必要的管理和监控,直至工程所有合同按期履行完毕。

8) 资金管理。建立有效的资金消耗计划表,并按此计划表对工程实施过程中的开支情况进行必要的监控。

9.2.2 工程技术和工程管理与系统生命周期

网络 GIS 工程通常规模大、用户需求复杂多变、跨越多个专业领域,需要空间信息科学和计算机科学等多领域的专门人才共同参与,以知识结构合理、技术实力雄厚的开发团队或开发小组来实施,并按软件工程生命周期的管理方法来协调、组织,以保证开发团队作业的顺利进行。同时,网络 GIS 工程开发团队与用户之间的协调和沟通也十分重要。由于网络 GIS 工程本身既具有传统 GIS 的特点,又兼顾了网络环境的复杂性和可变性特点,因此使得网络 GIS 在成本、进度、数据量等方面的精确估计变得更加困难而且复杂。实践证明,采用严谨的生命周期模型,同时开发原型实验系统,可以对各种需求进行较为准确的估计。

1. 软件生命周期

软件工程的建设过程是指从问题提出、项目组的组成、可行性分析、需求分析、系统设计、系统实施到系统运行维护和评价的全部过程。生命周期一般包括可行性分析、需求分析、系统设计、系统实施和系统运行维护与评价五个阶段,其中每个阶段都有明确的任务,并需产生符合一定规范的文档资料交付给下一阶段,而下一阶段则在上一阶段所交付文档的基础上继续进行工程项目的实施。图 9-2 所示为系统生命周期模型的示意图。

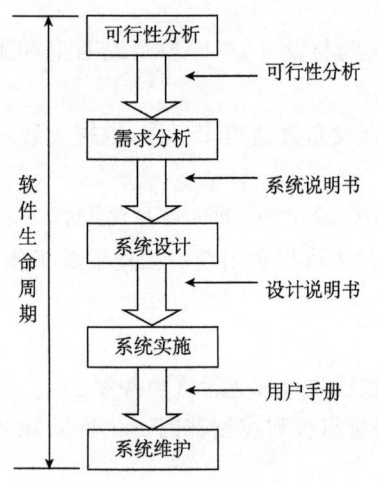

图 9-2 软件生命周期

由于其形状犹如多级瀑布,所以通常称该模型为"瀑布模型"。这个生命周期是周而复始进行的,系统开发完成以后就不断地评价和积累问题,积累到一定程度就要重新进行系统分析,开始一个新的生命周期。一般来说,无论系统运行的好坏,每隔一段时间都要进行新一轮的开发(主要表现为维护活动)。

2. 基于生命周期的网络 GIS 工程管理

网络 GIS 对数据依赖性较强(需使用地形图和专题图等大量的图件信息)、信息量巨大,为了有效地存储这些数据,还需要对各种地理要素进行分类与编码。网络 GIS 工程是一项庞大的系统工程,耗资大、历时长,要取得成功,必须制定严密周详的管理计划和强有力的管理监控体制。

网络 GIS 工程技术及工程管理的四个阶段和八个管理功能是与软件系统生命周期的各阶段任务相互关联的,如图 9-3 所示。按生命周期方法指导网络 GIS 工程建设,通常需经历以下过程。

1) 根据用户对网络 GIS 应用系统的需求,建立项目负责机构,进行环境评价和初步调查,明确工程目标,确定工程开发原则和制定分阶段实

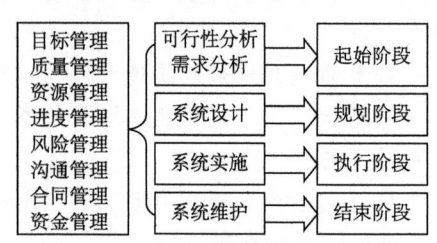

图 9-3 网络 GIS 工程技术及管理与生命周期法的对应关系

施方案,然后进行可行性分析,如果可行则进入下一阶段,如果不可行则调整系统开发方案。有关项目人员进行初步调查,然后组成专门的新系统开发领导小组,制订新系统开发进度计划,领导和负责新系统开发中的一切工作。

2) 详细调查,分析业务流程,收集、分析有关信息,提出分析结果和新系统的逻辑模型,提交系统分析报告。详细调查阶段收集的主要信息包括工程基本情况、工程目标、结构、规模、数据情况、业务信息以及外部环境等。其中,① 数据情况:包括现有空间数据的拥有及使用情况,空间数据传输、存储、交互的性能指标等要求;② 业务信息:包括业务流程、业务处理方法和规程、工作计划及工作量、性能标准、控制机制等;③ 外部环境信息:包括办公室布置、现有的信息系统设备(如主机、终端等现有可用资源等)以及网络设施。

网络 GIS 中可采用的信息调查方法主要有:查阅资料、面谈、问卷调查、观察、工作采样及测定等。从实际业务流程和数据流向的角度将调查中获得的有关资料串起来进行进一步分析,从而发现和处理调查工作中的错误和疏漏,修改和删除原系统中的不合理部分,在新系统基础上优化业务处理流程和数据流向。分析之后得出现有系统逻辑功能的划分和数据资源分布,以便以后整体地考虑新系统的功能子系统和数据资源的合理分布。详细调查、系统分析都是为确立新系统的逻辑方案做准备的。新系统逻辑方案要在对原系统分析的基础上,提出新系统的目标、拟定的业务流程和业务处理方式、数据流程和数据处理方式、管理方法和模型、管理制度和运行制度、系统开发的资源和时间进度计划等。最后,将所有系统分析阶段的成果以系统分析报告(系统说明书)的形式体现出来。它包括了对现有系统的评价和新系统的逻辑模型,进行了进一步地修改和完善,并作为下一步设计和系统实施的指导性文档。

3) 将系统分析阶段建立的新系统逻辑模型转化为系统的结构模型,并做好编码前的准备工作,其主要任务是进行网络 GIS 总体结构设计,即根据网络 GIS 的系统分析要求和组织的实际情况来对新系统的总体模块结构形式和可利用的资源进行大致设计,它是一种宏观的、总体上的设计和规划。系统总体结构设计的主要内容有系统划分、网络结构与配置、设备选型、新系统的处理流程图、空间数据模型与数据结构设计等。

4) 建立网络环境、硬件环境、软件环境,选择合适的开发环境和工具。基于上述环境和工具,在实施方案的指导下实现物理系统。对初步实现的系统进行全面测试,排除错误并完善功能。装载基础数据,进行系统试运行,对一些不完全符合用户需求的地方做局部调整;对用户进行全面的技术培训和操作培训;进行系统交接,向用户移交整个物理系统和所有文档资料。

系统实施有两个关键问题:一是管理问题,二是技术问题。系统实施涉及开发人员、测试人员、各级管理人员,涉及大量的物质、设备、资金和场地,涉及各个部门及应用环境。由于具体情况比较复杂,如果没有强有力的管理措施,系统实施工作将无法顺利进行。人员培训是系统实施中一项非常重要的工作,培训质量的好坏直接关系到系统的正常运行及可能获得的效益。另外,编程完毕后,系统将要投入试运行和实际运行,因此在编程的同时就开始培训系统操作和运行管理人员,才不会影响整个实施计划的执行。

一个好的网络 GIS 工程应该是开放的、支持业务重构和多用户访问的、具有良好的人机界面和网络适应能力的应用系统,因此,要使用合适的系统开发工具来实现。

系统测试包括单元测试、组装测试、确认测试、系统测试和验收测试,其中验收测试要经过一段试运行以后进行。测试方法有功能测试(黑盒法)和结构测试(白盒法),测试完成后要提交测试分析报告,通过之后再进行新旧系统的交接转换。交接方式有直接交接、并行交接和分段交接三种。每种方式各有利弊,应根据具体情况选择采用,也可以将几种方式配合使用。

5) 网络 GIS 正式投入使用后,为保证系统正常运行,使其产生最大的效益,必须制定严格的系统管理和操作制度,并进行系统日常运行管理、评价和监理审计三部分工作,然后分析运行结果。如果出现不可调和的大问题,则用户将会进一步提出开发新功能的要求,依据新的详细需求和网络 GIS 工程各阶段的管理需求改进现有系统。

网络 GIS 应用系统日常的运行管理不同于机房的日常管理工作,其管理人员要负责记录每天的系统运行情况、数据输入输出情况、网络负荷状况、用户并发访问情况,还要保证系统的安全性与完备性,以及实时监控网络环境运行状况以保证系统正常运行,并以此作为系统评价、系统改进和系统审核的基础。网络 GIS 的维护工作一般包括空间数据、硬件、软件、网络环境和用户系统平台的维护,另外,机构和人员的变动往往会影响维护工作。系统评价是对一个网络 GIS 的性能进行估计、检查、测试、分析和评审,其主要目的是检查系统的目标、功能及各项性能指标是否达到设计要求,满足用户需求的程度如何,系统中各种资源的利用程度如何,以及根据评审和分析的结果找出薄弱环节并提出改进意见。系统评价指标包括经济指标、性能指标和管理指标三个方面,最终提交系统评价报告。

§9.3 网络 GIS 工程技术与工程管理方法

本节主要通过网络 GIS 工程技术四个基本阶段内容和网络 GIS 工程管理的八种功能要求来说明网络 GIS 工程技术与工程管理的一般过程和方法。

9.3.1 工程技术阶段任务与技术

1. 起始阶段

起始阶段的主要任务是确立工程项目开发小组,收集用户需求信息,制定初步的管理计划。其中可行性分析和需求分析是网络 GIS 工程建设的第一步,其具体实施流程如图 9-4 所示。

(1) 可行性分析

将网络 GIS 涉及的各领域专家与用户聚集在一起进行讨论和分析,从技术可行性、经济可行性、实施可行性和法律依据可行性几个角度出发,对即将实施的网络 GIS 工程进行系统地分析与论证,以确定具体的实施路线、实施方案、实施费用计划以及实施时间计划等。

1) 技术可行性分析

技术可行性分析主要根据现有的网络 GIS 相关技术和资源情况来评估工程的开发需求。技术可行性分析应针对用户需求尽可能全面地收集系统稳定性、可靠性、可维护性和可生产性等方面的信息,分析工程建设所需要的各种网络设施、软硬件架构以及相应的

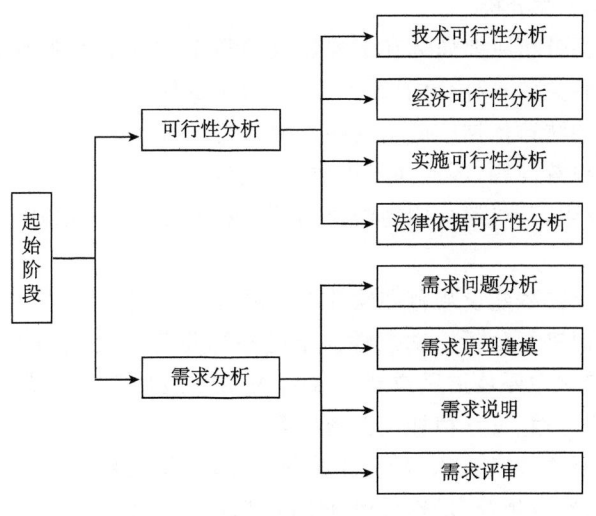

图 9-4 起始阶段

技术方法等,分析工程实施在技术方面可能面临的风险以及技术问题对建设成本的影响和制约等。

此外,技术可行性分析阶段应该充分考虑和分析与空间数据相关的各种技术可行性问题,如:

网络 GIS 工程所需的矢量数据、栅格数据、遥感影像数据、移动位置数据等空间数据的来源和可用性问题;相关数据是否需要进行预处理;如何保证相关数据的完整性、现势性;如何减少数据的不确定性以及相关的技术支撑是否能够满足要求;如何保证海量空间数据的快速传输、存储及更新;为满足数据保密要求所采取的安全技术问题;工程需要选用的具体开发工具问题。

2) 经济可行性分析

经济可行性分析是对网络 GIS 的总体建设经费的估算,以保证网络 GIS 工程能顺利实施。经济可行性分析有利于避免投资浪费、提高科学决策能力、确定合理的工程建设目标。

经济可行性分析可采用成本效益方法,其中成本分析涉及的内容包括:网络设施及各种软硬件设备的购置费用、购买数据和数据前期处理的费用、工程各阶段涉及的人员费用、人员培训费、后期运行维护费等。经济可行性分析中的效益主要包括社会效益和经济效益,有的还包括环境生态效益。只有资金充足且效益大于成本,网络 GIS 工程才是经济可行的。

3) 实施可行性分析

实施可行性分析主要确定网络 GIS 工程建成后的运行和操作方式能否满足业务部门的应用需求,能否符合用户的业务处理习惯及流程,以及在现有网络环境下能否安全、稳定地运行,特别是能否满足多用户并发访问的要求。工程实施可行性分析需考虑安装难易度、操作难易度、网络支持能力、对用户习惯的影响、用户对新技术的接受和理解程度、用户单位的行政管理与工作制度以及对人员进行培训的可行性等多种因素。

4) 法律依据可行性分析

法律依据可行性分析主要研究在工程建设的整个过程中可能涉及与国家、地方和单位的各种法律法规相关的各种合同、知识产权、法律责任等问题,以保证网络 GIS 工程的实施与开展有充分的法律依据。若出现相抵触的情况时,应及时调整。另外,由于涉及数据保密性及知识产权等问题,因此在工程建设之前进行法律依据可行性分析既可避免侵权、泄密等事件的发生,又可避免因为法律问题影响工程的正常实施。

(2) 需求分析

需求分析一般以工程建设规范和软件工程原理为依据,针对工程的功能性需求和非功能性需求两个方面进行分析。功能性需求是指即将建设的网络 GIS 工程应该实现哪些功能,非功能性需求主要是指用户对建成后的 GIS 应用系统有哪些限制性要求(性能要求),如稳定性、安全性、可移植性及保密性等。

需求分析由项目主要负责人、项目组成员、GIS 专家及用户等合作完成,重点调查用户的业务操作流程、作业规范、操作习惯、GIS 数据规范、GIS 技术规范等与业务相关的各方面信息,定制贴近用户业务需求的应用系统解决方案。项目主要负责人和项目开发人员基于应用需求的分析和对业务的理解,对调研信息加以分析提炼,形成完整、准确、清晰、具体的用户需求分析说明文档,为建立合适的应用系统模型奠定基础。

网络 GIS 需求分析可分为需求问题分析、需求原型建模、需求说明及需求评审等阶段。

1) 需求问题分析

在需求问题分析阶段,项目主要负责人和相关技术人员基于严谨科学的分析方法和以往的工程建设经验,对获取的需求信息进行分析与综合,清除用户需求的模糊性和歧义性,确定哪些用户需求属于片面的、短期的、矛盾的或者不合理的,针对相互冲突的需求进行折中,提出一些用户尚未提出但具有真正价值的、建设性的潜在需求。

具体来说,网络 GIS 工程需求分析中的需求问题分析包括问题抽象、问题分解与视角分解。在分析过程中,按问题的不同层次分级抽象,从各种用户的需求中捕提用户描述或问题本身所固有的一般规律和特殊关系,确定从一般问题到特殊问题的求解方式。

鉴于问题的规模和复杂度,人们往往需要通过对各个子问题的分析来实现对整个问题的理解。在分析阶段,可以将一个大型的复杂问题分解为若干个相对简单、功能相对独立的子问题,分别对各子问题进行问题分析。如有必要,这种分解可以逐级展开,直至子问题的规模和难度降至合适的水平与程度。

视角分解是指从全局观点整体把握工程的各种需求,从各个角度(如本地观点、用户观点、数据观点、行为观点以及功能观点等)对问题进行理解和分析,最后进行归纳总结。

2) 需求原型建模

需求原型建模是指通过快速开发一个原型系统来表达工程建设目标所涉及的信息、处理功能及实际运行时的外部行为的过程。原型建模以一种简洁、准确、结构清晰的方式系统地描述工程的原始需求,有助于快速掌握用户描述中不确定性和不一致的需求内容,使软件需求臻于完善。模型表达所用到的工具包括数据流程图、数据字典以及加工说明等。在需求建模时,首先把整个系统表示成一张总图,标出系统边界及所有的输入输出,逐步对系统进行细化,每细化一次便将一些复杂的功能分解成比较简单的功能并增加一些细节描述,而后再继续细化,直到所有的功能都足够简单为止。

3）需求说明

需求说明亦即需求分析阶段的文档。该阶段的任务是编写网络 GIS 需求规格说明书、数据要求说明书、总体设计规格书和初步用户手册。其中,总体设计规格书是为方便用户和各方理解与交流而由分析人员经需求分析后形成的文档。用户手册主要反映拟建系统的用户界面和用户使用的具体要求。总体设计规格书具有以下要求：

① 它既是判定目标软件能否满足应用要求的基本文件,又是软件开发的基础,也是工程项目小组和用户之间的一份事实上的技术合同书,同时还是工程后期软件测试和验收的重要依据；

② 规格书中的各项需求应是可测试的,不由人为因素决定；

③ 需求是可扩充的。在需求分析完成之后,如果用户追加新的需求并被确认,则必须针对新的需求进行分析,扩充总体设计规格书,再进行软件设计；

④ 规格书的主体包括功能与行为需求描述及非行为需求描述两部分。功能与行为需求描述说明系统的输入、输出及相互关系；非行为需求是指软件系统在运行时应具备的各种属性,包括效率、可靠性、安全性、可维护性、可移植性等；

⑤ 规格书一般采用自然语言或结构化的自然语言描述。结构化自然语言介于形式语言和自然语言之间,其语法由内外两层表示,外层语法描述操作的控制结构,内层语法可用自然语言描述。

4）需求评审

需求评审阶段的主要任务是对已完成的网络 GIS 需求规格说明书、数据要求说明书、总体设计规格书和用户手册进行严格的复核和审查,及时更正遗漏或不清晰点,确保需求的完整性、准确性和一致性,并使用户和工程技术人员对需求规格说明书及用户手册的理解达成一致。评审一般应由专人负责,吸收各方人员参加评审。需求规格说明书和总体设计规格书通过评审得以确认后,通常会成为用户与工程建设方之间的合同内容(或合同附件)。

2. 规划阶段

规划阶段的主要任务是完成工程总体规划、系统总体设计、详细设计、项目规则说明书和工程进度表。工程规划是工程进入实质性实施的重要步骤,该阶段依据起始阶段中需求分析所生成的需求规格说明书和总体设计规格书进行网络 GIS 应用系统的总体设计和详细设计,以确定系统的总体框架结构、各功能模块划分、空间数据库结构、拟建系统与现有业务流程的接口与边界设计、程序编码规范、测试与维护方法以及各种相关文档撰写等内容。具体流程如图 9-5 所示。

（1）总体规划与设计

总体规划与设计的目标是通过明确工程建设目标、系统功能、用户需求等多方面的认识,将用户的需求转化为数据结构和软件框架结构,是针对拟建系统的全面概括与抽象。总体规划与设计的主要任务是根据工程总体建设目标,规划系统的规模并确定系统中的各个组成部分及其在系统中的作用和相互间的关系,明确系统的软硬件配置,制定相关技术规范,测算工程经费以作为资金管理必要的参考,并安排项目进度和人员,以保证工程建设总目标的实现。

总体规划与设计的内容主要包括：

1）确定工程规范。主要有：①文档规范：确定文档体系、文本样式与格式、文档内容、图形样式等；②数据规范：对各类空间数据依据其类型、使用方法、格式、结构、分布、精度等进行归类；③名称规范：包括工程模块名称规范、构件名称规范、变量名称规范、数据文件名称规范以及数据库中的数据库名、表名、字段名、索引名等的命名规范；④专业术语定义：包括工程建设中常用术语的统一化、规范化定义；⑤管理规定：包括资金管理规定、资源管理规定、运行管理规定、实施管理规定、人员组织规定等相应的规定。

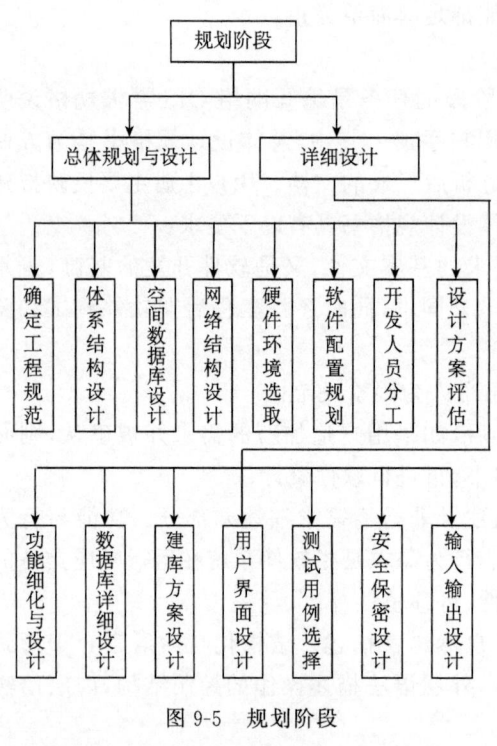

图9-5 规划阶段

2）体系结构设计。体系结构设计是确定网络GIS整体框架的重要步骤。网络GIS应用系统一般以浏览器作为客户端，中间层包括应用服务器和Web服务器，空间数据库管理系统作为后端服务器。在这种体系结构中，数据逻辑与应用逻辑分开、数据的分布式存储和应用的多节点部署都极大地提高了系统的可扩展性和并发服务能力，适宜于大型网络GIS应用。

3）空间数据库设计。网络GIS中的空间数据来源多样，划分不一。按空间数据的用途可分为空间位置数据、拓扑关系数据以及属性数据；按空间数据来源可分为地图矢量数据、遥感影像数据、实时监测数据、统计数据、卫星定位数据等；按数据的性质可分为基础地理空间数据、专题空间数据等。网络GIS中的空间数据具有地理分布特性，并且需要经过网络实现数据的传输和处理，为用户提供空间信息服务。因此，有效地组织、管理和维护这些数据是网络GIS应用系统的核心。另外，数据设计在工程建设中亦占据非常重要的地位，它包括数据组织方式设计、数据标准化与规范化设计以及图层设计等，设计是否科学合理直接关系到系统建设的成败。所以，在总体规划与设计中，确定适宜的数据模型和数据组织方式显得尤为重要，这是今后数据管理、处理和维护的前提与基础。

4）网络结构设计。网络GIS应用中涉及的海量空间数据可能分属于不同部门，具有地理分布及异构特性。为实现这些分布存储的空间数据的共享，需要设计合适的网络环境，实现不同机构的互连互通。

网络结构设计包括网络拓扑结构设计、计算模式设计和网络功能设计。其中网络拓扑结构设计是指设计网络中各个站点相互连接的方式，每种拓扑结构各有优缺点和适应范围（详见第二章）。网络GIS中采用单一的拓扑结构往往不能满足空间数据共享的复杂要求，因此，在设计中可视具体情况将几种拓扑结构有机结合，形成复合型拓扑结构；计算模式主要有集中式、客户/服务器和浏览器/服务器三种，早期的GIS大多采用集中式计算模式,而客户/服务器和浏览器/服务器两种计算模式分别适合于局域网和Internet环境;网络功能设计主要是根据网络GIS应用中的数据特性和功能需求来对网络的功能进行规划和设计。通常有两种形式的网络,分别完成不同的网络功能:一是常规的计算机网络,用于数据传输与处理,一是数据存储网络,专门用于海量、分布式数据的网络化存储。

5) 硬件环境选取。为实现高效快速的空间数据获取、传输、存储、管理、分析和服务等功能,网络GIS需要高性能的硬件设备和网络环境的支持,如,高性能计算机及网络设施、大容量高速存储网络及设备、通信设备与设施、数字化仪、扫描仪、绘图仪、打印机、数字摄影测量设备、GPS接收设备、备份设备及其他外部设备。在硬件配置设计中应说明型号、数量以及主要配置和技术参数,如存储容量、网络带宽、仪器分辨率等指标,并画出设备配置图和制定出相应的设备采购计划。

6) 软件配置规划。软件配置应考虑与硬件设备相匹配。在软件选择上应把握以下原则:性能必须满足工程建设的需要;必须提供应用软件开发能力;必须具有良好的开放性、兼容性、安全性和可扩展性;支持网络分布式计算;用户界面友好,能支持中文环境等。

7) 开发人员分工。开发人员需具备空间信息科学知识背景和网络应用程序开发技能。对于系统开发人员要求分工明确、各司其职,如空间数据库管理员应熟练掌握各种GIS软件的数据操作技能,开发人员应具备基于特定GIS平台的二次开发或从底层开发的知识与能力等等。当针对工程建设的长远目标进行人员配置时,应注意人员数量、知识结构、专业背景、开发技能、培训课程设置等内容。

8) 设计方案评估。总体设计方案需经过专家论证通过,并经过项目主管部门审查批准后才能进入详细设计阶段。方案评审一般应考虑的问题包括采用的技术方法和路线是否先进实用、软件结构是否符合用户需求、数据源和数据组织管理方案是否顾及地理分布式的特点、数据更新和安全策略是否有效、软硬件配置是否恰当、各模块是否满足高内聚和低耦合要求、软件是否易于维护等等。

(2) 详细设计

总体规划与设计确定了软件的模块结构和接口描述,但在使用程序设计语言编制程序前,还需要对所采用算法的逻辑关系进行分析,设计出全部必要的过程细节,并给予清晰表达,使之成为编码的依据,即详细结构设计。

详细设计与总体规划设计的区别与联系是:总体规划与设计阶段,数据项和数据结构以比较抽象的方式描述,而详细设计则是确定用什么样的数据结构来实现;详细设计还要提供关于算法的更多细节,使程序员能够直接用某种编程语言实现各模块的功能。所以,详细设计是以总体规划与设计为基础的。

网络GIS详细设计的任务是确定各模块的处理逻辑、具体实现算法、空间数据建库方法、空间数据处理方法,并选择适当的工具表达算法实现的过程。确定每一模块使用的数据结构和模块接口细节,包括对系统外部的接口(如网络远程调用),与系统内部其他模块的接口以及模块输入数据、输出数据及局部数据的全部细节。在详细设计结束时把上述成果写入详细设计说明书,并且通过复审后形成正式文档。

需要强调的是,详细设计阶段需要为每一个模块设计出一组测试用例,以便在程序设计时对模块代码(程序)进行反复测试。模块测试用例是软件测试计划的重要组成部分,通常应包括输入数据和期望输出结果等内容。

在详细设计中,需要重点考虑以下几个方面:

1) 功能细化与设计

总体规划与设计对网络 GIS 的功能作了大致的设计,本阶段需要对这些功能具体化、模块化,并有相应的实现算法或处理方法。

2) 空间数据库详细设计

根据总体规划与设计确立的系统逻辑模型,对数据模型和空间数据库结构进行详细设计,建立空间数据与属性数据的连接关系。空间数据库的结构设计主要包括数据分层、要素属性定义、属性编码、空间索引建立方法等。

3) 建库方案设计

根据选定的数据源和采集方案,确立数据库建库方案。传统的数据采集方式主要有手扶跟踪数字化、图像扫描识别等方式;当前,随着对地观测技术的进步,各种先进的数据获取手段层出不穷,例如,遥感卫星数据采集与处理、三维激光测量技术、全数字摄影测量技术、全球卫星定位技术等。经过对这些数据加工处理,可将其转换为符合网络 GIS 应用系统要求的空间数据。鉴于用户可能拥有的以其他格式存在的空间数据,例如,DWG (AutoCAD)、DGN(MGE)等格式的数据,还应考虑数据格式转换方案。在获取所需的空间数据后,必须结合应用的要求和网络 GIS 支撑平台,将其按规定的质量和步骤入库。因此,在详细设计阶段,应确立空间数据库的具体建库方案。

4) 用户界面设计

用户界面是人机交互的接口,在很大程度上决定了用户对应用系统的整体评价。用户界面设计要规范用户与计算机进行信息交换的形式,包括输入、输出、处理过程中各类信息在计算机屏幕等输出设备上的表现形式和布局,也包括键盘、鼠标、数字化仪、扫描仪等输入设备的布局和操作方式。友好、简单易学、灵活方便的界面将极大地降低软件使用的难度,提高工作效率。因此,界面设计是详细设计的重要内容。

用户界面设计一般可基于快速原型法逐步进行。以系统最基本的功能需求为出发点,设计粗略的用户界面,确定所要包含的各种功能,提交给用户确认后再逐层细化。

用户界面设计应遵循方便性和一致性相结合的原则。一致性包括术语的一致、步骤的一致、活动的一致和界面风格的一致。同时,要求实现各功能的操作步骤应尽量少,耗时较长的操作(如空间分析、数据转换等)应使用进度条等方式提示用户进展情况。要求能够提供运行指导和联机帮助,删除和关键的修改操作应有强调或警告类的提示,出错信息应有醒目的提示等等。

5) 测试用例选择

根据系统的不同功能要求,选取测试用例,以便对程序的正确性进行验证。在确定测试用例选择方案时,应考虑那些具有代表性或容易使程序产生错误的例子,例如,只有属性没有地理实体的"地物",或者,只有地理实体而没有属性的"地物"等。通过这些例子可以检查出相当一部分的错误。

6）安全和保密设计

由于人为因素或者各种不可预测的自然因素,网络 GIS 工程建设中可能存在诸多不安全的问题。另外,鉴于空间数据的保密性或数据使用权限的限制,在网络 GIS 工程建设中应加强数据的安全与保密设计,以确保系统今后能稳定、安全、可靠运行。

网络 GIS 安全和保密设计通常要考虑这样几个方面：

① 数据传输的安全与保密。主要内容包括确定保密目标、网络数据传输时的加密方法和算法以及保密级别等。

② 数据存取的安全与保密。主要包括：对不同级别的用户,通过不同的操作权限实现对数据存取的限制；对不同类别的数据设置不同的访问权限；建立运行日志文件,跟踪系统运行；对数据进行加密；通过数据转储、备份与恢复确保数据安全。

③ 系统物理安全设计。主要满足设备的技术安全要求与场地安全要求等。

④ 人员的安全。主要对与安全保密相关的机构和人员进行规范,确定相应的主管机构和管理办法,制定应急方案和各种安全防范规章制度,同时加强安全意识教育。

网络 GIS 应用系统工作于网络环境下,网络黑客和计算机病毒会给网络 GIS 带来诸多的破坏性。为此,网络 GIS 详细设计应进行专门的防病毒设计,部署防攻击设备(如防火墙),编制定期病毒检测计划等。

7）输入输出设计

网络 GIS 中的空间数据表现形式多样,因此,详细设计还应考虑数据的输入与输出,以便在总体设计基础上对输入输出的内容、种类、格式、所用设备、介质、精度等做出更明确规定。

数据输入设计的目标是保证向系统输入正确的空间数据。为优化系统功能,输入设计应遵循最小量、简单化、转换少与早检验的原则。输入设计的任务是确定空间数据的采集方法,如测量法、GPS 法、影像处理与信息提取法、数字化地图法等。然后,根据采集方法来确定数据的输入设备,如键盘、鼠标、数字化仪、扫描仪、声音识别仪等。

数据输出设计的目标是将数据经计算分析后的结果以图表、文字或其他形式快速准确地呈现在输出设备上。信息的输出是服务于用户的直接方式,因此其重要性在详细设计中是显而易见的。在输出设计时要确定输出内容、输出的设备和输出格式。

3. 执行阶段

执行阶段是网络 GIS 工程的具体实施阶段,是将逻辑系统转换为可实际运行的物理系统的过程,它是保证系统质量和效能的关键时期。在本阶段中,由项目开发组对具体项目进行开发,由数字化操作员或其他技术人员根据建库规范要求进行数据的建库工作,项目经理可根据工程进度表和项目规则说明书对开发质量和开发进度进行监控。如图 9-6 所示,网络 GIS 工程执行阶段包括执行准备、程序编制、数据库建设、软件测试四个阶段。

（1）执行准备

依据总体和详细设计方案,根据工程开发的需要准备必要的软件、硬件和网络设施、空间数据等。软件方面如编程语言、数据库管理系统、系统工具软件以及二次开发时需要的网络 GIS 基础软件或 GIS 组件；硬件和网络方面如计算机、存储设备、网络设备设施、

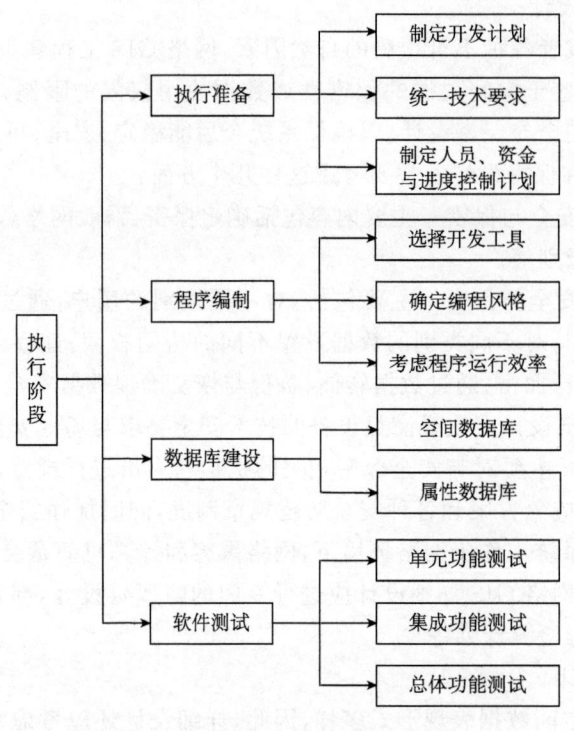

图 9-6 执行阶段

通讯设备等；数据方面如基础地理空间数据、专题空间数据、社会经济数据等。此外，为顺利进行程序编制，还需要对开发计划、技术要求及人员、资金、进度等作好合理安排。

1) 制定工程开发计划

由于网络 GIS 工程建设周期长、资金投入较多、见效慢，因此为充分利用投资，尽快产生效益，可灵活制定工程开发计划，结合应用需求对系统进行划分。一般是将系统划分为若干子系统，先行开发急需的、重要的专题子系统，实现基本功能，然后开发其他子系统，最后完善系统功能，实现系统集成和联网调试。

2) 统一技术要求

网络 GIS 工程开发一般需要团队开发人员共同协作完成，不同的编码风格、开发方法等因素都将影响软件的可理解性、可集成性和可维护性。因此，有必要对工程开发实行统一的技术要求，包括如统一编码模式、统一软件开发环境和开发方法以及统一质量控制等方面。

3) 制定人员、资金与进度控制计划

网络 GIS 工程开发通常是多个任务同时展开，例如空间数据建库、软硬件购置、程序代码编写与测试等。这对开发人员安排、资金统筹和进度控制提出了更多的要求，片面强调工程某一任务或某一阶段任务的重要性，只会造成顾此失彼或子项目组间相互推诿责任的局面，从而影响工程建设全局。因此，工程实施应依据网络 GIS 总体设计规格书，从全局把握开发人员配置、资金统筹与开发进度控制，制定相应的计划，通过计划指导工程开发，加强对工程开发的控制、管理和协调。

（2）程序编制

1）选择开发工具

程序开发语言的选择应该首先考虑开发语言自身能够提供的功能，比如图像数据的处理、常规数据的管理与分析、对各种软硬件的支持等，还包括开发出来的软件系统的可移植性和所适用的领域等等。另外，还需要考虑与开发语言配套的开发工具是否容易获得和容易使用、程序员已有的开发经验和技术基础等。最后要考虑的是工程规模和用户的要求，如果所开发的系统由用户负责维护，通常会要求使用他们熟悉的语言编写程序。

程序开发工具的选择可分两步实现：首先确定开发语言，然后基于特定语言选定可视化的集成开发环境。在选择时需要综合衡量网络 GIS 工程的实际需求情况，例如，随着分布式数据库技术和计算机网络技术的不断发展，作为计算机网络编程语言的 Java 得到越来越广泛的应用。开发语言确定后，需要进一步确定集成开发环境。由于网络 GIS 是一个开放的系统，因此应该选择可视化程度高、能提供"所见即所得"功能的开发环境。对不同数据源的整合访问能力、程序调试功能和错误定位机制也是重点需要考虑的问题。第九章列出了几种常用的网络 GIS 开发工具和环境。

2）确定编程风格

编程风格又称程序设计风格。良好的编程风格有助于编写可靠且易于维护的程序，同时，编程风格在很大程度上决定着程序的质量。对编程风格的统一要求和监督管理是系统开发过程非常重要的工作内容。对编程风格进行管理，重点需要考虑程序文档、数据说明、语句结构和程序的输入输出等内容。

程序文档包括选择标识符的命名、注释以及程序的条理组织等。标识符命名应遵循简单并容易理解的原则，保证程序的可读性，尽量使程序易于理解和维护。

注释是程序员使用自然语言对程序所作的说明，它是程序员与程序阅读者进行良好沟通的重要手段。注释又分为序言性注释和功能性注释。序言性注释置于程序模块的起始部分，对整个模块的用途、功能、接口、数据以及开发历史等进行必要的说明。功能性注释嵌入在程序内部，说明程序段或语句的功能以及数据的状态。另外，应用统一的、标准的格式进行编程，将有助于提高程序的可读性。同样，规范的变量声明有利于测试、排错和维护。

在处理程序的具体语句时，结构应清晰，代码应简洁；应遵循模块逻辑中单入口、单出口的原则；模块尽可能独立，功能尽可能单一，尽量降低模块间的耦合程度。

应用系统的输入和输出功能与用户的使用直接相关，其方式和格式应当尽量做到对用户友好。同时，需对所有的输入数据进行合法性检验，并给所有的输出加上注解。

3）考虑程序运行效率

程序运行效率是指程序的执行速度及程序占用的资源。网络 GIS 工程涉及海量空间数据的输入、处理和输出，数据的处理速度往往是评判系统建设成功与否的一项重要指标。为保证和提高系统的运行效率，必须对整个工程的设计和实现进行行之有效地管理。效率是一个性能指标，期望值应在工程总体设计时给出。程序运行效率与详细设计中确定的算法的效率直接相关，而编程方式对效率提高的影响有限。

（3）数据库建设

数据库的建设主要包括空间数据库和属性数据库的建设。在通过各种手段获取空间数据和属性数据后,针对不同来源、不同结构、不同比例尺系列、不同用途、不同质量的空间数据,依据详细设计阶段所确立的建库方案和数据建库与更新技术规程及数据分层、编码、属性等标准,实施数据库的建设工作。

1) 空间数据库

空间数据库的建库包括数据质量检查、坐标系统转换、图形图像配准、比例变换、控制点变换、图幅接边、数据编辑、索引管理、地理空间元数据库建设等几个重要步骤。由于网络 GIS 涉及的空间数据类型复杂、容量大,因此要尽可能地采取自动化入库方法(需要专用软件支持),辅以适当的人工处理。同时要考虑用户用其他方法已经获取的图形数据转换问题,采用网络 GIS 的基础软件平台或开发的应用软件进行适宜性转换,为网络 GIS 提供空间数据。

2) 属性数据库

属性数据是空间数据的属性描述信息,与地理空间实体密不可分。现有的 GIS 或网络 GIS 软件一般提供有属性编辑功能,或者通过编制属性编辑功能模块也可以实现属性数据库的建库功能。同时还应考虑用户原有的一些属性表格,在有空间数据关联要求时,应通过编程实现这种关联,为地理空间实体赋予相应的属性数据。

(4) 软件测试

由于网络 GIS 工程建设中情况错综复杂,开发人员的主观认识不可能完全符合用户的客观需要,加之众多人员之间的分工配合不可能完美无缺,因此,这一切都需要软件测试来进行检验。在测试过程中,要采集软件可靠性资料,并利用软件可靠性模型进行可靠性评估,分析其是否达到了预期的可靠性要求,是否具备较强的空间数据容错能力,在分布式环境下所能支持的最大并发用户数量,以及能否满足现有网络对空间数据传输效率的要求。对照以上条件决定该软件能否交付使用,若不满足要求,需继续进行测试,直到满足要求为止。由于开发过程往往分阶段实现,各阶段间有较强的逻辑参照关系,与开发密切相关的测试也相应地分为单元功能测试、集成功能测试、总体功能测试等几个阶段。

1) 单元功能测试

一般在各模块编码完成后由开发人员进行,测试的范围是单个功能模块。单元功能测试的主要任务是对模块接口、局部数据结构、执行路径、错误处理和边界条件等进行测试。

2) 集成功能测试

集成功能测试是指将已经通过单元测试的模块组合起来进行测试的过程,目的是检测模块间接口存在的问题,避免公共数据与全局变量引发的模块相互干扰。集成功能测试有两种方法:渐增式测试与非渐增式测试。前者是将未经测试的模块逐个组装到已测试通过的功能模块上进行集成测试,因此,每添加一个模块就进行一次测试,直至所有模块组装完毕。后者首先对每个模块进行测试,然后按设计说明将所有模块组装起来一起测试。显然渐增式测试方法可以较早地发现模块间的接口错误,非渐增式则在最后组装时才能发现错误;渐增式测试方法可以有效判断引发错误的相关模块,而非渐增式却很难做到这一点;渐增式测试将单元测试和集成测试合在一起进行检测,而非渐增式测试将两者分为两个不同阶段,从而导致工作量的增加。在实际的软件测试中,常采用渐增式测试方法。

3) 总体功能测试

主要验证软件的功能和性能及其他特性是否与用户的总体要求相一致。其内容包括：① 有效性测试：在模拟环境下，运用黑盒测试方法，验证软件是否满足需求规格说明书中所列需求；② α 测试与 β 测试：由用户进行，α 测试由单个用户在开发环境下进行测试，或由开发人员在模拟实际环境下进行；β 测试由多个用户在实际使用的网络环境中进行测试；③ 验收测试：由用户、开发人员、质量保证人员共同进行，用户根据空间数据类型和分布情况选取测试用例，除对系统功能和可靠性进行测试外，还要对系统的可移植性、兼容性、可维护性等进行测试。

4. 结束阶段

在此阶段，开发的最终成果将交付给用户，测试人员与用户一同进行系统性能的评价和优化。如图 9-7 所示为这一阶段的主要工作流程，包括性能优化、系统评价和系统维护三个方面的工作。

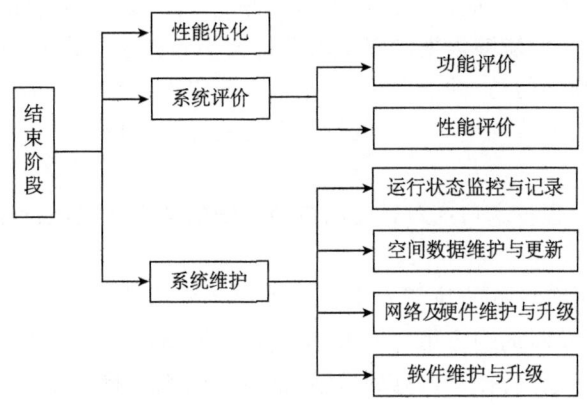

图 9-7　结束阶段

(1) 性能优化

狭义地讲，网络 GIS 应用系统性能优化就是通过对系统软硬件进行选型，使其充分整合，实现性能互补，使系统发挥出更大的功效。性能优化的目的是使工程投资少、见效快，并增强系统的稳定性、可扩展性和可维护性。因此可认为，完全意义上的系统配置优化既包括性能上的优化，又包括成本优化。优化的系统配置既可减轻用户的经济负担，又可使系统具有更广泛的适用性和更卓越的整合性能。

优化的过程应遵循如下原则：系统配置应最大程度地满足用户的需求；要考虑工程优化的成本开销，在保证系统功能得以实现的前提下，应以尽可能减少成本开销为原则。

(2) 系统评价

所谓系统评价是指按照用户要求的性能进行考察、分析和评判应用系统，判断其是否达到系统设计时所预定的效果，包括用实际指标与期望指标进行比较，评价系统目标实现的程度。

1) 功能评价

网络 GIS 的各种应用子系统是构成整个工程的核心部分。根据实际情况，通常可以划分为五个部分对系统功能进行检验和评价。

① 用户界面：功能完备的网络 GIS 应用系统的输入界面应该有提示，具有菜单功能以及对用户友好的错误提示信息等。另外，应该提供联机帮助以便于提示用户如何使用系统。

② 空间数据库管理系统：网络 GIS 对空间数据库管理系统的基本要求是应具备较强的空间数据存储、组织与管理能力，以保证空间数据的关联性、位置精度、逻辑一致性及完整性等。此外，空间数据库管理系统应具有较强的事务处理能力。安全性同样是网络 GIS 对空间数据库管理系统的最基本要求，即空间数据库管理系统应该提供功能完备的数据安全控制，如数据的备份与恢复、容错与容灾处理、并发控制等。

③ 数据编辑：网络 GIS 应能方便地实现属性数据的录入、修改、删除以及注记的编辑等功能，能够对矢量和栅格数据进行编辑、格式检查、范围检验及数值检验。

④ 数据查询和分析：主要包括数据检索、数据重组、数据交换、矢量和栅格数据叠加、栅格数据处理和综合统计分析功能等。

⑤ 数据输出：网络 GIS 应能支持常用的设备和方法，如图形终端、绘图仪、打印机、磁带等，并且在数据输出时能够根据制图要求进行大小和颜色的设置以及提供空间对象的符号化功能。需要强调的是，并非每一个网络 GIS 应用系统都必须支持上述所有设备，而是根据实际情况选取符合用户要求的设备和方法进行评价。

2）性能评价

性能评价是从工程技术角度对建立的应用系统的各项性能进行评定。主要评价的性能指标有：

① 执行效率：网络 GIS 的执行效率可以采用系统的技术和经济等方面的指标来衡量。例如，系统能否及时地响应用户请求（特别是在网络环境下多用户并发访问时），及时地向用户提供有用信息，所提供信息的地理精度如何，系统操作是否方便，以及资源的使用率如何等等。

② 可靠性：所谓可靠性主要是指系统运行时的稳定性。正常情况下应该很少发生事故，如发生故障也能很快修复。可靠性还包括系统有关的空间数据和应用程序是否得到妥善保存，以及系统是否具有备份、容错、容灾体系等。

③ 可扩充性：任何系统的开发都是从简单到复杂的不断求精和完善的过程，网络 GIS 也不例外，它是从清查和汇集空间数据开始，然后逐步演化到从管理到决策的高级阶段。在这一过程中，空间数据会不断地发生变化，用户的业务也可能发生改变，这种变化将直接反映在系统的功能扩展和完善上，因此，在系统设计时要留有接口以保证系统适时扩充。

④ 可移植性：这是评价网络 GIS 的一项重要性能指标。一个有价值的网络 GIS 及其空间数据库，不仅在于它自身结构的合理性，而且更在于它对环境的适应性，即建成的系统可以方便地与其他应用系统进行信息交换，或是可以方便地移植到其他软硬件环境当中使用。要达到这一目的，必须按规范和标准进行设计，包括数据表示、专业分类、编码标准、记录格式、空间元数据表示等，都需按照统一的规定，保证软件和数据的匹配、交换和共享。

（3）系统维护

系统维护是指将应用系统交付给用户正式运行后所进行的运行、监控、维护和优化过程。该阶段具有工作量大、持续时间漫长的特点。主要内容包括：

1）运行状态监控与记录

网络 GIS 应用系统在交付使用之后，为保证其稳定高效运行，必须对系统运行环境进行全面监控和管理，包括对软硬件平台的监控、网络设备和网络数据传输情况的监控及系统资源使用的监控与管理等。

2）空间数据维护与更新

网络 GIS 中空间数据的重要性和安全性日益突出。没有精确、实时、完整、安全的空间数据，网络 GIS 发挥的作用将受到极大限制。因此，系统中的空间数据应经常维护和更新，并确保安全，以满足应用规模日益扩大和应用领域不断拓展的需要。在具体应用中，应建立空间数据维护和更新机制，规定空间数据维护与更新的周期，明确与维护和更新相关的职能部门的责任划分。

3）网络及硬件维护与升级

网络与硬件设备的维护和适时升级对于网络 GIS 应用系统功能的正常发挥和性能的提高十分重要。在具体应用中应建立网络设施和硬件设备的日常维护制度，并根据使用情况和系统功能扩展的需要及时进行维护和更新，在条件允许时，可考虑对网络设施及硬件设备进行升级。

4）软件维护与升级

所谓软件维护就是在所开发的网络 GIS 应用系统交付使用之后，为了改正错误或满足新的需要而修改软件的过程。它主要包括以下几个方面：

① 修正性维护：诊断、改正和排除测试阶段没有发现的潜在逻辑错误的过程；

② 适应性维护：计算机技术的飞速发展使得网络 GIS 的外部环境（软硬件环境）或数据环境（数据库、数据格式、数据存储介质）频繁变更，而网络 GIS 的使用寿命相对较长。因此，常常需要修改或升级网络 GIS 应用系统软件以适应不断变化的环境；

③ 完善性维护：根据用户使用过程中提出的新需求而增加新的功能或完善原有功能的过程。

9.3.2　工程管理功能实现方法

1. 目标管理

网络 GIS 工程建设是一个过程，为确保这一过程进展顺利，需要在用户要求的范围内对工程建设过程进行控制和管理，因此除了加强过程管理外，还必须实行目标管理，通过目标管理确定工程建设涉及的应用系统产品模式及应用系统性质等。这就要求项目经理和用户既要在应用系统产品模式方面达成共识，又要在如何开发应用系统方面达成一定的共识。同时，需要对网络 GIS 工程包含什么内容和不包含什么内容进行定义与控制。一般来说，一个工程计划能否成功，关键取决于完善的目标管理。图 9-8 所示为网络 GIS 工程目标管理的一般过程，它主要包括目标认可、目标规划、目标界定、目标核对及目标变化控制五个方面。

（1）目标认可

目标认可阶段是确认一个新的网络 GIS 应用系统的建设目标，或者是对于一个已经

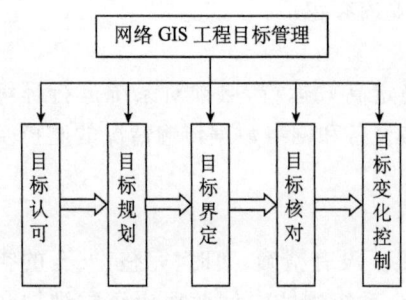

图 9-8　网络GIS工程目标管理过程

存在的网络GIS应用系统确认继续进行下一阶段工作的过程。对一个工程的认可是在经历必要的了解、学习、初步的计划和其他工作后才进行的,需要准确把握用户需求、实现技术以及法律要求等方面的信息。这些认可的因素也可以被称为是问题、机遇或用户的要求。

(2) 目标规划

目标规划是在目标认可的基础上进一步形成的各种文档,是衡量工程项目是否顺利完成的各类说明性材料,以便为将来工程建设决策提供基础支持。

目标规划编写工作需要参考很多相关的信息,比如应用系统描述,首先要清楚最终系统的定义才能规划好要完成的任务;工程章程也是很重要的依据,它通常对工程建设目标做了粗线条的约定,而目标规划是在此基础上的进一步深入和细化;现有网络GIS技术的了解对制定目标规划举足轻重,必须依托于现有的成熟技术才能使得规划合理可行,可操作性强。

制定目标规划的最终目的是确立工程目标管理计划,用于描述在工程目标范围内管理工程建设过程,确保工程按计划实施。

(3) 目标界定

目标界定是指将应用系统中主要的、可交付的成果细分成较小的、更易管理和实现的成分。在这个过程中项目组要建立一个项目工作分解结构。

项目工作分解结构可使原来看似笼统、模糊的工程目标更加清晰明了,可操作性更强。如果没有一个完善的项目工作分解结构或者当目标定义不明确时,项目中的各种变更将不可避免地出现,很可能造成返工、延长工期、降低团队士气等一系列不利的后果。

(4) 目标核对

目标核对是指对工程目标的正式认定,项目经理、用户和各领域专家等要在这个过程中正式认可项目可交付实施的计划。

这个过程是工程目标确定之后、实施之前各方相关人员的合同承诺,表明用户已经接受该工程的实施目标,而工程技术人员则必须根据合同承诺去实施该项工程。这也是使工程目标能得到有效管理和控制的法律保障。

(5) 目标变化控制

技术的发展、用户业务的拓展、网络计算模式的改进均可能导致工程目标发生改变。目标变化控制就是要对有关实现目标的变化实施控制。有效地控制变化必须有一套规范的变化管理方法,在目标发生变化时遵循规范的程序来进行处理。对所发生的目标变化通常需要了解和评估这种变化对工程可能造成的影响,并考虑应对措施。同时,项目所在组织亦应在其工程项目管理体系中制定一套严格、高效、实用的变化实施程序。

2. 质量管理

质量管理应保证所实施的网络GIS工程能高质量地满足用户的各方面需求,它包括工程质量体系中与工程质量策略、目标和责任等管理功能有关的各种活动,并通过诸如质量计划、质量保证和质量提高等手段来完成这些活动。质量管理必须兼顾工程管理和系统开发。图 9-9 所示为网络 GIS 工程质量管理的一般过程，主要包括质量计划、质量审核和质量控制三个方面。

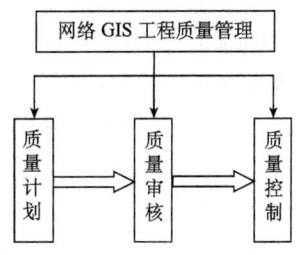

图 9-9　网络 GIS 工程质量管理

(1) 质量计划

质量计划包括确定适宜于网络 GIS 工程的质量标准(也包括空间数据质量标准)，并决定如何达到这些标准的要求。质量计划是推进工程进展的主要因素之一，在工程实施中，应当严格执行并与工程建设的其他计划同步进行。

(2) 质量审核

质量审核是所有计划和工程实施达到质量计划要求的保证，应该贯穿于工程实施的全过程。质量审核通常被描述在质量计划之中，一般由质量审核部门或者类似的组织机构完成。

(3) 质量控制

质量控制主要是监督工程实施过程中任务的完成质量，将实际结果与事先制定的质量标准进行比较，找出存在的差距，并分析形成这一差距的原因。质量控制同样贯穿于工程实施全过程，通常由质量控制部门或类似的质量组织单位完成。

3. 资源管理

资源管理是指对工程实施过程中所使用的各类资源的监管与利用。狭义上讲，网络 GIS 工程中的资源可以包括软件系统、硬件设备、网络设施等有形资产，如操作系统、网络 GIS 平台软件、数据库管理软件、应用系统软件、计算机设备、网络通讯设备等；广义上讲，网络 GIS 工程中的资源还应包括如人力资源、智力资源、数据资源等以无形资产形式存在的资源。对网络 GIS 中有形资产的管理相对容易，只要做好资产设备登记、使用状况记录、责任人指派以及相关信息的收集管理，即可做好有形资产的管理。相对于有形资产管理，无形资产的管理较为困难。以人力资源管理为例，它既包括工程技术人员、用户、管理人员，也包括与工程间接相关的技术支持人员，如软硬件提供者、工程咨询专家，甚至工程监理及法律顾问等。人力资源管理的目的是通过建立有效的工作机制，调动所有与项目相关人员的积极性，为圆满完成工程项目提供智力支持和人员保证。

4. 进度管理

合理地安排工程进度是工程管理中一项关键内容。在网络 GIS 中，因空间数据的可获得性、可用性方面可能存在的问题而导致工程拖延的情况时有发生，因此在制定工程进度时要综合考虑各种可能延误进度的因素，合理进行规划。进度管理的目的是保证工程项目的按时完成、合理分配资源、发挥最佳工作效率，它与进度的制定和控制等因素有关，其主要工作包括定义工程活动、任务、活动排序、每项活动的合理工期估算、工程完整的进度计划、资源共享分配、监控工程进度等内容。图 9-10 所示为网络 GIS 工程进度管理的一般过程，它主要包括工程进度安排、进度估计和进度控制三个方面。

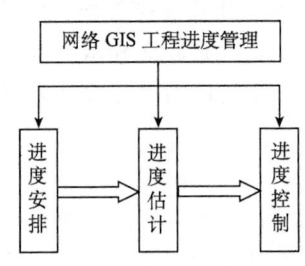

图 9-10　网络 GIS 工程进度管理

(1) 进度安排

合理地进行工程项目进度的安排,是工程顺利实施的保证,为工程分阶段进行提供了任务划分与进度控制的依据。在安排计划时,要决定工程活动的开始和结束日期,通过进度估计、成本估计的多次反复优化,确定最终的进度安排。

(2) 进度估计

进度估计是指预计完成工程所需要的时间,绝大多数的计算机排序软件会根据设定的参数自动处理这类问题,工程所需时间也是运用这类工具和方法加以估算的。在进行进度估计时,要充分考虑工程实施中的并行因素,例如空间数据建库工作与软件开发的同步进行,这在时间上是有重叠的。

(3) 进度控制

进度控制是指通过改变某些影响工程进度的因素,从而根据工程实施的实际情况,达到加快或延缓工程进度的目的。例如,如果获得的空间数据质量比预期的高,则由于不再需要进行数据的加工、处理工作,显然将缩短工程建设时间,反之则可能延误工程进度。

5. 风险管理

风险管理是项目管理者在进行工程实施时对工程潜在的各种风险进行辨识、评估、预防和控制的过程。网络 GIS 工程规模大、周期长、数据源种类繁多、软件开发复杂,工程实施过程中存在着许多不确定性因素,因此风险管理显得尤为重要。风险管理是对工程目标的主动控制,首先对可能存在的风险进行识别,然后将这些风险进行定量化描述,进而对风险进行有效地防范和控制。图 9-11 所示为网络 GIS 工程风险管理的一般过程,主要包括风险识别、风险对策研究和风险控制三个方面。

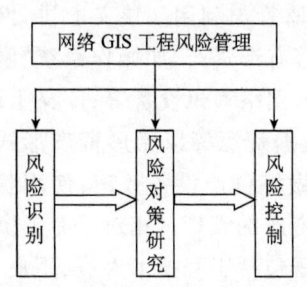

图 9-11 网络 GIS 工程风险管理

(1) 风险识别

风险识别贯穿于整个工程实施过程中,包括识别内在风险及外在风险。内在风险是指项目组能加以控制和影响的风险(如人员变动、空间数据建库比预期更加艰难);外在风险是指超出项目组能力和影响力之外的风险(如网络及硬件供货不及时、资金不到位)。在进行风险识别时,需要对那些可能影响到工程进展风险的各方面特征进行记录,以便采取规避措施和应对策略。

(2) 风险对策研究

风险对策研究包括对风险的跟踪进度和对危机的对策定义及策略研究。风险对策是工程能否减少风险的关键因素,一般的对策有:一是排除特定风险往往靠排除该风险的起源来实现;二是通过减少风险事件的预期资金投入来降低风险发生的概率和减少风险事件的风险系数;三是通过对所有可能的风险所产生的后果进行客观评估来减少风险所带来的损失等。

(3) 风险控制

风险控制是通过实施风险管理方案对工程建设过程中发生的风险事件做出回应。当风险发生时,需要重复地进行风险识别、风险量化以及风险对策研究这一整套措施。实践证明,即便是最全面、最深入地分析也不可能准确识别所有风险及其发生的概率,因此对风险进行控制是十分必要的。

6. 沟通管理

沟通是人与人之间交流的重要方式。沟通管理的目的是建立主动的交流渠道。网络GIS中涉及人员较多,专业背景复杂,知识结构不一,系统对人员的要求也不一样,因此沟通较难,这就要求参与网络GIS工程建设的各类人员按照沟通规则发送和接收与项目有关的各种信息,及时解决工程实施过程中出现的因沟通不畅而产生的问题。图9-12所示为网络GIS工程沟通管理的一般过程,主要包括制定沟通计划、信息发布、绩效报告和最终总结四个方面。

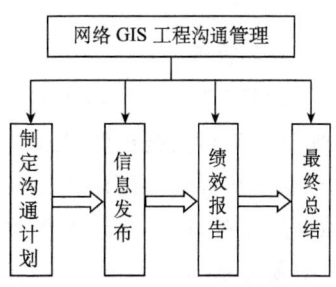

图 9-12 网络 GIS 工程沟通管理

(1) 制定沟通计划

沟通计划是工程整体计划中的一部分,其作用非常重要,但也容易被忽视。很多工程项目中没有完整的沟通计划,导致沟通非常混乱。在编制沟通计划时,最重要的是明确工程组织结构关系,掌握各类人员的沟通意愿(例如,谁需要什么信息、什么时候需要、怎么获得等)。有的用户可能希望每周提交工程进度报告,有的用户除周报外还希望有电话交流,也有的用户希望定期检查项目成果等,分析后的结果要在沟通计划中体现并能满足不同人员的信息需求,这样建立起来的沟通体系才会全面、有效。对于大多数网络GIS工程,沟通计划的大部分工作是作为工程前期阶段的一部分来完成的。

(2) 信息发布

沟通的目的是为了信息交流的通畅,使网络GIS工程的所有人员可以获得其关心的信息。工程实施过程中的各种信息的及时收集、汇总、整理、发布是保持沟通渠道顺畅的重要途径。

(3) 绩效报告

绩效报告是通过及时收集和发布信息,为工程相关人员提供合理使用资源的依据。其主要过程有:①状况报告:描述工程当前的状况;②进展报告:描述项目小组已完成的阶段性工作;③预测:对工程状况和进展进行分析预测。

绩效报告一般应提供工程目标、进度、成本及质量等信息,同时根据工程规模和风险分析的需要,也可能要求提供风险和采购信息。

(4) 最终总结

工程实施中,在某一阶段达到某一规定目标后,或者因其他原因而终止该目标后,均需要进行相应的总结,其中包括对工程建设结果的鉴定和记录。在进行最终总结时,应注意各阶段工程记录的收集,确保工程记录结果能反映设计说明书的要求和成本/效益分析结论,并对此类信息进行立卷保存。最终总结在工程实施中不应被拖延,工程的每一阶段应以适当的方式结束,以确保重要和有用的信息不会丢失。

7. 合同管理

合同管理是参照相关法律法规对工程建设中涉及的各种法律合同及契约的执行与约束情况的监督与管理。如果工程需要,每一个监控过程都可以由个人、多人或团体来完成。网络GIS工程实施过程中会产生多种类型的合同和契约,合约双方可能是项目组与项目组、项目组与用户以及与第三方等。合同类型一般包括系统开发合同、软硬件采购合同、数据使用及购买合同、空间数据建库合同、网络基础设施建设合同、系统维护更新合同等。工程项目的合同管理将为工程顺利实施提供法律法规依据，同时可以作为不同部门、不同组织、不同用户之间的一种约束方式，以确保工程所涉及的各方严格履行其职责，为工程顺利实施提供保障。合同管理应该贯穿于网络 GIS 工程建设的始终，直到所有的合同履行完为止。

8. 资金管理

网络 GIS 工程是一项较为复杂的系统工程，充足的资金支持及合理的经费配给将会极大地促进工程实施进度，提高后期维护与运行的效率，也将使不同阶段任务之间更为协调地运作。从资金的用途和类型划分，网络 GIS 工程的资金主要包括软硬件设备购置费用、数据加工处理费用、建库费用、网络建设费用、系统开发费用、人力资源费用、系统维护费用、更新升级费用以及人员培训费用等。通常情况下，网络 GIS 工程规模较大、建设周期较长、网络基础设施一次性投入较大、数据的现实性要求高、数据更新与系统升级维护工作频繁、经济效益回收缓慢，其中的每一项都涉及资金投入，因此严格的资金管理工作相当重要，它将是工程建设成败与否的重要因素。

在网络 GIS 工程项目申报立项、资金预算、资金评估与筹措、现金流控制以及财务报表制作等一系列过程中，均涉及资金管理。有效的资金管理可以提高资金利用率，缓解由于资金紧张或不足而导致工程延误的矛盾。一般而言，资金管理应包括成本预算与评估、资金流控制等主要内容。

（1）成本预算与评估

网络 GIS 工程所具有的复杂性等特点致使很难精确地对工程成本进行预算，根据工程建设规模、技术水平及各类资源成本等因素对成本预算方案进行科学客观的评估是非常重要的。成本预算通常由项目经理或项目负责人完成，基于详细的用户需求分析及工程总体规划与设计，对工程所涉及的软硬件设备、网络设施、软件开发、空间数据采集与加工处理、入库、人员培训及更新维护等一系列费用进行预算，从而给出工程整体建设成本估算。同时，工程建设中所涉及的技术也是项目成本预算的重要因素，即当开发中应用了较新的技术或难度较大的技术时，应适当考虑增加工程成本预算，以便为新技术的研发与科技攻关提供充足的资金保证。这个过程要求项目经理或项目负责人有较强的判断力和丰富的工程建设经验。

成本预算的评估工作需要在多领域专家的合作下完成，并需要严格遵守财务制度及政策；同时还需要以用户需求和技术方案为出发点，充分考虑当前市场物价因素，做出科学合理的评估，指导工程建设中的资金管理工作。

（2）资金流控制

资金流控制是在工程实施过程中运用必要的技术与管理手段对工程实施中的资金消耗进行计划、组织和监督的一个系统工程。有效的成本预算及合理的评估是工程资金流控制的良好开端，有利于网络 GIS 工程的顺利实施。资金管理的基础是遵守财务制度及政策，编制财务报表，包括财务现金流量表、损益表、资金来源与运用表、借款偿还计划表等，其中现金流量表是最重要的管理报表。通过财务现金流分析与控制，可以计算财务内部收益率、财务净现值、投资回收期等指标,并便于开源节流、增加收益。

习 题 九

一、填空题

1. 软件工程主要有两方面内容,即_____和_____。
2. 工程一般是指在特定的时间内,生产出一种_____或_____的过程。
3. 工程管理是应用_____、_____、_____及相关技术和制度去指导工程的实施,从而满足用户需求。它主要包括_____和_____两方面内容。
4. 工程的非技术管理主要包括_____、_____、_____、_____、_____等。
5. 网络 GIS 工程具有明显的阶段性,具体体现在_____、_____、_____、_____。在以上四个阶段中,贯穿着八项管理内容,分别是_____、_____、_____、_____、_____、_____、_____、_____等管理。
6. 软件工程建设过程实质上是指从_____、_____、_____、_____、_____到系统运行维护和评价的全部过程。
7. 网络 GIS 的维护一般包括_____、_____、_____、_____、_____的维护。
8. 可行性分析主要包括_____、_____、_____、_____等方面的分析。
9. 需求分析可分为_____、_____、_____、_____等阶段。
10. 网络 GIS 工程的规划阶段主要完成_____和_____两方面的任务。
11. 软件测试主要分为_____、_____、_____等阶段。
12. 网络 GIS 的目标管理需经历_____、_____、_____、_____、_____等过程。

二、单项或多项选择题

1. 下列中的( )应该属于工程项目的技术管理内容。
   A. 进度管理   B. 质量管理   C. 文档管理   D. 人员管理
2. 人员管理属于下列中的( )。
   A. 目标管理   B. 资源管理   C. 沟通管理   D. 合同管理
3. 在网络 GIS 工程建设中,设计说明书产生于软件生命周期中( )阶段。
   A. 系统维护   B. 需求分析   C. 系统设计   D. 系统实施
4. 软件生命周期中的需求分析对应于网络 GIS 工程技术中的( )阶段。
   A. 起始阶段   B. 规划阶段   C. 执行阶段   D. 结束阶段
5. 经济可行性分析主要依据的方法是( )。
   A. 成本估算法 B. 参照估算法 C. 成本效益方法 D. 代码行法
6. 在网络 GIS 工程执行阶段,需要完成的任务有( )。
   A. 编程   B. 需求调查   C. 测试   D. 系统维护
7. 把未经测试的模块逐个组装到已测试通过的模块并进行集成测试,重复此过程直至所有模块组装完毕,这种测试方法叫做( )。
   A. 渐增式测试 B. 非渐增式测试 C. 回归测试   D. 系统测试
8. 在进行性能评价时,评价指标主要有( )。
   A. 可靠性   B. 功能完备性   C. 运行速度   D. 用户界面友好性
9. 进行工程建设的风险管理的目的是( )。
   A. 防范与规避风险 B. 增加经济效益 C. 确保人员和设备安全 D. 控制工程进度
10. 网络 GIS 工程沟通管理中的绩效报告不包括( )。
    A. 工程当前状况报告 B. 工程进展报告 C. 财务报告   D. 预测分析报告

11. 工程项目的成本预算通常由（　）完成。
   A. 系统分析员　　B. 系统设计员　　C. 程序员　　D. 项目负责人
12. 网络 GIS 工程项目资金管理中最重要的管理报表是（　）。
   A. 资金来源与运用表　B. 损益表　　C. 现金流量表　　D. 借款偿还计划表

三、判断题

1. 网络 GIS 工程属于软件工程范畴，通常可用软件工程的原理和方法解决网络 GIS 工程建设中的所有问题。
2. 网络 GIS 工程不同于水利工程、建筑工程等有形工程，它是一种无形的工程，一种智力活动。
3. 快速原型法主要通过构筑系统的轮廓，及时、准确地掌握用户的需求，对于工程建设是一个良好的技术准备。
4. 软件工程管理中，生命周期法与快速原型法是两种不同的建设方法，各有优缺点。网络 GIS 一般采用其中的一种方法。
5. 在网络 GIS 工程建设中，质量和进度往往是一对难以调和的矛盾，但通过制定合理可行的质量监控和进度控制计划，可以在二者之间取得折中，从而保证工程的顺利实施。
6. 网络 GIS 涉及的空间数据具有分布、多源、异构、多尺度、海量等特点，它们在网络上传输时易受到网络带宽的影响，在服务于多个用户时，性能难以提高。
7. 网络 GIS 工程管理中，工程进度的制订与控制需要在工程实施前进行。进度计划及人员安排一旦确定，在网络 GIS 工程实施过程中一定要严格遵循计划安排，不能改动。
8. 网络 GIS 工程与传统的 GIS 工程不同，它涉及网络、硬件、软件、数据、人员等多方面问题，因此必须对相应的建设成本和经济效益进行精确计算，否则由于投入过大，难以保证工程顺利实施。
9. 需求描述的任务是编写需求规格说明书、数据要求说明书和初步的用户手册。
10. 网络 GIS 规划阶段的数据源选择以本部门的矢量图形数据为主。
11. 系统总体设计是一种宏观的、总体上的设计和规划。
12. 在应用体系结构选型与设计中，三层甚至多层的体系结构已经成为网络分布式应用的首选。
13. 在执行准备过程中，必须保证数据、人员、软硬件、网络、资金一步到位，否则工程难以展开。
14. 由于开发人员的编程风格和经验不一，最好依据各自习惯和风格进行编程，这样有助于加快工程进度，保障工程建设质量。
15. 网络 GIS 工程的结束阶段主要是将系统移交给用户使用，并由用户负责系统的维护和升级工作。
16. 由于网络 GIS 工程规模较大，数据建库任务繁重，因此一旦明确建设目标，便不能再行更改。
17. 人力资源是一种无形资产形式的资源，管理人力资源需要做好建章立制工作，优化人员结构，并通过激励机制，调动人员积极性。

四、简答题

1. 简要描述工程、工程技术、工程管理、网络 GIS 工程概念与内涵。
2. 根据网络 GIS 工程的特点，简述网络 GIS 工程与传统软件工程的异同。
3. 简述网络 GIS 工程的四阶段与八大管理功能之间的关系。
4. 对比分析网络 GIS 工程技术各阶段与生命周期各阶段的关系。
5. 根据空间数据在网络上传输的实际，谈谈网络 GIS 工程可行性分析中需要考虑的空间数据问题。
6. 简述网络 GIS 工程建设中的相关标准与规范，为什么要严格遵循这些规范与标准？
7. 请分析网络 GIS 应用系统中的性能指标，如何确保系统高质量运行？
8. 结合地理信息系统基本原理，简述网络 GIS 质量管理中如何保证空间数据的质量。
9. 举例说明怎样识别网络 GIS 工程建设中的各种风险。

五、论述与设计题

1. 从技术和管理角度论述网络 GIS 工程建设的特点和方法，并分析海量空间数据网络传输、存储、组织与管理中的关键问题及有效解决方法。

2. 某部门为了推动业务信息化工作,在进行充分论证后,拟建设基于本部门业务的网络 GIS,该系统的用户分布于某个城市的多个地点,并且数据(既有空间数据,也有业务报表等数据)分别存储于各用户所在地。为提高工作和管理效率,用户之间经常有数据的交换。请结合网络 GIS 工程技术和管理方法,为该部门设计一个实用的网络 GIS 应用系统建设方案。

第 10 章 常用网络 GIS 软件介绍

§10.1 常用 WebGIS 软件介绍

近年来随着 Internet 技术的迅速发展，Internet 的商业化趋势日益明显，WWW 的应用更加广泛，大多数的 GIS 软件企业已经将 GIS 产品推向网络化和市场化。国内外许多知名 GIS 企业纷纷推出基于 WebGIS 的应用解决方案，如 ESRI 公司的 ArcIMS、ArcGIS Server，AutoDesk 公司的 MapGuide，MapInfo 公司的 MapXsite、MapXtreme，Intergraph 公司的 GeoMedia Web Map 等，国内有国家遥感应用工程技术研究中心的地网 GeoBeans 等。基于 WebGIS 的应用中，用户通过浏览器就能获得便捷的空间信息服务。WebGIS 将 GIS 从过去独立的单机作业模式转变成了 Internet 环境下的多机联合协作模式。

10.1.1 ArcIMS

1. 概要介绍

美国环境系统研究所(Environmental System Research Institute，ESRI)是国际上著名的 GIS 公司，长期以来一直从事 GIS 的研究和开发。ESRI 公司的 IMS 空间信息发布平台是在 ESRI 公司桌面 GIS 的基础上发展起来的，包括 ArcView Internet Map Server、MapObjects Internet Map Server 和 ArcIMS 三个不同的产品。

ArcIMS 是 ESRI 针对 WebGIS 提出的 Internet GIS 解决方案，它允许集中建立大范围的 GIS 地图数据服务和应用，并将它们提供给组织内部和 Internet 上的广大用户。ArcIMS 的整个框架包括多种客户端、服务器和数据管理工具。它扩展了普通站点，使之能够提供 GIS 数据和应用服务。ArcIMS 还包括免费的 HTML 和 Java 客户端浏览工具，同时也支持其他 ESRI 的客户端应用，比如 ArcGIS Desktop、ArcPad 和无线设备等。

2. 软件特点与功能

ArcIMS 为在 Web 上发布地图数据和服务提供了一个公共平台，是专为 Web 应用提供 GIS 服务而构建的。它使创建地图服务、开发网页与地图服务通信、管理站点变得更加容易。ArcIMS 运行在分布式环境中，由客户端和服务器端组成。客户端向 Internet 或 Intranet 服务器发出请求，服务器端把请求处理结果返回到客户浏览器上。

ArcIMS 的功能主要有：提供图像表达、要素流、数据查询、数据提取、地理编码，以及进行空间分析等。ArcIMS 体系中的客户端浏览工具与服务器之间使用 ArcXML 协议进行通信，任何符合 ArcXML 标准的客户端都能链接到 ArcIMS 服务器上。利用这一特性，可以极大地扩展服务器端的空间信息处理能力，例如可以把 ArcIMS Server 中的基本 GIS 服务与高级服务集成起来。

ArcIMS 的特点主要体现在：

1）可以集成多种来源的数据。在浏览器里能与各种专业 GIS 产生的数据相互作用，把不同的地理数据集成在一起进行本地化查询和分析。

2）易创建、设计和管理 Web 站点。ArcIMS 提供的向导和模板能引导用户完成创作和发布地图的任务，而且实现这样的功能可以不需要编程。

3）能方便地创建地图服务、设计网页及发布信息。

4）易于实现对站点的监视和维护。对于高级用户，客户端和服务器端的配置与管理工具可用来构建更加安全、可靠的站点。

5）支持多种客户端和浏览器。允许其他 ESRI 产品访问 ArcIMS 的各类服务，包括 ArcPad、ArcView、ArcEditor 及 Arc/Info。

6）采用可升级的服务器结构，支持单个和跨服务器的 GIS 发布服务。

7）提供 Secure Socket Layers（SSL）和 HTTPS，保证安全的地图服务。

8）提供用户身份验证机制。

9）提供灵活地定制 ArcIMS 应用的方法，支持多平台和多 Web 服务器集群工作方式。

3. 运行方式

ArcIMS 采用的网络协议是 HTTP 和 TCP/IP 协议，基本标记语言是 HTML 和 XML。

ArcIMS 的基本配置：

（1）内存要求

Web Server/Manager：256 MB RAM；

ArcIMS Application Server：256 MB RAM；

ArcIMS Spatial Server：256 MB RAM/CPU；

HTML Viewers（HTML 客户端）：64 MB RAM；

Java Viewers and ArcExplorer（Java 浏览器）：128 MB RAM；

所有组件（典型安装）：256 MB RAM/CPU。

（2）硬盘容量：600M 以上。

（3）操作系统：ArcIMS 可以安装到目前流行的各种操作系统上，包括 Macintosh、Linux、Windows NT /2000/XP/2003/Vista 等。

10.1.2　ArcGIS Server

1. 概要介绍

ArcGIS Server 是 ESRI 发布的提供面向 Web 空间数据服务的一个企业级 GIS 软件平台，提供创建和配置 GIS 应用程序和服务的框架，这样可以满足不同客户的各种需求。自 9.2 版起 ArcGIS Server 包含了 ArcSDE 空间数据引擎，用于通过多种关系型数据库来管理基于多用户和多事务的地理空间数据库。

ArcGIS Server 包含两个主要部分：一个 GIS 服务器和一个支持.Net 框架及 Java 的 ADF（Application Developer Framework，应用程序开发框架）。其中，GIS 服务器也支持 ArcObjects，这样可以用于网络、企业和桌面应用程序，它包含了 ArcObjects 中心函数库，并且为服务器上运行 ArcObjects 提供了一个可升级的环境；ADF 可以帮助用户创建和配置.Net 框架或者 Java 桌面和网络应用,它们在 GIS 服务器中运行时需要调用 ArcObjects。ADF 包含一个软件开发工具包,其中有软件对象、网络控件、网络应用模板、开发者帮助和源代码范例,还包含了一个运行版的网络应用程序(Web application run time),这样无须在自己的服务器上安装 ArcObjects 就可以配置网络应用程序。

2. 软件特点与功能

ArcGIS Server 的服务可以部署在 Web 浏览器、移动设备和客户端系统上,它可以辅助开发人员创建较常用的网络应用程序、网络服务和其他企业应用程序,如那些基于 EJB 的应用程序。开发人员可以利用 ArcGIS Server 来创建用客户/服务器模式与服务器相互作用的应用程序。ArcGIS Server 支持 ArcGIS 桌面应用程序的开箱即用(out-of-the-box)调用方式,可以实现服务器管理、制图及网络上的地学编码。

ArcGIS Server 的主要功能可概括为:
1) 提供通用的框架以在企业内部建立和分发 GIS 应用;
2) 操作简单、易于配置的 Web 应用;
3) 广泛的基于 Web 的空间数据获取功能;
4) 通用的 GIS 数据管理框架;
5) 支持在线的空间数据编辑和专业分析;
6) 支持二维和三维地图的可视化;
7) 除标准浏览器外,还支持 ArcGIS Desktop 和 ArcGIS Explorer 等桌面客户端;
8) 可以集成多种 GIS 服务;
9) 支持标准的 WMS、WFS;
10) 提供配置、发布和优化 GIS 服务器的管理工具;
11) 提供.Net 和 Java 软件开发工具包;
12) 为移动客户提供应用开发框架。

10.1.3 MapXtreme

1. 概要介绍

MapXtreme 是美国 MapInfo 公司开发的基于 Internet/Intranet 的空间信息服务软件平台。它支持分布式服务体系架构,能够同其他标准的 Web 服务器相连,具有良好的开放性。同时,MapXtreme 还支持在一个集中管理的服务器上运行地图应用程序,降低了硬件和管理成本,极大地提高了可用性、可靠性和安全性。

2. 软件特点与功能

根据所使用的开发环境不同,MapXtreme 可分为 MapInfo MapXtreme Java Edition 和 MapInfo MapXtreme for Windows 两种版本。MapXtreme 在客户端提供两种工作模式,一种是基于 HTML 的网页模式,一种是基于 Java Applet 插件的交互模式。

MapInfo MapXtreme Java Edition 是 MapInfo 基于 Java 的网络产品,具有 Java 的诸多特点,例如,支持多元化平台、交互性和升级能力强、可被移植和再使用。它带有一系列可视和非可视的 JavaBeans,并支持 J2EE 规范,可与常用的 Java 开发环境(如 Symantec Visual Café,Sun One,JBuilder)方便结合,是一种开发成本低、效率高的 WebGIS 发布产品。

最新版本的 MapXtreme Java 可通过客户端浏览器支持多种 Web 应用,包括"瘦"客户端、中型客户端和"胖"客户端。在"瘦"客户端应用中,所有的地图生成、渲染均由服务器端完成,客户端只接收 GIF/JPEG 格式的图片。MapXtreme 以 Servlet 的方式部署在服务器端,或者直接与 Web 服务器和应用服务器集成。在中型客户端应用中,Web 浏览器装载了一个 Java Applet,但仍然需要从 MapXtreme 的 Servlet 中得到基于 GIF/JPEG 的地图图像,这种环境可以使用更丰富和灵活的用户界面,同时将从服务器下载的数据量降到最低。在"胖"客户端应用中,客户端装载了 Applet 后,地图以一系列矢量的形式传输到 Applet 中。这样,除了可从任何远程数据库中获得空间对象外,所有的地图功能均由客户端 Applet 完成。

MapInfo MapXtreme for Windows 是 MapInfo 为 Windows 平台开发的空间信息网络化服务产品。它支持 ASP 技术,通过运行管理完善的网络服务应用程序,可以为客户提供多种形式的网络化服务。

MapXtreme 的特点主要有:①地图服务器功能强大;②多线程机制保证了系统的伸缩性;③与大多数 Web 服务器和应用服务器兼容;④支持从"瘦"客户机到"胖"客户机的各种 Web 应用;⑤支持 Oracle Spatial。

MapXtreme Java 版附带了一套可视和不可视的 Java Beans,能加快应用开发速度。它可用于可视化的 Internet 开发环境(如 Oracle Jdeveloper、Borland JBuilder 或 IBM WebSphere),开发人员能采用标准的拖放与设置属性机制将对象添加到应用中。

3. 运行方式

MapXtreme 的基本配置:

1) Java 虚拟机 JDK;
2) 硬盘容量:至少 30MB 用于安装,250MB 用于存放地图资料;
3) 内存:64MB 以上。

MapXtreme 具备访问 Oracle、Informix Universal Server 和 IBM DB2 的能力,允许用户创建新的地图对象、移动和删除地图对象等。

10.1.4 Autodesk MapGuide

1. 概要介绍

MapGuide 是 Autodesk 公司发布的地图分发和空间信息服务产品,可用于在 Internet/Intranet 或 Extranet 上发布空间信息和进行现场开发、管理、维护以及部署 GIS 应用程序。它主要包含三个基本模块:MapGuide Viewer、MapGuide Author、MapGuide Server。其中 MapGuide Viewer 是一个 Netscape Plug-in 或 IE 的 ActiveX 控件,客户端只有安装了该控件后才能访问 MapGuide Server 上存储的地图数据。它有三个版本,分别适用于 Windows、Macintosh 和 UNIX 的浏览器。

MapGuide Author 用于制作和修改所发布的地图数据。MapGuide Server 作为地图服务器用于向 MapGuide Viewer、MapGuide Author 的用户提供地图服务,支持对多地图文件和关系数据库的连接。

MapGuide 能够生成动态缓冲区,通过明细表、半径、多边形、缓冲区及交叉等方法选择多个对象,并可根据地址和地理名称检索地图,还可读、写、修改图上的点、线、面目标。另外,MapGuide 还提供针对 Microsoft IE、Netscape Navigator 的开放的 API 函数,方便用户扩展客户端的操作功能。

2. 软件特点和功能

MapGuide 支持移动设备和数据的互操作,任一位置的任一用户能通过 Internet 随时访问到交互式地图和相关数据。MapGuide 还提供对所有主要的 GIS 和 CAD 数据格式的集成和访问能力,通过 OLE DB 和 ODBC 还支持大多数关系数据库(如 Oracle、SQL Server、Microsoft Access、dBASE 等)及对相关数据的直接集成和访问。

3. 运行方式

MapGuide 不同模块的运行方式和配置要求不同。其中,MapGuide Author 和 Symbol Manager 模块的操作系统为 Windows 2000 Professional、Windows 98 SE 或 Windows NT,基本要求为:32 MB RAM、170 MB 可用硬盘空间及 VGA 或更好的显示设备。

MapGuide Server 和 Spatial Data Providers 模块的操作系统采用 Windows 2000 Server 或 Microsoft Windows NT Server 以及下列组件之一:IIS、Netscape Enterprise Server 或 iPlanet Web Server Enterprise。数据连接方面需要 Mcrosoft Data Access 组件。基本要求:128MB RAM、160MB 可用硬盘空间及 VGA 或更高分辨率的显示设备。

MapGuide Viewer 模块的三个版本(ActiveX Control、Plug-In 和 Java Edition)也需要不同的配置:

1) MapGuide Viewer ActiveX Control 版本和 MapGuide Viewer Plug-In 版本的操作系统平台针对的是 Microsoft OS,其基本内存不小于 16MB;

2) MapGuide Viewer Java Edition 有针对不同处理器的版本,例如,Windows 版本支持 Intel Pentium 处理器的计算机,Macintosh 版本支持 Apple Macintosh 计算机;Solaris 版本支持 Sun SPARC 工作站。

10.1.5 GeoMedia Web Map

1. 概要介绍

GeoMedia Web Map 是 Intergraph 公司开发的 Internet 信息发布工具,允许用户使用标准的 Web 浏览器访问地理信息,不依赖于特定的编程语言,并能读取多种格式的空间数据,如 Arc/Info、ArcView、MapInfo、MGE、Oracle SDO/SC/Spatial、CAD(AutoCAD/MicroStation)及 SQL Server 等异构格式的数据。它支持利用 Java 和 Visual InterDev、FrontPage、Dreamwaver 等 Web 开发工具进行二次开发,实现空间信息的有效表达和网络发布。

2. 软件特点和功能

GeoMedia Web Map 的最大特点是不需进行数据格式的转换就能够操作常见的 GIS 数据。用户能用工业标准的程序语言如 VB、C++、PowerBuider、Delphi、Java 来创建动态的、自定义的、适宜于在 Web 上对地理数据进行浏览和分析的 GIS 应用软件。

GeoMedia Web Map 发布的是矢量数据，也可叠加栅格数据作为背景，并支持空间信息的实时发布和实时更新。它运用了超图空间数据仓库技术，能够对多源数据进行无缝集成，不需要转换，可以直接访问商业关系数据库中的空间信息，发布动态 GIS 页面。在空间分析功能的实现方面，GeoMedia Web Map 的用户可以通过浏览器向服务器发送空间分析请求和相应的参数，服务器端的分析组件根据这些参数进行各种专业的空间数据分析，并将分析结果传送给客户端，实现各种复杂的分析功能。

GeoMedia Web Enterprise 是 Intergraph 公司在 GeoMedia Web Map 基础上进行技术升级和功能扩展后推出的另外一个 WebGIS 平台，它提供了一套可用于二次开发的空间信息发布和空间分析的控件与服务。其主要特点是：

1) 多数据源直接访问服务。利用 Intergraph 的 GeoMedia 地理数据服务器和数据库技术，无需转换即可同时访问并发布多种格式的数据。

2) 支持 Active CGM 矢量图形。使用灵巧的 Active CGM 开放式数据格式（国际标准），在 Internet 上直接发布带属性的矢量图。

3) 栅格影像背景。可以使用栅格影像作背景，支持大数据量的镶嵌影像，采用 Intergraph 先进的图像浏览技术，使影像数据量减至最小，速度和效率得以保证。

4) 支持多种浏览器。包括 Internet Explorer、NetScape Navigator 等各种浏览器。

5) 多媒体支持。使用行业标准的 Web 工具，提高了栅格图像、视频、音频与 GIS 的集成效果，扩展了可视化能力。

10.1.6 GeoBeans

1. 概要介绍

GeoBeans 是由国家遥感应用工程技术研究中心研制的基于 Java Beans 组件技术的网络 GIS 开发平台，具有平台无关性。它采用 Browser/Server 结构，其中，服务器端的核心模块是 CMServer，客户端的核心模块是 CMExpress。

作为网络 GIS 的软件开发平台，GeoBeans 将先进的网络技术与 GIS 技术有机地结合起来，可以使用户在较短时间内完成具有个性化服务的 WebGIS 开发，拥有很好的可扩充性，通过编程能扩展 GeoBeans 的功能。

2. 软件特点和功能

GeoBeans 的服务模块能完成图形转换、图形编辑、符号编辑、图形管理、空间分析、三维可视化等功能，其主要特点是：

1) 统计数据图形化，如可以用直方图、曲线图、饼图等表达统计结果；

2) 兼容多种空间数据格式，可以读取 Arc/Info、ArcView、AutoCAD、MapGIS、MapInfo、MGE 等所支持格式的数据；

3) 用户动态制图，可即时制定个性化地图并打印输出；

4) 客户端支持矢量格式、栅格格式和矢栅一体化格式的数据，还能进行本地空间分析；

5) 能处理 10G 以上的海量空间数据；

6) 具有实时交互空间分析、路径分析能力；

7) 较好的智能二次开发向导；

8) 采用 JDBC 技术，可与多种大型数据库(Oracle、Sybase、SQL Server 等)相连，简化了对数据的操作和管理，实现了对分布式数据库的访问；

9) 分布式计算和多用户并发请求处理。能针对网络的不同状况，将应用分布在不同的机器上，实现分布式计算，处理不同用户的请求。

§10.2 常用移动 GIS 软件介绍

10.2.1 ESRI ArcPad

ESRI ArcPad 是一款为野外应用而设计的移动 GIS 软件，通过移动和手持设备可以为用户提供野外空间数据采集、存储、更新、处理、分析、显示等基本 GIS 功能以及野外制图、GIS 与 GPS 集成应用等。ArcPad 将批量获取的野外数据以数字地图的形式存储在移动设备的内存或移动存储器中，有效避免了传统野外数据采集中存在的数据纸质存储、编辑、导入等误差。目前，ArcPad 已经发展到 7.0 版本，新版本扩展了移动 GIS 的应用功能，显著提高了野外数据作业的工作效率。

ArcPad 提供了一组为移动 GIS 应用和任务设计的特征和工具扩展模块集，其功能和特色主要包括：

1) 支持标准数据格式。ArcPad 支持满足行业化标准的 shapefile 矢量文件格式和通用的栅格影像格式，提供支持矢量和栅格数据的地图引擎，并支持多层环境下的矢删一体化应用，同时还支持基于 TCP/IP 连接的无线数据下载。

2) 数据编辑与获取。ArcPad 允许用户通过鼠标、输入笔和 GPS 输入来实现空间数据的野外创建和编辑，包括地物编辑、属性编辑、点要素捕捉以及线要素分割等。ArcPad 还允许用户将野外编辑的数据更新至 GIS 中心数据库中。

3) 支持 GPS。ArcPad 支持多种 GPS 方案的接收机和多种使用 GPS 接收机获取数据的方式，可以为用户提供实时定位服务及基础导航服务。

4) 显示和查询。ArcPad 提供一组全面的地图导航、数据查询和显示工具集，包括确定地物的数据查询，超链接显示，距离、面积、方向量测，平移、缩放和定位到当前 GPS 位置等功能。支持用户对数据显示方式的控制，提供颜色、符号、样式、标尺的设置功能。

对于移动 GIS 而言，能够定制用户所需要的野外解决方法是非常必要的。ESRI 提供了 ArcPad Application Builder 软件来满足用户定制的需求，作为一个为移动 GIS 构建客户化的 ArcPad 应用程序的开发框架，ArcPad Application Builder 可以使得 ArcPad 用户通过 XML 和 VBScript 语言在可视化环境下设计系统架构、创建扩展模块、更改 ArcPad 用户界面和具体的功能应用，并可以将这些应用配置到 ArcPad 设备上。在 7.0 版本中，ArcPad Application Builder 已经开发得更加易于使用和提供更多客户化选项，包括支持创建样式向导、支持 JScript、支持扩展 ArcPad 对象模型等。

ArcPad 应用于移动 GIS 比较成功的例子是 GeoCollector™ 解决方案，这是一套专业的用于野外数据采集的 GPS 解决方案，主要由 Trimble 的 GeoExplorer 运行设备和内置 GPS 的 ArcPad 软件共同组成。

10.2.2 MapX Mobile

MapX Mobile 是 Mapinfo 公司推出的一款可以用于手持电脑上的移动 MapX 平台，是 MapX and MapXtreme for Windows 的自然延伸。用户可以通过这个平台开发新的移动 GIS 软件，进而扩展现有的软件，新的移动 GIS 软件可以单独在设备上运行，能够在无须无线连接环境下实现与 Pocket PC 的 Windows CE 操作系统兼容，并支持通过无线连接直接显示来自 MapXtreme 的地图信息。

MapX Mobile 允许用户随身携带数据，产品面向的客户对象是具有移动应用需求的组织或个人。作为一款嵌入式 GIS 组件产品，MapX Mobile 提供的功能和特色主要有：

1) 采用 MapX/MapXtreme 对象模式。这使得熟悉 MapX and MapXtreme for Windows 的客户可以将新的组件和功能模块集成到平台上，并能依据已有经验建立移动应用服务。

2) 采用 Microsoft 的内置开发工具。用户可以利用 Microsoft 提供的内置 VB 和 C++开发语言来开发新的功能模块，并能兼顾许多已有的功能。

3) 多种数据格式的支持与显示。包括提供对常见栅格数据格式、MapInfo 自带数据格式(.Tab,.Gst)以及格网、山形、阴影、标注等的支持与显示。同时，它还支持多种专题图的绘制与显示。

4) GPS 集成。在移动平台中内置 GPS 设备，提供跟踪定位服务并支持在移动地图软件中显示目标的坐标位置信息。

5) 多连通方式的支持。支持通过 ADO 连接 Pocket Access 和 Microsoft SQL Server CE 以及通过无线连接显示来自 MapXtreme 的地图信息。

6) 提供地图导航和用户控制功能。包括缩放、漫游、量距和图层控制等。

MapX Mobile 作为一款移动 GIS 软件，在使用环境上具有一定的局限性，主要包括：基于 Windows 系统开发，暂不支持 Java 环境；模拟器必须支持 EVC4.0 版本，只能运行在 Microsoft Pocket PC 设备上；对处理器有严格要求，Microsoft Pocket PC 2002 上需要安装 StrongArm 处理器，在 Microsoft Pocket PC 2003 上需要安装 StrongArm 和 X-Scale 处理器。目前，MapX Mobile 已经发展到 5.0 版本，尚不支持.Net 平台开发。

10.2.3 eSuperMap

eSuperMap 是北京超图软件股份有限公司自主研发的一款比较成熟的嵌入式国产移动 GIS 开发平台。eSuperMap 基于 SFC(SuperMap Foundation Class，SuperMap 基础类库)而开发，支持包含 EVC4.0、Visual C++ 6.0、VS.Net 等多种集成环境下的开发，开发的应用系统可以运行在 Windows 2000/Server 2003/XP/NT/CE 等多种操作系统和多种硬件平台上(IBM PC 兼容机、Pocket PC2003、Smart Phone2003、Windows Mobile 5/6 以及其他运行 Windows CE 的嵌入式设备)，支持包括 ARMV4、ARMV4I、SH4、MIPS 在内的多种 CPU 类型，提供的类库和控件可以使得用户根据应用和硬件的不同定制相应的应用系统。

eSuperMap 的产品开发可以满足嵌入式应用的需求,提供较灵活的二次开发功能。除了地图缩放、漫游等基本功能外,eSuperMap 还提供了一些特色功能,主要包括:

1) 支持多格式数据。eSuperMap 不仅支持矢量地图数据,还通过数据外挂技术支持多种格式的栅格数据,包括各种常见格式的栅格影像和压缩数据。此外,通过超图金字塔技术可实现 GB 级影像的实时显示,通过 SuperMap IS 服务器实现服务器端地图访问和网络数据在线浏览,通过无缝集成技术管理多源数据。

2) 高效的数据访问。针对嵌入式设备资源的缺点,eSuperMap 专门设计出 PM2 和 PMR 两种不同的数据存储格式,通过改进数据存储方式和索引方式实现高效的数据访问。两种数据格式的设计不依赖于任何数据库技术,可移植性强,支持数据加密技术。

3) 地图显示与操作。支持地图自由浏览、多种方式地图变换、自定义风格的地图显示、线状地物流动标注文字及标注文字的自动避让、被选对象高亮显示和动态物体显示与跟踪等。

4) 支持空间计算与分析。提供包括空间地物量算、地物缓冲区分析、地图数据叠加分析(裁剪、包含、重叠)等功能,还提供了基于时态和交通规则的最佳/最短路径分析功能。

5) GPS 定位与导航。提供三种协议支持动态位置数据的实时解析,并支持车辆位置的实时动态显示和车辆与目的地之间的动态位置关系显示,通过允许用户自定义 GPS 协议解析器来实现基于不同协议的 GPS 数据的解析。

10.2.4 Pocket Map

Pocket Map 是北京慧图信息科技有限公司基于 Windows Mobile 平台开发的嵌入式 GIS,主要包括:

1) Pocket Map SDK:基于掌上电脑 Windows Mobile 操作系统的 GIS 开发包。
2) Pocket Map Framework:基于 Pocket Map SDK 的 EVC 程序框架。
3) Pocket Map Professional:基于掌上电脑的 GIS 平台。
4) Pocket GPS ActiveX:Windows CE 上的 GPS 开发组件。
5) Pocket SMS ActiveX:Windows CE 上的短消息开发组件。

Pocket Map 提供的开发包分为 GIS 开发包和 GPS 开发包两部分,其中,GIS 开发包为动态库,采用 EVC4.0 进行开发;GPS 开发包为 OCX,可以采用 EVC4.0 和 EVB4.0 进行开发。支持 Windows CE 3.0、PPC 2002/2003 和 Windows Mobile 5.0 等操作系统,但是只支持部分硬件,若需要支持更多硬件或扩展功能,则可以在 Pocket Map 基础上进行开发。

Pocket Map 提供了多层次的产品开发工具,包括 GPS 信号解析控件开发包、GIS 核心动态库开发包、GPS 信号解析控件源码、基于 Pocket Map 的应用框架源码、GIS 核心动态库源码、GIS/GPS 装机许可等,用户可以根据应用需求选择不同的开发工具进行二次开发。

Pocket Map 提供的功能主要包括地物信息查询、标签添加与管理、感兴趣区域标注、基于文本的地物查找与定位、最短路径分析、地图编辑(图层操作、实体编辑、样式调整、属性修改、自由标注)、GPS 导航与轨迹回放等。

目前,Pocket Map 比较有代表性的应用是慧图掌上 GIS 资讯系统,这套系统运行在智能手机上,以 GIS 为基础,通过 GSM 无线网实时连接综合数据库,集成了资料检索查阅、电子地图浏览、GPS 空间定位及位置采集、信息实时查询统计、图片实时下载浏览、手机应急指挥等功能。

§10.3 开源 WebGIS

随着开放源代码软件(开源)的蓬勃发展,开源 GIS 也得到了越来越广泛的应用,近年来出现了许多优秀的开源 GIS 项目,越来越多的应用系统可以用开源 GIS 开发。本节主要介绍三种典型的开源 WebGIS 软件。

10.3.1 MapServer

MapServer 是用 C 语言编写的一个开源地理空间数据渲染引擎,起源于 20 世纪 90 年代中期美国明尼苏达大学(University of Minnesota)、NASA 及明尼苏达州自然资源部(Minnesota Department of Natural Resources,MNDNR)的一个合作项目——ForNet,这是一个基于麻省理工学院模式的许可证(MIT-style License)发布的开源软件,用于在 Web 上发布空间数据和交互式地图应用,可支持所有主流的操作系统,包括 Windows、Linux、Mac OS X 等。它的定位不是实现全功能的 GIS,而是提供满足 Web 应用的大多数核心 GIS 功能。2009 年 11 月发布的最新版本为 5.6.0 beta5。

MapServer 借鉴和集成了 Shapelib、FreeType、Proj.4、LIBTIFF、Perl 等开源项目,这些项目的集成使得 MapServer 能够完成比较丰富的制图功能,并且可以对空间数据实施坐标系转换。

MapServer 系统支持 MapScript 脚本语言,允许流行的脚本语言如:Perl、Python、Tk/Tcl、Guile 甚至是 Java 来连接到 MapServer C API 中,为开发那些拥有众多离散数据的应用提供了一个良好的开发环境。

MapServer 的安装和使用比较简单,可以下载 MapServer 的源码包进行编译,也可以直接使用编译好的 MapServer 二进制文件。

可以参考链接 http://mapserver.org 来获得 MapServer 的相关说明文档及源代码。

10.3.2 GeoTools

GeoTools 是英国利兹大学(University of Leeds)的 James Macgill 从 1996 年开始研发的一个操作和显示地图的开源 Java 工具包,可利用它来开发符合 OGC 规范的 GIS 应用系统,目前的版本是 2009 年 10 月发布的 2.6 版。

第一版的 GeoTools 支持用户以一种简单的交互方式来绘制地图,这使得 GeoTools 吸引了更多的最终用户而不是开发人员。第二版由于减少了开放给最终用户的接口数量,使得用它来建立一个交互式网络地图的难度加大,必须在它提供的框架上才能进行开发,因而吸引了更多的开发人员。目前的 GeoTools 主要面向开发人员而不是最终用户。它所提供的类库是代码开放的自由软件,支持 LGPL(Lesser General Public License)协议。基于 GeoTools 开发的 Applet 程序可提供交互性的地图显示而无须服务器端的支持。

GeoTools 使用 Java 语言和面向对象方法,按照功能划分模块,结构清晰,可以让开发人员随意修改,方便地完成从源代码级的定制。第二版的 GeoTools 正朝着方便移植、简练、可交互、可定制、数据格式无关这几个方向发展,同时还添加了对 MySQL、PostgreSQL 等开源关系数据库的支持。该版的 GeoTools 还引入了另外两个开源项目:Batik 和 JTS,前者是一个方便应用程序或者 Applet 来操作 SVG 图像的开发工具包,支持浏览、生成和操纵 SVG 文件;后者是一个从 GE(Geometry Engine)移植过来的 Java 拓扑操作开发包,包含了"Simple Features for SQL"规格说明书(由 OpenGIS 组织规定)上所有的空间谓词操作和空间算子,同时也包含了 JTS 所独有的拓扑操作函数。

GeoTools 拥有良好的面向对象的设计和编码风格,使用 UML 建模技术,是一个很有发展前途的项目。目前,GeoTools 的社团和研究阵容强大,拥有来自世界各地的开发人员和大量用户,有的开源项目甚至把它作为开发的基础,例如 GeoServer、uDig 和 GeoVISTA studio 等。

可以参考链接 http://www.geotools.org 来获得 GeoTools 的相关文档及源代码。

10.3.3 SharpMap

SharpMap 是一套基于 .Net Framework 2.0 使用 C# 开发的地图组件库,最初由 Morten Nielsen 独立开发完成,可用来开发 Web 以及桌面 GIS 应用系统,不仅提供了空间查询功能,而且还能以多种方式进行地图渲染,支持几乎所有类型的空间数据格式,其中部分格式的支持是通过第三方扩展来实现的。

该软件是基于 GNU LGPL 发布的,全部程序共有代码近 10000 行,并且在不断的更新中。其源码中的主体 SharpMap 工程文件包含数据转换、坐标、数据、几何体、图层等命名空间,具体有:

1) SharpMap 命名空间:包括 Map 类,通过创建 Map 对象的实例来生成地图;

2) Converters 命名空间:提供数据转换服务;

3) CoordinateSystems 命名空间:提供坐标系统及其投影和转换;

4) Data 命名空间:提供对各种数据的支持;

5) Geometries 命名空间:包括 SharpMap 要使用到的各种几何类及其接口类,例如点、线、面等类;

6) Layers 命名空间:提供各种图层支持,包括注记层、矢量层等;

7) Rendering 命名空间:包括矢量渲染器类和几个专题图渲染器类;

8) Styles 命名空间:主要提供图层的样式设置类,例如线样式、点样式、填充样式等;

9) Utilities 命名空间:包括 Algorithms 类、Providers 类、Surrogates、Transform 等几个类;

10) Web 命名空间:实现了 HttpHandler 和 Caching 类,用于网络环境,包括对网络支持(如 HTTP 等)。另外,未来在这个命名空间下还会增加对 WFS 的支持。

可以参考链接 http://www.codeplex.com/SharpMap 来获得 SharpMap 的相关文档及源代码。

主要参考文献

包世泰,余应刚. 2000. 地理数据共享与互操作技术. 测绘工程,19(4):32~36
北京超图地理信息技术有限公司. 2006. eSuperMap 5用户手册. http://www.supermap.com.cn
北京超图地理信息技术有限公司. 2006. 嵌入式GIS开发平台 eSuperMap. http://www.supermap.com.cn
北京慧图信息科技有限公司. 2009. Pocket Map 6掌上地理信息系统. http://www.topmap.com.cn
毕硕本,王桥,徐秀华. 2003. GIS软件工程原理与方法. 北京:科学出版社
边馥苓. 1996. 地理信息系统原理和方法. 北京:测绘出版社
陈敦根,蒋浩宇,范跃祖. 2006. 嵌入式GIS软件ArcPad的二次开发技术. 微计算机信息,22(2):37~39
陈贵海,李振华. 2007. 对等网络:结构、应用与设计. 北京:清华大学出版社
陈述彭,鲁学军,周成虎. 2000. 地理信息系统导论. 北京:科学出版社
程正国. 1998. 分布数据共享. 计算机技术与自动化,17(3):93~95,112
池天河,周旭,王雷,陈华斌,余斌,王月芹,唐培新. 2001. 中国可持续发展信息共享系统的WebGIS解决方案. 资源科学,23(1):34~39
崔洪波,李井杰,侯振贵. 2006. 网络存储技术在GIS中的应用. 测绘与空间地理信息,29(6):80~82,99
都志辉,陈渝,刘鹏. 2002. 网格计算. 北京:清华大学出版社
杜莹,武玉国,王晓明,游雄. 2006. 全球多分辨率虚拟地形环境的金字塔模型研究. 系统仿真学报,18(4):955~958,967
方金云,何建邦. 2002. 网格GIS体系结构及其实现技术. 地球信息科学,4(4):36~42
龚健雅. 2001. 地理信息系统基础. 北京:科学出版社
关泽群,王贤敏,孙家抦. 2004. 一种实用的遥感影像二维信息隐藏盲算法. 武汉大学学报(信息科学版),29(4):296~301
郭士秋. 2002. IP协议体系. 北京:电子工业出版社
贾颖. 2003. 移动位置服务的技术原理及市场前景. 邮电规划,(1):14~18
蒋捷,韩刚,陈军. 2003. 导航地理数据库. 北京:科学出版社
孔云峰,林珲. 1998. 基于万维网的地理信息系统集成研究. 遥感学报,2(2):143~148
李德仁,朱欣焰,龚健雅. 2003. 从数字地图到空间信息网格——空间信息多级网格理论思考. 武汉大学学报(信息科学版),28(6):642~650
李海军,田俊峰,王凤先. 2002. 一种基于三层C/S结构模型的容错信息系统的研究. 计算机工程,28(Suppl.):267~272
李凯锋,吕志平. 2005. 基于MapX Mobile开发的个人移动导航系统. 四川测绘,29(3):99~103
李青元,张福浩,朱雪华,张家庆,韦淳. 1998. WebGIS实现技术探讨. 中国图像图形学报,3(6):485~489
刘荣高,庄大方,刘纪远. 2001. 分布式海量矢量地理数据共享研究. 中国图像图形学报,6(A)(9):865~872
刘湛. J2EE全面简介. 中国系统分析员网站:Http://www.Csai.cn/sa/j2ee_index.htm
刘振英,方滨兴,胡铭曾,张毅. 2001. 一个有效的动态负载平衡方法. 软件学报,12(4):563~569
逯昭义. 2000. 计算机网络原理——计算机网络体系结构. 北京:电子工业出版社
骆剑承,周成虎,蔡少华,裴韬,郑江,鲁学军,龚建华,张良培,熊汉江. 2002. 基于中间件技术的网格GIS体系结构. 地球信息科学,(3):17~25
梅士员,江南. 2002. GIS数据共享技术. 遥感信息,(4):46~49,64
孟令奎,邓世军,赵春宇,林志勇. 2004. 多服务器技术在WebGIS中的应用. 武汉大学学报(信息科学版),29(9):832~835
牟伶俐,杜清运,蔡忠亮,邬国峰. 2002. 移动电子地图技术初探. 四川测绘,25(2):60~63

彭琥. 2002. 移动 GIS：挑战和局限. 遥感信息,（1）：44～46

彭林. 2003. 第三代移动通信技术. 北京：电子工业出版社

宋国民,贾奋励. 2002. 地理空间数据共享机制研究. 测绘学院学报,19(2)：134～136

谭庆全,毕建涛,池天河. 2008. 一种灵活高效的遥感影像金字塔构建算法. 计算机系统应用,（4）：124～127

王飞杰,纪晏宁,余柏华. 2001. 基于中间件的客户/多服务器协作模型的研究及应用. 计算机应用,21(6)：7～9

王洪伟,张立朝,张海东,郑海鹰. 2007. 分布式 ArcGIS Server 体系结构的研究与开发. 测绘科学技术学报,24(2)：110～113

王华斌,唐新明,李黔湘. 2008. 海量遥感影像数据存储管理技术研究与实现. 测绘科学,133(16)：156～157,153

王珊,丁治明,张孝. 2000. 移动数据库及其应用. 计算机应用,20(9)：1～8

王铮,吴兵. 2003. GridGIS——基于网格计算的地理信息系统. 计算机工程,29(4)：38～40

邬伦,刘瑜,张晶,马修军,韦中亚,田原. 2001. 地理信息系统——原理、方法和应用. 北京：科学出版社

吴立新,史文中. 2003. 地理信息系统原理与算法. 北京：科学出版社

吴松,金海. 2003. 存储虚拟化研究. 小型微型计算机系统,24(4)：728～732

谢希仁. 2003. 计算机网络(第四版). 北京：电子工业出版社

修文群. 2002. 网络地理信息系统. 中国图像图形学报,7(A)(6)：610～617

徐志伟,李伟. 2002. 织女星网格的体系结构研究. 计算机研究与发展,39(8)：923～929

于磊,林宗楷,郭玉钗,林守勋. 2001. 多服务器系统中的负载平衡与容错. 系统仿真学报,13(3)：325～328

喻莉,石冰心,朱光喜. 2001. 多 Web 服务器系统的建模、分析与控制. 通信学报,22(8)：34～40

翟永. 2002. 海量数据存之有道——谈国家基础地理信息中心数据网络备份的应用. 中国计算机报,（12）

张海涛,张书亮,姜杰,顾燕. 2007. 城市 GIS 数据多级共享交换平台系统. 地球信息科学,9(1)：116～122

张锦,王励. 1998. 万维网地理信息系统实现的相关技术问题. 测绘通报,（1）：33～35

赵霈生,杨崇俊. 2000. Web-GIS 的设计与实现. 中国图像图形学报,5(A)(1)：75～79

赵文斌,张登荣. 2003. 移动计算环境中的地理信息系统. 地理与地理信息科学,19(2)：19～23

仲盛,汲化,谢立. 1998. 基于多服务器的分布对象系统的设计与实现. 计算机学报,21(Suppl.)：218～224

Alan F Benner. 2003. 胡先志,胡佳妮(译). 存储区域网络光纤通道技术. 北京：人民邮电出版社

Alenka Krek, Manfred Bortenschlager. 2006. P2P Computing and Geoinformation Technologies: Research and Application Challenges. Proceedings of the 15th IEEE International Workshops on Enabling Technologies: Infrastructure for Collaborative Enterprises (WETICE'06), Manchester, United Kingdom, IEEE Computer Society: 87～88

Anand Natrajan, Marty A Humphrey, Andrew S Grimshaw. 2001. Capacity and Capability Computing Using Legion. Proceedings of the International Conference on Computiational Sciences-Part I. San Francisco, California: Springer: 273～283

Anirban Mondal, Yi Lifu, Masaru Kitsuregawa. 2004. P2P R-Tree: An R-Tree-based Spatial Index for Peer-To-Peer Environments. Proceedings of the 9th International Conference on Extending Database Technology (EDBT'04), Heraklion, Crete, Springer: 516～525

Antomn Guttman. 1984. R-trees: A Dynamic Index Structure for Spatial Searching. Proceedings of the 1984 ACM SIGMOD International Conference on Management of Data. Boston, Massachusetts: ACM, 47～57

Bharat K Soni. 2000. Grid Generation: Past, Present, and Future. Applied Numerical Mathematics, 32：361～369

Faloutsos Christos, Roseman Shari. 1989. Fractals for Secondary Key Retrieval. Proceedings of the 8th ACM SIGACT-SIGMOD-SIGART Symoposium on Priciples of Database Systems. Philadelphia, Pennaylyania, ACM：247～252

Fran Berman, Geoffrey Fox, Tony Hey. 2003. The Grid: Past, Present, Future. In Part A of Grid computing: making the global infrastructure a reality. Wiley：9～50

Frantisek Plasil, Michael Stal. 1998. An Architectural View of Distributed Objects and Components in CORBA, Java RMI and COM/DCOM. Software-Concepts and Tools, 19(1)：14～28

Ganesan Prasanna, Yang Beverly, Garicia-Molina Hector. 2004. One Torus to Rule them All: Multidimensional Queries in P2P Systems. Proceedings of the 7th International Workshop on the Web and Databases (WebDB'04). Paris,

France: ACM, 19~24

Gottschalk K, Graham S, Kreger H et al. 2002. Introduction to Web Services Architecture. IBM Systems Journal, 41(2): 170~177

Hall G Brent, Leahy Michael G. 2008. Open Source Approaches in Spatial Data Handling. Berlin Heidelberg: Springer-Verlag

Hanan Samet, Houman Alborzi, Frantiŝek Brabec, Claudio Esperanŝa, Gísli R Hjaltason, Frank Morgan, Egemen Tanin. 2003. Use of the SAND Spatial Browser for Digital Government Applications. Communications of the ACM, 46(1): 63~66

Hassan A Karimi et al. 2001. 赫建忠, 郭革新编译. 分布式移动GIS. 测绘通报, (6): 44~45

Ian Foster, Carl Kesselman, Jeffrey M Nick, Steven Tuecke. 2002. Grid Services for Distributed System Integration. Computer, 35(6): 37~46

Ian Foster, Carl Kesselman. 1998. The Grid: Blueprint for a New Computing Infrastructure. San Francisco: Morgan-Kaufmann Publishers

Ian Foster. 2002. What is the Grid? A Three Point Checklist. GRID today, 1(6), Http://www.gridtoday.com

Jagadish H V, Ooi B C, Vu Q H. 2005. BATON: A Balanced Tree Structure for Peer-to-Peer Networks. Proceedings of the 31st International Conference on Very Large Data Bases (VLDB 2005). Trondheim, Norway: VLDB Endowment, 661~672

Jagadish H V, Ooi B C, Vu Q H., Zhang R, Zhou A Y. 2006. VBI-Tree: A Peer-to-Peer Framework for Supporting Multi-Dimensional Indexing Schemes. Proceedings of the 22nd International Conference on Data Engineering (ICDE 2006). Atlanta, Georgia: IEEE Computer Society, 22~34

Jens-Peter Akelbein, Ute Schröfel. 2004. Adaptive Workload Balancing for Storage Management Applications in MultiNode Environment. Lecture Notes in Computer Science, 2981: 5~33

Jim Farley. 1998. Java Distributed Computing. O'Reilly

Kantere V, Skiadopoulos S, Sellis T. 2009. Storing and Indexing Spatial Data in P2P Systems. IEEE Transactions on Knowledge and Data Engineering, 21(2): 287~300

Kenneth A Hawick, Paul D Coddington, Heath A James. 2003. Distributed Frameworks and Parallel Algorithms for Processing Large-scale Geographic Data. Parallel Computing, 29(10): 1297~1333

Li M, Lee W C, Sivasubramaniam A. 2006. DPTree: A Balanced Tree based Indexing Framework for Peer-to-Peer Systems. Proceedings of the 14th IEEE International Conference on Network Protocols(ICNP 2006). IEEE Computer Society, 12~21

Marc Farley. 2002. 孙功星, 蒋文保, 范勇, 叶梅译. SAN存储区域网络(第二版). 北京: 机械工业出版社

Meng Lingkui, Lin Chengda, Shi Wenzhong. 2004. Spatial Data Transfers and Storage in Distributed Wireless GIS. The International Archives of the Photogrammetry, Remote Sensing and Spatial Information Sciences, Part XXX, Commission Ⅵ, WG Ⅵ/4, Istanbul, Turkey. ISPRS, 34: 305~309

Meng T H, McFarland B. 2001. Wireless LAN Revolution: from Silicon to Systems. Radio Frequency Integrated Circuits(RFIC) Symposium. Digest of Papers, IEEE, 3~6

Michael J Mineter. 2003. A Software Framework to Create Vector-topology in Parallel GIS Operations. International Journal of Geographical Information Science, 17(3): 203~222

Michael Zeiler. 1999. Modeling Our World. CA: ESRI Press

Piyush Gupta, Kumar P R. 2000. The Capacity of Wireless Networks. IEEE Transactions on Information Theory, 46(2): 388~404

Project Management Institute. 2001. A Guide to the Project Management Body of Knowledge. Pennsylvania: Project Management Institute Publishers

Sanjay Kumar Madria, Mukesh Mohania, Sourav S Bhowmick, Bharat Bhargava. 2002. Mobile Data and Transaction Management. Information Sciences, 141(3~4): 279~309

Stoica Ion, Morris Robert, Karger David, Frans Kaashoek M, Balakrishnan Hari. 2001. Chord: A Scalable Peer-to-

Peer Lookup Service for Internet Applications. Proceedings of the ACM SIGCOMM'2001 Conference on Applications, Technologies, Architectures, and Protocols for Computer Communications, San Diego, California: ACM, 149~160

Tang Chunqiang, Xu Zhichen, Mahalingam Mallik. 2003. pSearch: Information Retrieval in Structured Overlays. ACM SIGCOMM Computer Communication Review, 33(1): 89~94

Thierry Delot, Pascal Déchamboux, Béatrice Finance et al. 2001. LDAP, Databases and Distributed Objects: Towards a Better Integration. Proceedings of the 27th International Conference on Very Large Databases (VLDB'01). Roma, Italy, Springer: 11~14

Verena Kantere, Spiros Skiadopoulos, Timos Sellis. 2009. Storing and Indexing Spatial Data in P2P Systems. IEEE Transactions on Knowledge and Data Engineering, 21(2): 287~300

Winnie S. M. Tang, Jan Robert Selwood. 2003. The Development and Impact of Web-based Geographic Information Services. The Geospatial Resource Portal, GIS Development. Http://www.GISdevelopment.net

Zhanfeng Shen, Jiancheng Luo, Chenghu Zhou, Shaohua Cai, Jiang Zheng, Qiuxiao Chen, Dongping Ming, Qinghui Sun. 2004. Architecture Design of Grid GIS and its Applications on Image Processing based on LAN. Information Sciences, 166(1~4):1~17

附录 常用术语及缩写汇编

A

A2A(Application-to-Application):应用级系统集成
Abstract Model of Geography:地理抽象模型
Acknowledge:确认
Active Page:动态网页
ADF(Application Developer Framework):应用程序开发框架
ADM(Add/Drop Multiplexer):分插复用器
ADT(Abstract Data Type):抽象数据类型
Agents:代理
AL_PA(Arbitrated Loop Physical Address):仲裁环路物理地址
AOI (Area of Interested):感兴趣区域
AP(Access Point):传输介质无线接入点
Application Assembler:应用组合者
Application:应用层
Area:面,与 Surface 同义,但它更侧重于二维平面
ASK(Amplitude-Shift Keying):调幅编码法
ASP(Active Server Page):动态服务器主页
ASP(Application Service Provider):应用服务提供商
ATM(Asynchronous Transfer Mode):异步传输模式

B

B/S(Browser/Server):浏览器/服务器计算模式
B2B(Business-to-Business):企业间电子商务,A2A 中很流行的一种特殊应用
BATON(BAlanced Tree Overlay Network):平衡树覆盖网络
Baud:波特,电路中每秒能够传输的基本信号单位的数量
BFS(Breadth-First-Search):宽度优先搜索
B-ISDN (Broadband-ISDN):宽带综合业务数据网
Bluetooth:蓝牙
Bridge:网桥
Browser:浏览器
BSA(Basic Service Area):基本服务区
BSS(Basic Service Set):基本服务组
Building Block Services:模块构建服务
Bytecode:字节代码

C

C/S(Client/Server):客户/服务器计算模式
CAINET(China Advanced Internet):中国高速互联网络
CAN(Content-Addressable Network):内容可寻址网络
CDMA(Code-Division Multiple Access):码分多址
CDPD(Cellular Digital Packet Data):蜂窝式数字分组数据
CERN(European Organization for Nuclear Research):欧洲原子能研究机构,CERN 为法文缩写
CFS (Cooperative File System):协作式文件系统
CGI(Common Gateway Interface):通用网关接口
Character Data:字符数据
ChinaGrid:中国教育科研网格
CLDC(Connected Limited Device Configuration):受限连接设备配置
Collective:汇集层,用于协调各种资源
COM(Component Object Model):组件对象模型
Common Language Runtime:通用语言运行环境
Component Databases:成分数据库
Component Schema:成分模式
Computer Network:计算机网络
Connectivity:连接层,网格中网络事务处理通信与授权控制的核心协议
CORBA(Common Object Request Broker Architecher):公共对象请求代理结构
CPN(Cell Phone Network):数字蜂窝式移动电话网络
Curve:线,与 Line 同义

D

DAS(Direct Attached Storage):直接连接存储
Data Storage Server:数据存储服务器
Data Stripping Array without Parity:数据分条技术,不带奇偶校验的数据条带化
DBMS(DataBase Management System):数据库管理系统
DCA(Distributed Computing Architecture):分布式计算结构
DCOM(Distributed Component Object Model):分布式组件对象模型
DDE(Dynamic Data Exchange):动态数据交换
DDMS(Distributed Database Management Systems):分布式数据库管理系统
DEM(Digital Elevation Model):数字高程模型
Department Network:部门级网络
Deployment Descriptor:部署文件
DGPS(Differential GPS):差分 GPS
DHT(Distributed Hash Table):分布式散列表
Digital Earth:数字地球
Digital Photogrammetry:数字摄影测量
Disk Mirroring:磁盘镜像技术
DIT(Directory Information Tree):信息目录树

DLG(Digital Line Graphic):数字线划图
DME(Differential Manchester Encoding):差分曼彻斯特编码
DNA(Digital Network Architecture):数字网络结构
DOM(Digital Orthophoto Map):数字正射影像图
DPGrid (Digital Photogrammetry Grid):数字摄影测量网格
DPS(Digital Photogrammetric System):数字摄影测量系统
DPTree(Distributed Peer Tree):分布式节点树
DPW(Digital Photogrammetric Workstation):数字摄影测量工作站
DRG(Digital Raster Graphic):数字栅格地图
DTD(Document Type Definitions):文档类型定义
DWDM(Dense Wavelength Division Multiplexing):密集波分多路复用

E

EIS(Enterprise Information System):企业信息系统
EJB(Enterprise JavaBeans):Sun 公司定义的用于传输可重用的、商业应用中间件的 JavaBeans
EJB Container Provider:EJB 容器提供者
EJB Server Provider:EJB 服务器提供者
Electric Power Grid:电力网
Embedded Technology:嵌入式技术
EMI(ElectroMagnetic Interference):电磁干扰
Engineering Technology:工程技术
Enterprise Bean:企业级 Bean,是一个实现业务任务或业务实体并且驻留在 EJB 容器中的组件
Enterprise Bean Provider:EJB 组件开发者
Enterprise Network:企业级网络
EOS(Earth Observation System):对地观测系统
ER(Entity Relationship):实体-关系模型
ESG(Earth Systems Grid):地球系统网格(美国)
ESRI(Environmental System Research Institute):环境系统研究所(美国)
ESS(Enterprise Storage Server):企业存储服务器
Ethernet:以太网
Event Service:事件服务
Export Schema:输出模式
External Schema:外部模式

F

Fabric:构造层,是物理或逻辑实体,用于向上提供网格中可供共享的资源
Fat Server:胖服务器
FC(Fibre Channel):光纤通道技术
FC-AL(Fibre Channel-Arbitrated Loop):光纤通道仲裁环路
FCC(Federal Communications Commission):联邦通信委员会(美国)
FCP(Fibre Channel Protocol):光纤通道协议
FDBS(Federated DataBase System):联邦数据库

FDDI(Fibre Distributed Data Interface):光纤分布式数据接口
FDM(Frequency Division Multiplexing):频分多路复用
Feature:特征,要素
Federated Schema:联邦模式
FGDC(the Federal Geographic Data Committee):联邦地理数据委员会(美国)
Field Function:场函数
Field Operation:场操作
FSK(Frequency-Shift Keying):调频编码法

G

3GIO(Third-Generation Input/Output):第三代输入输出总线
GASS(Globus Access to Secondary Storage):Globus 数据存取服务
Geometries:几何(信息)
Geometry Collection:几何体集合
GE(Geometry Engine):几何引擎,一个用 C++语言编写的开源项目
GeoVRML:地理虚拟建模语言,用于在 Web 环境下实现地理参照数据的三维表达
GGSN(Gateway GPRS Support Node):GPRS 网关支持节点
GIG(Global Information Grid):全球信息网格
GIS Function Middleware:GIS 功能中间件
GIS(Geographic Information System):地理信息系统
Global Grid Forum:全球网格论坛
GLONASS(Global Navigation Satellite System):全球导航卫星系统(俄罗斯)
GML(Geography Markup Language):地理标识语言
GNU(Gnu's Not Unix):一种与 Unix 完全兼容的自由软件项目。GNU 是 Gnu's Not Unix 的递归缩写
GPL(General Public License):通用公共许可证
GPRS(General Packet Radio Service):通用无线分组业务
GPS(Global Positioning System):全球定位系统
GRAM(Globus Resource Allocation Manager):Globus 资源分配管理器
Grid:网格
Grid Computing:网格计算
Grid GIS:网格 GIS
Grid-based GIS:网格 GIS
GRM(Globus Replica Management):Globus 数据复制管理
GSI(Grid Security Infrastructure):网格安全基础设施
GSM(Global System for Mobile communication):全球移动通信
GSS-API(Generic Security Service API):通用安全服务应用接口

H

Hardware RAID:硬件磁盘阵列
HBAs(Host Bus Adapters):主机总线适配器
High-speed LAN:高速局域网
Hosting Services:托管服务

HTTP(Hyper Text Transfer Protocol):超文本传输协议
Hub:集线器

I

I/O(Input/Output):输入/输出
IDE(Integrated Drive Electronics):集成驱动器电子接口
IETF(Internet Engineering Task Force):互联网工程工作组
IIOP(Internet InterORB Protocol):互联网对象请求代理间通讯协议
IIS(Internet Information Server):互联网信息服务器
In-Band:带内虚拟化,或称对称模式
INS(Inertial Navigation System):惯性导航系统
Internet:因特网、互联网
Internet GIS:互联网 GIS,网络 GIS 的典型代表
Interoperability:互操作(这里尤指空间数据互操作)
IP(Internet Protocol):Internet 中的网际互联协议
IPG(Information Power Grid):信息动力网格,是美国 NASA 构造的一个网格计算实验床
ISA(Internet Server Application):互联网服务器应用
iSCSI(Internet Small Computer System Interface):互联网小型计算机系统接口
ISO(International Organization for Standardization):国际标准化组织
ISP(Internet Service Provider):互联网服务提供商
ITS(Intelligent Transport System):智能交通系统
ITU(International Telecommunication Union):国际电信联盟
ITU-T(ITU Telecommunication standardization sector):国际电信联盟电信标准化部门

J

J2EE(Java 2 Platform, Enterprise Edition):建构于标准版 Java 平台(或 Java 2 平台)之上的 Java 企业版
JVM(Java Virtual Machine):Java 虚拟机

K

KML(Keyhole Markup Language):Keyhole 标记语言
Knowledge Management System:知识管理系统

L

LAN(Local Area Network):局域网
LBS(Location Based Services):位置服务
LDAP(Light-weight Directory Access Protocol):轻量级目录存取协议
LGPL(Lesser General Public License):宽通用公共许可证
Life Cycle Service:生命周期服务
Line:线,与 Curve 同义
LIP(Loop Initialization Procedure):环路初始化过程
Local Schema:局部模式
Logical Volume Manager:逻辑卷管理软件

LUN(Logic Unit Number):逻辑单元数

M

MAC(Media Access Control):介质访问层
MAN(Metropolitan Area Network):城域网
Mb/s:速率单位,兆比特(兆位)每秒,亦可表示为 Mbps
MBR(Minimum Bounding Rectangle):最小外接矩形
MDS(Metacomputing Directory Service):元计算目录服务
ME(Manchester Encoding):曼彻斯特编码
MEMS(Micro-Electro-Mechanical Systems):微电机系统
Meta-Language:元语言
MGIS(Mobile GIS):移动 GIS
Micro Browser:微浏览器
MIDP(Mobile Information Device Profile):移动信息设备说明
MLS(Mobile Location Service):移动位置服务
MMS(Multimedia Messaging Service):多媒体短信服务
MNDNR(Minnesota Department of Natural Resources):明尼苏达州自然资源部(美国)
Mobile Geographic Information Service:移动地理信息服务
Mobile Location ISP:移动位置服务商
MPP(Massively Parallel Processing super computers):大规模并行处理巨型机
MTS(Microsoft Transaction Server):事务服务器
Multicurve:多线
Multiplexing:多路复用
Multipoint:多点
Multisurface:多面

N

.Net Framework:.Net 框架
Naming Service:名录服务
NAS(Network Access Server):网络接入服务器
NAS(Network Attached Storage):附网存储
NASA(National Aeronautics and Space Adminitration):国家航空和宇航局(美国)
Near-line Store:近线存储
Network GIS:网络 GIS
Network-based GIS:网络 GIS
NFS(Network File System):网络文件系统
NGCC(National Geomatics Center of China):国家基础地理信息中心(中国)
NIC(Network Interface Card):无线网络接口卡
NOS(Network Operating System):网络操作系统
NRZ(NonReturn to Zero):不归零码

O

Off-line Store:离线存储

OGC(OpenGIS Consortium):OpenGIS 协会
OGM(Open Geodata Model):开放地理数据模型
OGSA(Open Grid Service Architecture):开放网格服务结构
OGSI(Open Grid Service Infrastructure):开放网格服务基础设施
OLE(Object Linking and Embedding):对象链接与嵌入
OMG(Object Management Group):对象管理组织
One Click Is Enough:一步到位的服务
On-line Store:在线存储
Ontology:知识本体
OOD(Object Oriented Design):面向对象的设计
OODBMS(Object Oriented DBMS):面向对象数据库管理系统
OpenGIS(Open Geodata Interoperability Specification):开放地学数据互操作规范
OPUS (Open Use Server):开放用户服务器
ORB(Object Request Broker):对象请求代理
ORDBMS(Object -Realtion DBMS):对象-关系型数据库管理系统
OSI/RM(Open System Interconnection Reference Model):开放系统互连基本参考模型
OSPF(Open Shortest Path First):开放最短路径优先
Out-of-Band:带外虚拟化,或称非对称模式

P

P2P(Peer-to-Peer):对等网络
Palm PC:个人信息管理
PAM(Pulse Amplitude Modulation):脉冲振幅调制
Parallel Disk Array:并行磁盘阵列,一种单盘容错并行传输技术,有一个盘专门用作校验盘
Parity Data:奇偶校验数据
PC(Personal Computer):个人计算机
PCM(Pulse Code Modulation):脉冲编码调制
PDA(Personal Digital Assistant):个人数字助理
Peer-to-Peer:端-端
Plug-in:插件
PMI(Project Management Institute):工程管理协会(美国)
PMR(Private Mobile Radio):个人移动电台
Point:点
PPP(Point-to-Point Protocol):点对点协议
Project:工程,项目
Project Management:工程管理,项目管理
Project Technology:工程技术
Properties:属性(信息)
PSK(Phase-Shift Keying):调相编码法

Q

QoS(Quality of Service):服务质量

R

RA(Relational Algebra):关系代数

RAID(Redundant Array of Inexpensive Drives):廉价磁盘冗余阵列(一般称磁盘阵列)

RAM(Resource Allocation Management):资源分配管理

RAS(Remoting Access Server):远程访问服务器

RDF(Resource Description Frameworks):资源描述框架

RDL(Resource Description Language):资源描述语言

Reason Phrase:原因短语

Relation:关系

Relationship Service:关系服务

Repeater:中继器

Request Queue:请求队列

Resource:资源层,由网格中实际的资源所组成

RF(Radio Frequency):射频

RFID(Radio Frequency Identification):射频识别

RMI(Remote Method Invocation):远程方法调用

Router:路由器

RS(Remote Sensing):遥感

RSL(Resource Specification Language):资源描述语言

S

SAN(Storage Area Network):存储区域网

SAN Appliance:SAN 虚拟化引擎,一种专用的存储管理服务器,完成 SAN 的虚拟化工作

SAS(Server Attached Storage):服务器附属存储

SCSI(Small Computer System Interface):小型计算机系统接口

SD(Shared-Disk):共享磁盘

SDBMS(Spatial DataBase Management System):空间数据库管理系统

SDE(Spatial Data Engine):空间数据引擎

SDH(Synchronous Digital Hierarchy):同步数字阶层技术

SDL(Simplified Data Link):简化的数据链路协议

Seascape:海景

Self-healing Ring:自愈合

Semantic Web:语义网

Server API:服务器应用程序接口模式

Server:服务器

Service On Demand:按需服务,服务点播

Service:服务

Services Framework:服务框架

SFC(SuperMap Foundation Class):SuperMap 基础类库

SGML(Standard Generalized Markup Language):标准通用标记语言,用于定义置标语言的元语言

SIG(Spatial Information Grid):空间信息网格

SM(Shared-Memory):共享内存
SMS(Short Message Service):短信服务
SN(Shared-Nothing):无共享
SNA(System Network Architecture):系统网络结构
SNIA(Storage Networking Industry Association):国际存储网络工业协会
SNMP(Simple Network Management Protocol):简单网络管理协议
SOA(Services Oriented Architecture):面向服务的架构
SOAP(Simple Object Access Protocol):简单对象访问协议
Software Engineering:软件工程
Software RAID:软件磁盘阵列
SONET(Synchronous Optical Network):同步光纤网
Spatial Data Object Server:空间数据对象管理器
Spatial Framework:空间框架
SSL(Secure Socket Layer):安全传输层,安全套接字协议层
SSS(Survivable Storge System):可生存存储系统
Status Code:状态代码
STP(Shielded Twisted Pair cable):屏蔽型双绞线
Stripping:分条,数据条带化
Striping with Floating Parity Drive:旋转奇偶校验独立存取技术,没有固定校验盘
Surface:面,与 Area 同义,但它更侧重于表面
SVG(Scalable Vector Graphics):可伸缩矢量图形
Switch:交换机

T

TCP(Transmission Control Protocol):Internet 中的传输控制协议
TCP/IP:Internet 的一组协议集,其核心是 TCP 和 IP
TDD/TDMA(Time Division Duplex/Time Division Multiple Access):时分双工/时分多路存取
TDM(Time Division Multiplexing):时分多路复用
Technology Management:技术管理
Tele-immersion:远程沉浸
Thin Client:瘦客户机
TOE(TCP Off-loading Engine):TCP 负载空闲引擎
TokenRing:令牌环网
Transaction Service:事务服务

U

UDDI(Universal Description Discovery and Integration):统一描述、发现与集成规范
UDP(User Datagram Protocol):用户数据报协议
UGIS(Urban GIS):城市地理信息系统
URI(Universal Resource Identifier):统一资源标识符
UTP(Unshielded Twisted Pair cable):无屏蔽型双绞线

V

VBI-Tree(Virtual Binary Index Tree):虚拟二叉索引树
VOD(Video on Demand):视频点播
VR(Virtual Reality):虚拟现实
VRML(Virtual Reality Modeling Language):虚拟建模语言

W

W3C(World Wide Web Consortium):万维网协会
WAE(Wireless Application Environment):无线应用环境
WAN(Wide Area Network):广域网
WAP(Wireless Application Protocol):无线应用协议
WCS(Web Coverage Service):网络覆盖服务
WDM (Wavelength Division Multiplexing):波分多路复用
WDP(Wireless Datagram Protocol):无线数据报协议
Web Service:Web 服务
WFS(Web Feature Service):网络要素服务
Wireless Location Technology:无线定位技术
WLAN(Wireless Local Area Network):无线局域网
WML(Wireless Markup Language):无线标记语言
WMS(Web Mapping Service):网络地图服务
WorkGroup Network:工作组网络
WPAN(Wireless Personal Area Network):无线个人区域网
WSDL(Web Service Description Language):Web 服务描述语言
WSP(Wireless Session Protocol):无线会话协议
WTA(Wireless Telephony Application):无线电信应用服务
WTAI(Wireless Telephony Application Interface):WTA 编程接口
WTLS(Wireless Transport Layer Security):无线传输层安全
WTP(Wireless Transaction Protocol):无线传输协议
WWAN(Wireless Wide Area Network):无线广域网
WWW(World Wide Web):中文称"万维网"

X

XML(eXtensible Markup Language):可扩展标记语言
XML DTD(XML Document Type Definitions):XML 文档的类型定义

地理信息系统理论与应用丛书已出版图书

书名	作者
地理模拟系统：元胞自动机与多智能体（印 2 次）	黎夏　叶嘉安等
地理空间数据库原理（印 3 次）	崔铁军
数字地形分析（印 2 次）	周启鸣　刘学军
空间分析建模与原理（印 2 次）	朱长青
网络地理信息系统原理与技术（印 4 次）	孟令奎　史文中等
旅游地理信息系统——设计、开发与应用（印 3 次）	宫辉力　赵文吉等
ArcGIS 地理信息系统空间分析实验教程（印 9 次）	汤国安　杨昕
环境地质学中的 GIS	施斌　王宝军等
地下水地理信息系统——设计、开发与应用	宫辉力　赵文吉等
开放式 WebGIS 的理论与实践	周文生　毛锋等
ArcGIS8 开发与实践（印 2 次）	毛锋　沈小华等
地理信息系统原理与算法（印 2 次）	吴立新　史文中
Arc/View 地理信息系统空间分析方法（印 7 次）	汤国安　陈正江等
地理信息系统及其在城市规划与管理中的应用（印 6 次）	宋小冬　叶嘉安
城市基础地理空间信息共享原理与方法（印 2 次）	李成名　安真臻等
人口地理信息系统	李成名　印洁等
政府地理信息系统（印 2 次）	张清浦　刘纪平
城市安全地理信息系统设计与开发	刘铁民　张兴凯等
水利工程信息化建设与管理	陈永华　王建武等
导航地理数据库（印 2 次）	蒋捷　韩刚等
实用地理信息系统（印 3 次）	陈俊　宫鹏
地理信息系统建库技术及其应用（印 2 次）	毛锋
地理信息系统基础（印 9 次）	龚健雅
空间信息系统原理（印 2 次）	王家耀
ArcGIS 开发宝典——从入门到精通（印 3 次）	刘仁义
人口经济学中的 GIS 与定量分析方法	陈楠　林宗坚等
地理标识语言	张书亮　闾国年等
数字城市三维地理空间框架原理与方法	李成名　王继周等
精细数字土壤普查模型与方法	朱阿兴等
地籍管理数据库信息系统研究	张新长
地理信息服务导论	崔铁军等
ERDAS 遥感数字图像处理实验教程	杨昕　汤国安等
电子政务信息资源目录体系建设及案例	李霖
并行时空模型	朱定局
面向网络的新一代地理信息系统	吴信才
智能式 GIS 与空间优化	黎夏　刘小平等
ENVI 遥感图像处理方法	邓书斌
网络地理信息系统原理与技术（第二版）	**孟令奎等**